工业和信息化部"十四五"规划教材

U0204302

可靠性设计分析基础

（第 2 版）

主　编　任羿

副主编　孙博　冯强　钱诚　杨德真

北京航空航天大学出版社

内 容 简 介

本书是在充分借鉴国内外可靠性技术专业教材和相关领域技术发展的基础上编写完成的。全书强调基础性,以故障及其防控为线索,将各类可靠性设计分析方法有机整合,突出可靠性设计分析的基本原理和基础方法。

全书共分为9章。首先概述可靠性技术发展历程与趋势、设计分析特点与流程等,以建立可靠性技术的整体性认识;然后阐述故障规律和可靠性模型,体现教材的基础性。本书以故障和可靠性要求为核心,以故障的分析与识别、预防与控制为主线,将各种可靠性设计分析方法有机地组织到一起,体现教材的系统性;引入基于行为仿真的可靠性模型、基于载荷分析的薄弱环节识别以及 RMS 综合集成等方法,体现教材的前沿性;引入可靠性设计分析实验,包括系统级可靠性分析实验和单元级电子产品可靠性设计分析实验,体现教材的实践性。

本书可作为高等院校质量与可靠性相关专业的本科生和研究生教材,也可供型号各类产品的设计人员、可靠性工程专业技术人员等学习和参考。

图书在版编目(CIP)数据

可靠性设计分析基础 / 任羿主编. -- 2 版. -- 北京:
北京航空航天大学出版社,2023.8
ISBN 978 - 7 - 5124 - 4129 - 3

Ⅰ. ①可… Ⅱ. ①任… Ⅲ. ①可靠性设计-分析-基本知识 Ⅳ. ①TB114.32

中国国家版本馆 CIP 数据核字(2023)第 134443 号

可靠性设计分析基础(第 2 版)
主 编 任 羿
副主编 孙 博 冯 强 钱 诚 杨德真
策划编辑 蔡 喆 责任编辑 张冀青
*
北京航空航天大学出版社出版发行
北京市海淀区学院路 37 号(邮编 100191) http://www.buaapress.com.cn
发行部电话:(010)82317024 传真:(010)82328026
读者信箱: goodtextbook@126.com 邮购电话:(010)82316936
涿州市铭瑞印刷有限公司印装 各地书店经销
*
开本:787×1 092 1/16 印张:26 字数:666 千字
2023 年 8 月第 2 版 2025 年 1 月第 2 次印刷 印数:1 001~3 000 册
ISBN 978 - 7 - 5124 - 4129 - 3 定价:89.00 元

前　　言

本书为第 2 版,按"全面贯彻党的教育方针,落实立德树人根本任务"要求,强化以人才培养为中心的理念,强化"授人以鱼不如授人以渔"的教学观念,重新梳理课程内容,增加实践环节和案例,为提高本课程水平,扩大课程影响力,营造以人才培养为己任的教学氛围奠定基础。

本书内容分为基本概念与基础模型、可靠性设计分析方法和可靠性设计分析实验三部分。第 2 版主要修订内容如下:

(1) 面向基于模型的可靠性系统工程发展趋势,增加了标准功能模型的建模方法:基于标准功能模型向可靠性框图模型和故障树模型的转换方法、基于模型的 FMEA 方法(故障链)、基于数字孪生的可靠性设计分析等新方法,体现了可靠性工程基于模型的发展趋势。

(2) 增加了工程案例,以某典型产品的可靠性设计分析过程为案例,该案例围绕一个工程产品,综合应用教材中的各类方法,开展可靠性的设计与分析,使学生能够了解实际产品的可靠性设计过程,增强对知识的理解。

(3) 增加了实验环节,包括两类实验:一是系统级可靠性设计实验,以地面移动机器人平台的可靠性设计为案例,基于可靠性数字化设计软件平台,协同应用 FMEA、故障树、RBD 等软件工具开展设计分析工作;二是单元级故障物理分析实验,以双通道应变测试仪电子电路产品为案例,基于 PofEra 软件进行电路的热仿真分析、振动仿真分析,仿真模型校核与验证、故障预计、可靠性评估以及可靠性设计优化等工作。

本书中章节前标" * "的可作为选修内容,习题中加" * "的题对应选修部分的内容。

参与本书编写工作的有任羿(第 1 章、第 2 章、第 3 章)、孙博(第 4 章、第 6 章)、冯强(第 5 章、第 7 章)、杨德真(第 8 章)、钱诚(第 9 章)。全书由任羿主编,孙博、冯强、钱诚和杨德真副主编,曾声奎主审。

本书还将借助社交网络提供纸质媒体难以呈现的动画和多媒体素材,同时共享更多的工程案例,供学习参考。本书可作为高等院校质量与可靠性相关专业的本科生或研究生教材,也可供型号各类产品的设计人员、可靠性工程专业技术人员等学习和参考。

由于水平有限,书中错误或不当之处在所难免,望读者指正。

编　者

2023 年 4 月

于北京航空航天大学为民楼

目　　录

第一部分　基本概念与基础模型

第1章　绪　论 ·· 2

1.1　可靠性工程技术的发展历程与趋势 ························· 2
1.1.1　可靠性及其重要性 ································· 2
1.1.2　国外可靠性工程技术的发展历程 ·················· 5
1.1.3　我国可靠性工程技术的发展历程 ·················· 7
1.1.4　可靠性工程技术的发展趋势 ······················ 8
1.2　可靠性设计与分析的地位、特点及流程 ················· 10
1.2.1　可靠性设计与分析的地位 ························ 10
1.2.2　可靠性设计分析的特点 ·························· 11
*1.2.3　可靠性设计与分析的流程 ······················ 12
习　　题 ··· 17

第2章　产品故障及其规律 ······································ 18

2.1　产品故障及其定义 ···································· 18
2.1.1　产品功能 ······································· 18
2.1.2　产品故障 ······································· 18
2.2　产品故障的度量方法 ·································· 20
2.2.1　故障的概率度量 ································· 21
2.2.2　故障的时间度量 ································· 24
2.3　产品故障规律描述方法 ································ 28
2.3.1　故障统计模型 ··································· 29
2.3.2　故障协变模型 ··································· 38
2.3.3　故障物理模型 ··································· 41
习　　题 ··· 59

第3章　系统可靠性建模 ·· 64

3.1　可靠性模型概述 ······································ 64
3.1.1　可靠性模型及分类 ······························ 64
3.1.2　系统功能分析与任务定义 ························ 65
3.2　基于故障逻辑的系统可靠性模型 ······················ 69
3.2.1　可靠性框图模型 ································· 69

　　　3.2.2　故障树模型 ……………………………………………………………… 80

　　　＊3.2.3　马尔可夫模型 ……………………………………………………………… 92

　　　＊3.2.4　面向基于模型系统工程(MBSE)的可靠性模型转换方法 …………… 102

　　3.3　基于故障仿真的可靠性模型 ………………………………………………… 112

　　　3.3.1　概　述 …………………………………………………………………… 112

　　　3.3.2　可靠性仿真模型的建立方法 …………………………………………… 113

　　　3.3.3　基于蒙特卡洛的可靠性仿真方法 ……………………………………… 119

　　　3.3.4　案例应用 ………………………………………………………………… 122

　　习　　题 …………………………………………………………………………… 127

第二部分　可靠性设计分析方法

第4章　系统可靠性要求、分配与预计 ……………………………………………… 134

　4.1　概　述 …………………………………………………………………………… 134

　4.2　可靠性参数指标与要求 ………………………………………………………… 134

　　4.2.1　相关基本概念 …………………………………………………………… 134

　　4.2.2　可靠性参数指标 ………………………………………………………… 137

　　4.2.3　可靠性要求 ……………………………………………………………… 140

　4.3　可靠性要求分配 ………………………………………………………………… 143

　　4.3.1　基本思想和原理 ………………………………………………………… 144

　　4.3.2　主要方法 ………………………………………………………………… 144

　　4.3.3　应用案例 ………………………………………………………………… 160

　4.4　可靠性预计 ……………………………………………………………………… 164

　　4.4.1　单元可靠性预计 ………………………………………………………… 165

　　4.4.2　基于故障逻辑模型的系统可靠性预计 ………………………………… 176

　　4.4.3　基于性能的系统可靠性预计 …………………………………………… 183

　习　　题 …………………………………………………………………………… 185

第5章　故障及薄弱环节的分析与识别 ……………………………………………… 189

　5.1　概　述 …………………………………………………………………………… 189

　5.2　故障模式影响及危害性分析 …………………………………………………… 190

　　5.2.1　基本思想和原理 ………………………………………………………… 190

　　5.2.2　故障模式影响分析(FMEA) …………………………………………… 191

　　5.2.3　危害性分析(CA) ………………………………………………………… 200

　　5.2.4　FMECA结果与工作要求 ……………………………………………… 205

　　5.2.5　应用案例 ………………………………………………………………… 206

　5.3　基于模型的FMECA …………………………………………………………… 212

　　5.3.1　故障传递过程 …………………………………………………………… 212

　　5.3.2　故障传递模型 …………………………………………………………… 213

5.3.3　应用案例 ………………………………………………… 215

5.4　基于载荷分析的薄弱环节识别 ……………………………… 217

5.4.1　基本思路 …………………………………………………… 217

5.4.2　载荷分类 …………………………………………………… 217

5.4.3　载荷应力分析方法 …………………………………………… 219

5.4.4　可靠性薄弱环节仿真分析 …………………………………… 228

5.4.5　应用案例 …………………………………………………… 236

5.5　潜在通路分析 ………………………………………………… 246

5.5.1　基本思想和原理 ……………………………………………… 246

5.5.2　潜在通路分析的基本过程 …………………………………… 247

5.5.3　应用案例 …………………………………………………… 254

习　　题 ……………………………………………………………… 256

第6章　故障预防与控制 …………………………………………… 258

6.1　概　述 ………………………………………………………… 258

6.2　余度(冗余)设计 ……………………………………………… 259

6.2.1　基本思想和原理 ……………………………………………… 259

6.2.2　常见形式及分类 ……………………………………………… 262

6.2.3　基本过程 …………………………………………………… 265

6.2.4　工作要求和原则 ……………………………………………… 268

6.3　降额设计和裕度设计 ………………………………………… 269

6.3.1　基本思想和原理 ……………………………………………… 269

6.3.2　降额设计 …………………………………………………… 269

6.3.3　裕度设计 …………………………………………………… 274

*6.4　稳健性设计 …………………………………………………… 276

6.4.1　基本思想和原理 ……………………………………………… 276

6.4.2　系统设计中的 TRIZ 方法 …………………………………… 277

6.4.3　参数设计 …………………………………………………… 280

6.4.4　容差设计 …………………………………………………… 287

6.4.5　稳健优化设计 ………………………………………………… 291

6.5　成品控制与管理 ……………………………………………… 294

6.5.1　零部件的选择与控制 ………………………………………… 295

6.5.2　元器件的选择与控制 ………………………………………… 299

6.5.3　原材料的选择与控制 ………………………………………… 304

6.6　环境防护设计 ………………………………………………… 305

6.6.1　基本思想和原理 ……………………………………………… 305

6.6.2　常见环境载荷及分类 ………………………………………… 306

6.6.3　典型环境防护设计方法 ……………………………………… 310

习　　题 ……………………………………………………………… 320

* **第 7 章　基于模型的可靠性系统工程** ································· 322

　7.1　MBRSE 的概念与内涵 ······································· 322
　　7.1.1　MBRSE 的定义 ·· 322
　　7.1.2　MBRSE 的要素与体系 ···································· 323
　7.2　产品寿命周期故障防控体系 ································· 326
　7.3　RMS 综合集成机理 ··· 327
　　7.3.1　RMS 内部集成 ·· 328
　　7.3.2　RMS 与性能之间的集成 ·································· 328
　　7.3.3　RMS 技术与管理的集成 ·································· 328
　7.4　RMS 综合集成技术 ··· 329
　　7.4.1　数据集成技术 ·· 329
　　7.4.2　流程集成技术 ·· 330
　　7.4.3　特性集成技术 ·· 332
　7.5　RMS 综合集成平台 ··· 333
　　7.5.1　集成平台的体系结构 ···································· 333
　　7.5.2　集成平台的物理视图 ···································· 334
　　7.5.3　集成平台的运行剖面 ···································· 334
　7.6　典型 RMS 综合集成工作场景 ································ 336
　习　　题 ·· 341

第三部分　可靠性设计分析实验

第 8 章　系统级产品可靠性设计分析实验 ························· 344

　8.1　实验目的 ·· 344
　8.2　实验内容 ·· 344
　8.3　实验原理 ·· 345
　8.4　实验对象 ·· 345
　　8.4.1　研制需求 ·· 345
　　8.4.2　初步设计 ·· 349
　　8.4.3　实物样机 ·· 360
　　8.4.4　任务剖面 ·· 360
　8.5　MBRSE 平台 ··· 362
　8.6　实验过程 ·· 363
　　8.6.1　新建项目 ·· 363
　　8.6.2　产品建模 ·· 366
　　8.6.3　可靠性设计分析实践 ···································· 371

第 9 章　电子产品可靠性设计分析实验 ··························· 386

　9.1　实验目的 ·· 386

9.2　实验内容 ……………………………………………………………… 386

9.3　实验方案 ……………………………………………………………… 388

9.4　实验步骤及过程 ……………………………………………………… 388

9.4.1　设计信息收集 ……………………………………………… 388

9.4.2　数字样机建模 ……………………………………………… 389

9.4.3　应力分析 …………………………………………………… 391

9.4.4　测试及模型校核 …………………………………………… 394

9.4.5　试验设计 …………………………………………………… 399

9.4.6　故障预计及可靠性评估 …………………………………… 401

9.4.7　可靠性薄弱环节分析 ……………………………………… 402

9.4.8　设计改进措施和建议 ……………………………………… 402

9.4.9　可靠性综合仿真分析报告撰写 …………………………… 403

参考文献 ……………………………………………………………………… 404

第一部分
基本概念与基础模型

第1章 绪 论

1.1 可靠性工程技术的发展历程与趋势

1.1.1 可靠性及其重要性

1. 可靠性的概念

按照《辞海》的解释,"可靠"是指可信赖依靠、真实可信。我们说某产品很可靠,是指该产品能够按照我们的预期发挥需要的功能,完成特定的任务,也就是说,它的功能和性能的发挥是可信赖依靠的。在工程中,"可靠性"是对产品可信赖依靠程度的一种度量,其定义是"产品在规定条件下和规定的时间内,完成规定功能的能力"。从其内涵来看,对"产品"能力的预期,需要用"三个规定"(规定条件、规定时间、规定功能)来约束。

从"产品"看,包括从单一装备(如导弹、飞机等),上到装备体系(如导弹武器系统、无人机集群与地面控制设备、航母编队等),下到系统、设备、组件、元器件、零部件等各个层次。各层次产品都需要对其可靠程度进行度量。"产品"还分为不同的类别,如电子、机械、机电、软件和网络等,具有各自不同的故障特征和机理。产品的层次、类别和故障特征不同,可靠性度量参数也会发生变化。例如,常用任务可靠度、平均故障间隔时间(MTBF)、故障率等分别度量单一装备、设备、元器件的可靠程度。

从"规定条件"看,包括使用时的外部环境应力(如温度、湿度、振动、冲击等)和工作应力(如机械、电、热等)。产品在不同的条件下使用,其可靠程度是不同的,条件越严酷,越容易出现故障,可靠性越低。从"规定时间"看,产品能否完成任务是与执行任务的时间长短相关的,任务时间越长,任务期间出现故障的可能性越大,可靠性越低。从"规定功能"看,包括完成预期任务必须具备的功能及其技术指标。任务越复杂,要求具备的功能越多,保持所有功能完好的可能性越小,任务可靠性越低。明确产品完成任务时应具备的规定功能及性能界限,是建立产品故障判据的基础。

应该注意到,可靠性定义中的"三个规定"既有其必要性,也有其局限性。一方面,只有明确了"三个规定",才能建立产品可靠性设计和实验室试验的基准条件,才好对产品的可靠性进行定量分析与评价;另一方面,产品实际使用中的环境条件、工作条件、任务时间和功能需求,常具有多样性和不确定性。例如,司机并不按照"规定条件、规定时间、规定功能"来驾驶汽车。"三个规定"描述的是代表性特征,是对实际情况的简化,并忽略了主观因素(如使用和维护人员)的影响。

这就引出了"固有可靠性"与"使用可靠性"的概念。"固有可靠性"是设计和制造赋予产品的,并在理想的使用和保障条件下所具有的可靠性;"使用可靠性"是产品在实际的环境中使用时所呈现的可靠性,它反映产品设计、制造、使用、维修、环境等因素的综合影响。

产品可靠性的现实价值,体现为使用可靠性;产品可靠性工作的最终目标,是实现高的使用可靠性。当然,高固有可靠性是高使用可靠性的基础。本书论述的可靠性,没有考虑使用与维修因素的影响,主体上属于固有可靠性的范畴。

2. 可靠性与产品质量特性

众所周知,改革开放以来,我国经济发展迅猛,已成为名副其实的制造业大国,但中国速度与中国质量严重不匹配,产品质量与发达国家相比有较大差距,中国商品一度成为"质次价廉"的代名词。可以说,质量与可靠性是产品核心竞争力的关键,是品牌战略的核心,更是制造大国向制造强国转型升级的瓶颈。尤其是在质量标准由符合性质量向适应性质量(用户满意度)跨越进程中,以可靠性为中心的质量技术战略转型则更是迫在眉睫。2012 年,在党的十八大上,明确提出要以提高质量和效益来满足人民对美好生活的向往,并以供给侧结构性改革为抓手,改善供给质量和效率。

2014 年,是中国质量年。这一年,召开了第一届中国质量大会,提出质量强国的战略需求。2017 年,在上海召开第二届中国质量大会;同年,"质量强国"和"质量第一"写进了党的十九大报告。2021 年,第三届中国质量大会在杭州召开,提出质量是人类生产生活的重要保障,每一次质量领域变革创新都促进了生产技术进步、提高了人民生活品质。中国将致力于质量提升行动,推动质量变革、效率变革、动力变革,推动高质量发展,共创美好未来。习近平总书记在党的二十大报告中强调,要加快建设质量强国。党的二十大胜利闭幕不久,中共中央、国务院印发《质量强国建设纲要》,要求贯彻落实党的二十大精神,部署深入实施质量强国战略。

现代质量观念认为,质量包含了产品的专用特性、通用特性、经济性、时间性、适应性等方面,它是产品满足使用要求的特性总和,如图 1-1 所示。产品的质量专用特性,可以用性能参数与指标来描述,如发动机的输出功率等;产品的质量通用特性,描述了产品保持规定的功能和性能指标要求的能力,包括可靠性、安全性、维修性、保障性、测试性等。经济性即产品的寿命周期费用,是指在产品的整个寿命期内,为获取并维持产品的运营所花费的总费用;时间性指的是产品能否按期研制交付,它也影响产品的寿命周期费用(费用的时间性);适应性反映了产品满足用户需求、符合市场需要的能力。

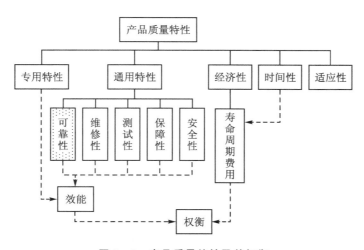

图 1-1 产品质量特性及其权衡

从现代质量观出发,产品设计优化权衡的根本是系统效能①、寿命周期费用②两个要求之间的权衡。产品的效能是由产品专用质量特性和通用质量特性共同形成的。专用质量特性是指与产品功能性能相关的特性,不同类别的产品其定义各不相同,如飞机的升限、爬升率、最大飞行速度等;通用质量特性包括可靠性、维修性、保障性、安全性、测试性等,而可靠性是通用质量特性的基础和核心,如图1-2所示。可靠性直接针对产品故障隐患和缺陷进行预防、控制、改进与评价。产品的故障特征和可靠性水平的高低,是安全性分析的重要输入,直接定义了测试性、健康管理、维修性和保障性的工作需求。

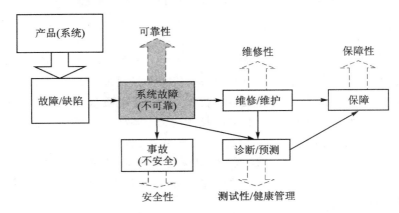

图1-2 可靠性与其他通用质量特性的关系

可靠性水平高低直接影响产品的维修保障费用,是产品寿命周期费用的关键影响因素。据美国诺斯罗普公司估计,在研制阶段为改善可靠性所耗费的每一美元,将会在以后的使用和维修保障费用方面节省30美元。

3. 可靠性的重要性

作为通用质量特性的核心和基础,可靠性对于现代军民用产品的研制、使用和维护,具有越来越重要的地位和作用。例如:

① 对于军用产品,高可靠性保证了装备的战备完好性和任务成功性,使装备具有快速出动和持续攻击的能力,并增强装备的部署机动性和生存能力;高可靠性,可减少装备的维修人力和后勤保障规模,降低装备的使用和保障费用。

② 对于民用产品,在使用期内的高可靠性,是产品市场竞争的核心利器。现代民用产品大都竞争充分,导致产品功能同质化严重,"功能、性能"不再是核心比对因素,而可靠、易修、维护费用低等品牌因素成为产品竞争的关键。当然,更新换代快速的民用产品过高追求可靠性也是不可取的,如手机等,在其正常的更换周期内确保高可靠即可,片面追求高可靠长寿命还会带来成本的上升,产品的竞争力反而下降。

③ 对于安全攸关产品,其与安全密切相关部分的高可靠性,是保障使用者生命安全、避免环境和重大经济损失的根本和基础。如核能产品的安全阀、载人飞船的逃生装置、飞机的飞控

---

① 系统效能(Effectiveness,E)是一个系统在规定的条件下和规定的时间内,满足一组特定任务要求的程度。它是系统R&M(含保障性、测试性等)和固有能力的函数。

② 寿命周期费用(Life Cycle Costs,LCC)是指在产品的整个寿命周期内,为获取并维持系统的运营(包括处置)所花费的总费用。它包括硬件、软件的研制费,以及生产费、使用保障费等。

系统、高速列车信号系统等,其可靠性要求往往要高出一个数量级。

④ 重视可靠性,是促进复杂产品研发一次成功的基础。复杂产品研发周期长,投资规模大,产品的研发风险与可靠性和安全性风险(重大事故或试验失利)高度相关。研发过程重视可靠性,可以有效减小这种风险,从而缩短研制周期、提高投资回报。

⑤ 产品不可靠,产品提供者还可能面临法律责任。例如 1999 年东芝公司因笔记本电脑缺陷被起诉,赔偿金额达 21 亿美元;2001 年福特公司由于点火器缺陷被起诉,赔偿金额达 27 亿美元;2009 年丰田公司的"刹车门"事件,价值 15 美分的刹车踏板缺陷,带来超过 15 亿美元的经济损失,品牌价值的损失难以估量。

可靠性有着重要的地位和作用,然而现代军民用产品的高可靠性的实现,却面临着严峻的挑战。这种挑战主要来自于现代军民用产品体系更庞大(如联合作战体系、交通网络等)、功能更复杂、新技术大量采用(软件密集、智能化等)、环境更严酷(陆、海、空、太空、电磁)、任务时间更长(如太空探测、长航时无人机、不间断服务的通信网络)等方面,但产品的研制时间却不断缩短,难以充分考核验证。这些需求和挑战,有力地促进了可靠性技术的深入发展。

1.1.2　国外可靠性工程技术的发展历程

1816 年,英国诗人塞缪尔·泰勒·柯勒律治(Samuel Taylor Coleridge)在称赞他的朋友英国诗人 Robert Southey 时首次使用了可靠性(reliability)这个词,但这与工程产品的可靠性差别很大。在第二次世界大战前,reliability 主要是与可重复性(repeatablity)关联,比如一项实验的结果如果能够复现,就可认为该实验是可靠的。在 20 世纪 20 年代,产品的改进主要是通过贝尔实验室的 Walter A. Shewhart 博士提出的统计过程控制(SPC)实现的,并没有真正意义上的可靠性工程概念和工程方法。产品可靠性概念真正形成是在 20 世纪 40 年代,由美国军方定义,用来表达装备在特定时间内能够正常工作的特性。现代可靠性工程技术于 20 世纪 50 年代率先在美国产生,50 多年来技术研究和工程应用并重,取得了长足的发展和明显的成效,形成了由可靠性要求确定、设计与分析、验证与评价三部分组成的技术体系。

1. 技术体系形成阶段(20 世纪 50—60 年代)

1943 年美国成立了电子管研究委员会,专门研究电子管的可靠性问题;1951 年 ARINC 开始了最早的一个可靠性改进计划;1952 年美国国防部成立了电子设备可靠性咨询组(AGREE);1955 年 AGREE 开始实施从设计、试验、生产到交付、储存和使用的全面的可靠性发展计划,并于 1957 年发表了《军用电子设备可靠性》的研究报告,即 AGREE 报告,该报告从 9 个方面阐述了可靠性设计、试验及管理的程序及方法,确定了美国可靠性工程的发展方向,成为可靠性发展的奠基性文件,标志着可靠性已经成为一门独立的学科,是可靠性工程发展的重要里程碑。1960 年,新组建的英国航空部出版了《电子设备可靠性》,其基本思路与 AGREE 报告内容接近,标志着欧洲已经掌握并运用现代可靠性工程技术。

工程研制方面,50 年代,美军 F-4、F-104 等第二代战斗机的研制,没有开展有计划的可靠性工作,装备可靠性差,战备完好性和出勤率低,维修和保障费用高。60 年代,美军针对越南战争中 F-4 等战斗机可靠性差的问题,在《军用电子设备可靠性》报告的基础上,制定和发布了 MIL-STD-785"系统与设备的可靠性大纲要求"等一系列可靠性军用标准,形成完整的可靠性技术体系,并应用在 F-14A、F-15A、M1 坦克等第三代装备研制中。这些装备开始规定了可靠性要求,制定了可靠性大纲,开展了可靠性分析、设计和可靠性鉴定试验。

2. 标准规范实施阶段(20世纪70—80年代)

70年代,为加强武器装备的可靠性管理,美国国防部建立了直属三军联合后勤司令领导的可靠性、可用性与维修性联合技术协调组。70年代后期,在武器装备研制中,开始重视采用可靠性研制与增长试验、环境应力筛选和综合环境试验,并颁发相应的标准。1980年美国国防部颁发了第一个可靠性和维修性(R&M)条例DoDD5000.40《可靠性和维修性》,规定了国防部武器装备采办的R&M政策和各个部门的职责,并强调从装备研制开始就应开展R&M工作。1986年美国空军颁发了《R&M 2 000》行动计划,明确了R&M是航空武器装备战斗力的组成部分,从管理入手推动R&M技术的发展与应用,使R&M的管理走向制度化。90年代,海湾战争等进一步证明可靠性维修性保障性(RMS)在现代高技术局部战争中的作用。在可靠性工程领域内,重视高加速寿命试验(HALT)、高加速应力筛选(HASS)、失效物理分析、过程FMEA等技术的研究,并在F-22和F-35战斗机和M1A2坦克等新一代装备的研制中得到应用。

3. 发展低谷停滞阶段(20世纪90年代)

1994年美军开始的防务采办改革,注重经济可承受性,使美军装备可靠性工程发展进入了一段低谷。为了压缩国防经费,时任国防部部长佩里取消了大部分可靠性军用标准,试图通过市场化途径保证装备可靠性,大量采用民用标准,造成了后续武器装备可靠性水平的不断下降。在1996—2000年期间,美军80%的装备都达不到要求的使用可靠性水平。

4. 深入发展提升阶段(21世纪00—10年代)

进入21世纪后,美军近半数的采办项目在初始试验与验证过程中,作战效能不能满足要求。美国国防部研究发现,装备研制存在着可靠性工作不落实的严重问题,例如设计中考虑可靠性不够,缺乏可靠性工程设计分析,防务承包商的可靠性设计实践不符合最佳商业惯例,故障模式影响及危害性分析(FMECA)和故障报告分析与纠正措施系统(FRACAS)没有发挥作用,部件和系统的可靠性试验不充分,等等。

为了解决武器装备研制中存在的可靠性问题,美国国防部与工业界、政府电子与信息技术协会(GEIA)密切合作,于2008年8月正式发布了供国防系统和设备研制与生产用的可靠性标准GEIA-STD-0009《系统设计、研制和制造用的可靠性工作标准》,再次强化装备研制的可靠性工作。美国TechAmerica于2013年5月发布了配套的TA-HB-0009《可靠性程序手册》。与此同时,以故障机理为基础的可靠性设计技术得到重视和深入发展,并在F-22战斗机航空电子设备和欧洲A400M军用运输机的可靠性设计中得到应用,A400M首次采用无维修工作期(MFOP)替代传统的平均故障间隔飞行小时(MFHBF)作为飞机的可靠性指标。

5. 数字时代变革阶段(21世纪10年代至今)

面向新型装备轻重量、高载荷、极端环境、长时保障和敏捷研发的需求,传统基于概率统计、物理试验等的验证方法已不再适用,美国空军研究实验室和NASA联合提出开展数字主线/数字孪生计划,即分别在F-15战斗机和小型关键非冗余组件MEMS中进行实验。与此同时,美国国防部系统工程办公室在2013年的国防部采办指南中给出了一系列数字系统模型(Digital System Model,DSM)的描述原则,也明确指出企业需随产品交付DSM或数字孪生模型,以便在使用维护过程中了解系统故障和准备情况并确定服务和维护需求。

2018年6月美国国防部公布了《数字工程战略》。通过该战略的实施,未来可将数字计算、分析能力和新技术紧密融合在统一的数字环境下,这些综合的工程环境为可靠性设计与验证提供了更真实的场景和更有效的数字化技术手段,未来将全面改变可靠性设计的模式。

1.1.3 我国可靠性工程技术的发展历程

我国可靠性工程起源于 20 世纪 60 年代的电子行业。70 年代,我国武器装备可靠性工作的主要任务是对生产、制造过程进行"符合性"质量检验和事后处理。

80 年代,我国为解决常规武器装备使用中的寿命短、故障多的问题,开展了现役装备的"定寿、延寿"和"可靠性补课"工作。1985 年针对"定寿、延寿"和"可靠性补课"的迫切需求,原国防科工委发布了《航空装备寿命和可靠性工作的暂行规定》;同时,引进美军可靠性标准与规范,宣传推广可靠性概念,开始可靠性技术基础研究。80 年代后期,发布了 GJB 450《装备研制与生产的可靠性大纲》等国家军用标准。1985 年,杨为民教授针对装备问题多、维修难、保障差等现实问题,组建了北京航空航天大学可靠性工程研究所,紧密围绕国防科技工业发展对可靠性工程的专业需求,开展可靠性工程专业的探索和实践,并在管理支持、人才培养、科学研究和工程服务等方面做出巨大的贡献。"为民精神"已成为宝贵的精神财富,激励两代可靠性人不断探索创新,走出一条有中国特色的可靠性技术发展之路。

90 年代,原国防科工委提出"转变观念,把可靠性放在与性能同等重要的地位"的战略思想,制定颁布了《武器装备可靠性维修性管理规定》等顶层文件,强调预防为主、早期投入,并开始在型号研制过程中推广普及可靠性技术。

1994 年,经过多年的理论研究和工程探索实践,在第二届可靠性维修性保障性国际会议(ICRMS'94)上,杨为民教授发表了题为 *Reliability System Engineering——Theory and Practice* 的学术论文,向全世界的同行首次系统阐述了可靠性系统工程理论和工程实践。"可靠性系统工程是研究产品全寿命过程以及同故障作斗争的工程技术。从产品的整体性及其同外界环境的辩证关系出发,用实验研究、现场调查、故障或维修活动分析等方法,研究产品寿命和可靠性与外界环境的相互关系,研究产品故障的发生、发展及其预防和维修保障直至消灭的规律,以及增进可靠性、延长寿命和提高效能的一系列技术和管理活动"。

进入 21 世纪后,全面开展可靠性的基础研究和预先研究,在武器装备型号研制中推行并行工程,重视可靠性专业与传统专业的一体化的研究并在重点型号中应用,开展建模仿真和虚拟现实技术在可靠性设计分析和试验与评价,以及以失效物理为基础的高可靠性在长寿命技术研究中的应用。2005 年,为进一步指导 RSE 的发展,王自力院士提出了全特性、全寿命、全系统的"三全质量观"以及"从生产到设计到全寿命,抓质量管理同时更强化质量设计"的质量技术变革观。其中,"三全质量观"将产品质量特性划分为功能性能对应的专用质量特性(Special Quality Characteristics,SQC)以及可靠性、安全性、维修性、测试性、保障性、环境适应性(简称六性)等特性对应的通用质量特性(General Quality Characteristics,GQC)。2007 年,可靠性系统工程被《中国军事百科全书·军事技术总论》正式收录为学科条目。王自力院士基于其研究发展给出了 RSE 新的定义:"运用系统工程理论方法,以故障为核心,以效能为目标,研究复杂系统全寿命过程中故障发生规律及其预防、诊断、修复的综合交叉技术和管理"。这标志着可靠性系统工程得到了国内工程界认可,正式成为一门学科。2016 年,随着基于模型的系统工程(Model-Based Systems Engineering,MBSE)理念的发展,王自力和任羿进一步提出了基于模型的可靠性系统工程,目标是以产品、故障、环境等模型为核心,将大量六性相关工作进行整合,基于模型演化认知故障规律,运用这些规律实现故障闭环消减控制,并将这一过程融入产品 MBSE 过程中。

1.1.4　可靠性工程技术的发展趋势

1. 工程需求角度

可靠性技术自诞生以来,发生过三次技术提升,如图 1-3 所示。

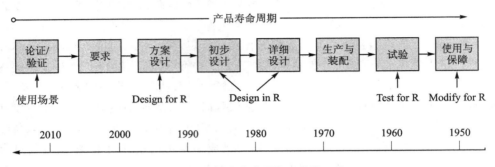

图 1-3　产品全寿命周期可靠性工作

第一次发生在 20 世纪 50—60 年代,实现了从"被动事后改进(modify for reliability)"到"主动试验暴露(test for reliability)"的提升,目的是在产品交付用户以前,通过充分的可靠性试验,把故障暴露和消灭在试验室。

第二次发生在 20 世纪 70—80 年代,实现了从"主动试验暴露"到"主动设计预防(design in reliability)"的提升,目的是通过充分的可靠性设计与分析,采用降额设计、热设计、FME-CA、故障树分析(FTA)、可靠性预计、软件元器件质量控制等技术手段,加强产品的固有可靠性,把故障控制和消灭在工程设计阶段。

第三次发生在 20 世纪 90—21 世纪 10 年代,目的是实现从工程研制阶段"主动设计预防"到方案设计阶段"并行设计寻优(design for reliability)"的提升,通过可靠性与性能的一体化设计,来达到可靠性与性能同步综合优化的目的。

第四次发生在 21 世纪 10 年代至今,更强调面向真实使用场景的应用,广泛运用先进的数字化技术,通过对使用场景的高精度模拟,来论证可靠性、维修性和保障性要求,并在研制中不断精化模型,开展数字化的验证。

可靠性工程发展的总体趋势,表现为尽可能将可靠性工作覆盖到寿命周期的上游,从"被动事后改进""主动试验暴露""主动设计预防""并行设计寻优"到"面向使用场景模型化设计",各种可靠性工作开展模式都是对前一模式的叠加式发展。

2. 技术发展角度

(1) 技术方法上,由"基于统计的可靠性技术"向"基于机理的可靠性技术"发展

以美军用标准和手册 MIL-STD-785B、MIL-HDBK-217F,以及 GJB 450A、GJB/Z 299C 为标志,基于统计的可靠性技术率先成熟并得到广泛的工程应用。例如,GJB 450A《装备研制的可靠性通用要求》,关于可靠性定量要求的实现,采取的方法是可靠性分配、贯彻可靠性设计准则和可靠性预计(采用 GJB/Z 299C 等)、可靠性评估。可以看出这些工作项目中,可靠性设计准则是定性的,不能与可靠性定量指标直接挂钩;可靠性预计与评估都是定量

的,是基于统计的。

基于统计的可靠性技术的一个缺陷是可靠性定量设计困难,对可靠性基础统计数据要求严苛,不能与性能设计(特别在方案设计阶段)同步融合,不能定量把握可靠性设计的效果,因而也难以开展与性能设计之间的权衡与优化。针对基于统计的可靠性技术的不足,近年来基于机理的可靠性技术逐渐得到重视,主要形成了"基于失效物理的可靠性设计""故障预测与健康管理""可靠性与性能一体化设计""可靠性数字孪生"等研究方向。

美国山地亚国家实验室提出了以失效物理为基础的可靠性工程方法,称之为以科学为基础的可靠性工程方法。这种方法强调在产品进入研制之前,必须开展由多学科组成的并行研究与开发,在研究产品工作原理的同时,要研究其制造方法、失效机理、失效模式和失效模型,并运用系统工程方法开展产品研制,将可靠性设计制造到产品中去,并使产品具有故障告警和维修时间预测的能力。这种方法已用于该实验室的微型机械研制中,并开发了 CAD 仿真工具,被称为是 21 世纪的可靠性工程方法。

北京航空航天大学可靠性工程研究所在 MBSE 的基础上,继承发现了可靠性系统工程,进一步提出了基于模型的可靠性系统工程(MBRSE),将可靠性工程从传统的以工作项目为中心,转变为以产品和故障模型演化为中心。

(2) 研究对象上,由常规系统向宏观、微观层次和认知(cognitive)可靠性发展

宏观层次上,网络化的武器装备系统的建构与运用,也将表现出新的故障模式、故障机理和故障模型。例如未来作战系统(FCS),它通过一个共用的指挥、控制、通信、计算机、情报、监视和侦察(C^4ISR)网络,把地面有人驾驶车辆、地面无人驾驶车辆、无人驾驶飞行器、传感器和弹药等连接成为一个大系统,以实现在敌方攻击前发现并打击敌人的目标。

微观层次上,各种新型材料和新型元器件的发展,各种微型装备、微型部件和组件的发展,特别是各种微型电子器件和微机电组件的发展与应用,将会产生新的失效模式、失效机理和失效模型,对可靠性技术提出了新的研究需求。

认知层次上,人因可靠性是"人-机-环"系统可靠性的薄弱环节,人因在重大事故原因中占比达 70% 以上。目前,正从考虑人的身体和生理因素的人机适配,向考虑人的思维认知的可靠性发展。

(3) 工具手段上,由一般 CAD 工具向仿真虚拟化、孪生化和综合集成化发展

仿真虚拟化方面,建模仿真与虚拟现实技术在可靠性领域具有广阔的应用前景,不仅可用于可靠性指标论证、方案权衡、分析设计,还可用于可靠性的试验验证与评价。例如美国 CVN - 21 核动力航母、未来作战系统(FCS)、F - 35 战斗机以及欧洲的 EF - 2000 战斗机、A400M 军用运输机等,都不同程度地采用了建模仿真与虚拟现实、故障预测和健康管理等先进技术,提高了设计分析精度,缩短了研制周期,降低了寿命周期费用。美国国防部将数字孪生的概念引入航天飞行器的健康维护等问题,并将其定义为一个集成了多物理量、多尺度、多概率的仿真过程,基于飞行器的物理模型构建其完整映射的虚拟模型,利用历史数据以及传感器实时更新的数据,刻画和反映物理对象的全生命周期过程。基于数字孪生技术,可在产品全生命周期内建立物理—数字双空间内实体,以及数字模型与可靠性、维修性、保证性、测试性、安全性和环境适应性共有特性实时融合并进化的模型。该模型能够对装备的健康状态进行实时感知并预测装备的通用质量特性信息。

综合集成化方面,20 世纪 90 年代随着并行工程的兴起,将各类可靠性 CAD/CAE 工具与

传统的性能 CAD/CAE 软件集成到一个综合的并行设计软件环境中,成为新的发展趋势。综合集成的目标是实现可靠性与性能的并行设计,实现可靠性与其他专业间进行充分的数据共享,同时能将可靠性工作合理地融入产品研制过程中,形成规范有序的并行设计流程。应充分考虑可靠性与维修性、保障性等通用特性内部,以及它们与性能之间的协同效应,依托企业数字化环境,构建基于产品生命周期管理(PLM)的可靠性设计与分析集成平台,实现可靠性与性能的同步设计与综合优化。2015 年之后,北京航空航天大学以 MBRSE 理论为指导,进一步发展了基于模型和仿真的综合集成平台,能够与产品研制的 MBSE 过程有效融合。

1.2　可靠性设计与分析的地位、特点及流程

1.2.1　可靠性设计与分析的地位

产品的可靠性是设计出来的、生产出来的、管理出来的。可靠性工作的核心是与产品故障作斗争,产品故障虽然表现在使用阶段,但其隐患(缺陷)是在产品研制阶段埋下的。例如,产品使用模式和工作条件不清晰、大量采用不成熟的新技术、采取临近边界设计等方案阶段的隐患;性能裕度不够、功能余度不足等设计阶段的隐患;工艺不稳定、制造检验不当、外协配套失控等生产阶段的隐患;等等。故障隐患存在传导影响和递进后果,故障隐患传导链条越长,递进后果越严重。例如,使用模式和工作条件不清晰将导致设计条件缺失,临近边界设计可能导致性能裕度不够,不成熟新技术增大了工艺稳定难度,等等。

复杂产品研制过程中,故障隐患的引入不可杜绝。故障隐患虽然可以在使用阶段暴露后排除和改进,但代价高昂、改进空间狭小。更好的办法是,在产品早期设计阶段有序地预防、激发和改进,如图 1-4 所示。国内外开展可靠性工作的经验表明,要提高产品的可靠性,关键是要做好产品的可靠性设计和分析工作。

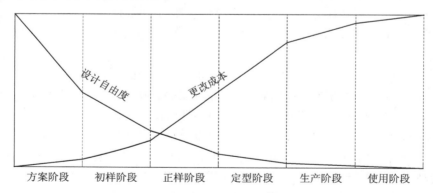

图 1-4　故障隐患排除的时机与成本

把可靠性工程的重点放在设计阶段,其原因主要包括以下几个方面:

(1) 设计阶段确定了产品的固有可靠性

产品的固有可靠性是产品固有特性之一。产品一旦完成设计,并按设计要求制造出来,其固有可靠性就已经完全被确定了。对产品可靠性起决定作用的是设计过程,制造过程主要是实现设计过程所形成的固有可靠性,使用和维护过程是保持获得的固有可靠性。如果在设计

阶段没有认真考虑可靠性问题,那么无论怎样精心制造、严格管理、规范使用,也难以实现高的可靠性水平。

(2)设计阶段提高产品可靠性的效费比高

虽然可通过试验中"激发故障—改进设计"过程,或使用中"发生故障—改进设计"过程来改进产品的可靠性,但与设计阶段主动预防相比,其改进自由度小、成本高、效费比低。

(3)设计阶段重视产品可靠性有助于一次成功

新产品设计时不认真考虑可靠性要求,等到试制、试用后发现问题再来改进设计,必然推迟产品投放市场的时机,还增加了经济成本,降低了竞争力。

1.2.2 可靠性设计分析的特点

可靠性设计分析的目标是识别和排除故障隐患,并实现可靠性定量指标要求。如何把握产品故障的发生和发展规律,如何分析识别和预防控制故障隐患,如何定量化实现可靠性指标要求,是可靠性设计分析面临的三项基本任务。

(1)把握产品故障的发生和发展规律,是可靠性设计分析工作的前提

故障现象具有多样性,光机电液控各类产品,故障表现形式多种多样,可表现为持久或间歇的功能丧失,可表现为性能的持续退化或漂移,可表现为结构材料的物理破坏,等等。故障原因具有复杂性,从机理上看,是内因(结构、材料、工艺等)、外因(机械、热、电子、辐射、化学等应力)、人因(人机适配、认知等)相互作用的结果;从来源看,可以源自产品各层次,来自产品研制各阶段,以及外协外购件、软件、元器件等。故障后果具有不确定性,是由于故障的时空传播过程具有随机性和不确定性,这种不确定性将会影响故障的分类和排序,以及设计权衡时资源的配置。故障度量具有滞后性,统计是产品故障度量的唯一或主要手段,需要通过制成/建成的产品长期使用或进行专门的试验来获取数据。

(2)分析识别和预防控制故障隐患,是可靠性设计分析工作的核心

通过全面系统的功能/硬件/过程的故障模式分析、载荷/应力分析和潜在通路分析等,确定单点故障隐患、物理破坏隐患和潜在通路隐患;依故障隐患发生的可能性大小和故障后果的严重程度,对各类故障隐患进行分类、排序和定位;对识别的故障隐患,针对其故障机理,采取裕度/降额设计、环境防护、工艺控制、成品控制等措施,强化内因、控制外因,预防元部组件故障模式的发生;采取余度设计、稳健设计、故障安全设计等措施,阻断故障时空传播的链条,控制故障影响的范围和严重程度。

(3)定量化实现可靠性指标要求,是可靠性设计分析工作的难点

由于故障影响因素多、故障机理和传播过程复杂,产品故障时间具有不确定性。对故障时间采取统计度量的方式,对于产品可靠性设计的评价,带来了数值不确定性、时间滞后性、设计参数与可靠性之间定量因果关系缺失三个方面的问题,严重影响可靠性设计分析工作的开展。这三个问题,特别是定量因果关系的缺失,是可靠性设计区别于传统性能设计的地方,是导致可靠性设计与性能设计"两张皮"现象的技术本质。

(4)方法系统化、过程并行化、平台集成化和手段数字化,是可靠性设计分析工作的时代特征

要克服可靠性设计与性能设计"两张皮"的问题,真正把可靠性设计到产品中去,必须针对产品故障及可靠性设计的特点,采取系统、并行、集成和数字化的技术途径,与产品设计过程有机融合,开展可靠性设计分析工作。

第一是方法的系统化,故障隐患来源于产品组成各层次、产品研制各阶段,需要支持全系统、全过程的故障隐患分析识别方法,预防控制方法,以及可靠性定量要求确定、分配、设计和评价方法;第二是过程的并行化,要解决可靠性设计与性能设计"两张皮"问题,应保证可靠性设计与性能设计数据同源、工作同步、流程融合,以及必要的可靠性与性能之间的综合权衡;第三是平台的集成化,需要考虑技术方法、基础数据、工作流程、监督评价等方面,实现可靠性设计与性能设计的综合集成,以支持可靠性设计与性能设计的并行融合开展;第四是手段的数字化,是全过程和全方位的数字化,从论证到设计,从设计到验证,基于高精度的模型和先进的数字仿真技术,使可靠性设计高效解决实际问题。

*1.2.3　可靠性设计与分析的流程

按照 ISO‐9001 的定义,流程是将输入转化为输出的相互关联或相互作用的活动。可靠性设计与分析流程,是指以实现用户可靠性要求为目标的一系列设计与分析活动。可靠性是产品的重要特性之一,其设计分析流程需有机融入产品研制流程中,形成一个有机的整体。同时,可靠性活动间的交互关系紧密,可靠性设计分析流程也具有一定的自封闭特征,具有明确的输入/输出关系。

不同研制阶段的可靠性设计分析流程有所差异,但都是由一组彼此交互的可靠性设计分析任务所构成的。其中,最基本的活动可以分为三类:① 提出可靠性要求,包括通过分配提出不同层次产品的可靠性设计要求;② 可靠性设计分析,通过可靠性设计分析为产品研制过程提供输入,形成考虑可靠性的产品设计;③ 验证可靠性设计的效果,验证是否满足产品的可靠性需求。以这三类活动及相应决策活动为基础,即可构成一个可靠性设计分析的概念流程,如图 1‐5 所示。

可靠性设计分析工作可按定性和定量两条线索开展。定性方面,以可靠性设计准则的贯彻为先导,以故障的闭环消减与控制(包括分析识别、预防控制)为核心;定量方面,以可靠性指标的实现为牵引,以可靠性分配、可靠性建模和可靠性预计为支撑。故障闭环消减与控制是一体化流程的核心工作,其原理是在产品设计的同时,系统地识别所有可能发生的故障,通过设计改进消除或控制故障的影响,提高产品的可靠性水平。需要注意的是,故障闭环消减与控制的活动不限于可靠性,也包括维修性、测试性的工作。一般来说,如果能在设计中消除的故障,尽量通过可靠性设计分析工作予以消除,无法消除的则通过维修性、测试性等工作在使用中给予补偿。

可靠性设计分析概念流程对产品研制各阶段可靠性工作开展有指导意义。按照系统工程过程,大型工程系统的寿命周期过程可以划分为论证、方案、工程研制、生产、使用以及退役六个阶段。各类可靠性设计分析工作主要集中在论证阶段、方案阶段以及工程研制中的初步设计(初样)和详细设计(正样)阶段。制定具体可靠性设计分析流程时,应结合该概念流程和产品特点,系统规划和恰当应用各种可靠性设计分析方法,并保证可靠性设计分析流程与性能研制的协调匹配,以渐进识别产品的故障模式,实现故障模式的闭环消减,最终实现可靠性水平。

产品各个研制阶段开展的可靠性设计分析工作项目有所不同,某些可靠性工作在多个研制阶段都需要开展,存在一定的继承性,但是使用的数据源及开展的深入程度不同。表 1‐1 给出了适用于产品不同研制阶段的常用可靠性设计分析方法。在具体工作中,需要根据产品的可靠性要求、产品特点(如电子、机械、机电)以及产品的层次(如系统、分系统、设备组件)选

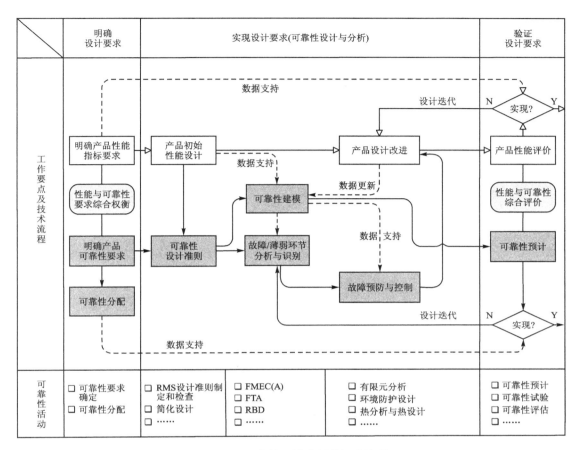

图 1-5 可靠性设计分析的概念流程

择相应的可靠性设计分析方法。

表 1-1 适用于不同研制阶段的常用可靠性设计分析方法

设计分析方法	研制阶段			
	论证阶段	方案阶段	工程研制阶段	
			初步设计	详细设计
可靠性要求确定	√	√		
可靠性分配		√	√	
可靠性模型建立		√	√	√
可靠性预计		√	√	√
可靠性设计准则制定与贯彻		√	√	√
简化设计		√	√	△
余度设计		√	√	△
容错设计		√	√	△
降额设计/裕度设计		△	√	√

续表 1 - 1

设计分析方法	研制阶段			
	论证阶段	方案阶段	工程研制阶段	
			初步设计	详细设计
热设计与热分析		√	√	√
环境防护设计		△	√	√
元器件、零部件和原材料的选用与控制		√	√	√
故障模式影响分析		√	√	√
故障树分析(FTA)		△	√	√
GO 法		△	√	√
潜在分析			△	√
电路容差分析			√	√
耐久性分析		√	√	√
有限元方法		△	△	△
PoF 方法		△	△	△
一体化设计方法		△	△	△

注:√表示适用;△表示视情选用。

以可靠性设计分析概念流程为基础,给出产品各研制阶段典型的可靠性设计分析流程。图 1-6~图 1-9 中粗线方框表示一种具体的可靠性设计分析工作和方法。

(1)论证阶段典型流程

论证阶段的研制任务主要包括进行战术技术指标、总体技术方案的论证及研制经费、保障条件、研制周期的预测,形成《武器系统研制总要求》。论证工作由使用方组织实施,根据武器装备的使用需求和特征,与性能要求综合权衡后,制定可靠性定性要求与定量要求,并把它们作为武器装备战术技术指标的一部分。其典型流程如图 1-6 所示。

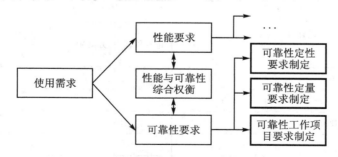

图 1-6　论证阶段可靠性设计分析典型流程

(2)方案阶段典型流程

方案阶段的主要研制任务是根据战术技术要求,进行装备总体及系统方案的优选及关键技术攻关,并确定总体技术方案。在此基础上,进行系统方案设计,总体协调和系统布局,确定系统方案和主要部件的结构形式,并开展模型样机或原理样机研制与试验。其典型流程如

图 1-7 所示。

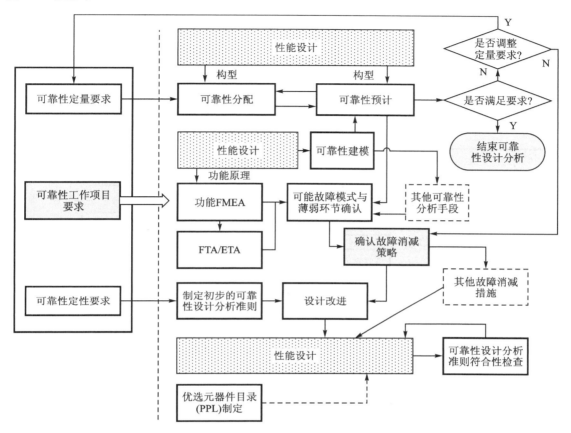

图 1-7 方案阶段可靠性设计分析典型流程

在流程中,需要根据系统的基本构型进行定量要求的分配,使系统各层次人员明确设计目标,同时可基于构型开展初步可靠性预计,判断要求分配是否合理,可迭代多次;在性能设计的基础上建立可靠性模型(凡是有助于描述系统组成之间可靠性关系、分析系统可靠性水平的模型都可以称为可靠性模型)。在此基础上开展相关工作(如可靠性预计),辅助进行薄弱环节的确认以及产品可靠性水平的评价,方案阶段视情况开展其他可靠性分析;如果现有技术手段确实无法满足要求,可按照工程设计的特点,与使用方协商,对系统可靠性指标进行调整;确认可能故障模式与薄弱环节后,根据技术条件、研制进度等条件,选择合适的故障消减策略,并落实到相应的设计中;面向可靠性的设计是产品设计的一部分,不单独存在,主要依据可靠性设计分析准则开展,如余度设计、简化设计、裕度(降额)设计等,或者对薄弱环节的针对性改进设计;优选元器件目录(PPL)一般在方案阶段即已按经验或标准制定完成,但往往在初步设计和详细设计选择元器件时才会真正地对设计形成约束。

(3)初样(初步设计)阶段典型流程

初步设计阶段需要细化方案论证阶段确定的方案,进行各系统的功能、性能分析计算,开展从系统到设备层次产品的原理设计,组成和结构设计。其典型流程如图 1-8 所示。

在过程中需要完善可靠性设计分析准则,并在性能设计中进一步贯彻可靠性设计准则;随

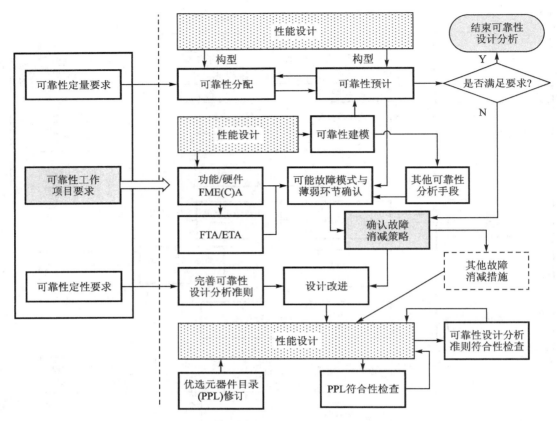

图1-8　初步(初样)设计阶段可靠性设计分析典型流程

着性能设计工作的进展,建立更加详细准确的可靠性模型,进行新一轮系统可靠性指标的分配与预计工作,同时进行系统可靠性分配指标的调整工作,使指标分配更合理;完善优选元器件清单,并对性能设计工作进行初步的符合性检查;在更详细性能设计基础上进行硬件FMEA,视条件开展CA,以及FTA/ETA等其他工作;对发现的薄弱环节采取针对性的设计更改。

(4) 正样(详细设计)阶段典型流程

详细设计阶段需要进行各层次产品全部详细图纸的设计,完成功能、性能的详细设计、计算,进行技术文件编制。其典型流程如图1-9所示。随着性能设计工作的深入,建立更加详细准确的可靠性模型,进行新一轮的系统可靠性预计工作,并初步判断工程设计方案能否达到系统的可靠性指标要求,以便及时进行设计调整。同时,对性能设计工作,进行全面的可靠性设计准则和优选元器件清单的符合性检查。还需进行FMECA、FTA、ETA等各类可靠性设计分析工作。最后,对发现的薄弱环节须采取设计更改等补偿措施。

此外,为了有计划地组织、协调、实施和检查全部可靠性工作,形成规范的可靠性设计分析流程,承制方需要制订可靠性工作计划。在制订可靠性工作计划的过程中,应贯彻系统工程思想,并将其作为产品系统工程工作计划的一部分。项目管理者应该在项目开始时就制订可靠性工作计划,包含可靠性工作的范围,并且在各阶段进行更新。此外,为保证可靠性工作项目取得良好效果,应由独立于工程项目研制的可靠性专家指导,开展规范的可靠性检查和评审。

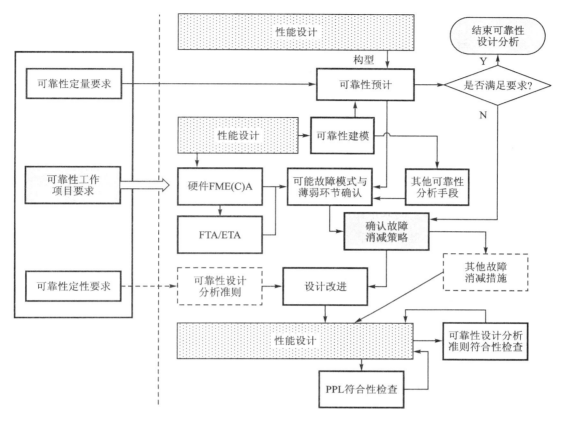

图 1-9 详细(正样)设计阶段可靠性设计分析典型流程

习 题

1. 在前两年的基础课程(如理论力学、机械设计、电工电子、金工实习等)学习中你是否接触到故障分析、可靠性设计的概念或方法,请总结说明。

2. 举一个日常生活中产品可靠或故障的例子,以及你如何衡量它是否可靠,并阐述可靠性的重要性。

3. 论述质量、可靠性、通用质量特性、系统效能以及寿命周期费用这五者之间的关系。

4. 论述可靠性技术对装备高质量发展的作用和意义。

5. 在交战双方中,蓝方空军部署 A 型飞机 12 架,红方空军部署 B 型飞机 48 架。A、B 两型飞机空中对抗能力相当,A 型飞机每天可出动 5 架次,B 型飞机每天可出动 1 架次。试分析双方战斗力对比的结果,并说明可靠性对装备战斗力的重要意义。

*6. 对比常规功能和性能设计,论述可靠性设计分析的特点。

*7. 产品寿命周期过程包括哪些阶段? 各个阶段应主要开展哪些可靠性工作?

*8. 论述产品寿命周期各阶段可靠性设计分析流程之间的关系。

第2章 产品故障及其规律

2.1 产品故障及其定义

2.1.1 产品功能

在基础科学层面上,我们对产品的研究仅考虑其物理原理,如根据牛顿第三定律,从容器中高速喷射的流体会对容器产生作用力,如图2-1(a)所示。无论我们希望还是不希望,这样的规律都会客观存在。但在技术科学的层面上,我们关注的首要问题是产品的功能、效益和用途,我们希望设计出的产品能够具备期望的能力,借助该能力可实现人类的某种目的。如图2-1(b)所示,应用作用与反作用原理设计花园洒水器,它无需借助任何外部动力,可实现喷水头的持续旋转,进而达到均匀喷洒的目的;也可利用这一原理设计更为复杂的火箭发动机(如图2-2所示),利用高速喷射的燃气为火箭提供强大的推力。

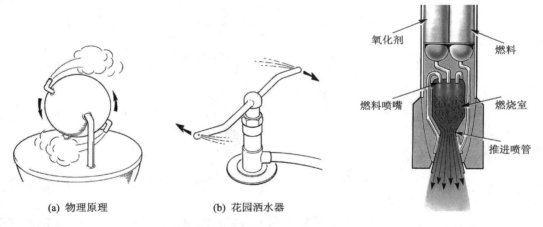

(a) 物理原理   (b) 花园洒水器

图 2-1 洒水器及物理原理   图 2-2 火箭发动机

根据系统科学的定义,产品行为所引起的、有利于环境中的某些事物乃至整个环境存续与发展的作用,称为产品的功能。被作用的外部事物,称为产品的功能对象。一般来说,设计和制造产品,要求产品必须具备某些功能,这些功能一般在产品设计前给出定义,并在设计中赋予,在使用过程中实现和保持。例如为某型火箭设计发动机,该发动机的最大推力是多少,能够工作多长时间,重量不能超过多少等技术要求,在设计前应进行明确的定义。也就是说,给出预期的功能,然后根据预期的功能要求,在设计中通过原理、结构、强度、燃烧、热、控制等多个学科专业的设计与综合实现预期的功能要求,并通过地面和空中试验进行验证。

2.1.2 产品故障

产品的演化过程并不完全受人类的控制,我们希望产品具备的能力并不是总能实现或保持。产品在演化过程中可能出现我们不希望的状态,或者产品规定的功能不能得到满足,或者出现了非预期的有害功能,这样的情况我们通常说产品发生了"故障"。

如何理解故障的定义?从客观物理规律出发,没有所谓的故障问题,因此故障的定义具有主观性,是对产品的一种认识角度。也就是说,故障与所谓的规定功能密切相关,规定的功能(即产品的行为过程)以可接受的性能标准完成。对于具有特定功能的产品来说,故障应该是可定义的,可通过产品的一种状态特性确定,我们将产品不能实现规定功能的状态称为故障状态。故障事件是导致产品故障状态的一个过程,下面通过实例进行说明。

美国"挑战者号"航天飞机起飞时采用了一种分段组装的固体助推火箭发动机,如图 2-3(a)所示。发动机出厂时是由多个相互分离的部分组成的,运输到发射场后再将各部分连接起来,连接处通过两条橡胶的 O 形环进行密封,如图 2-3(b)所示。该结构在正常情况下可有效防止燃气泄漏。分段组装是一个巧妙的设计,既可以降低固体火箭发动机的制造难度,又便于运输。但发射当天的气温仅有 20 ℉(约 -7 ℃),O 形环的弹性下降,导致局部密封不严,发射时固体火箭的燃气从连接处泄漏出来,并逐渐扩大,在发射 59 s 时形成了火焰,烧穿了主燃料箱,最终发生了航天飞机爆炸的惨剧。一般情况下,O 形环处有极少量的泄漏并不是故障,O 形环烧化后可以彻底密封连接处;但在该事故中,由于 O 形环在低温环境下的密封特性发生了很大的改变,燃气泄漏量超出了预期并逐步加大产生火焰,固体火箭的状态转化为不可接受的故障状态。如果将燃气泄漏逐步扩大并产生火焰的过程看作故障火箭发动机的一个故障事件,那么该事件导致了固体火箭发动机连接密封失效的故障状态。

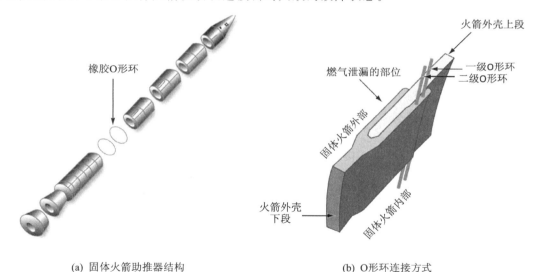

(a) 固体火箭助推器结构　　　　　　　(b) O形环连接方式

图 2-3　"挑战者号"航天飞机固体火箭助推器

根据 GJB-451A 的定义,故障是指产品或产品的一部分不能或将不能执行规定功能的事件或状态。该定义覆盖了故障状态和故障事件,泛指各类故障。

也有一些国外的标准和书籍将失效(failure)和故障(fault)分别定义。例如在美国军标 MIL-STD-2155 中,将失效定义为产品在规定的范围内、规定的条件下,不能执行一个或多个要求功能的事件;将故障定义为由于组成部件失效、失谐、偏差、失调等造成的产品性能降级。本教材不强调失效与故障的区别。

故障的发生具有必然性,物理法则告诉我们,任何暴露在现实世界中的有组织的系统都会受到各种不确定因素的作用。极端的情况是事物的特性或外部条件在短时间内发生突变,如飞机遇到强气流,机体短时间内受到不稳定气动力的冲击,超出机体的强度,会发生机体结构破损甚至空中解体的情况。即使没有这种剧烈的变化,对于自然界中的任何事物,退化都是不可避免的。通常这种情况被描述为热力学第二定律的一个结果,即孤立系统的熵(混乱度)会随着时间增长趋于增加。如飞机表面的喷涂最终会龟裂和脱皮,一套新生产轮船的外壳将会随时间而腐蚀生锈,精密啮合齿轮的细小公差将随时间增大,精密半导体器件的关键参数(阈值电压、驱动电流、互连电阻、电容器漏电等)将随时间不断降低,等等。也就是说,系统的特性不可能总是静态维持的,系统功能状态特性会随时间的变化而变化,这样就必然产生逼近失效的趋势,对一般系统来说,故障必然会发生。

故障的发生具有因果性,系统故障事件的发生,是内外因综合作用的结果,任何故障的发生,必有其发生的条件或诱因。单纯从技术的角度出发,故障产生于系统自身的组成结构、外界系统或环境的影响等。比如,正是由于寒冷的气温和"挑战者号"固体火箭的 O 形环连接方式,导致火箭燃气泄漏量不断扩大,积聚一段时间后,烧穿连接部位产生火焰。

故障的发生具有过程性,产品从正常状态到故障状态需经历一个过程,也就是说,其状态参数是时间的函数。过程中可能需要经过一个或多个中间状态,如正常状态→功能降级状态1→功能降级状态 2→故障状态。以"挑战者号"的固体火箭助推器为例,O 形环在地面安装完成后,在正常的温度范围内,其弹性是能够满足密封要求的,但随着温度的降低,密封环的弹性不断下降,密封效果逐步降级,超过一定的临界值后,便不能满足燃气密封要求,O 形环处于故障状态。

故障的发生具有传播性,产品某个部分的故障,可"传导"到关联的产品上,并导致关联产品的故障,这种特性称为故障的传播性。如"挑战者号"O 形环弹性不足的局部故障问题,引起了固体火箭助推器燃气泄漏故障的发生,燃气进一步烧穿航天飞机的主燃料箱,导致液体主推进器爆炸,最终航天飞机炸毁。

2.2　产品故障的度量方法

在进行产品功能性能分析时,首先要解决描述什么,例如一辆汽车的性能,要使用刹车性能、速度、载重量等参数来描述。然后要解决如何描述,例如产品特性的描述可以是简单易懂的自然语言、符号语言、图形语言,也可以是精确的数学语言;可以是定性描述,也可以是定量描述。例如,汽车刹车性能既可以描述为"刹车性能良好",也可以描述为"时速 100 km/h 下,干地刹车距离不大于 60 m",甚至可以使用系统动力学模型精确描述整个刹车过程。对系统进行分析,应该尽量进行定量化研究,即所谓量化(quantify),是指按照一定的规则,把一个数指派给某一事物。量化是一个过程或一种方法,可以用于量化的方法有标称尺度(如球队每个队员的号码)、次序尺度(如比赛或者考试中的名次排列)、差距尺度(反映量的差距特征,没有自然零点,如温度测量的尺度)、比值尺度(反映量的绝对大小,有自然零点,如物理学中使用的长度、速度、加速度等量)。

同样,要进行产品故障分析,需要对产品故障特性进行描述,对产品故障的描述,也包括定性和定量两种方式。对产品故障进行度量的主要目的是比较不同产品故障的危害程度,产品的故障特性难以用单一参数描述,需要从多个方面进行比较,比较两个产品的可靠性可以转化为两个可靠性定量参数集合的比较。应尽可能把产品的故障特性及其行为过程用定量的形式描述出来,或者建立定量的模型,这样可使产品故障分析建立在更严密的基础之上。产品故障度量的定量参数主要为故障发生概率和故障发生时间。

2.2.1　故障的概率度量

1. 可靠度及可靠度函数

产品在规定的条件下和规定的时间内,完成规定功能的概率称为可靠度。依定义可知,产品的可靠度是时间的函数,用数学符号表示如下:

$$R(t) = P(\xi > t) \tag{2-1}$$

式中:$R(t)$——可靠度函数;

　　　ξ——产品故障前的工作时间(h);

　　　t——规定的时间(h)。

由可靠度的定义可知:

$$R(t) = \frac{N_0 - r(t)}{N_0} \tag{2-2}$$

式中:N_0——在 $t=0$ 时刻、规定条件下正常工作的产品数;

　　　$r(t)$——在 0 到 t 时刻产品的累计故障数(假设产品故障后不予修复)。

N_0 与 $r(t)$ 的关系如图 2-4 所示。

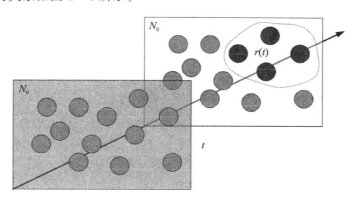

图 2-4　初始产品数与累计故障数关系示意图

2. 累积故障概率及累积故障分布函数

产品在规定的条件下和规定的时间内,丧失规定功能(发生故障)的概率称为累积故障概率(又叫不可靠度)。依定义可知,产品的累积故障概率亦是时间的函数,也称为累积故障分布函数,用数学符号表示如下:

$$F(t) = P(\xi \leqslant t) \tag{2-3}$$

由不可靠度的定义可知:

$$F(t) = \frac{r(t)}{N_0} \tag{2-4}$$

显然,以下关系成立:

$$R(t) + F(t) = 1 \tag{2-5}$$

3. 故障密度函数

由式(2-4)可知:

$$F(t) = \frac{r(t)}{N_0} = \int_0^t \frac{1}{N_0} \frac{\mathrm{d}r(t)}{\mathrm{d}t} \mathrm{d}t$$

令 $f(t) = \frac{1}{N_0} \frac{\mathrm{d}r(t)}{\mathrm{d}t}$,则有

$$F(t) = \int_0^t f(t) \mathrm{d}t \tag{2-6}$$

其中,将 $f(t)$ 称为故障密度函数或故障概率密度函数。

由故障密度函数的性质 $\int_0^\infty f(t)\mathrm{d}t = 1$ 可知:

$$R(t) = 1 - F(t) = 1 - \int_0^t f(t)\mathrm{d}t = \int_t^\infty f(t)\mathrm{d}t \tag{2-7}$$

因此,$R(t)$、$F(t)$ 与 $f(t)$ 之间的关系如图 2-5 所示。

可靠度函数 $R(t)$ 与累积故障分布函数 $F(t)$ 的性质及其关系如表 2-1 所列。

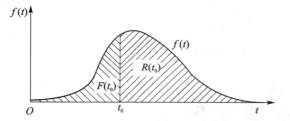

图 2-5 $R(t)$、$F(t)$ 与 $f(t)$ 的关系

表 2-1 $R(t)$ 与 $F(t)$ 的性质

性 质	$R(t)$	$F(t)$
取值范围	$[0,1]$	$[0,1]$
单调性	非增函数	非减函数
对偶性	$1-F(t)$	$1-R(t)$

4. 故障率

工作到某时刻尚未故障的产品,在该时刻后单位时间内发生故障的概率,称为产品的故障率。其用数学符号表示如下:

$$\lambda(t) = \lim_{\Delta t \to 0} P(t \leqslant \xi \leqslant t + \Delta t \mid \xi > t)$$

或者

$$\lambda(t) = \frac{\mathrm{d}r(t)}{N_s(t)\mathrm{d}t} \tag{2-8}$$

式中:$\lambda(t)$——故障率函数(h^{-1});

$\mathrm{d}r(t)$——t 时刻后,$\mathrm{d}t$ 时间内故障的产品数;

$N_s(t)$——残存产品数,即到 t 时刻尚未故障的产品数,$N_s(t) = N_0 - r(t)$。

N_0 与 $N_s(t)$ 的关系如图 2-6 所示。

可按下式对 $\lambda(t)$ 进行工程近似计算:

$$\lambda(t) = \frac{\Delta r(t)}{N_s(t)\Delta t} \tag{2-9}$$

式中:$\Delta r(t)$——t 时刻后,Δt 时间内故障的产品数;

Δt——所取时间间隔(h)。

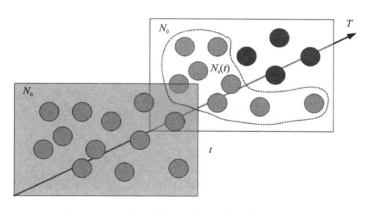

图 2 - 6　初始产品数与残存产品数关系示意图

对于低故障率的元部件,常以 $10^{-9}/h$ 为故障率的单位,称之为菲特(Fit)。

【**例 2 - 1**】表 2 - 2 所列为某批次产品(10^5 个)在 18 年内的故障数据,试计算这批产品的年故障率。

表 2 - 2　某产品 18 年内的故障数据

$t/$ 年	$r(t) \times 1\,000/$ 个	$\Delta r(t) \times 1\,000/$ 个	故障率 $\lambda(t)/(\% \cdot$ 年$^{-1})$
0	—	0	0
1	0	1	1.00
2	1	1	1.01
3	2	1	1.02
4	3	1	1.03
5	4	3	3.12
6	7	6	6.45
7	13	10	11.49
8	23	14	18.18
9	37	15	23.81
10	52	16	33.33
11	68	14	43.75
12	82	8	44.44
13	90	4	40.00
14	94	3	50.00
15	97	1	33.33
16	98	1	50.00
17	99	1	100.00
18	100	—	—

解　本例中的时间单位为年,Δt 为 1 年。当 $t = 5$ 年时,故障率为

$$\lambda(5) = \frac{\Delta r(5)}{[N_0 - r(5)]\Delta t} \times 100\%$$

$$= 3.12\% / 年$$

本例中的故障率 $\lambda(t)$ 曲线如图 2-7 所示。

故障率与可靠度、故障密度函数的关系如下:

$$\lambda(t) = \frac{\mathrm{d}r(t)}{N_s(t)\mathrm{d}t} = \frac{\mathrm{d}r(t)}{N_0 \cdot \mathrm{d}t} \cdot \frac{N_0}{N_s(t)} = \frac{f(t)}{R(t)} \tag{2-10}$$

由于 $f(t) = -\dfrac{\mathrm{d}R(t)}{\mathrm{d}t}$,所以 $\lambda(t)\mathrm{d}t = -\dfrac{\mathrm{d}R(t)}{R(t)}$,对该式积分则有

$$\int_0^t \lambda(t)\mathrm{d}t = -\ln R(t)\,\big|_0^t$$

可得到

$$R(t) = \mathrm{e}^{-\int_0^t \lambda(t)\mathrm{d}t} \tag{2-11}$$

当产品的寿命服从指数分布时,故障率为常数,产品可靠度的表达式为

$$R(t) = \mathrm{e}^{-\lambda t} \tag{2-12}$$

典型产品的故障率函数、可靠度函数与故障密度函数随时间的变化趋势如图 2-8 所示。从图中可以看出,由 $\lambda(t)$ 曲线可以容易地区分出产品的三个故障阶段,而 $f(t)$ 曲线却没有明显的阶段特征。由定义可知,$\lambda(t)$ 反映了产品的故障强度,而 $f(t)$ 反映了产品的故障概率密度。

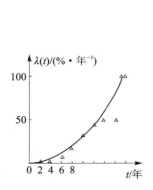

图 2-7　故障率曲线

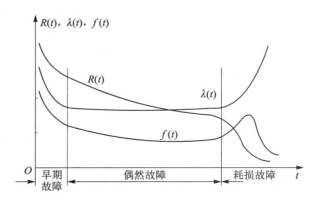

图 2-8　典型产品的故障率、可靠度和故障密度函数曲线

2.2.2　故障的时间度量

1. 平均故障前时间(Mean Time To Failure,MTTF)

设 N_0 个不可修复的产品在同样条件下进行试验,测得其全部故障时间为 $t_1, t_2, t_3, \cdots,$ $t_i, \cdots, t_{N_0}$,其平均故障前时间(MTTF,用符号 T_{TF} 表示)为

$$T_{TF} = \frac{1}{N_0} \sum_{i=1}^{N_0} t_i \tag{2-13}$$

当 N_0 趋向无穷时,T_{TF} 为产品故障时间这一随机变量的数学期望,因此

$$T_{\text{TF}} = \int_0^\infty t f(t)\,\mathrm{d}t = -\int_0^\infty t\,\mathrm{d}R(t)$$

$$= -\left[tR(t) \right]\Big|_0^\infty + \int_0^\infty R(t)\,\mathrm{d}t = \int_0^\infty R(t)\,\mathrm{d}t \tag{2-14}$$

平均故障前时间是一种描述故障分布集中趋势的度量。如图 2 - 9 所示,中位寿命和众数 t_{mode}(最可能发生故障的时间)也是描述故障分布集中趋势的度量。其中,中位寿命 t_{med} 表示可靠度为 0.5 时所对应的时间,因此 t_{med} 也称为中位数;众数为单位时间内最可能发生故障的时间,即故障概率密度函数图像最高点所对应的时间。

$$R(t_{\text{med}}) = 0.5 = P(T \geqslant t_{\text{med}})$$

$$f(t_{\text{mode}}) = \max_{0 \leqslant t < \infty} f(t)$$

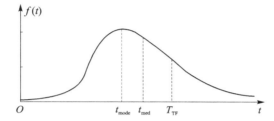

图 2 - 9　产品寿命的平均值、中位值和众数

【例 2 - 2】某型发动机,经过长期的统计,其可靠度函数 $R(t) = \exp\left[-\left(\dfrac{t}{1\,842.7} \right)^{1.5} \right]$,求其 T_{TF}、中位寿命和众数。

解　根据式(2 - 14),可以计算得出 $T_{\text{TF}} = 1\,664.5$ h,进一步基于中位寿命和众数的定义,可以分别计算出该型发动机中位寿命为 1 443.2 h,众数为 885.9 h。

平均故障前时间不能唯一确定故障分布的特性,还需要方差辅助描述:

$$\sigma^2 = \int_0^\infty (t - T_{\text{TF}})^2 f(t)\,\mathrm{d}t$$

即

$$\sigma^2 = \int_0^\infty t^2 f(t)\,\mathrm{d}t - T_{\text{TF}}^2$$

方差代表故障时间与平均故障前时间之间偏差的程度,用于度量故障分布的散布程度。

当产品的寿命服从指数分布时,有

$$T_{\text{TF}} = \int_0^\infty \mathrm{e}^{-\lambda t}\,\mathrm{d}t = \frac{1}{\lambda} \tag{2-15}$$

2. 故障前时间(Time To Failure,TTF)

对于有明确故障物理规律的产品,如果不考虑参数分散性的影响,可给出确定的故障前时间而不是均值。产品的重要设计参数(如机械强度、电容器漏电、晶体管阈值电压、摩擦片厚度等)会随时间而变化,这种变化超过一定的阈值就会造成产品的故障。若使用 S 代表一个产品的关键参数,并假设 S 在产品生命周期中的变化是单调并且缓慢的,则 S 随时间变化的情况可用如下的麦克劳林级数来表达:

$$S(t) = S_{t=0} + \left(\frac{\partial S}{\partial t} \right)_{t=0} t + \frac{1}{2} \left(\frac{\partial^2 S}{\partial t^2} \right)_{t=0} t^2 + \cdots \tag{2-16}$$

式(2-16)可简化为

$$S = S_0 [1 \pm A_0 (t)^m] \tag{2-17}$$

式中：S_0 为参数的初始值；A_0 是一个与产品特性有关的系数；m 是幂指数。A_0 和 m 是可以从观察到的参数退化数据中得到的可变参数。$+A_0$ 表明观察到的参数 S 随时间单调上升，而 $-A_0$ 则表明参数 S 随时间单调下降。设备关键参数 S 的上升(如半导体器件的阈值电压上升、电容器漏电上升、导体电阻上升等)或者下降(如容器中压力减小、机械部件间距减小、润滑液性能降低等)都可能超出产品允许的阈值并最终导致产品失效。

解出式(2-17)的时间，即

$$t = \left[\frac{1}{\pm A_0} \left(\frac{S - S_0}{S_0} \right) \right]^{1/m} \tag{2-18}$$

假设产品故障发生时的参数阈值为 S_F，则式(2-18)中的时间 t 即为故障前时间(T_F)，可表达为

$$T_F = \left[\frac{1}{\pm A_0} \left(\frac{S_F - S_0}{S_0} \right) \right]^{1/m} \tag{2-19}$$

由式(2-19)可以看出，故障前时间随着参数退化关键值的增大而增大；同时，T_F 随指数 m 的减小而增大。注意到，T_F 在 $m \infty 0$ 时趋于无穷。$m = 0$ 意味着没有随时间发生退化，因此 T_F 趋于无穷。

【例 2-3】一个半导体器件的阈值电压 V_{th} 随时间退化，数据如表 2-3 所列。

① 找到可以最好描述阈值电压 V_{th} 随时间退化的幂指数 m。

② 找到完整的可以描述阈值电压 V_{th} 转换的幂律方程。

③ 估计 100 h 后的阈值电压。

④ 假设在设备失效发生前，阈值电压 V_{th} 漂移的最大可承受值为 20%，那么故障前时间为多少？

解　检查数据可以发现，设备参数 V_{th} 随时间降低。因此，由幂律模型，式(2-17)可得到

$$V_{th} = (V_{th})_0 [1 - A_0 (t)^m]$$

整理后，得到

$$\frac{(V_{th})_0 - V_{th}}{(V_{th})_0} = A_0 (t)^m$$

对上式两端取对数，可得到

$$\ln \left[\frac{(V_{th})_0 - V_{th}}{(V_{th})_0} \right] = m \ln t + \ln A_0$$

将表 2-3 中的数据代入上式，可以得到表 2-4 所列数据。

表 2-3　V_{th} 随时间退化

时间 t/h	V_{th}/V
0	0.750
1	0.728
2	0.723
10	0.710

表 2-4　数值表

t/h	V_{th}/V	$\dfrac{(V_{th})_0 - V_{th}}{(V_{th})_0}$	$\ln t$	$\ln \left[\dfrac{(V_{th})_0 - V_{th}}{(V_{th})_0} \right]$
0	0.750	0.000		
1	0.728	0.030	0	-3.51
2	0.723	0.036	0.693	-3.33
10	0.710	0.053	2.303	-2.93

因此,根据表 2-4 中右侧两列数据作图,得到图 2-10。

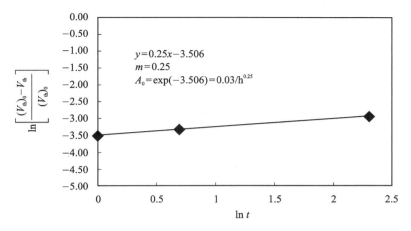

$$y = 0.25x - 3.506$$
$$m = 0.25$$
$$A_0 = \exp(-3.506) = 0.03/h^{0.25}$$

图 2-10　根据表 2-4 数据作图

① 从图 2-9 中可以看到,斜率(幂指数 m)$m = 0.25$。

② 使用式(2-17),阈值电压 V_{th} 转换/退化等式为

$$V_{th} = (V_{th})_0 (1 - A_0 t^m) = 0.75 \times (1 - 0.03 t^{0.25})$$

③ 100 h 后阈值电压值为

$$V_{th} = 0.75 \times [1 - 0.03 \times 100^{0.25}] = 0.68$$

④ 由于阈值电压 V_{th} 是一个在减小的重要设备参数,所以式(2-19)给出故障前时间:

$$T_F = \left[\frac{1}{A_0} \times \frac{(V_{th})_0 - V_{th}}{(V_{th})_0} \right]^{1/m}$$

等式变为

$$T_F = \left[\frac{1}{0.03} \times \frac{(V_{th})_0 - 0.8(V_{th})_0}{(V_{th})_0} \right]^{1/0.25}$$

$$= \left(\frac{0.2}{0.03} \right)^4 = 1\ 975.3\ h$$

总体来说,设备参数 V_{th} 将大约使用 1 975 h 达到减少/漂移 20% 并引起设备失效。

3. 平均故障间隔时间(Mean Time Between Failures, MTBF)

一个可修产品在使用过程中发生了 N_0 次故障,每次故障修复后又重新投入使用,测得其每次工作持续时间为 $t_1, t_2, \cdots, t_i, \cdots, t_{N_0}$。其平均故障间隔时间用符号 T_{BF} 表示,即

$$T_{BF} = \frac{1}{N_0} \sum_{i=1}^{N_0} t_i = \frac{T}{N_0} \tag{2-20}$$

式中:T——产品总的工作时间(h)。

显然,产品的平均故障间隔时间与产品的维修效果有关。产品典型的修复状态有基本修复和完全修复两种。

基本修复是指产品修复后瞬间的故障率与故障前瞬间的故障率相同。而完全修复是指产品修复后瞬间的故障率与新产品刚投入使用时的故障率相同。某产品进行基本修复或完全修复后的故障率变化曲线如图 2-11 所示。

对于完全修复的产品,因修复后的状态与
崭新产品一样,一个产品发生了 N_0 次故障相
当于 N_0 个新产品工作到首次故障。因此,

$$T_{BF} = T_{TF} = \int_0^\infty R(t)\mathrm{d}t \qquad (2-21)$$

当产品的寿命服从指数分布时,产品的故
障率为常数 λ,完全修复与基本修复之间没有
差别,因此, $T_{BF} = T_{TF} = 1/\lambda$。即使在偶然故障
阶段,由于 λ 为常数,所以工程上可认为都是完
全修复的。

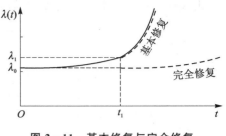

图 2 - 11　基本修复与完全修复

2.3　产品故障规律描述方法

产品故障的发生具有必然性,但对产品设计来说,故障的发生往往是一个"意外"事件。从
设计师的主观出发,不希望任何故障的发生,但设计师往往没有充分考虑故障问题,或者不能
对产品的故障规律全面正确认知。如"挑战者号"固体火箭 O 形环的设计缺陷,有些设计师已
意识到可能存在问题,但在多次发射过程中(没有遇到低温的天气),该问题一直没有发生,也
没有人能够想到该问题会导致如此严重的后果,因此没有对 O 形环结构进行设计改进;又如
泰坦尼克号的设计师,没有考虑到含硫量高的钢材在低温条件下变脆的问题,导致船体在冰海
中难以承受冰山的撞击。

因此,在产品设计过程中,要求设计师能够对各种可能发生的故障作出识别和认知。但这
是一件十分困难的事情,造成对故障问题认知困难的主要原因是故障发生的内因和外因具有
不确定性或高度的复杂性。绝对准确地预测每一个产品在内外因综合作用下的故障规律是十
分困难的,但与人类认知其他事物的过程一样,故障规律在一定程度和范围内是可以认知的,
正如找到两片完全相同的树叶很困难,但是找到两片品种相同的树叶是可以做到的。

对产品故障规律的认知,应有效处理故障问题的不确定性和复杂性。统计方法为分析、认
识和控制导致故障问题的因素提供了通用的手段,统计方法在有大量历史信息和试验样本的
条件下是非常经济和有效的,也是工程中广泛应用的方法。但统计方法本身并不能提供故障
因果关系的解释,只有找到故障在科学理论、工程设计、过程或人因等方面的真正原因,从导致
故障发生的物理、化学、生物等过程(即故障机理)的角度对故障规律进行描述,才能彻底认识
并有效控制故障。

在本节内容中,我们将对各种描述故障规律的方法及模型进行介绍,主要包括不考虑物理
因素的统计模型(包括时间相关故障率函数和时间无关故障率函数),考虑物理因素相关性的
协变模型以及基于物理过程的故障物理模型(包括过应力型故障物理模型和耗损型故障物理
模型)。

通常,在统计模型中我们假设产品的可靠度是时间的函数。然而在工程实际应用中,其他
因素可能同等重要。例如,电子元器件的故障与工作电压、电流或者整套设备的工作温度相
关,机械结构的故障与其几何构型、承受载荷以及材料属性等相关。因此,更准确的故障规律
描述还应该考虑包括产品自身的固有特性和外部的环境、工作条件等因素。协变模型通过将

基于统计模型的可靠度函数中的分布参数表达为协变量的函数,从而将这些附加因素考虑进去,但其本质上仍是统计模型,并不能完全描述故障发生的物理规律。进一步地,根据故障发生过程的特点,可以将其分为过应力型故障(规律)和耗损型故障(规律)。针对过应力型故障,可以采用应力-强度模型进行描述。在该模型中,时间不是决定产品故障的因素,而产品的物理(内部)强度以及外加载荷将被考虑到故障规律描述中。针对耗损型故障,对于不同的故障机理,可以采用不同的故障机理模型进行描述。在该模型中,给出了在特定的故障机理下,产品的寿命/可靠性同产品自身(内部)的几何参数、材料属性参数以及外部各种环境载荷参数(如温度、湿度、振动等)之间的函数关系式。

2.3.1　故障统计模型

当我们对故障发生的物理过程/规律缺乏足够的认识,或者获得故障的物理过程/规律代价很大时,只能采取完全的概率统计方法来描述故障规律。统计方法通常将产品故障作为一个随机过程处理,通过对故障时间统计数据的收集和分析,可以确定产品的寿命分布,对其分布参数进行估计,并进行拟合优度检验。

故障率是产品故障特性的重要特征量,掌握了故障率随时间变化的规律,也就得到了基于概率统计的基本故障规律,该特征量完全基于统计方法,不考虑产品故障的物理因素。大多数产品的故障率随时间的变化曲线形似"浴盆"(如图 2-12 所示),称之为浴盆曲线。

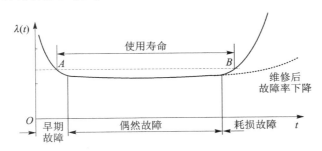

图 2-12　产品典型的故障率曲线

由于产品故障机理的不同,产品的故障率随时间的变化大致可以分为三个阶段:

(1) 早期故障阶段

在产品投入使用的初期,产品的故障率较高,且存在迅速下降的特征。这一阶段产品的故障主要是设计和制造中的缺陷造成的,如设计不当、材料缺陷、加工缺陷、安装调整不当等;产品投入使用后,在各种应力的激发下,故障很容易暴露出来。可以通过加强质量管理及采用老化筛选等办法来提前暴露和消灭早期故障。

(2) 偶然故障阶段

在产品投入使用一段时间后,早期故障被剔除掉,产品的故障率可降到一个较低的水平,且基本处于平稳状态,可以近似认为故障率为常数,此阶段可用产品偶然故障阶段的故障率来比较其可靠性的高低。这一阶段产品的故障主要是由偶然因素引起。偶然故障阶段是产品的主要工作期间。

(3) 耗损故障阶段

在产品投入使用相当长的时间后,进入产品的耗损故障期,其特点是产品的故障率迅速上升,很快出现大批量的故障或报废。这一阶段产品的故障主要是由老化、疲劳、磨损、腐蚀等耗损性因素引起的。采取定时维修、更换等预防性维修措施,可以降低产品的故障率,减少由于产品故障所带来的损失。

故障在不同阶段的特性的汇总如表 2－5 所列。

表 2－5　故障发生发展各阶段特性表

阶　段	故障率特性	产生原因	解决措施
早期故障	递减	制造缺陷、焊缝微裂纹、有缺陷的零部件、不良的质量控制等	老炼筛选、质量控制、验收试验等
偶然故障	恒定	环境影响、随机应力的作用、人因、未知原因等	余度设计、裕度设计等
耗损故障	递增	材料疲劳、材料老化、磨损等	降额、预防性维修等

另外,并非所有产品的故障率曲线都可以分出明显的三个阶段。高质量等级的电子元器件,其故障率曲线在其寿命期内基本是一条平稳的直线;而质量低劣的产品,可能存在大量的早期故障或很快进入耗损故障阶段。总的来说,故障率函数可简单分为两类,一类是与时间无关的,另外一类是与时间相关的。

1. 时间无关的故障率函数

浴盆曲线中,偶然故障阶段是产品在投入使用一段时间后,产品的故障率可降到一个较低的水平,且基本处于平稳状态,可以近似认为故障率为常数。这一阶段产品的故障主要是由偶然因素引起的。偶然故障阶段是产品的主要工作期间,其故障率为定值,故障分布函数的形式最为简单,因此我们首先给出偶然故障的故障规律。

偶然故障服从指数分布,其故障率函数为定值,即

$$\lambda(t) = \lambda \tag{2-22}$$

根据对偶性,可得到不可靠度函数为

$$F(t) = 1 - R(t) = 1 - e^{-\lambda t} \tag{2-23}$$

进一步可分别得到故障密度函数 $f(t)$、平均故障前时间 T_{TF} 和方差 σ^2:

$$f(t) = -\frac{dR(t)}{dt} = \lambda e^{-\lambda t} \tag{2-24}$$

$$T_{TF} = \int_0^\infty e^{-\lambda t} dt = \frac{e^{-\lambda t}}{-\lambda} \bigg|_0^\infty = \frac{1}{\lambda} \tag{2-25}$$

$$\sigma^2 = \int_0^\infty \left(t - \frac{1}{\lambda}\right)^2 \lambda e^{-\lambda t} dt = \frac{1}{\lambda^2} \tag{2-26}$$

2. 时间相关的故障率函数

浴盆曲线中,早期故障阶段和耗损故障阶段,故障率是随时间变化的函数,故障率函数可用威布尔分布、正态分布、对数正态分布等分布函数来表达。

（1）威布尔分布故障率函数

威布尔分布既可以描述失效率递增的故障过程,也可以描述失效率递减的故障过程。其失效率的一般表达形式为指数函数:

$$\lambda(t) = at^b \tag{2-27}$$

对于函数 $\lambda(t)$，当 $a>0$ 且 $b>0$ 时为增函数，当 $a>0$ 且 $b<0$ 时为减函数。为了便于计算，$\lambda(t)$ 函数经常用如下方式来表达：

$$\lambda(t)=\frac{\beta}{\theta}\left(\frac{t}{\theta}\right)^{\beta-1} \quad (\theta>0,\beta>0,t\geqslant 0) \tag{2-28}$$

进一步可以计算得到 $R(t)$ 函数和 $f(t)$ 函数：

$$R(t)=\exp\left[-\int_0^t \frac{\beta}{\theta}\left(\frac{t'}{\theta}\right)^{\beta-1}\mathrm{d}t'\right]=\mathrm{e}^{-(t/\theta)^\beta} \tag{2-29}$$

$$f(t)=-\frac{\mathrm{d}R(t)}{\mathrm{d}t}=\frac{\beta}{\theta}\left(\frac{t}{\theta}\right)^{\beta-1}\mathrm{e}^{-(t/\theta)^\beta} \tag{2-30}$$

这里 β 称为形状参数，不同 β 值对概率密度函数 $f(t)$ 的影响见图 2-13。当 $\beta<1$ 时，概率密度函数图像接近于指数分布；当 β 值较大时（如 $\beta\geqslant 3$），概率密度函数图像趋于对称，接近于正态分布；当 $1<\beta<3$ 时，概率密度函数图像是偏峰的；当 $\beta=1$ 时，$\lambda(t)$ 为常数，即分布为 $\lambda=1/\theta$ 的指数分布；当 $\beta=2$ 时，$\lambda(t)$ 曲线呈线性。如图 2-14 所示，每个可靠度曲线都经过

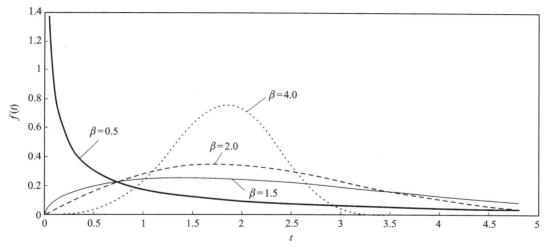

图 2-13 β 对威布尔分布概率密度函数 $f(t)$ 的影响

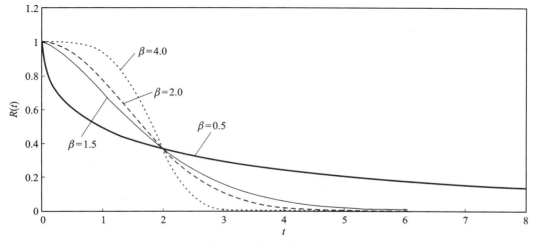

图 2-14 β 对威布尔分布可靠度函数 $R(t)$ 的影响

$t=\theta$ 的点。根据式(2-29),当 $t=\theta$ 时,无论形状参数为何值,都将有 63.2% 的威布尔分布的故障发生。图 2-15 表明故障率函数 $\lambda(t)$ 的增长或下降特性与 β 值相关。

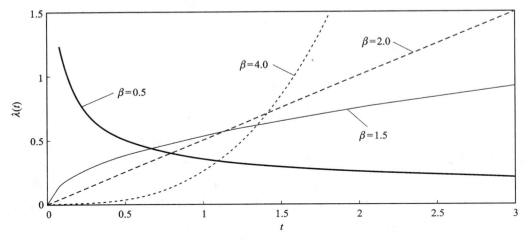

图 2-15　β 对威布尔分布故障率 $\lambda(t)$ 的影响

　　θ 称为尺度参数,影响分布的均值和散布(或离散度)特性。如图 2-16 所示,当 θ 增长时,可靠性在给定的时间点会增长。在图 2-17 中,随着 θ 的增长,故障率的斜率下降。参数 θ 也称为特征寿命,其与故障时间的单位相同。

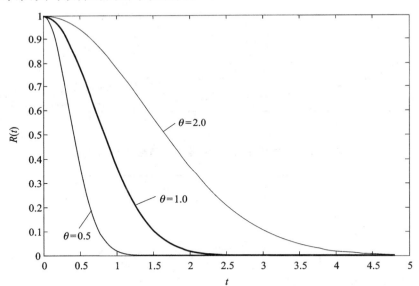

图 2-16　θ 对威布尔分布可靠度函数 $R(t)$ 的影响

威布尔分布的平均故障前时间为

$$T_{\text{TF}} = \theta\,\Gamma\left(1 + \frac{1}{\beta}\right) \tag{2-31}$$

其推导过程如下:

$$T_{\text{TF}} = \int_0^\infty \frac{\beta}{\theta}\left(\frac{t}{\theta}\right)^{\beta-1} \mathrm{e}^{-(t/\theta)^\beta} t\,\mathrm{d}t$$

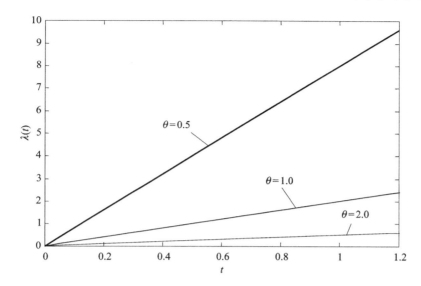

图 2 - 17　θ 对威布尔分布故障率 λ(t) 的影响

令 $y = \left(\dfrac{t}{\theta}\right)^{\beta}$，于是 $\mathrm{d}y = \dfrac{\beta}{\theta}\left(\dfrac{t}{\theta}\right)^{\beta-1}\mathrm{d}t$，或者

$$T_{\text{TF}} = \int_0^{\infty} t\,\mathrm{e}^{-y}\,\mathrm{d}y$$

由于 $t = \theta y^{1/\beta}$，所以我们可以得到

$$T_{\text{TF}} = \theta \int_0^{\infty} y^{1/\beta}\mathrm{e}^{-y}\,\mathrm{d}y = \theta\,\Gamma\!\left(1 + \frac{1}{\beta}\right)$$

这里 $\Gamma(x)$ 为伽马方程，即

$$\Gamma(x) = \int_0^{\infty} y^{x-1}\mathrm{e}^{-y}\,\mathrm{d}y$$

可在伽马分布表中查询 $\Gamma(x)$ 值。当 $x > 0$ 时，对于超出分布表范围的数据，可通过下式
获得：

$$\Gamma(x) = (x-1)\Gamma(x-1)$$

如果 x 为整数，则 $\Gamma(x) = (x-1)!$。

威布尔分布的方差为

$$\sigma^2 = \theta^2\left\{\Gamma\!\left(1 + \frac{2}{\beta}\right) - \left[\Gamma\!\left(1 + \frac{1}{\beta}\right)\right]^2\right\} \tag{2-32}$$

因此均值和方差很容易计算。与指数分布不同，威布尔分布的 T_{TF} 与 $\lambda(t)$ 之间没有直接
的关系。

【例 2 - 4】 一种压缩机的磨损过程可用线性的失效率函数表达如下：

$$\lambda(t) = \frac{2}{1\,000}\left(\frac{t}{1\,000}\right) = 2 \times 10^{-6}\,t$$

试求 $t_{0.99}$、T_{TF} 和 σ。

解　该过程服从 $\beta = 2\theta = 1\,000$ h 的威布尔分布，若可靠度要求值为 0.99，则

$$R(t) = \mathrm{e}^{-(t/1\,000)^2} = 0.99$$

由此可以得出 $t_R = 1\,000\sqrt{-\ln 0.99} = 100.25$ h。

根据式(2-31)和式(2-32),可得到

$$T_{\text{TF}} = 1\,000\Gamma\left(1 + \frac{1}{2}\right) = 886.23 \text{ h}$$

$$\sigma^2 = 10^6\left\{\Gamma(1+1) - \left[\Gamma\left(1+\frac{1}{2}\right)\right]^2\right\} = 214\,601.7, \quad \sigma = 463.25 \text{ h}$$

其中,

$$\Gamma\left(1+\frac{1}{2}\right) = 0.886\,227$$

根据伽马分布表以及 $\Gamma(2) = (2-1)! = 1$,只要 $\beta = 2$,故障率函数为线性,威布尔分布将表现出 Rayleigh(瑞利)分布的形式。

形状参数 β 提供了观察故障过程行为的特征。表 2-6 总结了不同 β 值下的故障行为特性。例如,当 $\beta > 1$ 时,随着 β 值的增加,故障率首先是逐渐增加,但增速渐缓(凹),接着以一个固定的增长率增长(线性),然后逐渐增加,增速也渐增(凸)。故障率增速渐增表明了非常强烈的耗损现象。图 2-15 所示的失效率曲线,当 $\beta = 4$ 时为凸,当 $\beta = 1.5$ 时为凹。通过考虑不同的形状和特性,威布尔分布可为实践中的大多数失效数据提供适用的模型。

表 2-6　威布尔分布形状参数

值	特　性
$0 < \beta < 1$	失效率递减(DFR)
$\beta = 1$	指数分布,失效率为常数(CFR)
$1 < \beta < 2$	失效率递增(IFR),图形上凸,增速渐缓
$\beta = 2$	瑞利分布
$\beta > 2$	失效率递增(IFR),图形下凹,增速渐增
$3 \leqslant \beta \leqslant 4$	失效率递增(IFR),接近正态分布,分布函数接近对称

1) 威布尔分布的设计寿命、中位数和众数

给定要求的可靠性水平 R 的威布尔故障分布产品

$$R(t) = e^{-(t/\theta)^\beta} = R \tag{2-33}$$

则设计寿命为 $t_R = \theta(-\ln R)^{1/\beta}$。当可靠性 $R = 0.99$ 时,$t_{0.99}$ 称为 B1 寿命,也就是生产出的产品可能有 1% 失效的时间。类似,$t_{0.999}$ 称为 B.1 寿命,也就是产出的产品可能有 0.1% 失效的时间。令 $R = 0.5$,可得到中位寿命 t_{med},即

$$t_{0.5} = t_{\text{med}} = \theta(-\ln 0.5)^{1/\beta} = \theta(0.693\,15)^{1/\beta} \tag{2-34}$$

该分布的众数可通过求解下式的 t^* 获得:

$$f(t^*) = \max_{t \geqslant 0} f(t)$$

求得的结果为

$$t_{\text{mode}} = \begin{cases} \theta(1 - 1/\beta)^{1/\beta}, & \beta > 1 \\ 0, & \beta \leqslant 1 \end{cases} \tag{2-35}$$

2) 三参数威布尔分布

只要存在着最小的寿命 t_0,也就是 $T > t_0$,则需要引入三参数的威布尔分布。该分布假设

在 t_0 前没有失效发生。对于此类分布,有

$$R(t) = \exp\left[-\left(\frac{t-t_0}{\theta}\right)^{\beta}\right], \quad t \geqslant t_0 \tag{2-36}$$

$$\lambda(t) = \frac{\beta}{\theta}\left(\frac{t-t_0}{\theta}\right)^{\beta-1}, \quad t \geqslant t_0 \tag{2-37}$$

参数 t_0 称为位置参数。此类分布的变化与两参数的模型相同,但是

$$T_{\text{TF}} = t_0 + \theta\Gamma\left(1+\frac{1}{\beta}\right) \tag{2-38}$$

$$t_{\text{med}} = t_0 + \theta(0.693\,15)^{1/\beta} \tag{2-39}$$

并且设计寿命 t_d 与可靠度的关系为

$$t_d = t_0 + \theta(-\ln R)^{1/\beta} \tag{2-40}$$

通过变换 $t' = t - t_0$,可以实现三参数威布尔分布向两参数威布尔分布的转化。

【例 2-5】已知三参数的威布尔分布 $\beta = 4, t_0 = 100, \theta = 780$。计算 T_{TF}、中位数、标准差和 500 h 的可靠度。

解　T_{TF}、中位数、标准差和 500 h 的可靠度分别为

$$T_{\text{TF}} = 100 + 780\Gamma\left(1+\frac{1}{4}\right) = 806.99 \text{ h}$$

$$t_{\text{med}} = 100 + 780 \times (0.693\,15)^{1/4} = 811.7 \text{ h}$$

$$\sigma^2 = (780)^2 \times \left\{\Gamma\left(1+\frac{2}{4}\right) - \left[\Gamma\left(1+\frac{1}{4}\right)\right]^2\right\} = 39\,340.6, \quad \sigma = 198.3 \text{ h}$$

$$R(500) = \exp\left[-\left(\frac{500-100}{780}\right)^4\right] = 0.933$$

（2）正态分布故障率函数

正态分布适用于疲劳和耗损等故障现象的描述。由于其与对数正态分布之间的紧密关系,也被用于分析对数正态的特性。正态分布的概率密度图形为十分熟悉的钟形。概率密度函数（PDF）的公式为

$$f(t) = \frac{1}{\sqrt{2\pi}\sigma}\exp\left[-\frac{1}{2}\frac{(t-\mu)^2}{\sigma^2}\right], \quad -\infty < t < \infty \tag{2-41}$$

式中:μ 和 σ^2 分别为分布的均值和方差。由于随机变量的范围从负无穷大到正无穷大,因此正态分布并不是真正的故障分布。但是,对于大多数 μ 和 σ^2 的观察值,随机变量为负的概率很小,可以忽略,因此正态分布可近似地描述过程。正态分布是关于均值对称的,分布的散布由标准差 σ 决定。

正态分布的可靠度函数由下式确定:

$$R(t) = \int_t^{\infty} \frac{1}{\sqrt{2\pi}\sigma}\exp\left[-\frac{1}{2}\frac{(t'-\mu)^2}{\sigma^2}\right]\mathrm{d}t' \tag{2-42}$$

然而,该积分没有有限形式的解,必须通过数值方法求解。如果采用如下变形方式:

$$z = \frac{T-\mu}{\sigma}$$

则 z 是均值为 0、方差为 1 的正态分布。z 的概率密度函数通过下式给出:

$$\phi(z) = \frac{1}{\sqrt{2\pi}} \mathrm{e}^{-z^2/2} \qquad (2-43)$$

z 被称为标准正态变量。其累积分布函数为

$$\Phi(z) = \int_{-\infty}^{z} \phi(z') \mathrm{d}z' \qquad (2-44)$$

一般概率统计的书都会给出标准正态分布的累积概率值表。利用该表可以查出任意随机变量正态分布的累积概率值,通过下式的变形来实现:

$$F(t) = P(T \leqslant t) = P\left(\frac{T-\mu}{\sigma} \leqslant \frac{t-\mu}{\sigma} \right)$$

$$= P\left(z \leqslant \frac{t-\mu}{\sigma} \right) = \Phi\left(\frac{t-\mu}{\sigma} \right) \qquad (2-45)$$

因此,一般来说,有

$$R(t) = 1 - \Phi\left(\frac{t-\mu}{\sigma} \right) \qquad (2-46)$$

$$F(t) = \Phi\left(\frac{t-\mu}{\sigma} \right) \qquad (2-47)$$

正态分布故障率函数也不能给出有限形式解,但是故障率函数为增函数。正态分布一般用于疲劳现象的故障建模。

$$\lambda(t) = \frac{f(t)}{R(t)} = \frac{f(t)}{1 - \Phi\left[(t-\mu)/\sigma \right]} \qquad (2-48)$$

【例 2 - 6】 某油井钻头的疲劳失效服从正态分布,均值为 120 钻探小时,标准差为 14 钻探小时。若每天钻探 12 h,计算不停机换钻头持续钻探的天数。要求有 95% 的可靠度。

解 问题为求解满足 $P(T \geqslant t_{0.95}) = 0.95$ 的 $t_{0.95}$,首先标准化

$$P\left(z \geqslant \frac{t_{0.95} - 120}{14} \right) = 1 - \Phi\left(\frac{t_{0.95} - 120}{14} \right) = 0.95$$

利用正态分布表:$(t_{0.95} - 120)/14 = -1.645$,$t_{0.95} = 96.97$ h = 8 天。

【例 2 - 7】 某等级的轮胎在行驶 25 000 km 时,有 5% 出现磨损失效,而另有 5% 磨损失效里程超过 35 000 km。计算该型轮胎行驶到 24 000 km 时的可靠度,假设轮胎磨损失效服从正态分布。

解 依据题意可知 $P(25\,000 \leqslant T \leqslant 35\,000) = 0.9$,进行标准化

$$P\left(\frac{25\,000 - \mu}{\sigma} \leqslant z \leqslant \frac{35\,000 - \mu}{\sigma} \right) = 0.90$$

根据正态分布表和对称性,$P(-1.645 \leqslant z \leqslant 1.645) = 0.90$,则

$$\frac{25\,000 - \mu}{\sigma} = -1.645 \times \frac{35\,000 - \mu}{\sigma} = 1.645$$

解得 $\mu = 30\,000$,$\sigma = 3\,039.5$。

因此

$$R(24\,000) = 1 - \Phi\left(\frac{24\,000 - 30\,000}{3\,039.5} \right)$$

$$= 1 - \Phi(-1.97) = 0.975\,6$$

耗损型故障服从正态分布可用中心极限定理来解释。中心极限定理表明,在一般的条件

下,当 n 趋于无穷时,n 个随机变量的和趋近于正态分布。

形式化表达,如果 $Y_n = X_1 + X_2 + \cdots + X_n$,其中 $X_1, X_2, \cdots, X_n$ 为 n 个独立同分布的随机变量,具有有限个均值 $E(X_i)$ 和方差 $V(X_i)$,于是,对于足够大的 n,Y_n 接近于正态分布。其均值和方差分别为

$$E(Y_n) = \sum_{i=1}^{n} E(X_i)$$

$$V(Y_n) = \sum_{i=1}^{n} V(X_i)$$

中心极限定理意味着每个随机变量对总体随机变量都有贡献,但没有哪个单独的随机变量占据统治地位。这个结果表明,每个随机变量的分布是无需考虑的。而耗损型故障是很多小的应力累积作用的结果,因此利用正态失效过程进行描述是恰当的。后面,在利用样本失效数据评估平均故障前时间时,可利用中心极限定理计算置信区间。

（3）对数正态分布

如果随机变量为 T,其 T_{TF} 服从正态分布,则其对数也服从正态分布。这是在分析对数正态分布时非常有用的关系。对数正态分布的概率密度函数为

$$f(t) = \frac{1}{\sqrt{2\pi}\, st} \exp\left[-\frac{1}{2s^2}\left(\ln\frac{t}{t_{med}}\right)^2\right], \quad t \geqslant 0 \qquad (2-49)$$

式中：s 为形状参数；t_{med} 为位置参数,也是失效的中位时间。由于对数正态分布的定义中 t 只能为正值,因此比正态分布更适于描述故障过程。与威布尔分布类似,对数正态分布在不同形状参数下呈现不同的分布图形。常常是服从威布尔分布的数据也服从对数正态分布。

对数正态分布的均值、方差和众数分别为

$$T_{TF} = t_{med} \exp(s^2/2) \qquad (2-50)$$

$$\sigma^2 = t_{med}^2 \exp(s^2)\left[\exp(s^2) - 1\right] \qquad (2-51)$$

$$t_{mode} = \frac{t_{med}}{\exp(s^2)} \qquad (2-52)$$

为了计算失效概率,需要利用对数正态分布与正态分布的关系,如表 2-7 所列。

表 2-7　对数正态分布与正态分布关系表

分　布	对数正态	正　态
均　值	$t_{med} \exp(s^2/2)$	$\ln t_{med}$
方　差	$t_{med}^2 \exp(s^2)\left[\exp(s^2) - 1\right]$	s^2

由于对数为单调增函数,故

$$\begin{aligned} F(t) = P(T \leqslant t) &= P(\ln T \leqslant \ln t) \\ &= P\left(\frac{\ln T - \ln t_{med}}{s} \leqslant \frac{\ln t - \ln t_{med}}{s}\right) \\ &= P\left(z \leqslant \frac{1}{s}\ln\frac{t}{t_{med}}\right) \\ &= \Phi\left(\frac{1}{s}\ln\frac{t}{t_{med}}\right) \end{aligned}$$

则

$$R(t) = 1 - \Phi\left(\frac{1}{s}\ln\frac{t}{t_{\text{med}}}\right) \tag{2-53}$$

对数正态分布的失效率与正态分布类似,不能得到解析解。但是对数正态分布的失效率可以通过选定时间点的 $f(t)$、$R(t)$ 的比值得到数量值,$f(t)$ 和 $R(t)$ 的计算见式(2-49)和式(2-53)。失效率函数首先递增,在达到高点后递减,对于大多数产品来说,这不是常规的故障行为(常规的故障行为后期应该是递增的)。而且,如果 $s < \sqrt{2/\pi} = 0.798$,故障率的最大值落在中位数和平均寿命之后;否则峰值点落在中位数和众数之间。s 值越小,峰值前的时间越大。表2-8通过4个不同的 s 值显示了这种影响。$t_{\text{med}} = 10$ 的每种情况下,表2-8总结了分布的其他特征值。

表 2-8　其他特征值

s	众　数	T_{TF}	$\max \lambda(t)$
1.0	3.7	16.5	7
0.8	5.3	13.8	10
0.6	7.0	12.0	16
0.4	8.5	10.8	20

3. 故障统计模型的局限性

不考虑物理因素的故障规律描述方法的局限性主要有:

① 只能从有限的故障数据样本来推断总体。在此基础上进行新研产品的故障率预计,也只能对一般总体有效,而不能预计某个产品个体的故障,而且开展准确的可靠性预计还需要大量的故障数据(往往无法获得)。事实上,如果产品寿命服从指数分布(或者其他任意形式的分布),则单个产品发生故障的时间可以是任意的。

② 不能考虑产品实际环境条件(载荷/应力)和工作条件的影响。因为并不是所有的产品都承受相同的温度、湿度、振动或冲击等环境载荷作用,因此,也就不能认为所有的产品一定都具有相同的故障模式。

2.3.2　故障协变模型

考虑到故障统计模型的局限性,如果故障分布(函数)中包含一个或多个协变量或解释变量,就可以用显式方式建立前述的故障分布函数(称之为故障协变模型)。这种显式方法将一个或多个分布参数定义为协变量的函数(参数化函数),可以部分考虑各种因素对产品个体实际故障的影响。假设 α 是一个分布参数,如威布尔故障分布函数中代表特征寿命的位置参数,可表示为

$$\alpha(x) = f(x_1, x_2, \cdots, x_k)$$

式中:$x = (x_1, x_2, \cdots, x_k)$,其中 x_i 是第 i 个协变量。协变量可以是电压、电流、温度、湿度以及其他应力或环境条件的度量。协变量与分布参数值之间应该具有明显的相关性,但这种相关性不一定必须是因果关系。$f(x)$ 的函数形式则由与协变量与分布参数值相关性有关的物理过程来确定。当不能确定协变量与分布参数值之间的关系时,可以假定一种简单的函数形

式,如线性关系式。根据不同分布形式的故障分布函数,协变模型可以分为比例故障模型和位置-尺度模型两大类。

1. 比例故障模型

比例故障模型是指不同产品的故障率成比例,且不随时间发生变化的模型。比例模型主要适用于指数故障分布和威布尔故障分布。

（1）指数分布

对于故障服从指数分布的产品,若其指数分布参数（故障率）用简单的线性函数式表达,则可以得到最简单的协变模型：

$$\lambda(x) = \sum_{i=0}^{k} a_i x_i \qquad (2-54)$$

式中：a_i 是待确定的未知参数,并约定 $x_0 = 1$；x_i 是转换变量（如倒数、指数、幂数等）,这样就可以保证使用多项式来表达上式。这里的故障率与时间无关,而与特定的协变量数值相关,如某印制电路板的故障率与设备的工作温度和环境的相对湿度成线性关系。

显然,线性形式的协变模型适用范围有限,还可以假定其他形式的函数关系式,如常采用的乘积模型,即将影响指数分布参数的协变量表达为乘积形式。这种乘积形式的模型与试验观测数据有很好的吻合性。

一般形式的乘积模型：

$$\lambda(x) = \prod_{i=0}^{k} \exp(a_i x_i) = \exp\left(\sum_{i=0}^{k} a_i x_i\right) \qquad (2-55)$$

这个模型具有如下特点,包括 $\lambda(x) > 0$,用对数形式表达 $\lambda(x)$ 时具有线性形式等。而无论采用什么形式的模型,都有可靠度函数：

$$R(t) = e^{-\lambda(x)t}$$

【例 2-8】在军用标准《电子设备可靠性预计手册》中,对于不同类型的连接器,已知以下工程参数,试求其工作失效率。

λ_p——工作失效率（10^{-6}/h）；

λ_b——基本失效率（10^{-6}/h）,通过试验数据统计分析确定的数值（不同类型和规格的连接器数值不同）；

π_E——环境系数,根据实际使用环境确定的数值；

π_Q——质量系数,根据质量等级确定的数值；

π_P——接触件系数,受到接触对数量（协变量）变化影响；

π_K——插拔系数,根据插拔频率范围确定的数值；

π_C——插孔结构系数,根据插孔结构确定的数值。

为了考虑连接器接触对数量的影响,提供了如下形式的接触件系数 π_P 乘积因子：

$$\pi_P = \exp\left[\left(\frac{n-1}{10}\right)^{0.51064}\right]$$

式中：n——实际使用的接触对数量。

解　考虑一般形式的乘积模型,根据式（2-55）,可以采用下式对其工作失效率进行预计：

$$\lambda_p = \lambda_b \cdot \pi_E \cdot \pi_Q \cdot \pi_P \cdot \pi_K \cdot \pi_C$$

可见,电连接器的工作失效率是接触件系数与一系列的常数值的乘积,其形式符合上述的乘积形式。

类似地,美国军用标准 MIL-HDBK-217F《电子设备的可靠性预计》(1991,已废止),国内等同采用 GJB/Z-299C《电子设备可靠性预计手册》(2006,仍在使用),以及美国海军标准 NSWC《机械设备可靠性预计程序手册》(2011,仍在使用)等中的部分,失效率/故障率预计模型都采用了上述形式。

（2）威布尔分布

对于故障服从威布尔分布的产品,通常假设尺度参数(特征寿命)与协变量相关,而形状参数与其无关。可以采用乘积模型形式:

$$\theta(x) = \exp\left(\sum_{i=0}^{k} a_i x_i\right) \tag{2-56}$$

进而有可靠度函数为

$$R(t) = \exp\left[-\left(\frac{t}{\theta(x)}\right)^{\beta}\right]$$

故障率函数为

$$\lambda(t \mid x) = \frac{\beta t^{\beta-1}}{\theta(x)^{\beta}} = \beta t^{\beta-1}\left[\exp\left(\sum_{i=0}^{k} a_i x_i\right)\right]^{-\beta} \tag{2-57}$$

进一步,对于具有不同协变量函数的两个产品,其威布尔分布形式的故障率比值如下:

$$\frac{\lambda(t \mid x_1)}{\lambda(t \mid x_2)} = \left[\frac{\theta(x_2)}{\theta(x_1)}\right]^{\beta} \tag{2-58}$$

由此可见,两个产品的故障率比值与时间无关,这也说明该模型是一种比例故障模型,即不同产品的故障率彼此成一定比例。因此,可以进一步得到一般形式的故障率函数:

$$\lambda(t \mid x) = \lambda_0(t) g(x) \tag{2-59}$$

式中:

$$g(x) = \exp\left(\sum_{i=1}^{k} a_i x_i\right)$$

当 $g(x)=1$ 时,称 $\lambda_0(t)$ 为基本故障率函数(即对应于前面例子中的 λ_b)。例如式(2-55)中的指数故障分布的基本故障率为 $\lambda_0(t) = e^{a_0}$。

【例 2-9】某交流发电机的故障服从威布尔分布,形状参数为 1.5。可靠性试验结果表明,其特征寿命(单位:工作小时)与其负载(电流)有如下关系:

$$\theta(x) = e^{23.2-0.134x}$$

若已知其可靠度为 0.95,试计算发电机工作在 115 A 负载电流下的可靠寿命是多少？如果载荷降为 100 A,其可靠寿命会提高多少？

解　　$\theta(115) = 2\,416.3$,　$t_{0.95} = 2\,416.3(-\ln 0.95)^{0.666\,7} = 333.5$ h

$\theta(100) = 18\,033.7$,　$t_{0.95} = 18\,033.7(-\ln 0.95)^{0.666\,7} = 2\,489.3$ h

2. 位置-尺度模型

对于正态分布和对数正态分布,通常假设位置参数与协变量相关,尺度参数与其无关,称之为位置-尺度模型。该模型有如下形式的协变量函数:

$$\mu(x) = \sum_{i=0}^{k} a_i x_i \tag{2-60}$$

（1）正态分布

将式(2-60)代入式(2-46)中,可以得到可靠度函数:

$$R(t) = 1 - \Phi\left(\frac{t - \sum_{i=0}^{k} a_i x_i}{\sigma}\right)$$

中位寿命（中位数）为

$$t_{med} = \mu(x)$$

（2）对数正态分布

将式（2-60）代入式（2-53）中，可以得到可靠度函数：

$$R(t) = 1 - \Phi\left(\frac{\ln t - \sum_{i=0}^{k} a_i x_i}{s}\right) \tag{2-61}$$

中位寿命（中位数）为

$$t_{med} = e^{\mu(x)}$$

在位置-尺度模型中，当故障服从正态分布时，协变量在中位寿命函数中表达为线性形式；而当故障服从对数正态分布时，协变量在中位寿命函数中则表达为乘积形式。

【例 2-10】 某型电连接器的故障时间服从对数正态分布，尺度参数为 0.73，故障时间（单位：工作小时）与工作温度和电接触对数量相关，并且有如下形式的协变模型：

$$\mu(x) = -3.86 + 1.121\,3x_1 + 0.288\,6x_2$$

式中：x_1 是工作温度（℃）；x_2 是电接触对数量。某个人计算机中使用的电连接器工作温度为 80 ℃，共有 16 对电接触对。求其工作 5 000 h 后的可靠度。

解　可以通过如下步骤计算其工作 5 000 h 后的可靠度：

$$\mu(80,16) = -3.86 + 1.121\,3 \times 80 + 0.288\,6 \times 16 = 90.46$$

$$R(5\,000) = 1 - \Phi\left(\frac{\ln 5\,000 - 90.46}{0.73}\right) = 1 - \Phi(-112.25) \approx 1.000$$

2.3.3　故障物理模型

故障协变模型可以在一定程度上考虑与产品故障发生有关的物理因素。但是，协变模型仍然是由有限数据样本获得的具有统计性质的模型，仍主要应用于产品整体。进一步，可以根据产品故障发生的物理、化学等过程，建立相应的物理模型，对故障规律加以描述。通常将这类模型称为故障物理（Physics of Failure，PoF）模型或故障机理模型。

故障物理模型可以定义为：基于对产品故障机理以及故障根原因（Root Cause）的认知而建立的确定性数学模型。图 2-18 给出了该模型的一般性输入参数。在该模型中，故障不再被看作是随机事件。相反，每个产品（或组成单元）对应于不同故障模式和故障位置的寿命、T_F 或可靠度与其自身的材料属性、几何参数、环境条件以及工作（使用）条件等因素相关。故障物理模型可以考虑特定应用环境下具体使用条件和环境条件对产品可靠性的影响，并进行量化分析。

进一步，可以对产品中不同单元不同故障模式所对应的 TTF 进行排序，其中最短 TTF 决定了整个产品的故障时间（详见本小节中"故障机理竞争模型"部分的内容）。可见，对产品故障机理的深入研究是故障物理模型建立和应用的前提条件。下面先对故障机理及其分类进

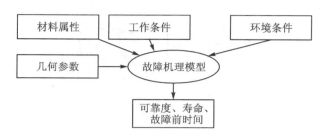

图 2 - 18　故障机理模型的输入参数

行概要介绍。

1. 故障机理及其分类

故障机理是指那些导致产品故障的物理、化学、生物或其他的过程。产品在其全寿命周期内由于各种环境载荷的作用,会发生短路、断路、参数漂移、磨损或断裂等各种故障模式(即故障所表现出的故障产品状态),引起这些故障模式的内在原因即为故障机理。图 2 - 19 所示为常见的产品发生故障时相关部位的显微图片,其表明了产品故障发生的物理、化学过程(即故障机理)。

　　(a) PBGA焊点疲劳失效　　　　　　(b) 电路板内层失效　　　　　　(c) 螺栓断裂失效

图 2 - 19　元器件失效部位的显微图片

故障机理可根据故障是否具有损伤的时间累积效应而分为耗损型故障机理和过应力型故障机理。耗损型故障机理是指那些由于累积的损伤超越了材料的容许极限而导致产品发生故障的机理;过应力型故障机理是指那些由于应力超越了材料的固有强度极限而导致产品突发故障的机理,不存在损伤的累积过程。进一步,可以按照引起产品故障的实质应力类型将耗损型和过应力型故障机理细分为机械、热、电子、化学和辐射几种类型。图 2 - 20 展示了对常见电子产品的部分故障机理的分类。

针对过应力型故障机理(规律),可以采用应力-强度模型加以描述。根据产品承受载荷(应力)是否随时间变化,可以进一步分为静态应力-强度模型和动态应力-强度模型。在该模型中,时间不是决定产品故障的因素,而产品的物理(内部)强度以及外加载荷将被考虑到故障规律的描述中。针对耗损型故障机理(规律),则根据具体机理的不同采用不同的故障机理模型加以描述。在该模型中,给出了特定的故障机理下,产品的寿命、可靠性同产品自身(内部)的几何参数、材料属性参数以及外部各种环境载荷参数如温度、湿度和振动等之间的函数关系式。

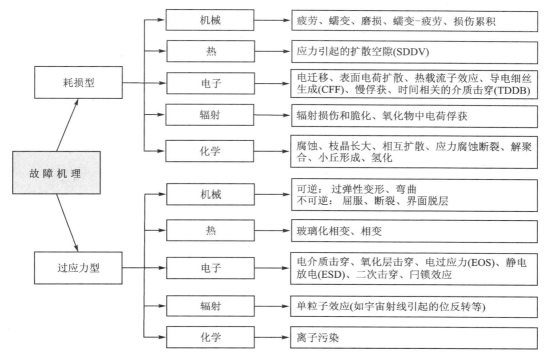

图 2 - 20　故障机理分类

2. 过应力型故障规律描述

（1）静态应力-强度模型

在很多情况下，假设可靠度是时间的函数并不合适，因此下面讨论较短时间内应力一次作用在产品上的情况。应力可以是引起故障的任何载荷（即广义应力）。当应力大于产品的强度时，会发生故障。强度是产品不发生故障所能承受的最大应力值。这样可以看出，该可靠度是静态可靠度，而与时间无关（不是时间的函数）。产品承受载荷的能力将决定其是否会发生故障。载荷既可以是电应力、热应力、机械应力，也可以是化学应力。载荷可以用不同的物理量来度量，如电压、温度、压力、速度等。承受静态应力作用的部件或产品实例如飞机着陆时的起落架装置、发射中的火箭以及地震作用下的建筑物等。在机械、结构、机构等可靠性建模与分析中普遍采用这种形式的模型，又称之为应力-强度干涉模型。在介绍静态模型之后，再介绍动态应力-强度模型。在动态模型中，载荷随时间发生周期性变化或随机变化。

静态模型所描述的故障是由于瞬态应力作用在产品上所造成的故障，而非任何先前（或历史）的应力作用造成的故障。为了定量描述应力和强度，用随机变量 X 表示作用在产品上的应力，$f_x(x)$ 是其分布的概率密度函数；用随机变量 Y 表示产品的承受能力（即强度），$f_y(y)$ 是其分布的概率密度函数。进一步有，应力小于数值 x 的概率：

$$P(X \leqslant x) = F_x(x) = \int_0^x f_x(x') \mathrm{d}x' \qquad (2-62)$$

强度小于数值 y 的概率：

$$P(Y \leqslant y) = F_y(y) = \int_0^y f_y(y') \mathrm{d}y' \qquad (2-63)$$

1) 随机应力和恒定强度

如果已知产品的强度是恒定值 k，应力是随机变量，其概率密度函数如上述所定义，则有产品的静态可靠度可以定义为应力小于强度的概率，如图 2-21 所示，表达形式如下：

$$R = \int_0^k f_x(x)\mathrm{d}x = F_x(k) \qquad (2-64)$$

【例 2-11】作用在某发动机安装架上的应力有如下形式的 PDF：

$$f_x(x) = \begin{cases} \dfrac{x^2}{1\ 125}, & 0 \leqslant x \leqslant 15 \\ 0, & 其他 \end{cases}$$

通过试验可知，该安装架可承受 14 kg 的载荷，求其静态可靠度。

解　其静态可靠度为

$$R = P(X \leqslant 14) = \int_0^{14} \frac{x^2}{1\ 125}\mathrm{d}x = \frac{14^3}{3\ 375} = 0.813$$

2) 恒定应力和随机强度

如果已知作用在产品上的载荷(或应力)是恒定值 s，强度是随机变量，其概率密度函数如上述所定义，则有产品的静态可靠度可以定义为强度大于应力的概率，如图 2-22 所示，表达形式如下：

$$R = P(Y \geqslant s) = \int_s^\infty f_y(y)\mathrm{d}y = 1 - F_y(s) \qquad (2-65)$$

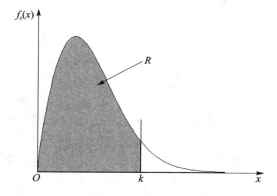

图 2-21　随机应力和恒定强度下的静态可靠度　　　图 2-22　恒定应力和随机强度下的静态可靠度

【例 2-12】某新型超强力胶水的强度为随机值，其值取决于生产工艺过程中混合物的配料比例，有如下形式的 PDF：

$$f_y(y) = \begin{cases} 10/y^2, & y \geqslant 10 \\ 0, & 其他 \end{cases}$$

求其在恒定载荷 12 kg 的作用下的静态可靠度。

解　其静态可靠度为

$$R = P(Y \geqslant 12) = \int_{12}^\infty \frac{10}{y^2}\mathrm{d}y = \frac{10}{12} = 0.833$$

3) 随机应力和随机强度

如果应力和强度均是随机变量，产品的静态可靠度仍可定义为应力小于强度的概率(或强

度大于应力的概率）。这种情况下的可靠度,需要对如下形式的二重积分进行计算:

$$R = P(X \leqslant Y) = \int_0^\infty \left[\int_0^y f_x(x) \mathrm{d}x \right] f_y(y) \mathrm{d}y = \int_0^\infty F_x(y) f_y(y) \mathrm{d}y \qquad (2-66)$$

对于给定的 y,有

$$R(y) = \int_0^y f_x(x) \mathrm{d}x = F_x(y)$$

进一步可以得到产品的静态可靠度:

$$R = \int_0^\infty R(y) f_y(y) \mathrm{d}y$$

该可靠度由两条概率密度曲线的重叠区域或干涉区域的面积所确定,如图 2 - 23 所示。对应力-强度的分析可以参考"干涉理论"的相关内容。

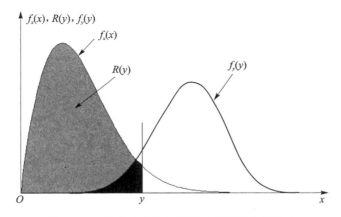

图 2 - 23　随机应力和随机强度下的静态可靠度

【例 2 - 13】设 $f_x(x) = 1/50 (0 \leqslant x \leqslant 50)$, $f_y(y) = 0.000\,8y (0 \leqslant y \leqslant 50)$,求其可靠度 R。

解　由

$$F_x(y) = \int_0^y \frac{1}{50} \mathrm{d}x = \frac{y}{50}$$

可得

$$R = \int_0^{50} \frac{y}{50} \times 0.000\,8y \mathrm{d}y = \int_0^{50} 0.000\,16y^2 \mathrm{d}y = 0.000\,005\,3y^3 \big|_0^{50} = 0.667$$

此外,一种等效的可靠度计算方法(即通过变换积分次序)为

$$R = P(Y > X) = \int_0^\infty \left[\int_x^\infty f_y(y) \mathrm{d}y \right] f_x(x) \mathrm{d}x \qquad (2-67)$$

对于某些问题,按照式(2 - 67)的次序进行积分要比用式(2 - 66)计算更简单一些。如果应力和强度的积分区间不同,则可以进行不相交形式的积分,如下面的例子所示。

【例 2 - 14】设 $f_x(x) = 3x^2/10^9 (0 \leqslant x \leqslant 1\,000\ \mathrm{kg})$, $f_y(y) = 5 \times 10^{-7} y\ (0 \leqslant y \leqslant 2\,000\ \mathrm{kg})$,求其 R。

解　可靠度

$$R = \int_0^{1\,000} \left(\int_0^y \frac{3x^2}{10^9} \mathrm{d}x \right) 5 \times 10^{-7} y \mathrm{d}y + 1 \times \int_{1\,000}^{2\,000} 5 \times 10^{-7} y \mathrm{d}y = 0.85$$

其中,第二段积分可以简化为 $Y > 1\,000$ 的概率,即 $P(Y > 1\,000)$,并且有 $P(X < Y) = 1$。然

而,如果我们按照式(2-66)的次序进行积分计算,则有

$$R = \int_0^{1\,000} \left(\int_x^{2\,000} 5 \times 10^{-7} y \, \mathrm{d}y \right) \frac{3x^2}{10^9} \mathrm{d}x = 0.85$$

(a) 指数分布

最简单的例子就是随机应力和随机强度均服从指数分布的情形。在这种情形下,其概率密度函数为

$$f_x(x) = \frac{1}{\mu_x} \mathrm{e}^{-x/\mu_x}, \quad f_y(y) = \frac{1}{\mu_y} \mathrm{e}^{-y/\mu_y}$$

式中:μ_x 是应力的均值,μ_y 是强度的均值。因此有

$$\begin{aligned}
R &= \int_0^\infty \left(\int_0^y \frac{1}{\mu_x} \mathrm{e}^{-x/\mu_x} \mathrm{d}x \right) \frac{1}{\mu_y} \mathrm{e}^{-y/\mu_y} \mathrm{d}y \\
&= \int_0^\infty \left(1 - \mathrm{e}^{-y/\mu_x} \right) \frac{1}{\mu_y} \mathrm{e}^{-y/\mu_y} \mathrm{d}y \\
&= \int_0^\infty \frac{1}{\mu_y} \mathrm{e}^{-y/\mu_y} \mathrm{d}y - \int_0^\infty \frac{1}{\mu_y} \exp\left[-y\left(\frac{1}{\mu_x} + \frac{1}{\mu_y} \right) \right] \mathrm{d}y \\
&= 1 - \frac{1}{\mu_y} \frac{\exp[-y(1/\mu_x + 1/\mu_y)]}{-(1/\mu_x + 1/\mu_y)} \bigg|_0^\infty
\end{aligned}$$

其中,第一重积分是(应力)概率密度曲线下的整个面积。

$$R = 1 - \frac{1}{\mu_y} \cdot \frac{\mu_x \mu_y}{\mu_x + \mu_y} = 1 - \frac{\mu_x}{\mu_x + \mu_y} = \frac{\mu_y}{\mu_x + \mu_y} = \frac{1}{1 + \mu_x/\mu_y} \quad (2-68)$$

选定不同的应力均值和强度均值比值,根据式(2-68)可以计算得到相应的可靠度,如表2-9所列。从表2-9中可以明显看出,当两个分布均服从指数分布时,强度均值必须是应力均值的10倍以上,才能保证获得可接受的可靠性水平。

表 2-9　计算得到的可靠度

μ_x/μ_y	可靠度	μ_x/μ_y	可靠度
1.0	0.50	0.5	0.67
0.9	0.53	0.4	0.71
0.8	0.56	0.3	0.77
0.7	0.59	0.2	0.83
0.6	0.63	0.1	0.91

(b) 正态分布

当随机应力和随机强度均服从正态分布时,可以按如下步骤计算系统的可靠度。

令随机变量 X 表示服从正态分布的应力,均值为 μ_x,标准差为 σ_x;随机变量 Y 表示服从正态分布的强度,均值为 μ_y,标准差为 σ_y。则有

$$R = P(Y \geqslant X) = P(Y - X \geqslant 0) = P(W \geqslant 0)$$

式中 $W = Y - X$,假设 Y 与 X 相互独立,则有

$$E(W) = E(Y - X) = \mu_y - \mu_x$$

$$\mathrm{Var}(W) = \mathrm{Var}(Y - X) = \sigma_y^2 + \sigma_x^2$$

进而有

$$R = P(W \geqslant 0) = P\left[\frac{W - \mu_W}{\sigma_W} \geqslant \frac{-(\mu_y - \mu_x)}{\sqrt{\sigma_y^2 + \sigma_x^2}}\right]$$

$$= P\left(\frac{W - \mu_W}{\sigma_W} \leqslant \frac{\mu_y - \mu_x}{\sqrt{\sigma_y^2 + \sigma_x^2}}\right) = \Phi\left(\frac{\mu_y - \mu_x}{\sqrt{\sigma_x^2 + \sigma_y^2}}\right) \tag{2-69}$$

【例 2-15】 假设应力服从正态分布,均值为 10.3,标准差为 2.1;强度服从正态分布,均值为 25.8,标准差为 8.2,计算系统的可靠度。

解　系统的可靠度为

$$R = \Phi\left(\frac{25.8 - 10.3}{\sqrt{67.24 + 4.41}}\right) = \Phi(1.83) = 0.966\,38$$

(c) 对数正态分布

由于正态分布与对数正态分布具有相似关系,当随机应力和随机强度均服从对数正态分布时,可以同样得到相似的结果。

令随机变量 X 表示服从对数正态分布的应力,中值为 m_x,形状参数为 s_x;随机变量 Y 表示服从对数正态分布的强度,中值为 m_y,形状参数为 s_y。则有

$$R = P(Y \geqslant X) = P\left(\frac{Y}{X} \geqslant 1\right)$$

设 $W = \ln(Y/X) = \ln Y - \ln X$,$W$ 符合正态分布,其均值为 $\mu_W = \ln(m_y/m_x)$,方差为 $\sigma_W^2 = s_y^2 + s_x^2$,假设 Y 和 X 相互独立,进而有

$$R = P(W \geqslant \ln 1) = P(W \geqslant 0) = P\left(\frac{W - \mu_W}{\sigma_W} \geqslant \frac{0 - \mu_W}{\sigma_W}\right)$$

$$= P\left(\frac{W - \mu_W}{\sigma_W} \leqslant \frac{\mu_W}{\sigma_W}\right) = \Phi\left[\frac{\ln(m_y/m_x)}{\sqrt{s_y^2 + s_x^2}}\right] \tag{2-70}$$

【例 2-16】 某建筑结构具有承受地震的能力,并且服从对数正态分布,其中值为里氏震级 8.1,标准差为 $s_y = 0.07$。历史数据表明,该区域的地震强度服从对数正态分布,其中值为里氏震级 5.5,标准差为 $s_x = 0.15$。求其静态可靠度 R。

解　根据式(2-70),可以计算得到该建筑结构承受单次随机地震发生的静态可靠度:

$$R = \Phi\left[\frac{\ln(8.1/5.5)}{\sqrt{0.15^2 + 0.07^2}}\right] = \Phi(2.33) = 0.99$$

当应力分布和强度分布具有不同理论分布类型时,表 2-10 提供了计算静态可靠度的一般公式。其他分布类型的应力-强度模型可以通过应力和强度的联合概率分布进行求解。然而,应用式(2-66)式(2-67)进行积分,通常无法求出有限形式解。因此,必须采取数字积分的方式(如仿真计算),或者使用联合概率分布积分表,积分表中给出了各种类型分布的联合分布积分结果。

(2) 动态应力-强度模型

如果载荷随时间多次作用在产品上,则在一定的条件下可以得到产品的动态可靠度。下面主要讨论两种情况:第一种情况,载荷定期或按已知的周期多次作用于产品;第二种情况,载荷在完全随机的时刻多次作用于产品,并且可用泊松概率分布来表征这种随机性。在这两种情况中,都假设产品的强度(或承受能力)分布不随时间发生变化(即强度是一个平稳过程)。

这样就排除了那些发生老化或耗损故障的情形。

表 2 - 10　特殊分布情形下的静态可靠性模型

分布类型	恒定强度 k	恒定应力 s	随机应力和随机强度
指数分布	$R = 1 - \exp\left(-\dfrac{k}{\mu_x}\right)$	$R = \exp\left(-\dfrac{s}{\mu_y}\right)$	$R = \dfrac{\mu_y}{\mu_x + \mu_y}$
威布尔分布	$R = 1 - \exp\left[-\left(\dfrac{k}{\theta_x}\right)^{\beta_x}\right]$	$R = \exp\left[-\left(\dfrac{s}{\theta_y}\right)^{\beta_y}\right]$	数字积分方式求解 (如仿真计算)
正态分布	$R = \Phi\left(\dfrac{k - \mu_x}{\sigma_x}\right)$	$R = 1 - \Phi\left(\dfrac{s - \mu_y}{\sigma_y}\right)$	$R = \Phi\left(\dfrac{\mu_y - \mu_x}{\sqrt{\sigma_x^2 + \sigma_y^2}}\right)$
对数正态分布	$R = \Phi\left(\dfrac{1}{s_x}\ln\dfrac{k}{m_x}\right)$	$R = 1 - \Phi\left(\dfrac{1}{s_y}\ln\dfrac{s}{m_y}\right)$	$R = \Phi\left[\dfrac{\ln(m_y/m_x)}{\sqrt{s_x^2 + s_y^2}}\right]$

1) 周期载荷

对于第一种情况,假设周期载荷作用于产品 n 次,分别发生在时刻 $t_1,t_2,\cdots,t_n$,每个周期内的载荷服从式(2-62)形式表达的相同独立分布。系统的强度在每个周期内服从式(2-63)表达的相同独立分布。载荷和强度也可能是已知常数,而不是随机变量。令 X_i 和 Y_i 分别代表每个周期内的载荷和强度。在 n 个周期后,系统将具有如下形式的可靠度:

$$\begin{aligned}R_n &= P\{X_1 < Y_1, X_2 < Y_2, \cdots, X_n < Y_n\} \\ &= P\{X_1 < Y_1\}P\{X_2 < Y_2\}\cdots P\{X_n < Y_n\}\end{aligned} \tag{2-71}$$

假设每个周期内的载荷和强度分布彼此相互独立,如果 X 和 Y 在每个周期内具有相同的分布形式(即是一个平稳过程),则有 $P\{X_i < Y_i\} = R$,其中 R 是在每个周期内由一次作用应力-强度确定的静态可靠度,可以用式(2-64)、式(2-65)、式(2-66)或式(2-67)进行相应的计算。因此,对于载荷独立作用 n 次的系统,其 $R_n = R^n$。

【例 2 - 17】如果某产品的强度是常数 k,载荷服从参数为 α 的指数分布,求 n 次独立载荷作用下其可靠度 R_n。

解　其可靠度为

$$R_n = (1 - \mathrm{e}^{-\alpha k})^n$$

其中,$1/\alpha$ 是每个周期内的平均载荷。

【例 2 - 18】如果产品的载荷是常数 s,产品的强度服从参数为 θ 和 β 的威布尔分布,求 n 次独立载荷作用下其可靠度 R_n。

解　其可靠度为

$$R_n = \mathrm{e}^{-n(s/\theta)^{\beta}}$$

【例 2 - 19】某支撑梁的断裂强度服从威布尔分布,参数分别为 $\beta = 2.1$ 和 $\theta = 1\,200$ kg。若某建筑结构中使用了四根支撑梁,每根梁上的作用力为 100 kg,则该建筑结构的可靠度是多少?

解　该建筑结构的可靠度为

$$R_4 = \mathrm{e}^{-4(100/1\,200)^{2.1}} = 0.978\,5$$

如果已知载荷作用的时间周期是常值,则可以得到产品的动态可靠度:

$$R(t) = R^n, \quad t_n \leqslant t < t_{n+1} \tag{2-72}$$

其中，$t_0 = 0$。如果每个周期具有相等的时间间隔 $\Delta t = t_{i+1} - t_i$，则有

$$R(t) = R^{\lfloor t/\Delta t \rfloor} \tag{2-73}$$

式中，$\lfloor t/\Delta t \rfloor$ 是 $t/\Delta t$ 的整数部分。

【例 2-20】某型冲模设计可以承受 10 000 kg 的冲力，水压冲力服从指数分布，均值为 1 000 kg。如果以固定频率每 2 min($\Delta t = 1/30$ h)铸造一个铸件来进行计算，该冲模在 8 h 的反复冲压下不发生故障的可靠度是多少？

解　根据题意有

$$R = P\{X < Y\} = F_x(10\,000) = 1 - e^{-10\,000/1\,000} = 0.999\,954\,6$$

$$R(t) = 0.999\,954\,6^{\lfloor 30t \rfloor}$$

式中 t 的单位是 h，则有

$$R(8) = 0.999\,954\,6^{\lfloor 240 \rfloor} = 0.989\,16$$

2）随机载荷

如果载荷的作用时间是随机的，且每个单位时间内载荷的作用次数服从泊松分布，则 t 时间内载荷作用 n 次的发生概率为

$$P_n(t) = (\alpha t)^n e^{-(\alpha t)}/n!, \quad n = 0, 1, 2, \cdots$$

式中：α 是单位时间内载荷的平均作用次数；αt 是 t 时间内载荷的平均作用次数。

由此可以得到产品的可靠度：

$$R(t) = \sum_{n=0}^{\infty} R^n P_n(t) = \sum_{n=0}^{\infty} R^n \left[\frac{(\alpha t)^n e^{-\alpha t}}{n!} \right] = e^{-\alpha t} \sum_{n=0}^{\infty} \frac{(\alpha t R)^n}{n!} = e^{-(1-R)\alpha t} \tag{2-74}$$

式中 R 可以用式(2-64)、式(2-65)、式(2-66)或式(2-67)进行相应的计算。

上述表达式的最终结果是由下面的无穷序列表达式推导而得的：

$$\sum_{n=0}^{\infty} \frac{x^n}{n!} = e^x$$

【例 2-21】某建筑结构设计可以承受 120 km/h 的风速，飓风通常服从均值为 86 km/h、标准差为 9 km/h 的正态分布。在该区域，飓风随机发生的概率服从泊松分布，平均每年发生两次。试推导该建筑结构的可靠度函数。

解　根据式(2-69)有

$$R = \Phi\left(\frac{120 - 86}{9}\right) = \Phi(3.78) = 0.999\,92$$

该建筑结构的可靠度函数为

$$R(t) = e^{-(0.000\,08)2t}$$

如果期望可靠度为 0.99，则该类型的建筑可以使用的年限为

$$t = \frac{\ln 0.99}{-0.000\,16} = 62.8$$

3）随机恒定载荷和强度

如果已经确定载荷的随机作用时间，并且在每个周期内载荷保持不变（即载荷持续作用），则可以得到不同的可靠度计算结果。对于具有随机作用时间（如泊松分布）的载荷，由于 $R_0 = 1$，$R_n = R = P\{x < y\}$($n = 1, 2, \cdots$)，所以

$$R(t) = \sum_{n=0}^{\infty} R_n P_n(t) = P_0(t) + R \sum_{n=1}^{\infty} P_n(t)$$

又由于 $\sum_{i=0}^{\infty} P_i(t) = 1$,所以

$$R(t) = P_0(t) + R(1 - P_0(t))$$

对于泊松分布,有 $P_0(t) = e^{-at}$,进一步可得到

$$R(t) = e^{-at} + R(1 - e^{-at}) = R + (1 - R)e^{-at} \qquad (2-75)$$

式(2-75)是可靠度的简单加权平均值,即可靠度1与没有载荷作用的概率的乘积,静态可靠度与载荷作用一次或多次的概率的乘积。

【例2-22】某紧急切断阀的强度服从指数分布,均值为 3 700 kg。应力或载荷也服从指数分布,均值为 740 kg。该切断阀一旦投入使用,其载荷将保持不变,并且每年随机使用一次。

解　已知 $\mu_x/\mu_y = 740/3\ 700 = 0.20$,从表 2-7 可以得到 $R = 0.83$,进而有 $R(t) = 0.83 + 0.17e^{-t}$(t 的单位是年)。因此,可以得到其使用一年后的可靠度为

$$R(1) = 0.83 + 0.17e^{-1} = 0.892\ 5$$

3. 耗损型故障规律描述

(1) 一般数学模型

耗损型故障机理模型给出了特定故障机理下,产品的寿命/可靠性同产品自身的几何参数、材料属性参数以及各种典型环境载荷参数(如温度、湿度、振动等)之间的函数关系式。其一般数学表达式如下:

$$T_{Fi} = f(g, m, e, o, \cdots) \qquad (2-76)$$

式中:g, m——产品自身相关的设计特征参数(如几何、材料);

e, o——产品寿命周期的环境载荷或工作载荷(如温度、湿度、电压、电流);

T_{Fi}——产品对应于第 i 个故障机理的寿命/故障前时间。

在理想情况下,可以确定用于定量描述特定故障机理的变量及其对产品寿命的影响关系,并可以在已知的物理规律基础上进行定量化的数学建模。一般来讲,故障机理模型中的常数或经验系数可以通过实验室试验数据或者现场使用数据等来估计确定。目前,科学研究和工程人员已经建立了大量的典型故障机理的故障机理模型,如疲劳、磨损、腐蚀、介质击穿、电迁移、污染和分子迁移等。下面用简单的例子来加以说明,关于电子产品典型故障机理的故障机理模型,将在后面详细介绍。

【例2-23】切削工具(如钻头或锯条)的可用寿命可以用切削工具的几何参数和使用特性以及材料的硬度参数为基础来进行建模。我们可以确定多种形式的故障模式,包括断裂、塑性变形以及渐变磨损。用于切削工具与渐变磨损故障相对应的寿命评估数学模型,首先由 Frederick Taylor 在 1907 年建立,并被不断加以完善。这个模型的典型表达式如下:

$$t = \frac{c(B_{hn})^m}{v^{\alpha} f^{\beta} d^{\gamma}} \qquad (2-77)$$

式中:t——切削工具的寿命(min);

B_{hn}——工作材料的布氏(Brinell)硬度值;

v——切削速度(ft/min);

f——进给量(in/r 或 in/锯齿);

d——切削深度(in);

c、m、α、β、γ——根据经验确定的常数。

通常情况下,有 $\alpha > \beta > \gamma > m$,表明切削工具的寿命对切削速度最敏感,其次是进给量、切削深度,最后是材料的硬度。

假设在铸铁上进行铣削工序,其中刀具的进给量为 0.02 in/r,铣削速度为 40 ft/min。铣削深度为 0.011 in。对于特定的铣削工具和工序条件,可以利用最小二乘法对实验室数据进行处理,确定模型参数,得到具体模型如下:

$$t = \frac{0.023(B_{hn})^{1.54}}{v^{7.1} f^{4.53} d^{2.1}}$$

已知铸铁的布氏硬度为 180,求该工具按上述切削工序在铸铁上切削时,其寿命为多少?

解　其寿命为

$$t = \frac{0.023(180)^{1.54}}{(40)^{7.1}(0.02)^{4.53}(0.011)^{2.1}} \text{ min} = 186 \text{ min}$$

【例 2-24】下面的模型由 T. P. Newcomb 建立,可用于评估刹车片的磨损:

$$W = \frac{10^4 W_b}{2A} \cdot \frac{W_t(\Delta v^2 N)y}{4g} \tag{2-78}$$

式中:W——行驶 1 mile 刹车片的磨损量(in/mile);

W_b——摩擦材料的特定磨损率(in³/ft·lb);

A——刹车片面积(in²);

W_t——车辆质量(lb);

Δv——每次刹车过程中速度的平均变化量(ft/s);

N——1 mile 厚刹车片的使用频率;

y——由刹车片传递的刹车效果所占比例;

g——重力加速度(32.2 ft/s²)。

试确定刹车片的寿命。

解　式(2-78)假设刹车片的磨损与其吸收的能量成正比,与摩擦材料的磨损率成正比。如果刹车片的厚度为 d(in),则有其寿命为 d/W(mile)。

【例 2-25】下面的经验公式可用于评估材料在恒定载荷作用下的应变/变形,这个应变在规定的温度下是时间的函数,并最终导致断裂故障,有

$$\varepsilon = \varepsilon_0(1 + \beta t^{1/3}) e^{kt} \tag{2-79}$$

式中:ε——t 时刻的应变(%);

ε_0——初始弹性应变(%);

β 和 k——与特定的材料和温度相关的常数。

如果 ε_{max} 是材料的断裂应变,如何求材料蠕变发生的设计寿命?

解　令 $\varepsilon = \varepsilon_{max}$,则可根据式(2-79)求得相应的 t 值,即相对于材料蠕变发生的设计寿命。

(2) 基础模型

基础模型又称为经典模型,是指那些在进行故障机理相关研究或进行可靠性试验时经常采用的最基础的模型。用于描述特定产品的特定故障机理的模型,最终都可以抽象或简化为

这些最基础的模型。基础模型主要有与温度应力相关的阿伦尼斯(Arrhenius)模型、与温度应力和其他应力相关的艾林(Eyring)模型、与电应力相关的逆幂律(Inverse Law)模型。此外，对整个产品考虑多失效机理共同作用情况的处理时，还会采用损伤累积模型和故障机理竞争模型等，下面分别予以介绍。

1) 阿伦尼斯模型

一般来说，当对材料、元件有害的反应持续到一定限度，故障即随之发生。这样的模型就是反应(速度)论模型，即阿伦尼斯模型。这里不仅指狭义的化学反应，而且也包括广义上像蒸发、凝聚、形变、裂纹扩展之类具有一定速度的物理变化，以及热、电、质量之类的扩散、传导现象。

从正常状态进入退化状态的过程中，存在着能量势垒(称为激活能)，而跨越这种势垒所必需的能量是由环境(载荷)提供的；并且，越过此能量势垒进行反应的频数是按一定概率发生的，即服从所谓的玻耳兹曼分布。

反应(速度)论模型是在总结化学反应实验数据的基础上提出来的，是应力与时间的关系模型。产品的特性退化直至故障，是由于构成其物质的原子或分子因化学或物理原因随时间发生了不良的变化(反应)。当这种变化或反应使产品的一些特性变化并积累到一定程度时，产品就发生故障。因此，反应速度越快，其寿命越短。19世纪，阿伦尼斯从化学实验的经验中总结出：反应速度与激活能的指数成反比，与温度倒数的指数成反比。这就是阿伦尼斯模型，表示为

$$\frac{\partial M}{\partial t} = K(T) = A e^{-\frac{E_a}{kT}} \tag{2-80}$$

式中：M——产品某特征值或退化量；

$\frac{\partial M}{\partial t}$——在 T(热力学温度)下的反应速度，一般认为是时间 t 的线性函数；

A——常系数；

k——玻耳兹曼常量，$k = 1.381 \times 10^{-23}$ J/K；

E_a——对应某种故障机理(化学反应)的激活能(eV)，同类产品的同一故障机理为常数。

T 值越高，反应速度 $K(T)$ 越快，退化的速度越快，寿命就越短。一般而言，电子元器件的温度较室温每提高 10 ℃，其寿命将缩短 1/3～1/2，该经验法则称为"10 ℃法则"。

设产品在初始 t_1 时刻处于正常状态 M_1，到 t_2 时刻处于故障状态 M_2，则由式(2-80)可得

$$\int_{M_1}^{M_2} \mathrm{d}m = \int_{t_1}^{t_2} A e^{-E_a/kT} \mathrm{d}t \tag{2-81}$$

设温度 T 与时间无关，则有

$$M_2 - M_1 = A e^{-E_a/kT}(t_2 - t_1)$$

令 $\Delta M = M_2 - M_1$，$t = t_2 - t_1$，则有 $t = \frac{\Delta M}{A} e^{E_a/kT}$，两边取对数可得

$$\lg t = \lg \frac{\Delta M}{A} + \frac{E_a}{kT} \lg e$$

令 $a=\lg\dfrac{\Delta M}{A}$，$b=\dfrac{E_a}{k}\lg\text{e}$，则上式变为

$$\lg t = a + b\,\frac{1}{T} \tag{2-82}$$

或者是

$$\ln t = \ln\frac{\Delta M}{A} + \frac{E_a}{kT} = 常数 + \frac{E_a}{kT}$$

　　式(2-82)是以反应速度论，即阿伦尼斯模型，为基础推导出的产品寿命与温度应力 T 的关系式。从式(2-82)可以看出，寿命 t 的对数与热力学温度的倒数成线性关系。

　　产品在高温储存寿命试验中，只施加有温度应力。对产品而言，激活能 E_a 表示产品从正常状态向故障状态转换过程中存在着能量势垒。激活能 E_a 越小，表明故障的物理过程越容易进行；温度 T 越高，即施加的温度应力越大，寿命就越短。利用式(2-82)可以求出斜率 b 及激活能 E_a，计算公式如下：

$$b = \frac{T_1 T_2}{T_2 - T_1}\lg\frac{t_1}{t_2} \tag{2-83}$$

$$E_a = \frac{bk}{\lg\text{e}} = 2.3bk \tag{2-84}$$

所以在试验中，若采用不同的温度应力 T_1 和 T_2，而其他条件不变，要产生相同的退化量，所需要的时间则分别为 t_1 和 t_2。时间 t_1 和 t_2 不同，若 $t_2<t_1$，说明因 $T_2>T_1$，温度应力使故障加速，于是定义 t_1 和 t_2 两者之比就是温度寿命加速因子 A_t，由式(2-83)有

$$A_t = \frac{t_1}{t_2} = \text{e}^{\frac{E_a}{k}\left(\frac{1}{T_1}-\frac{1}{T_2}\right)} \tag{2-85}$$

　　由式(2-85)可见，激活能越大，加速系数越大，越容易被加速而出现故障。T_2 比常温 T_1 越高，A_t 越大，表明寿命的温度加速试验效果越明显。因此，高温是产品加速寿命试验最常用的环境应力。

　　2）艾林模型

　　在阿伦尼斯模型中，只考虑了单一的温度应力对产品、材料的物理、化学性质变化的影响。在工程实际中，往往有多个应力同时作用，如电压、机械应力及其他环境应力等。

　　根据量子力学原理推导出的化学反应速率与温度及其他应力之间的关系如下：

$$K(T,S) = \frac{\text{d}M}{\text{d}t} = A\,\frac{kT}{h}\text{e}^{-E_a/kT}\text{e}^{S(C+D/kT)} = K_0 f_1 f_2 \tag{2-86}$$

式中：T——温度应力(热力学温度)；

　　　S——非温度应力；

　　　$\text{d}M/\text{d}t$——化学反应速率；

　　　K_0——只有温度应力时的艾林反应速率，$K_0 = A\dfrac{k}{h}T\text{e}^{-E_a/kT}$；

　　　h——普朗克常量，$h = 6.626\times10^{-34}$ J·s；

　　　f_1、f_2——考虑到有非温度应力存在时对能量分布、激活能的修正因子，$f_1 = \text{e}^{CS}$，
　　　　　　$f_2 = \text{e}^{DS/kT}$；

　　　A、C、D——待定常数。

式(2-86)称为艾林模型,假设 $\alpha = C + D/kT$,则产品参数 x 的退化量为

$$K(T,S)t = K_0 \mathrm{e}^{\alpha S} t \qquad (2-87)$$

试验中,采用不同的应力,若温度应力为 T_2,则艾林反应速率为 K_{02},非温度应力为 S_2;若温度应力为 T_1,则艾林反应速率为 K_{01},非温度应力为 S_1。其他条件不变,产生相同退化量所需的时间为 t_2 和 t_1。

温度应力和非温度应力共存时寿命加速系数为

$$A_t = \frac{t_1}{t_2} = \frac{K_{02} \mathrm{e}^{\alpha_2 S_2}}{K_{01} \mathrm{e}^{\alpha_1 S_1}} \qquad (2-88)$$

若试验时只存在非温度应力,则寿命加速系数为

$$A_t = \mathrm{e}^{\alpha(S_2 - S_1)} \qquad (2-89)$$

非温度应力通常可用函数关系表示,如在恒定温度下的电压应力可表示为 $S = \ln V$,此时的寿命加速系数为

$$A_t = \mathrm{e}^{\alpha(\ln V_2 - \ln V_1)} = \left(\frac{V_2}{V_1}\right)^{\alpha} \qquad (2-90)$$

在恒定温度下再加上电压应力,退化量 $K(T,S)t$ 可根据式(2-87)计算。式(2-87)与式(2-80)只有温度应力下的退化量相比,其形式类似,按同样的方法,有

$$\ln t = a + \frac{b}{T} - \alpha \ln V \qquad (2-91)$$

式中:a、b、α 为待定系数。式(2-91)是寿命与电压(非温度)应力间的关系。

如果非温度应力为相对湿度 R_H,则恒定温度下的相对湿度应力可表示为

$$S = \ln R_\mathrm{H}$$

同样,有

$$\ln t = a + \frac{b}{T} - \alpha \ln R_\mathrm{H} \qquad (2-92)$$

艾林模型属于多应力模型,可以对温度或电场等其他应力(多应力)加速试验数据进行建模,比阿伦尼斯模型更具有普遍性。例如,元器件在电压、电流等电应力作用下,内部发生离子迁移、电迁移等效应致元器件故障,这时的加速寿命试验可用式(2-91)描述;当元器件在恒温高湿环境下工作,因金属电极系统的电化学反应而发生腐蚀、剥离等效应导致元器件故障时,可用式(2-92)描述。

3) 损伤累积模型

损伤累积模型用于描述产品、材料在不同应力水平作用下的退化过程,其前提假设是仅有应力大小发生变化,而退化机理或故障机理不变。广泛采用的线性损伤累积模型(又称 Miner 法则),是 1945 年由 M. A. Miner 在解释机械材料的循环疲劳时提出的。

产品材料在受到应力作用时,其内部产生的缺陷一般分为两种:一种缺陷是可逆的,即应力消除后缺陷会消失;另一种缺陷是不可逆的,即缺陷始终存在,并且对应所施加的应力水平大小不同,产品材料受到的损伤的过程也不同。Miner 的线性损伤累积理论是:产品工作在应力水平 S_i 下会产生一定量的损伤,损伤的程度与在该应力水平下整个持续时间 Δt_i 以及在这样的应力水平下正常产品发生故障(退化)所需要的总时间(即寿命)T_{F_i} 相关。不同应力水平下的损伤百分比(DR_i),可以近似由该应力水平下产品的实际工作时间同该应力水平下预计

的产品故障前时间的比值来确定,即

$$DR = \sum_{i=1}^{n} \frac{\Delta t_i}{t_i} \qquad (2-93)$$

式中：t_i——不同应力水平下产品的故障前时间(h),通常对应于某一特定的故障机理;

　　　Δt_i——在该应力水平下产品的实际工作时间(h);

　　　DR——产品在 n 个不同应力水平下工作后的损伤累积百分比。当 $DR_i \geqslant 1$ 时,就认为该产品发生了故障。

　　显然,这里的损伤是线性性质的。Miner 法则只适用于在产品的有限损伤寿命期间,当应力达到足以使产品发生疲劳损伤(如机械应力达到材料的屈服强度)并且不超过材料的破坏强度时,该法则才有效。可靠性试验中的步进应力试验和序进应力试验,就是以该模型为基础的。此外,在进行电子产品的寿命评估(包括剩余寿命评估)时也要用到这个模型。

　　在产品使用环境变化不大的情况下,可根据下式计算剩余寿命：

$$RL_N = \left[\frac{1}{ADR_N}\right] N - N \qquad (2-94)$$

式中：RL_N——第 N 天时的剩余寿命(h);

　　　ADR_N——第 N 天时的累积损伤百分比。

　　在产品使用环境变化较大的情况下,可采用如下公式进行计算：

$$RL_N = RL_{N-1} - DR_N \times TL_{N-1} \qquad (2-95)$$

式中：DR_N——第 N 天的损伤百分比;

　　　TL_{N-1}——第 $N-1$ 天时预计的产品故障前时间(h)。

　4) 故障机理竞争模型

　　在应用故障物理方法对产品可靠性进行预计或评估时,对于多机理共同作用下的产品故障问题,通常采用一种简单的模型,即故障机理竞争模型(最弱单元模型)。这种模型中只考虑那些最重要的产品组成单元,认为该单元发生故障,则整个产品发生故障,即最早故障单元的寿命就是整个产品的寿命(假定不考虑系统的维修)。

　　在应用故障机理竞争模型时,某个产品的每种故障机理所对应的 T_F 被看作是独立的随机变量,而不考虑该产品是器件、集成电路、组件或者分系统,并且不做故障率是常数的假设。如果 $T_1, T_2, \cdots, T_n$ 是某产品 n 个潜在故障机理所对应的故障前时间的随机变量,则有该产品的故障前时间 T_F 为

$$T_F = \min(T_{F1}, T_{F2}, \cdots, T_{Fn}) \qquad (2-96)$$

　　对应于一系列特定的环境负载情况下,该产品的可靠度是时间的函数,则 t 时刻产品的可靠度可表示如下：

$$R_S(t) = P(T_F \geqslant t) \qquad (2-97)$$

　　将式(2-96)代入式(2-97)中,则有

$$R_S(t) = P\left[(T_{F1} \geqslant t) \bigcap (T_{F2} \geqslant t) \bigcap \cdots \bigcap (T_{Fn} \geqslant t)\right] \qquad (2-98)$$

　　如果该产品的 n 个故障机理所对应的 n 个故障前时间随机变量是独立的,则有

$$R_S(t) = P(T_{F1} \geqslant t) P(T_{F2} \geqslant t) \cdots P(T_{Fn} \geqslant t) \qquad (2-99)$$

进而有

$$R_S(t) = R_{S1}(t) R_{S2}(t) \cdots R_{Sn}(t) \qquad (2-100)$$

并且 t 时刻产品的故障率为

$$\lambda_S(t) = \lambda_{S1}(t) + \lambda_{S2}(t) + \cdots + \lambda_{Sn}(t) \tag{2-101}$$

式(2-96)～式(2-101)中：

　　$T_{F1}, T_{F2}, \cdots, T_{Fn}$——对应于第 1～n 个故障机理的故障前时间(h)，可由该机理的故障机理模型计算得到；

　　$R_{S1}, R_{S2}, \cdots, R_{Sn}$——对应于第 1～n 个故障机理导致产品故障的可靠度；

　　$\lambda_{S1}(t), \lambda_{S2}(t), \cdots, \lambda_{Sn}(t)$——对应于第 1～n 个故障机理导致产品故障的故障率(1/h)。

（3）典型模型

随着微电子技术的迅速发展，新材料、新工艺和新器件的不断涌现，电子产品的故障机理模型也随之被建立并不断积累，电应力方面如电迁移、时间相关的介质击穿（TDDB）、导电细丝形成（CFF）等，机械应力方面如疲劳、腐蚀等，热应力方面如应力引起的扩散空隙（SDDV）等。下面对电迁移模型、时间相关的介质击穿模型和腐蚀模型进行简要介绍。

1）电迁移模型

当强电流流过金属互连线时，金属离子会在电流及其他因素的相互作用下移动，并在金属互连线内形成孔隙或裂纹，这一现象称为电迁移。

当大密度电流流过金属薄膜/金属互连线时，具有大动量的导电电子将与金属原子/正离子发生动量交换（形象地描述为"电子风"），使金属原子沿电子流的方向迁移，如图 2-24(a) 所示。电迁移会使金属原子在阳极端堆积形成小丘或晶须，造成电极间短路；在阴极端由于金属空位的积聚而形成空洞，导致电路开路（其本质是金属化系统中的质量输送过程，如图 2-24(b)所示。图 2-25 所示为不同部位发生电迁移现象时的显微图片。

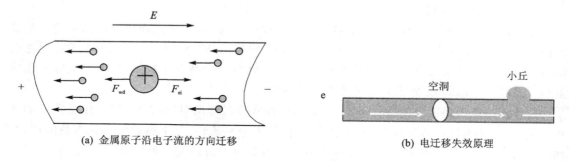

　　　(a) 金属原子沿电子流的方向迁移　　　　　　　　　　(b) 电迁移失效原理

图 2-24　电迁移现象及其机理过程

电迁移是由金属离子的扩散引起的。它有表面扩散、晶格扩散、晶界扩散三种扩散形式。不同的金属互连线材料所涉及的扩散形式是不同的，例如，焊盘中的扩散主要是晶格扩散；铝（Al）互连线的扩散主要是晶界扩散；而铜（Cu）互连线的扩散主要是表面扩散。导致扩散的外力主要有：电子与金属离子动量交换和外电场产生的综合力、非平衡态离子浓度产生的扩散力、纵向压力梯度产生的机械应力以及温度梯度产生的热应力。这些应力的存在会导致离子流密度不连续从而产生电迁移。

除上述的外界应力外，电迁移还受到几何因素的影响。在大电流密度下，金属互连线上会产生机械应力梯度。同时，在一定的小于电流密度范围内，电迁移寿命随长度的增加而减小，超过此限度，长度的增加对电迁移寿命的影响不大。此时，当互连线宽变得可以和晶粒大小相比拟甚至更小时，晶界扩散会减少且向晶格扩散和表面扩散转化。此外，转角、台阶、接触孔的

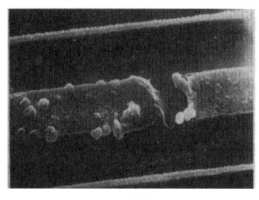

(a) 金属互连线

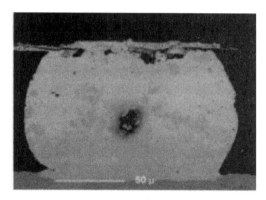

(b) BGA焊点

图 2 - 25 电迁移显微图片

存在都会加大局部的应力梯度,从而加速电迁移现象的发生。

第三类影响电迁移的因素是金属互连线材料本身,通常合金可有效地抑制电迁移,例如掺少量铜能大大提高铝互连线的寿命,加入少量硅也可提高可靠性,因为铜原子沿晶粒界面的阻塞作用使可扩散的部位减少。

电迁移故障机理模型建立了电路元器件的电迁移与流过金属互连线的电流密度以及金属互连线的几何尺寸、材料性能和温度分布的关系。流过金属互连线的电流可以是直流或交流,交流条件下的电迁移机理模型研究是建立在直流故障机理模型基础上的,通常采用平均电流密度并对电迁移寿命作近似评估。将直流条件与交流条件下的机理模型相结合,即得到了通用的电迁移故障机理模型:

$$T_{TF} = \frac{WdT^m}{CJ^n} e^{\frac{E_a}{kT}} \qquad (2-102)$$

式中:W、d——金属互连线的形状参数,一般认为,W 和 d 的乘积为金属互连线的横截面积（mm^2）;

$\quad T$——热力学温度（K）;

$\quad J$——电流密度（A/mm^2）;

$\quad m$、n——故障强度指数,低电流密度时 $n = m = 1$,高电流密度时 $n = m = 3$;

$\quad C$——与金属互连线的几何尺寸和温度有关的参数。

【例 2 - 26】电子微电路的持续微型化发展趋势,致使电导线中的电流密度不断增大,也使得电路发生电迁移故障的概率大大增加。下面的方程可以用来描述电迁移故障(补充说明:对于同一种故障机理可能会有不同的故障机理模型,需要考虑的因素及系数将有所不同,根据不同的实际情况进行选择):

$$T_{TF} = \frac{bA}{J^2} e^{E_a/kT}$$

式中:T_{TF}——平均故障前时间(h);

$\quad b$——经验常数,对于铝导线取值为 2.85×10^{15};

$\quad A$——导线的横截面积（cm^2）;

$\quad J$——电流密度（A/cm^2）。

对于某特定的铝导线,其横截面积 A 为 10^{-7} cm^2,激活能 E_a 为 0.5 eV,热力学温度 T 为 368 K(95 ℃),期望的设计寿命为 20 000 h,求其电流密度最高为多少?

解 令 $t=20\ 000$ h,求解得到电流密度 $J=316\ 000$ A/cm^2。因此,设计中必须限制电流密度不能超过 316 000 A/cm^2。

2)时间相关的介质击穿模型

通常 MOS(金属-氧化物-半导体)器件介质的击穿,是指在加高压以致电场强度达到或超过介质材料所能承受的临界击穿电场的情况下所发生的瞬间击穿。在 MOS 器件及其集成电路中,栅极下面存在一薄层 SiO$_2$,此即通称的栅氧化层(介质)。栅氧化层的漏电流与栅氧化层质量关系极大,漏电流增加到一定程度即构成击穿,导致器件故障。栅氧化层击穿分为瞬时击穿和与时间相关的介质击穿(Time Dependent Dielectric Breakdown,TDDB),后者指施加的电场低于栅氧的本征击穿场强,并未引起本征击穿,但经历一定时间后仍发生了击穿。这是由于施加电应力过程中,氧化层内产生并积聚了缺陷(陷阱)的缘故。

栅氧化层击穿与加在氧化层上的外加电场、激活能和温度有关。通常认为氧化层击穿是热应力和电应力共同作用的结果。击穿时间还与栅极电容面积、栅极电压等有关。下面是两种 TDDB 模型。

① 热化学退化模型(E 模型):

$$T_{F,E} = A\mathrm{e}^{\gamma E}\mathrm{e}^{E_{a1}/kT} \tag{2-103}$$

② 与空穴注入相关击穿模型(1/E 模型):

$$T_{F,1/E} = \tau\mathrm{e}^{G/E}\mathrm{e}^{E_{a2}/kT} \tag{2-104}$$

式中:A、τ——比例常数;

$\quad\gamma$——电场加速参数;

$\quad G$——常数;

$\quad E$——加在栅氧化层上的电场强度(V/m);

$\quad E_{a1}$、E_{a2}——热激活能(eV)。

在实际应用时,通常将这两个模型综合起来,形成一个 E 模型与 1/E 模型相统一的模型,如下式所示:

$$\frac{1}{T_F} = \frac{1}{T_{F,E}} + \frac{1}{T_{F,1/E}} \tag{2-105}$$

3)腐蚀模型

材料的化学或电化学性能的退化过程称为腐蚀,腐蚀是一种依赖于时间的耗损型故障机理,图 2-26 所示为其典型外观图片。从宏观来看腐蚀会导致由过应力引起的脆性断裂,或由耗损导致的疲劳裂纹的扩展;从微观来看,腐蚀可以改变材料的电性能和热性能。腐蚀速率与材料、离子污染物的种类和几何尺寸等因素有关。

常见的腐蚀类型有:

① 均匀腐蚀,在所暴露的整个表面上都有化学反应进行,材料变得越来越薄,直到被腐蚀掉。

② 原电池腐蚀,多种金属接触时产生,材料的电化学性能差异越明显,腐蚀越严重。

③ 应力腐蚀,在腐蚀和机械应力同时作用下产生。在受到张力的部位,容易发生阳极溶解,溶解后阳极区域面积缩小,促使应力更加集中,形成恶性循环。

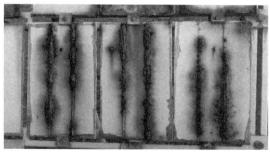

图 2 - 26　常见腐蚀的外观图片

根据产品的类型和表面形成的薄膜的不同,腐蚀还可以如下划分:

① 蠕变腐蚀,常见金属与贵金属表面连接时,例如铜和金,由于不能形成氧化物或薄膜,铜会逐渐"爬"到金的表面,形成腐蚀。

② 小孔腐蚀,水汽凝结在镀层表面,形成由水分子膜和杂质离子组成的电解液,构成原电池腐蚀。它往往在针孔处开始,逐渐扩大成小孔腐蚀甚至缝隙腐蚀。

③ 干腐蚀,当金属暴露在氧化性物质(如氧气、硫黄)中时产生的腐蚀。

腐蚀的故障机理模型如下:

$$T_{TF} = A (R_H)^{-n} e^{E_a/kT} \qquad (2-106)$$

式中: A——与腐蚀面积相关的常数;

　　　R_H——相对湿度;

　　　n——经验常数,一般 n 取 3。

4. 故障物理模型的局限性

完全基于物理过程的故障规律描述方法的局限性主要有:

① 故障机理模型都是针对具体的故障机理和故障位置,要求对故障发生的物理过程有深入的了解;并且在模型的推导过程中要对各种试验数据进行数学处理和工程分析。因此,目前能够建立的有用的故障机理模型是有限的。

② 虽然故障机理模型在一定程度上对故障发生的因果关系进行了揭示,但由于产品自身或外部存在的不确定性,仍然会导致模型分析结果与工程实际结果之间存在一定的差异性。

习　　题

1. 试说明可靠性度量的意义和作用。

2. 指数分布与威布尔分布有何特点?为何在可靠性研究中得到广泛应用?

3. 查询英文单词 Fault、Failure、Error 的区别与联系以及对应的中文概念。

4. 试通过剖析生产生活中实际的案例说明故障具有因果性、过程性和传播性。

5. 给出一些日常用品(电视机、燃气热水器、水龙头等)的故障定义。

6. 观察北京市堵车的情况,如何定义交通网络的故障?并分析网络故障的特点。

7. 某机轴研磨机的功能为:在(3.00±0.03)min 的循环时间内,最终研磨后的主轴承颈直径为(75±0.1)mm,表面粗糙度 Ra 为 0.2 μm,试列出其可能的故障。

8. 在一项疲劳研究中,裂纹扩展在金属部件中发生。观察到裂纹的尺寸随着应力循环周期 N_{cyc} 增加。裂纹扩展数据如表 2-11 所列。

(1) 找到可以最好描述裂纹尺寸随着循环数 N_{cyc} 增加的幂指数。

(2) 找到完整的可以描述裂纹尺寸与 N_{cyc} 的幂律方程。

(3) 在 500 次循环后,裂纹尺寸预计为多少?

(4) 假设裂纹尺寸最大值可以增大为设备失效前初始值的 500 倍,那么故障前循环次数为多少?

9. 70 个某产品工作 100 h 的故障统计结果如表 2-12 所列,试求其可靠度 $R(t)$、故障率 $\lambda(t)$,画出曲线,并根据故障率 $\lambda(t)$ 曲线说明该产品处于哪种故障期。

表 2-11　习题 8 的数据

N_{cyc}	裂纹尺寸/μm
0	1
100	2
200	9
300	28

表 2-12　习题 9 的故障统计结果

工作时间 t_i	故障数 $\Delta r(t_i)$
0	0
10	0
20	0
30	2
40	11
50	16
60	20
70	14
80	6
90	1

10. 假定某飞机上无线电设备故障率为 100 万菲特,求该设备工作到 5 h 的可靠度、平均故障间隔时间各是多少? 如果要求 99.9% 的概率不出故障,其飞行时间应为多少才合理?

11. 有一寿命服从指数分布的产品,当工作时间等于产品的平均故障间隔时间时,有百分之几的产品能正常工作? 当工作时间等于产品平均故障间隔时间的 1/10 时,产品的可靠度是多少?

12. 某不可修产品的故障率为 $\lambda(t)=\lambda_0 t(\lambda_0>0$,为常数),求其可靠度函数及平均故障前时间。

13. 某产品的寿命服从 $\mu=10$、$\sigma=2$ 的对数正态分布,试求 $t=300$ h 的可靠度与故障率。

14. 某产品的寿命服从 $m=2$、$\eta=2\,000$ 的威布尔分布,试求 $t=1\,000$ h 的可靠度与故障率。

15. 试比较产品的故障率函数 $\lambda(t)$ 与故障密度函数 $f(t)$ 的特点。

16. 推导简化浴盆曲线的可靠度函数。

17. 试证明,经过一定时间 T_0 的老炼后,产品的可靠度提高这一结论仅对于失效率递减的产品有效。

18. 某产品的可靠度函数为

$$R(t)=\frac{a^2}{(a+t)^2}, \quad t\geqslant 0$$

式中 $a>0$,是分布参数(常数),求其残存平均故障前时间。

19. 试推导威布尔分布 $f(t)=\dfrac{\beta}{\theta}\left(\dfrac{t}{\theta}\right)^{\beta-1}\mathrm{e}^{-(t/\theta)^{\beta}}$ 的众数。

20. 对于给定的服从威布尔分布的产品,其形状参数为 1/3,尺度参数为 16 000。

(1) 求可靠性函数和平均故障前时间。

(2) 求 T_{med} 和 T_{mode}。

(3) 求方差和标准差。

(4) 如果要求有 90% 的可靠度,求其设计寿命;若已进行了 10 h 的老炼筛选,求其设计寿命的增长值。

(5) 求工作到特征寿命时的产品可靠度。

(6) 求 B1 寿命。

21. 某机械零件的寿命服从正态分布,90% 的故障发生在工作 200~270 h 之间。

(1) 试计算平均故障前时间;

(2) 试计算 210 h 的可靠度;

(3) 如果该零件已经工作 200 h,试计算能够再工作 10 h 的可靠度。

22. 可靠度试验表明:额定电压为 160 V 的陶瓷电容,其故障率服从指数分布,与温度和工作电压相关。由试验数据可得到如下故障率函数(工作时间内):

$$\lambda(t\mid x)=\mathrm{e}^{-9.48+0.017\,59x_1+7.017x_2}\times10^{-3}$$

式中 x_1 是摄氏温度,x_2 是工作电压与额定电压的比值。如果电容在某电子电路中使用的温度是 45 ℃,工作电压是 120 V,试计算其平均故障前时间,以及其工作 1 000 h 后的可靠度。通过重新设计,改进设备,可将其工作温度改为 30 ℃ 或使用额定电压为 200 V 的电容。这两种方案哪个提高的可靠度最多? 提高了多少?

23. 某钻头的故障时间呈对数正态分布且尺度参数 $s=1.43$。对现场数据的分析发现,该钻头的中值寿命与其布氏硬度、被钻材料的密度相关。下面是经验得出的函数:

$$u(x)=12.31-0.0157x_1-0.35x_2$$

式中 x_1 是布氏硬度,x_2 是材料密度(mg/m³)。如果钢板经热处理后布氏硬度达到 200,且密度为 7.3 mg/m³,试计算钻头切削时间达到 20 h 的可靠度。

24. 某构件可承受 1 000 kPa 的固定压强。如果负载分别具有下列分布,试计算该构件的静态可靠度。

(1) 均值为 500 kPa 的指数分布。

(2) 均值为 500 kPa、标准差为 165 kPa 的正态分布。

(3) 中值为 500 kPa、形状参数为 0.3 的对数正态分布。

25. 承受 113.5 kg 固定负载的某支撑梁,若该支撑梁有以下强度,试计算其静态可靠度。

(1) 均值为 1 180.4 kg 的指数分布。

(2) 尺度参数为 1 180.4 kg、形状参数为 0.80 的威布尔分布。

(3) 中值为 1 180.4 kg、形状参数为 0.90 的对数正态分布。

26. 若载荷服从均值为 25 的指数分布,强度 y 也服从指数分布。试计算其可靠度可达到 0.95 时的平均强度最小值。

27. 假设载荷的概率密度函数为

$$f_x(x) = \begin{cases} 3x^2/10^9, & 0 \leqslant x \leqslant 1\,000 \text{ kg} \\ 0, & \text{其他} \end{cases}$$

如果强度是常数 950 kg,试计算静态可靠度。

28. 某制动器总成,经试验发现其强度服从正态分布,且均值为 124.85 kg,标准差为 11.35 kg。如果施加服从正态分布形式的作用力,且均值为 81.72 kg,标准差为 13.62 kg,试计算其静态可靠度。分析当强度或负载增加时,可靠度如何?

29. 某水坝的水深是 609.6 cm。防洪水平分布的概率密度函数为

$$f_x(x) = 8.2 \times 10^{-3} e^{-8.2 \times 10^{-3} x}, \quad x \geqslant 0$$

洪水发生的概率是随机的,且服从平均速率为 2 年一次的泊松过程。

(1) 计算大坝在 10 年时间内的可靠度;

(2) 计算大坝在 20 年时间内的可靠度。

30. 从某批货物中随机选择一个紧急信号发射器所使用的电容,电容能承受的电压服从正态分布,均值为 200 V,标准差为 45 V。如果应用发射器,则需要施加 120 V 的电压。发射器的使用服从泊松分布,平均每 4 年 1 次。超过 5 年设计寿命的可靠度是多少?

31. 系统具有下列载荷分布和承载力分布:

$$f_x(x) = 1/2, \quad 15 \leqslant x \leqslant 17$$
$$f_y(y) = 0.04(y - 15), \quad 15 \leqslant y \leqslant 20$$

试确定系统预期的可靠度(静态)。

32. 每天在用电高峰期时,需要启动备份发电机。备份发电机有 1 200 W 的最大输出。对这台备份发电机的用电量需求是随机的,服从均值为 300 W 的指数分布。计算发电机一周内(7 天内满足高峰需求)的可靠度是多少?

33. 设计某混凝土结构承受 210.656 kg 的固定载荷,其强度满足概率密度函数:

$$f_y(y) = 32.059 \times y^2/10^9, \quad 0 \leqslant y \leqslant 454 \text{ kg}$$

(1) 计算其静态可靠度。

(2) 如果载荷也是随机的,且满足如下概率密度函数,计算其静态可靠度。

$$f_x(x) = 4.4(0.001 - 0.000\,002\,2x), \quad 0 \leqslant x \leqslant 454 \text{ kg}$$

(3) 若(1)情况下载荷作用服从泊松过程且平均每年发生率为 0.01,试计算可靠度为 0.99 时的设计寿命。

34. 大楼受阵风作用,风的发生服从泊松分布,平均 1 日 2 次。该大楼能承受的风速是 160.9 km/h。风速服从威布尔分布,形状参数为 2,尺度参数为 80.45 km/h。试给出建筑物的可靠度函数并计算该大楼平均故障前时间。

35. 电力公司变电站日负荷的峰值,服从均值为 10 000、标准差为 1 000 的正态分布。该系统最大负载为 13 500。试计算该站在 100 天内的可靠度是多少?

36. 某刀具的断裂强度是 11.35 kg。如果施加在刀具上的负载满足如下概率密度函数:

$$f_x(x) = 440/(2.2x + 10)^3, \quad x \geqslant 0$$

试计算工具的静态可靠度。

37. 某大厦承受暴风的静态可靠度是 0.992。如果暴风的频率是平均每年 1 次,试计算大厦在 25 年内故障的概率是多少? 如果设计可靠度为 0.95,公寓房的设计寿命是多少?

38. 某系统的强度服从中值为 100、形状参数为 0.6 的对数正态分布,负载服从中值为

20、形状参数为 0.8 的对数正态分布,求系统的可靠度。

39. 某中央处理器的遥感器,使用 2 400 bit/s 调制解调器进行通信。由传感器检测的每个事件需要 1 bit 来保护信息。传感器必须报告所有事件。事件发生按照以下概率密度函数:

$$f_x(x) = x/(3.125 \times 10^6), \quad 0 \leqslant x \leqslant 2\ 500/s$$

系统的静态可靠度是多少?

40. 通信网络里的微波链路有两种故障模式,分别是平衰减和选择衰减,假设两种故障模式是独立的。

(1) 如果平衰减和选择衰减的故障率为常数,引起平衰减的电风暴每星期 1 次,引起选择衰减的大雾每 2 个月 1 次,试计算链路在 24 h 内的可靠度。

(2) 如果空气中水分为 100×10^{-6} 时引起平衰减,有大雾时空气中水分含量服从均值为 75×10^{-6}、标准差为 25×10^{-6} 的正态分布,大雾每 2 个月 1 次。空气中电荷密度为 $5 \times 10^{12}/cm^3$ 时造成选择衰减,电风暴的电荷密度服从中值为 3×10^{12}、均值为 $4 \times 10^{12}/cm^3$ 的对数正态分布。试重新计算链路在 24 h 内的可靠度。

41. 两端铰接的木质圆柱在轴向载荷作用下的弯曲应力由下式给出欧拉公式:

$$F_c = \frac{\pi^2 EI}{L^2}$$

式中:F_c 是临界负荷(kg);E 是弹性模量,木材弹性模量为 1.126×10^5 kg/cm²;I 是圆柱截面的转动惯量,一个 5.08 cm×10.16 cm 横截面的转动惯量是 224.35 cm⁴;L 是圆柱的长度(cm);

一个 304.8 cm 长的柱,圆柱承受载荷,载荷服从形状参数 1.76 和尺度参数 1 135 kg 的威布尔分布。

(1) 试计算静态可靠度。

(2) 如果使用材料的强度大于木材,安全系数是 3(即 F_c 是平均负载的 3 倍),试计算静态可靠度。

42. 航天飞机热防护系统的组成包括部分约 30 000 块瓷砖和增强碳碳砖。这些瓷砖能承受的最高温度为 1 260 ℃。瓷砖在再入段的温度服从形状参数为 0.15、中值为 835 ℃的对数正态分布。当再入段的温度超过了瓷砖系统的设计温度时发生故障,航天飞机平均每年飞行 12 次,计算瓷砖系统在 15 年期间的可靠度。

43. 制造车床操作需要削减某铸铁连杆,该铸铁连杆的布氏硬度值是 125。刀具寿命由如下公式推导出:

$$t = \frac{33.42 B_{hn}^{1.1}}{v^{4.76} f^{2.11} d^{1.84}}$$

式中:t 为使用时间(min);B 为布氏硬度值;v 为切削速度(cm/s);f 为进给速度(cm/r);d 为切削深度(cm)。切削深度为 0.050 8 cm,进给速度为 0.071 2 cm/r。由于生产的要求,刀具只能每 4 h 更换一次。试计算最大切割速度 v。

44. 实施一个 200 ℃的加速试验,假设微电子器件在试验中的平均失效时间是 4 000 h,那么当工作温度为 50 ℃时期望寿命是多少?(已知激活能是 0.191 eV)

第3章 系统可靠性建模

3.1 可靠性模型概述

3.1.1 可靠性模型及分类

模型是为了理解事物而做出的一种抽象,是为特定研究目的而对系统本质特定方面的表达,它以各种可用的形式提供被研究系统的信息。一个好的模型既能够反映系统的规定特性又便于建模和分析。不同的研究角度,可以采用不同类型的模型来描述系统,例如,原理模型反映了系统及其组成单元之间的物理上的连接与组合关系,功能模型反映了系统及其组成单元之间的功能关系,三维实体模型反映了单元的外形结构和装配关系。

可靠性模型是从研究产品故障规律的角度建立的一种模型。可靠性模型根据研究对象的不同,可分为单元可靠性模型和系统可靠性模型。对简单产品,可将产品视为一个"黑箱",不考虑内部的组成,构建描述产品可靠性的"外特性"的模型,将这种模型称为单元可靠性模型。对复杂产品,应将产品视为一个系统,由相互作用和相互依赖的单元有机组成,构建描述单元间可靠性关系的模型,通过单元可靠性规律推测系统的可靠性规律,将这种模型称为系统可靠性模型。

系统可靠性模型的本质是对系统(或单元)故障特征规律的数学描述。系统可靠性模型种类繁多、能力不同、用途各异。可靠性建模是开展可靠性设计分析的基础,也是进行系统维修性和保障性设计分析的前提。系统可靠性模型根据建模原理的不同可分为两大类:

一是基于故障逻辑的系统可靠性模型。该类模型通过表达系统与其组成要素之间的故障逻辑关系和逻辑过程来建立可靠性模型,主要包括可靠性框图、网络可靠性模型、故障树模型、事件树模型、马尔可夫模型、Petri网模型、GO法模型等。该类模型基于概率统计和随机过程理论构建,一般不考虑系统故障规律中的物理作用过程和机理,是对系统故障特征的一种简化描述。然而,由于历史统计数据不足以及在研制周期和经费的限制下难以进行大量统计试验等原因,多数基于故障逻辑的可靠性建模方法对故障发生的机理与规律掌握不足,不能给出系统故障的根本原因及提出针对性设计措施,难以开展定量化的设计、分析和优化工作。

二是基于行为仿真的系统可靠性模型。当系统与单元的关系过于复杂、逻辑模型无法描述时,就需要借助仿真手段来进行可靠性建模。工程设计中,各领域先进的仿真技术已经被大量应用,这些性能仿真技术可以比较准确地分析系统在正常状态下单元与系统的关系。可靠性仿真的技术思路就是,在上述性能仿真模型的基础上,融入各类影响系统可靠性的干扰因素(如故障、环境、参数波动与退化等),分析在非正常状态下系统的故障行为,并通过不确定性抽样计算系统可靠性参数等。该方法可以系统分析产品的故障过程,掌握有利于故障发生的机理与规律,有针对性地分析系统故障的根本原因并提出相应的设计措施;同时,以性能仿真为桥梁,建立系统可靠度与设计参数的关联,从而支持可靠性定量设计的开展,并支持可靠性与性能同步设计。但类模型的仿真计算量很大,建模难度高,必须借助相关仿真软件工具完成。

3.1.2　系统功能分析与任务定义

为正确地建立系统的可靠性模型,必须对系统的构成、原理、功能、接口等方面有深入的理解,即系统定义与分析。一般地,进行系统定义与分析的过程如表 3 - 1 所列。

表 3 - 1　系统定义与分析过程

项　　目		说　　明
① 确定任务和功能	功能分析	产品可能具有多项功能并用于完成多项任务,每一项任务所需要的功能也可能不同,所以应进行功能分析,针对每项任务所需的功能建立可靠性模型
② 确定工作模式		确定特定任务或功能下产品的工作模式以及是否存在替代工作模式。例如,通常超高频发射机可以用于替代甚高频发射机发射信息,这是一种替代工作模式。如果某项任务需要甚高频与超高频发射机同时工作,则不存在替代工作模式
③ 规定性能参数及范围	故障定义	规定产品及其分系统的性能参数及容许上下限。例如输出功率、信道容量的上下限等
④ 确定物理界限与功能接口		确定所分析产品的物理界限和功能接口。例如尺寸、质量、材料性能极限、安全规定、人的因素限制、与其他产品的连接关系等物理界限及功能接口
⑤ 确定故障判据		应确定和列出构成任务失败的所有判别条件。例如发射机的输出功率小于 200 kW。故障判据是建立可靠性模型的重要基础,必须预先予以确定和明确
⑥ 确定寿命剖面及任务剖面	时间及环境条件分析	从寿命剖面及任务剖面中可以获得在完成任务过程中产品可能经历的所有事件的发生时序、持续时间、工作模式和环境条件。当产品具有多任务,且任务分为多阶段时,应采用多种多阶段任务剖面进行描述

从建立系统可靠性模型的过程可知,对系统的构成、原理、功能、接口等各方面深入分析,是建立正确的系统任务可靠性模型的前导。前导工作的主要任务就是进行系统的功能分析。下面从系统的分解与分类、功能框图与功能流程图、功能的分解与分类、时间分析、任务定义与故障判据五个方面进行系统功能分析。

（1）系统的分解与分类

产品设计过程中,一般将产品划分为七个层次,即装备系统、装备、系统、分系统、设备、组件、元器件(零件)。还可按照系统思想将产品广义划分为"系统级"或"单元级"两层。其中,"单元级"产品是指将分析对象抽象为一个单元整体展开研究,不再关心其内部组成;而"系统级"产品则与之相对,不但要考虑自身,还需要考虑其内部的组成单元及相互联系。相对应的,对于"系统级"层次产品的可靠性,称为系统可靠性;对于"单元级"层次产品的可靠性,称为单元可靠性。一般而言,单元的可靠性水平决定了系统可靠性水平,如果要制造出具有高可靠性水平的航天器,对其内部选用的各种元器件、机械零部件等单元产品的可靠性水平,应提出更高的要求。

（2）功能框图与功能流程图

在系统分解的过程中,较低层次功能间的接口与关联关系暴露了出来,单元间的关联逻辑关系可以用功能框图或功能流程图加以描述。

功能框图是在对系统各层次功能进行静态分组的基础上,描述系统的功能和各子功能之间的相互关系,以及系统的数据(信息)流程和系统内部的各接口。任何技术产品功能的实现,都可表达为能量、物料和信号的转化与传递,因此系统功能可利用能量、物料和信号图来标准化地表达,如图 3-1 所示。

图 3-2~图 3-4 所示是某家用热水器的原理图、功能层次图及功能框图。

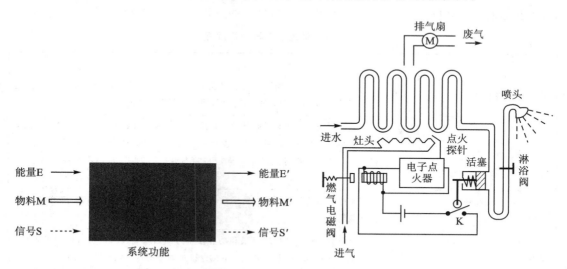

图 3-1 系统功能基于能量、物料和信号的描述方式　　图 3-2 某家用热水器的原理图

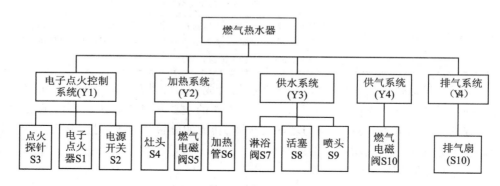

图 3-3 家用热水器的功能层次图

(3) 功能的分解与分类

对于较复杂的系统,完整刻画其功能十分困难,可通过自上而下的功能分解过程,将复杂功能分解为一系列的相对简单功能,并可继续向下分解,直到获得明确的技术要求的最低层次(如部件)为止。图 3-5 所示是某系统的功能分解示意图。进行系统功能分解可以使系统的功能层次更加清晰,同时也可清晰描述许多低层次功能的接口问题。对系统功能的层次性以及功能接口的分析,是建立可靠性模型的重要一步。

在系统功能分解的基础上,可以按照给定的任务,对系统的功能进行整理。系统的功能分类如表 3-2 所列。

功能分类的目的是整理出产品的基本功能和必要功能,为后续的功能分析工作(如功能框图、功能流程图的绘制、任务定义及故障判据等)奠定基础。

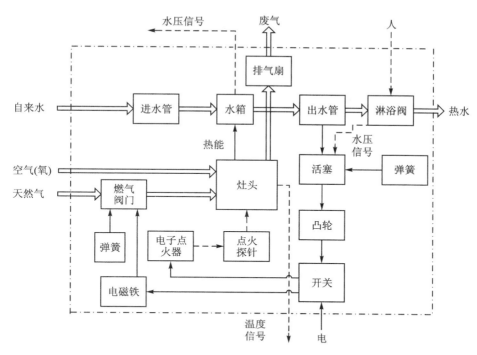

图 3-4　家用热水器的功能框图

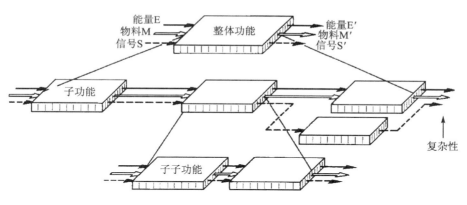

图 3-5　某系统的功能分解示意图

表 3-2　功能分类表

分　类		定　义	说明及示例
按重要 程度分	基本 功能	① 起主要的必不可少的作用； ② 担任主要的任务，实现其工作目的； ③ 它的作用改变了，就会使功能产生整体性的 变化	如：手表的基本功能是走时；手机的基本功能 是通话
	辅助 功能	选定了某种特定的构思而必需的功能，或辅 助实现基本功能所需要的功能。它相对于基本 功能是次要的或从属的	如：手表的防磁、防水、防震；手机的拍照、游 戏、上网等

分 类		定 义	说明及示例
按用户要求分	必要功能	对于用户的任务需求而言,是必要的且不可缺少的	① 基本功能都是必要功能,如手表的走时; ② 辅助功能也可能是必要功能,按用户任务需求而定,如对喜欢上网的同学,辅助功能上网是必需的
	不必要功能	对于用户的任务需求而言,该功能并非是非有不可的	

（4）时间分析

对于系统的功能随时间而变的系统而言,采用功能框图的形式进行描述,显然无法满足需求,最好采用功能流程图的形式。因为功能流程图所描述的系统的功能关系是静态的(不随时间而变),因此可以认为系统级的功能及其子功能具有唯一的时间基准,所有功能的执行时间一样长。复杂系统一般具有两方面的特点：① 系统具有多功能,各功能的执行时机是有时序的,各功能的执行时间长短不一；② 在系统工作的过程中,系统的结构是可以随时间而变化的,例如运载火箭的发射过程。采用功能流程图虽然可以描述这类系统的功能关系,为建立系统可靠性框图模型奠定基础,但其有一个缺陷,就是对系统功能的持续时间及功能间的时间没有进行描述,缺少一个时间坐标作为分析的基础。而时间特性是可靠性分析中不可或缺的一个要素。图 3 - 6 所示为某飞行任务的时间基准。

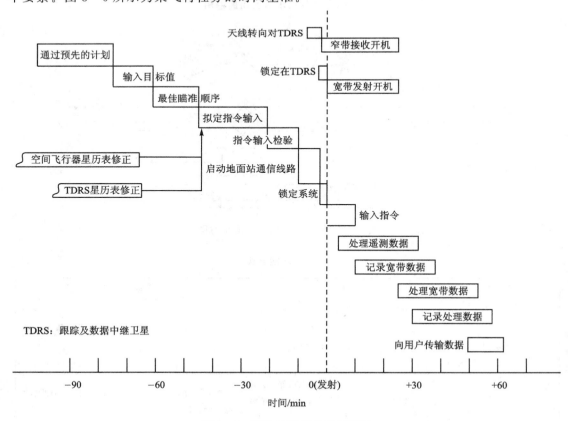

图 3 - 6　某飞行任务的时间基准

通过与该时间基准对应,可以得到系统功能流程图中各功能的执行时间及功能间的时间。

（5）任务定义与故障判据

在进行系统功能分解,建立功能框图或功能流程图及确立时间基准的基础上,要建立系统的任务及基本可靠性框图,必须明确地给出系统的任务定义及故障判据,把它们作为系统可靠性定量分析计算的依据和判据。

产品或产品的一部分不能或将不能完成预定功能的事件或状态,称为故障。对于具体的产品,应结合产品的功能以及装备的性质与使用范畴,给出产品故障的判别标准,即故障判据。故障判据是判断产品是否构成故障的界限值。一般应根据产品每一规定性能参数和允许极限确定,并与订购方给定的故障判据相一致。具体产品的故障判据与产品的使用环境、任务要求等密切相关。例如某台发动机的润滑油消耗量偏大,对于短程飞机或中程飞机来说,可能不算故障,但对于远程飞机来说,同样的滑油消耗率就会把滑油耗光,出现故障。

一般,建立系统的基本可靠性模型时,任务的定义是:系统在运行过程中不产生非计划的维修及保障需求。相应地,其故障判据为:任何由于系统设计、制造缺陷导致维修及保障需求的非人为事件,都是基本可靠性的关联故障事件。

当多任务、多功能的系统建立任务可靠性模型时,必须先明确所分析的任务是什么。对于任务的完成,涉及系统的哪些功能,其中哪些功能是必要的,哪些功能是不必要的,据此而形成系统的故障判据。影响系统这一特定任务完成的全部必要功能所涉及的所有软硬件故障,都记为任务关联故障事件。

3.2　基于故障逻辑的系统可靠性模型

基于故障逻辑的系统可靠性模型的种类较多,本书仅介绍工程中最常用的可靠性框图（RBD）模型、故障树（FT）模型和 Markov（马尔可夫）模型。

3.2.1　可靠性框图模型

可靠性框图模型（Reliability Block Diagram,RBD）是最基本的可靠性模型,其基本思想是根据系统组成单元之间的功能相关性,描述单元功能与系统功能之间的逻辑关系。可靠性框图由代表产品或功能的方框、逻辑关系和连线、节点组成,节点可以在需要时加以标注。节点分为输入节点、输出节点和中间节点。输入节点表示系统功能流程的起点;输出节点表示系统功能流程的终点。连线可以是有向的,反映系统功能流程的方向;也可以是无向的,无向的连线意味着是双向的。系统的原理图、功能框图和功能流程图是建立系统可靠性模型的基础,不能与系统可靠性框图混为一谈。

例如图 3-7(a)所示的双开关系统,若系统的功能要求电路导通,系统能正常工作,只需开关 K1 或 K2 闭合即可,其可靠性框图如图 3-7(b)所示（并联系统）;若系统的功能要求电路断开,系统正常工作,则需要开关 K1 和 K2 同时断开,其可靠性框图如图 3-7(c)所示（串联系统）。

1. 基本模型

在一个系统内部,单元之间可以通过多种方式相关联,如串联、并联、混联和旁联等结构形式。在串联结构中,系统内所有的单元必须正常运行,整个系统才可以正常运行。在并联结构

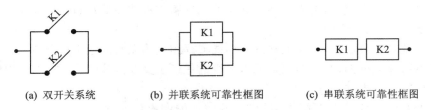

(a) 双开关系统　　　　(b) 并联系统可靠性框图　　　　(c) 串联系统可靠性框图

图 3 - 7　双开关系统原理图及可靠性框图

(冗余结构)中,至少要有一个单元正常运行才能保证系统正常运行。典型的基本可靠性模型,可分为储备模型和非储备(串联模型)两种,其中储备模型又可以按储备单元是否与工作单元同时工作而分为工作储备(如并联、表决、桥联等模型)和非工作储备(如旁联模型)两类模型。

(1) 串联模型

在串联结构系统中,所有单元都是必不可少的,也就是说,这些单元必须正常运行才能保证系统持续运行。根据这一概念,两个串联单元,如果其中任一个单元发生故障,那么系统就会发生故障。这种串联关系由图 3 - 8 所示的可靠性框图表示。

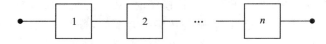

图 3 - 8　单元串联可靠性框图

由于可靠度是一个概率问题,所以一个系统的可靠度 R_S 可根据单元可靠度由以下方式来确定:

$$事件\ E_1 = 单元\ 1\ 不故障$$
$$事件\ E_2 = 单元\ 2\ 不故障$$

于是

$$P(E_1) = R_1, \quad P(E_2) = R_2$$

其中,R_1 为单元 1 的可靠度,R_2 为单元 2 的可靠度。

假设两个单元是相互独立的(即一个单元的失效与否不会改变其他单元的可靠度),则

$$R_\mathrm{S} = P(E_1 \bigcap E_2) = P(E_1)P(E_2) = R_1 R_2$$

总的来说,为了使系统正常运行,单元 1 和单元 2 都必须正常运行。

推广到 n 个相互独立的串联单元:

$$R_\mathrm{S}(t) = R_1(t) \times R_2(t) \times \cdots \times R_n(t) \leqslant \min\{R_1(t), R_2(t), \cdots, R_n(t)\} \quad (3-1)$$

其中,$0 < R_i(t) < 1(i = 1, 2, \cdots, n)$,为乘积的结果。因此可以认为,系统可靠度将不会大于最小的单元可靠度。由式(3 - 1)可以看出,所有单元都拥有较高的可靠度是非常重要的,尤其是对于在一个包含巨大数量单元的系统(见表 3 - 3)。

如果每个单元都有一个常数失效率 λ_i,则系统的可靠度可表示为

$$R_\mathrm{S}(t) = \prod_{i=1}^{n} R_i(t) = \prod_{i=1}^{n} \exp(-\lambda_i t) = \exp\left(-\sum_{i=1}^{n} \lambda_i t\right) = \exp(-\lambda_s t) \quad (3-2)$$

其中,$\lambda_s = \sum_{i=1}^{n} \lambda_i$。由式(3 - 2)可知,系统同样具有常数失效率。如果单元的故障分布服从威布尔故障分布,那么

$$R_{\mathrm{S}}(t) = \prod_{i=1}^{n} \exp\left[-\left(\frac{t}{\theta_i}\right)^{\beta_i}\right] = \exp\left[-\sum_{i=1}^{n}\left(\frac{t}{\theta_i}\right)^{\beta_i}\right] \tag{3-3}$$

和

$$\lambda(t) = \exp\left[-\sum_{i=1}^{n}\left(\frac{t}{\theta_i}\right)^{\beta_i}\right]\left[\sum_{i=1}^{n}\frac{\beta_i}{\theta_i}\left(\frac{t}{\theta_i}\right)^{\beta_i-1}\right]\Bigg/\exp\left[-\sum_{i=1}^{n}\left(\frac{t}{\theta_i}\right)^{\beta_i}\right]$$

$$= \sum_{i=1}^{n}\frac{\beta_i}{\theta_i}\left(\frac{t}{\theta_i}\right)^{\beta_i-1} \tag{3-4}$$

式(3-4)的函数形式表明,即使每个组成单元的故障都服从威布尔分布,系统的故障也不服从威布尔分布。

表 3 - 3　串联系统可靠度

单元可靠度	单元数		
	10	100	1 000
0.900	0.348 7	0.266×10^{-4}	$0.174\ 79 \times 10^{-45}$
0.950	0.598 7	0.005 92	$0.529\ 18 \times 10^{-22}$
0.990	0.904 4	0.366 0	0.432×10^{-4}
0.999	0.990 0	0.904 8	0.367 7

【例 3-1】假定一个系统包含 4 个单元,每个单元互相独立且完全相同,均服从指数分布,给定系统的可靠度 $R_{\mathrm{S}}(100) = 0.95$,求单个单元的平均故障前时间 T_{TF}。

解
$$R_{\mathrm{S}}(100) = \mathrm{e}^{-100\lambda_{\mathrm{s}}} = \mathrm{e}^{-100 \times 4\lambda} = 0.95$$

或者

$$\lambda = \frac{-\ln 0.95}{400} = 0.000\ 128$$

那么

$$T_{\mathrm{TF}} = \frac{1}{0.000\ 128} = 7\ 812.5$$

一般来说,对于具有常数失效率的单元,有

$$T_{\mathrm{TFs}} = \frac{1}{\displaystyle\sum_{i=1}^{n}\lambda_i} = \frac{1}{\displaystyle\sum_{i=1}^{n}1/T_{\mathrm{TF}i}} \tag{3-5}$$

式中: $T_{\mathrm{TF}i}$——第 i 个单元的平均无故障前时间。

【例 3-2】假设一个系统由 4 个单元串联而成,每个单元均服从威布尔分布,其参数值如表 3-4 所列,求 $t=10$ 时的系统可靠度。

表 3 - 4　系统各部件威布尔分布参数

部　件	尺度参数	形状参数
1	100	1.20
2	150	0.87
3	510	1.80
4	720	1.00

解　由表 3-4 可得系统的可靠度：

$$R_S(t) = \exp\left\{-\left[\left(\frac{t}{100}\right)^{1.2} + \left(\frac{t}{150}\right)^{0.87} + \left(\frac{t}{510}\right)^{1.8} + \left(\frac{t}{720}\right)^{1.0}\right]\right\}$$

当 $t=10$ 时，$R(10) = e^{-0.172\,627} = 0.841\,5$。

基本可靠性模型是用以估计产品及其组成单元故障引起的维修及保障要求的可靠性模型。系统中任一单元(包括储备单元)发生故障后，都需要维修或更换，都会产生维修及保障要求，故而可以把它看作度量使用费用的一种模型。基本可靠性模型是一个全串联模型，即使存在冗余单元，也都按串联处理；所以，储备单元越多，系统的基本可靠性越低。

任务可靠性模型是用以估计产品在执行任务过程中完成规定功能的概率，描述完成任务过程中产品各单元的预定作用，用以度量工作有效性的一种可靠性模型。显然，系统中储备单元越多，其任务可靠性越高。

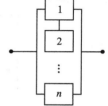

图 3-9　单元并联可靠性框图

（2）并联模型

两个或者两个以上单元并联，也可称为冗余结构，这种结构只有在所有单元均失效时，才会使得系统失效。如果一个或者一个以上的单元正常运行，那么系统也将继续运行。单元并联的可靠性框图如图 3-9 所示。

n 个独立单元并联的系统可靠度，等于 $1-n$ 个单元均失效时的概率(即至少有一个单元正常工作的概率)。以 2 单元并联为例，考察下式：

$$R_S = P(E_1 \bigcup E_2) = 1 - P(E_1 \bigcup E_2)^C = 1 - P(E_1^C \bigcap E_2^C)$$
$$= 1 - P(E_1^C)P(E_2^C) = 1 - (1-R_1)(1-R_2)$$

一般化为

$$R_S = 1 - \prod_{i=1}^{n} [1 - R_i(t)] \tag{3-6}$$

以下结论总是成立的：

$$R_S(t) \geqslant \max\{R_1(t), R_2(t), \cdots, R_n(t)\}$$

因为 $\prod_{i=1}^{n} [1 - R_i(t)]$ 一定会小于可靠度最大单元的故障率。对于由具有常数失效率单元组成的一个冗余系统，有

$$R_S(t) = 1 - \prod_{i=1}^{n} (1 - e^{-\lambda_i t}) \tag{3-7}$$

式中：λ_i 表示第 i 个单元的故障率。

【例 3-3】对于一个 2 单元并联系统，且每个单元都服从指数分布，求系统可靠度及平均故障前时间 T_{TF}。

解　系统可靠度为

$$R_S(t) = 1 - (1 - e^{-\lambda_1 t})(1 - e^{-\lambda_2 t}) = e^{-\lambda_1 t} + e^{-\lambda_2 t} - e^{-(\lambda_1 + \lambda_2)t}$$

平均故障前时间为

$$T_{TF} = \int_0^\infty R_S(t)\,dt = \int_0^\infty e^{-\lambda_1 t}\,dt + \int_0^\infty e^{-\lambda_2 t}\,dt - \int_0^\infty e^{-(\lambda_1+\lambda_2)t}\,dt = \frac{1}{\lambda_1} + \frac{1}{\lambda_2} - \frac{1}{\lambda_1 + \lambda_2}$$

【例 3-4】两个并联、相同和互相独立的单元都拥有常数失效率。如果想要得到

$R_S(1\ 000)=0.95$，求单元和系统的平均故障前时间 T_{TF}、T_{TFs}。

解　首先得出 $R_S(1\ 000)=2\mathrm{e}^{-1\ 000\lambda}-\mathrm{e}^{-2\ 000\lambda}=0.95$，然后利用试算法推 λ，如表 3 - 5 所列。

表 3 - 5　试算法过程

λ	$R_S(1\ 000)$	λ	$R_S(1\ 000)$
0.001	0.600	0.000 2	0.967
0.000 1	0.991	0.000 25	0.951
0.000 5	0.845	0.000 253	0.950

因此
$$T_{TF}=1/0.000\ 253=3\ 952$$
$$T_{TFs}=2/(0.000\ 253-1)\times(2\times0.000\ 253)=5\ 928.9$$

（3）串并混联模型

通常系统会同时包含串联和并联关系组合的单元。举个例子，R 代表第 i 个单元的可靠度，为了计算系统可靠度，该网络可以分解成串联或并联的子系统。若已知每个子系统的可靠度，那么根据各子系统之间相互的结构关系可以求出系统可靠度。在图 3 - 10 所示的网络中，子系统的可靠度如下：
$$R_A=1-(1-R_1)(1-R_2)$$
$$R_B=R_A(R_3)R_C=R_4(R_5)$$

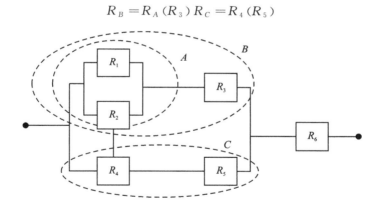

图 3 - 10　一个串并混联系统

因为 R_B 与 R_C 并联，并且与另一个单元 R_6 串联，所以
$$R_S=[1-(1-R_B)(1-R_C)]R_6$$
如果 $R_1=R_2=0.90$，$R_3=R_6=0.98$，$R_4=R_5=0.99$，那么
$$R_B=[1-(0.10)^2]\times0.98=0.970\ 2$$
$$R_C=(0.99)^2=0.980\ 1$$
因此有
$$R_S=[1-(1-0.970\ 2)(1-0.980\ 1)]\times0.98=0.979\ 4$$

（4）K/N 冗余结构

K/N 冗余结构是 n 个并联单元的一种推广，要求 n 个完全相同且互相独立的单元中至少

有 k 个单元正常工作,系统才能正常工作。显然,$k \leqslant n$。当 $k=1$ 时,这 n 个单元实际上是并联连接的;当 $k=n$ 时,这 n 个单元实际上是串联连接的。可靠度可以通过二项分布定理获得。

如果每一个单元都看作是相互独立的试验品,且均拥有常数可靠度 R,那么

$$P(x) = \binom{n}{x} R^x (1-R)^{n-x} \tag{3-8}$$

是有 x 个单元可正常运行的概率。这个公式成立,是因为

$$\binom{n}{x} = \frac{n!}{x!(n-x)!}$$

上述公式是 n 个单元中有 x 个单元正常工作的组合数量。$R^x(1-R)^{n-x}$ 是指在一种组合的情况下 x 个单元正常工作而 $n-x$ 个单元故障的概率,因此

$$R_S = \sum_{x=k}^{n} P(x) \tag{3-9}$$

是 N 个单元中 K 或者更多个单元正常工作的概率。

【例 3-5】一个宇宙飞船需要 4 个主引擎中 3 个能正常工作才可以保证到达预定轨道。如果每个引擎的可靠度是 0.97,求飞船到达预定轨道的可靠度。

解　$R_S = \sum_{x=3}^{4} \binom{4}{x} \times 0.97^x \times 0.03^{4-x} = 4 \times 0.97^3 \times 0.03 + 0.97^4 = 0.9948$

如果故障分布率服从指数分布,则有

$$R_S(t) = \sum_{x=k}^{n} \binom{n}{x} e^{-\lambda x t} (1 - e^{-\lambda t})^{n-x}$$

Jumonville 和 Lesso(1969)证明了,在这个例子里平均故障前时间可以表示为

$$T_{TF} = \int_0^{\infty} R_S(t) \mathrm{d}t = \frac{1}{\lambda} \sum_{x=k}^{n} \frac{1}{x} \tag{3-10}$$

在例 3-5 中提到的主引擎需要一段 8 min 的燃烧时间。假设每个引擎都具有一个常数故障率 0.0038074,那么 $R(8) = e^{-0.0038074(8)} = 0.97$,而且单个引擎的平均故障前时间为 262.65 min。因此

$$T_{TFs} = 262.65 \times \left(\frac{1}{3} + \frac{1}{4} \right) = 153.21$$

如果 $k=1$,那么 T_{TF} 可由式(3-10)计算得到,即由 n 个互相独立并且拥有常数失效率的单元组成的一个冗余系统的平均故障前时间。

(5)旁联模型(非工作储备模型)

组成系统的 n 个单元只有一个单元工作,当工作单元故障时,通过转换装置转接到另一个单元继续工作,直到所有单元都故障时系统才故障,称为非工作储备系统,又称旁联系统。

非工作储备系统的可靠性框图如图 3-11 所示。

非工作储备系统的可靠性数学模型如下:

① 假设转换装置可靠度为 1,则系统 T_{BCFs} 等于各单

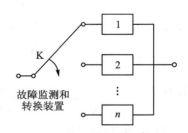

图 3-11　旁联模型的可靠性框图

元 T_{BCFi} 之和，即

$$T_{BCFs} = \sum_{i=1}^{n} T_{BCFi} \tag{3-11}$$

式中：T_{BCFs}——系统的致命故障间任务时间；

$\quad\quad T_{BCFi}$——单元的致命故障间任务时间；

$\quad\quad n$——组成系统的单元数。

当系统各单元的寿命服从指数分布时，有

$$T_{BCFs} = \sum_{i=1}^{n} \frac{1}{\lambda_i} \tag{3-12}$$

式中：T_{BCFs}——系统的致命故障间任务时间；

$\quad\quad \lambda_i$——单元的故障率；

$\quad\quad n$——组成系统的单元数。

当系统的各单元都相同时，有

$$T_{BCFs} = \frac{n}{\lambda} \tag{3-13}$$

$$R_S(t) = e^{-\lambda t}\left[1 + \lambda t + \frac{(\lambda t)^2}{2!} + \cdots + \frac{(\lambda t)^{n-1}}{(n-1)!}\right] \tag{3-14}$$

对于常用的两个不同单元组成的非工作储备系统（$n=2$，$\lambda_1 \neq \lambda_2$），有

$$R_S(t) = \frac{\lambda_2}{\lambda_2 - \lambda_1}e^{-\lambda_1 t} + \frac{\lambda_1}{\lambda_1 - \lambda_2}e^{-\lambda_2 t} \tag{3-15}$$

$$T_{BCFs} = \frac{1}{\lambda_1} + \frac{1}{\lambda_2} \tag{3-16}$$

② 假设转换装置的可靠度为常数 R_D，两个单元相同且寿命服从故障率为 λ 的指数分布，系统的可靠度为

$$R_S(t) = e^{-\lambda t}(1 + R_D \lambda t) \tag{3-17}$$

对于两个不相同单元，其故障率分别为 λ_1、λ_2，则有

$$R_S(t) = e^{-\lambda_1 t} + R_D \frac{\lambda_1}{\lambda_1 - \lambda_2}(e^{-\lambda_2 t} - e^{-\lambda_1 t}) \tag{3-18}$$

$$T_{BCFs} = \frac{1}{\lambda_1} + R_D \frac{1}{\lambda_2} \tag{3-19}$$

非工作储备的优点是能大大提高系统的可靠度。其缺点是：① 由于增加了故障监测与转换装置而加大了系统的复杂度；② 要求故障监测与转换装置的可靠度非常高，否则储备带来的优势会被严重削弱。

2. 复杂结构模型

对于某些系统，单元结构已不能简单地分解成串联和并联的关系。举例说明，图 3-12(a) 所示的系统，不能按之前的方法进行分析。这是因为单元 E 与其他单元存在连接，故系统不能被分解为严格并联或者串联子系统；但是，这样的网络框图可以用分解法或枚举法进行分析。

（1）分解法

可创建两种子网络：一种如图 3-12(b) 所示，假设单元 E 正常运行（其可靠度为 R_E）；另

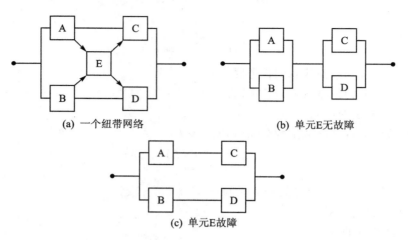

(a) 一个纽带网络　　　　　(b) 单元E无故障

(c) 单元E故障

图3-12　纽带网络的分解

一种如图 3-12(c)所示,假设单元 E 故障(其失效率为 $1-R_E$)。每种网络的可靠度可以分别计算得出,那么系统的可靠度为

$$R_S = R_E R_{(b)} + (1-R_E)R_{(c)}$$

其中,

$$R_{(b)} = [1-(1-R_A)(1-R_B)][1-(1-R_C)(1-R_D)]$$
$$R_{(c)} = 1-(1-R_A R_C)(1-R_B R_D)$$

如果

$$R_A = R_B = 0.9, \quad R_C = R_D = 0.95, \quad R_E = 0.80$$

那么

$$R_{(b)} = [1-(1-0.9)^2][1-(1-0.95)^2] = 0.99 \times 0.997\,5 = 0.987\,5$$
$$R_{(c)} = 1-(1-0.9 \times 0.95)^2 = 0.978\,975$$

且

$$R_S = 0.8 \times 0.987\,5 + 0.2 \times 0.978\,975 = 0.985\,8$$

（2）枚举法

对于简单的网络,枚举法可以被用于确定系统的可靠度。枚举法由两部分组成:一是确定每个单元正常或是故障的所有可能的组合;二是确定在各种组合下系统是正常还是故障。对于单元正常与否的每一个可能组合,这些组合事件交集的概率可以被计算得出。假设这些事件是互相独立的,那么系统的可靠度等于这些组合中系统正常工作概率的总和,或者等于1减去故障概率的总和。对于图 3-12(a)所示系统,有 $2^5 = 32$ 种可能的组合,如表 3-6 所列。

下面再次运用分解法,问题更为复杂。

表3-6　对图3-12(a)所示系统运用枚举法

A	B	C	D	E	系　统	发生概率
S	S	S	S	S	S	0.584 820
F	S	S	S	S	S	0.064 980
S	F	S	S	S	S	0.064 980

续表 3－6

A	B	C	D	E	系　统	发生概率
S	S	F	S	S	S	0.030 780
S	S	S	F	S	S	0.030 780
S	S	S	S	F	S	0.146 205
F	F	S	S	S	F	
S	F	F	S	S	S	0.003 420
S	S	F	F	S	F	
S	S	S	F	F	S	0.007 695
F	S	F	S	S	S	0.003 420
F	S	S	F	S	S	0.003 420
F	S	S	S	F	S	0.016 245
S	F	S	F	S	S	0.003 420
S	F	S	S	F	S	0.016 245
S	S	F	S	F	S	0.007 695
F	F	F	S	S	F	
S	F	F	F	S	F	
S	S	F	F	F	F	
F	S	F	F	S	F	
F	S	S	F	F	F	
S	F	S	F	F	S	0.000 855
F	F	S	F	S	F	
F	F	S	S	F	F	
S	F	F	S	F	F	
F	S	F	S	F	S	0.000 855
F	F	F	F	S	F	
S	F	F	F	F	F	
F	S	F	F	F	F	
F	F	S	F	F	F	
F	F	F	S	F	F	
F	F	F	F	F	F	
合计						0.985 800

3. 系统结构函数

运用系统结构函数来分析复杂系统可靠性的方法是一种非常通用的方法。为了确定系统结构函数,令

$$X_i = \begin{cases} 1, & \text{单元 } i \text{ 正常} \\ 0, & \text{单元 } i \text{ 故障} \end{cases}$$

那么系统结构函数可定义为

$$\Phi(X_1, X_1, \cdots, X_n) = \begin{cases} 1, & \text{系统正常} \\ 0, & \text{系统故障} \end{cases} \tag{3-20}$$

因此,对于一个串联系统,有

$$\Phi(X_1, X_2, \cdots, X_n) = X_1 X_2 \cdots X_n = \min[X_1, \cdots, X_n] \tag{3-21}$$

而对于一个并联系统,有

$$\Phi(X_1, X_2, \cdots, X_n) = 1 - (1 - X_1)(1 - X_2) \cdots (1 - X_n) = \max[X_1, \cdots, X_n]$$
$$\tag{3-22}$$

对于一个 K/N 系统,系统结构方程为

$$\Phi(X_1, X_2, \cdots, X_n) = \begin{cases} 1, & \sum_{i=1}^{n} X_i \geqslant k \\ 0, & \sum_{i=1}^{n} X_i < k \end{cases} \tag{3-23}$$

我们感兴趣的是,找出 $R_S = P[\Phi(X_1, X_2, \cdots, X_n) = 1] = E[\Phi(X_1, X_2, \cdots, X_n)]$。另一公式是结构函数二进制形式,因为

$$E[\Phi(X_1, X_2, \cdots, X_n)] = 0 \cdot P[\Phi(X_1, X_2, \cdots, X_n) = 0] +$$
$$1 \cdot P[\Phi(X_1, X_2, \cdots, X_n) = 1]$$

假设符合独立性假设,对于一个串联系统,有

$$\begin{aligned} P[\Phi(X_1, X_2, \cdots, X_n) = 1] &= P(X_1 = 1, X_2 = 1, \cdots, X_n = 1) \\ &= P(X_1 = 1) P(X_2 = 1) \cdots P(X_n = 1) \\ &= R_1 R_2 \cdots R_n \end{aligned} \tag{3-24}$$

而对于并联系统,则有

$$\begin{aligned} P[\Phi(X_1, X_2, \cdots, X_n) = 1] &= P[\max(X_1, X_2, \cdots, X_n) = 1] \\ &= 1 - P(\text{all } X_i = 0) \\ &= 1 - (1 - R_1)(1 - R_2) \cdots (1 - R_n) \end{aligned} \tag{3-25}$$

为了计算 K/N 系统的可靠度,我们运用

$$P[\Phi(X_1, X_2, \cdots, X_n) = 1] = P\left(\sum_{i=1}^{n} X_i \geqslant k\right) \tag{3-26}$$

当式(3-26)中 $R_1 = R_2 = \cdots = R_n$ 时,综合运用二项式概率分布,由式(3-9)能够计算出系统的可靠度。

【例 3-6】 一个简单系统由 A、B、C、D 四个单元组成,其中 A、B 单元串联再与 C、D 单元串联通路并联,如图 3-13 所示。求系统可靠度。

解 系统可靠度为

$$R_S = 1 - (1 - 0.9 \times 0.6) \times (1 - 0.8 \times 0.7) = 0.797\,6$$

系统结构方程为

$$\Phi(X_A, X_B, X_C, X_D) = 1 - (1 - X_A X_B)(1 - X_C X_D)$$

$$= X_A X_B + X_C X_D - X_A X_B X_C X_D$$

一般来说，$E(X_1, X_2, \cdots, X_k) = R_1 R_2 \cdots R_k$。因为 X_i 是 $\Pr\{X_i = 1\} = R_i$ 的二进制形式，因此，

$$
\begin{aligned}
R_S &= E[\Phi(X_A, X_B, X_C, X_D)] \\
&= E(X_A X_B) + E(X_C X_D) - E(X_A X_B X_C X_D) \\
&= R_A R_B + R_C R_D - R_A R_B R_C R_D \\
&= 0.9 \times 0.6 + 0.8 \times 0.7 - 0.9 \times 0.6 \times 0.8 \times 0.7 \\
&= 0.797\,6
\end{aligned}
$$

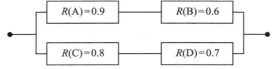

图 3 - 13　一个由 A、B、C、D 四个单元组成的系统可靠性框图

（1）单调关联系统

如果一个单元可靠度的增加并没有降低系统可靠度，那么这个系统是单调的。一个单调系统的结构函数是单调递增的，即如果 $Y_i \geqslant X_i$，那么

$$\Phi(Y_1, Y_2, \cdots, Y_n) \geqslant \Phi(X_1, X_2, \cdots, X_n)$$

如果不等式对于一个给定单元 i 是严格成立的，那么这个单元可以认为是关联的。显然，如果 $\Phi(1,1,1,1) = \Phi(1,1,1,0)$，那么可以看出，第 4 个单元对于系统正常运行与否是不关联的。

（2）最小路集和最小割集

系统可靠性也可以用最小路集和最小割集来定义。

一个通路是一些单元的集合，这些单元的正常运行能保证系统的正常运行。一个最小通路是指，集合内的所有单元必须都正常，才能保证系统正常行使功能。一个割集也是一些单元的集合，这些单元全都故障将会导致系统故障。一个最小割集是指，集合内所有的单元都发生了故障才能导致系统失效。

对于例 3 - 6 中的网络图，最小路集和最小割集如表 3 - 7 所列。

表 3 - 7　最小路集和最小割集列表

最小路集	最小割集
A、B	A、C
C、D	A、D
	B、C
	B、D

为了保证系统能正常工作，那么至少有一个最小路集能够正常行使功能。因此

$$\Phi(X_A, X_B, X_C, X_D) = [1 - (1 - X_A X_B)(1 - X_C X_D)] = X_A X_B + X_C X_D - X_A X_B X_C X_D$$
$$R_S = E[\Phi(X_A, X_B, X_C, X_D)] = E(X_A X_B) + E(X_C X_D) - E(X_A X_B X_C X_D)$$

以上公式给出了相同的结论。

在运用最小割集时，在每个割集中至少有一个单元能够正常运行，系统才能够正常运行。因此，结构方程可以写为

$$
\begin{aligned}
\Phi(X_A, X_B, X_C, X_D) = &[1 - (1 - X_A)(1 - X_C)] \cdot [1 - (1 - X_A)(1 - X_D)] \cdot \\
&[1 - (1 - X_B)(1 - X_C)] \cdot [1 - (1 - X_B)(1 - X_D)]
\end{aligned}
$$

$$= (X_A + X_C - X_A X_C)(X_A + X_D - X_A X_D) \cdot$$
$$(X_B + X_C - X_B X_C)(X_B + X_D - X_B X_D)$$

接着代入 $X_i^2 = X_i$,则有

$$\Phi(X_A, X_B, X_C, X_D) = (X_A + X_C X_D - X_A X_C X_D)(X_B + X_C X_D - X_B X_C X_D)$$
$$= X_A X_B + X_C X_D - X_A X_B X_C X_D$$

$R_S = E[\Phi(X_A, X_B, X_C, X_D)]$ 也得出了同前面相同的结论。

（3）共模失效

同一系统 n 个组成单元的失效独立性假设经常不成立,例如几个单元共用同一电源,或者外部环境条件(如过热或振动过大)以相同的方式同时影响几个单元。此外,运行或维修错误、设计瑕疵以及非标准材料或元器件等因素,同样也能导致共模失效。对共模失效的描述,总是与多个单元共享失效模式相联系。图 3-14 显示了一个与三单元冗余系统相关的共模失效。系统的可靠度由 $R_S = [1 - (1-R_1)(1-R_2)(1-R_3)]R'$ 给出。

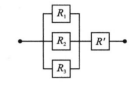

图 3-14　包含共模失效影响的
多冗余单元可靠性框图

用此方式表达系统结构,必须能够从共模失效中分离出独立失效。同时,为了保证冗余结构起到作用,共模失效必须具有高可靠性。

【例 3-7】由两个具有常数失效率的单元组成的并联系统(参见例 3-4),假定在单元独立失效率之外还存在一个数值为 0.000 01 的共模常数失效率,求系统可靠度及平均故障前时间 T_{TF}。

解　系统可靠度为

$$R_S(t) = (2e^{-0.000\,253t} - e^{-0.000\,506t})e^{-0.000\,01t}$$
$$R_S(1\,000) = 0.95e^{-0.000\,01 \times 1\,000} = 0.94$$

可以得到

$$T_{TF} = \int_0^\infty (2e^{-0.000\,263t} - e^{-0.000\,516t})\,dt = \frac{2}{0.000\,263} - \frac{1}{0.000\,516} = 5\,666.6$$

【例 3-8】假设一个系统由两个相同单元串联构成,则每个单元自身失效率由其独立失效率和共模失效率构成,即

$$\lambda = 0.000\,253 + 0.000\,01 = 0.000\,263$$

求系统可靠度。

解　系统失效率为

$$\lambda_S = 2 \times 0.000\,253 + 0.000\,01 = 0.000\,516$$

由于共模失效率由两个单元共享,所以系统可靠度为

$$R_S(t) = (e^{-0.000\,253t})^2 e^{-0.000\,01t} = e^{-0.000\,516t}$$

共模系统的失效率要少于仅考虑两个单元具有独立失效率 λ 时的系统失效率。

3.2.2　故障树模型

故障树是由各种事件符号和逻辑门组成的,事件之间的逻辑关系用逻辑门表示。这些符号可分为逻辑符号、事件符号等。故障树分析(FTA)技术是美国贝尔电报公司的电话实验室于 1962 年开发的,它采用逻辑的方法,形象地进行危险的分析工作,特点是直观明了、思路清

晰、逻辑性强,既可以作定性分析,也可以作定量分析,体现了以系统工程方法研究安全问题的系统性、准确性和预测性,它是安全系统工程的主要分析方法之一。1974 年美国原子能委员会发布了关于核电站危险性评价报告,即"拉姆森报告",大量、有效地应用了故障树分析,从而迅速推动了它的发展。

1. 基本思想和数学基础

故障树指用来表明产品那些组成部分的故障、外界事件或它们的组合将导致产品发生给定故障的逻辑图。从故障树的定义知道,故障树是一种逻辑因果关系图,构图的元素是事件和逻辑门。图中的事件用来描述系统和元部件故障的状态,逻辑门把事件联系起来,表示事件之间的逻辑关系。由于传统的静态故障树不能将次序相关故障(事件发生的次序非常重要)之间的关系表现出来,因此在传统的故障树中增加了特殊的门集,用以模拟次序相关的故障,以此形成的故障树称为动态故障树。

(1) 故障树中常用的事件符号

顶事件(top events):人们不希望发生的,但可以预见的,对系统性能、经济性、可靠性和安全有显著影响的故障事件。

基本事件(basic events):相当于系统中基本故障事件,一般指单元的故障事件。

未展开事件(undeveloped events):不需要再进一步分析的故障事件。

入三角(transfer in):位于故障树的底部,表示该部分分支在别处。

出三角(transfer out):位于故障树的顶部,表示该部分为位于别处的子故障树。

事件符号标示如图 3-15 所示。

图 3-15　事件符号标示

顶事件　　　　基本事件　　　　未展开事件　　　　入三角　　　　出三角

(2) 静态故障树的基本逻辑门符号

与门:所有输入同时出现,才会有输出。

或门:任何一个输入存在,就会有输出。

异或门:任何一个输入事件发生都可使输出事件发生,但输入事件不能同时发生。

表决门:n 个输入事件中至少 K 个事件发生时,输出事件才可发生。(注:事件发生表示发生故障)

禁止门:当前提条件满足时,输入事件发生方可引起输出事件的发生。

静态逻辑门符号标示如图 3-16 所示。

(3) 故障树的数学描述

现在研究一个由 n 个底事件构成的故障树,并有如下假设:

① 底事件之间相互独立;

② 元部件和系统只有正常和故障两种状态;

③ 元部件寿命为指数分布。

设 x_i 表示底事件的状态变量,根据以上假设,x_i 仅取 0、1 两种状态;Φ 表示顶事件的状

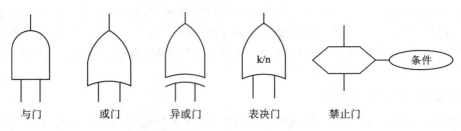

图 3 - 16　静态逻辑门符号

态变量,Φ 也仅取 0、1 两种状态。其定义如下:

$$x_i = \begin{cases} 1, & \text{底事件 } x_i \text{ 发生(即元部件故障)} \\ 0, & \text{底事件 } x_i \text{ 不发生(即元部件正常)} \end{cases}$$

$$\Phi = \begin{cases} 1, & \text{顶事件发生(即系统故障)} \\ 0, & \text{顶事件不发生(即系统正常)} \end{cases}$$

顶事件状态 Φ 完全由故障树中底事件状态所决定,即

$$\Phi = \Phi(\boldsymbol{X}) \tag{3-27}$$

$$\boldsymbol{X} = (x_1, x_2, x_3, \cdots, x_n)$$

称 $\Phi = \Phi(\boldsymbol{X})$ 为故障树的结构函数,它是表示系统状态的一种布尔函数,其自变量为该系统组成单元的状态。

(4) 典型结构的结构函数

1)"与门"结构(故障树见图 3 - 17(a))

"与门"的定义:当输入事件全部发生时,输出事件才发生。也就是说,全部元部件故障时系统才故障(相当于可靠性模型中的并联模型)。因此,有

$$\Phi(\boldsymbol{X}) = \bigcap_{i=1}^{n} x_i \quad (i = 1, 2, \cdots, n) \tag{3-28}$$

式中: n ——输入事件个数。

当 x_i 仅取 0、1 时,结构函数可以写成

$$\Phi(\boldsymbol{X}) = \prod_{i=1}^{n} x_i \tag{3-29}$$

2)"或门"结构(故障树见图 3 - 17(b))

"或门"的定义:输入事件只要有一个发生,输出事件就发生。也就是说,元部件只要有一个故障,系统就故障(串联模型)。因此,有

$$\Phi(\boldsymbol{X}) = \bigcup_{i=1}^{n} x_i \quad (i = 1, 2, \cdots, n) \tag{3-30}$$

式中: n ——输入事件个数。

当 x_i 仅取 0、1 二值时,结构函数可以写成

$$\Phi(\boldsymbol{X}) = 1 - \prod_{i=1}^{n} (1 - x_i) \quad (i = 1, 2, \cdots, n) \tag{3-31}$$

3) n 中取 r 结构(故障树见图 3 - 17(c))

"表决门"的定义:只有当输入事件发生的个数大于或等于 r 时,输出事件才发生。也就是说,元部件故障的个数大于或等于 r,系统才故障。因此,有

$$\Phi(\boldsymbol{X}) = \begin{cases} 1, & \sum x_i \geqslant r \\ 0, & 其他 \end{cases} \qquad (3-32)$$

式中：r ——— 使"表决门"输出事件发生的最小输入事件个数。

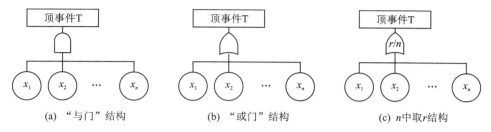

（a）"与门"结构　　　　　（b）"或门"结构　　　　　（c）n中取r结构

图 3 - 17　三种结构的故障树

【例 3 - 9】求"异或门"结构函数。

解　根据"异或门"的定义：输入事件只要有一个发生，输出事件就发生，但输入事件不能同时发生。也就是说，元部件只要有一个故障，系统就故障，但元部件不能同时故障。据此可以画出其故障树，如图 3 - 18 所示。

$$\Phi(\boldsymbol{X}) = 1 - [1 - x_1 \cap (1-x_2)] \cap [1 - (1-x_1) \cap x_2]$$
$$= (\bar{x}_1 \cap x_2) \cup (\bar{x}_2 \cap x_1)$$

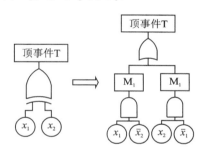

图 3 - 18　"异或门"结构的故障树

【例 3 - 10】如图 3 - 19 所示故障树，求其结构函数。

解　　$\Phi(\boldsymbol{X}) = \{x_4 \cap [x_3 \cup (x_2 \cap x_5)]\} \cup \{x_1 \cap [x_5 \cup (x_3 \cap x_2)]\}$

一般情况下，当画出故障树后，就可以直接写出其结构函数；但是，对于复杂系统来说，其结构函数是相当冗长繁杂的，这样既不便于定性分析，也不易于进行定量计算。这时可根据逻辑运算规则或最小割集的概念，对结构函数进行改写，以利于故障树的定性分析和定量计算。

使用逻辑运算分配率，则有

$$x_4 \cap [x_3 \cup (x_2 \cap x_5)] = (x_3 \cap x_4) \cup (x_2 \cap x_5 \cap x_4)$$
$$x_1 \cap [x_5 \cup (x_3 \cap x_2)] = (x_1 \cap x_5) \cup (x_1 \cap x_3 \cap x_2)$$

所以

$$\Phi(\boldsymbol{X}) = (x_1 \cap x_5) \cup (x_3 \cap x_4) \cup (x_2 \cap x_4 \cap x_5) \cup (x_1 \cap x_2 \cap x_3)$$

除此之外，还可以用下面介绍的下行法先求得最小割集：

$$\{x_1, x_5\}, \{x_3, x_4\}, \{x_2, x_4, x_5\}, \{x_1, x_2, x_3\}$$

根据以上最小割集，其结构函数可写成

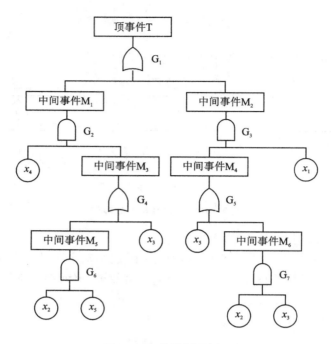

图 3 - 19　故障树示例 1

$$\Phi(\boldsymbol{X}) = (x_1 \bigcap x_5) \bigcup (x_3 \bigcap x_4) \bigcup (x_2 \bigcap x_4 \bigcap x_5) \bigcup (x_1 \bigcap x_2 \bigcap x_3)$$

2. 定性和定量分析

（1）故障树的定性分析

求最小割集的方法有很多，常用的有下行法与上行法两种。

1）下行法

根据故障树的实际结构，从顶事件开始，逐层向下寻查，找出割集。

规则：遇到"与门"增加割集阶数（割集所含底事件数目），遇到"或门"增加割集个数。

具体做法：把从顶事件开始逐层在向下寻查的过程横向列表，遇到"与门"就将其输入事件取代输出事件排在表格的同一行下一列内，遇到"或门"就将其输入事件在下一列纵向依次展开，直到故障树的最底层。这样列出的表格，最后一列的每一行都是故障树的割集，然后再通过割集之间的比较进行合并消元，最后得到故障树的全部最小割集。

【例 3 - 11】如图 3 - 20 所示的故障树，用下行法求其割集与最小割集。

解　将下行法的过程列成表 3 - 8。这里从步骤 1 到步骤 2 时，因为 M_1 下面是"或门"，所以在步骤 2 中 M_1 的位置换成 M_2，M_3，且竖向串列；从步骤 2 到步骤 3 时，因为 M_2 下面是"与门"，所以在下一列同一行内用 M_4、M_5 代替 M_2 横向并列，由此下去直到第 6 步，共得到 9 个割集：

$$\{x_1\}, \{x_4, x_6\}, \{x_4, x_7\}, \{x_5, x_6\}, \{x_5, x_7\}, \{x_3\}, \{x_6\}, \{x_8\}, \{x_2\}$$

通过集合运算吸收律规则简化以上割集，可得到全部最小割集。因为

$$x_6 \bigcup x_4 x_6 = x_6, \quad x_6 \bigcup x_5 x_6 = x_6$$

所以 $x_4 x_6$ 和 $x_4 x_6$ 被吸收，得到全部最小割集：

$$\{x_1\}, \{x_4, x_7\}, \{x_5, x_7\}, \{x_3\}, \{x_6\}, \{x_8\}, \{x_2\}$$

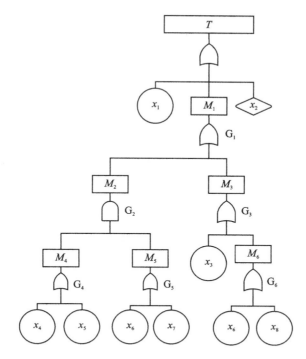

图 3－20　故障树示例 2

表 3－8　用下行法求解最小割集

步　骤	1	2	3	4	5	6
过程	x_1	x_1	x_1	x_1	x_1	x_1
	M_1	M_2	M_4,M_5	M_4,M_5	x_4,M_5	x_4,x_6
	x_2	M_3	M_3	x_3	x_5,M_5	x_4,x_7
		x_2	x_2	M_6	x_3	x_5,x_6
				x_2	M_6	x_5,x_7
					x_2	x_3
						x_6
						x_8
						x_2

2）上行法

从故障树的底事件开始,自下而上逐层地进行事件集合运算,将"或门"输出事件用输入事件的并(布尔和)代替,将"与门"输出事件用输入事件的交(布尔积)代替。在逐层代入过程中,按照布尔代数吸收律和等幂律来化简,最后将顶事件表示成底事件积之和的最简式。其中每一积项对应于故障树的一个最小割集,全部积项即是故障树的所有最小割集。

【例 3－12】如图 3－20 所示的故障树,用上行法求其最小割集。

解　故障树的最下一层为

$$M_4 = x_4 \bigcup x_5, \quad M_5 = x_6 \bigcup x_7, \quad M_6 = x_6 \bigcup x_8$$

往上一层为

$$M_2 = M_4 \bigcap M_5 = (x_4 \bigcup x_5) \bigcap (x_6 \bigcup x_7) = (x_4 \bigcap x_5) \bigcup (x_6 \bigcap x_7)$$

$$M_3 = x_3 \bigcup M_6 = x_3 \bigcup x_6 \bigcup x_8$$

再往上一层为

$$M_1 = M_2 \bigcup M_3 = (x_4 \bigcup x_5) \bigcap (x_6 \bigcup x_7) \bigcup x_3 \bigcup x_6 \bigcup x_8$$

$$= (x_4 \bigcap x_5) \bigcup (x_6 \bigcap x_7) \bigcup x_3 \bigcup x_6 \bigcup x_8$$

最上一层为

$$T = x_1 \bigcup x_2 \bigcup M_1$$

$$= x_1 \bigcup x_2 \bigcup x_3 \bigcup x_6 \bigcup x_8 \bigcup (x_4 \bigcap x_5) \bigcup (x_6 \bigcap x_7)$$

上式共有 7 个积项，因此得到 7 个最小割集：

$$\{x_1\}, \{x_2\}, \{x_3\}, \{x_6\}, \{x_8\}, \{x_4, x_7\}, \{x_5, x_7\}$$

结果与下行法相同。要注意的是，只有在每一步都利用集合运算规则进行简化、吸收，得到的结果才是最小割集。

(2) 故障树的定量分析

1) 计算顶事件发生概率

按最小割集之间不交与相交两种情况处理。

(a) 最小割集之间不相交的情况

已知故障树的全部最小割集为 K_1，K_2，$\cdots$，K_{Nk}，并且假定在一个很短的时间间隔内同时发生两个或两个以上最小割集的概率为零，且各最小割集中没有重复出现的底事件，也就是说，假定最小割集之间是不相交的，则有顶事件：

$$T = \Phi(\boldsymbol{X}) = \bigcup_{j=1}^{N_k} K_j(t) \tag{3-33}$$

在时刻 t 第 j 个最小割集发生的概率为

$$P[K_j(t)] = \prod_{i \in K_j} F_i(t) \tag{3-34}$$

式中：$F_i(t)$——在时刻 t 第 j 个最小割集中第 i 个部件的故障概率；

　　　N_k—— 最小割集数。

顶事件发生概率为

$$P(T) = F_s(t) = P[\Phi(\boldsymbol{X})] = \sum_{j=1}^{N_k} \left(\prod_{i \in k_j} F_i(t) \right) \tag{3-35}$$

式中：$F_s(t)$——系统不可靠度。

(b) 最小割集之间相交的情况

在大多数情况下，底事件可能在几个最小割集中重复出现，也就是说，最小割集之间是相交的。这时精确计算顶事件发生的概率就必须用相容事件的概率公式：

$$P(T) = P(K_1 \bigcup K_2 \bigcup \cdots \bigcup K_{N_k}) = \sum_{i=1}^{N_k} P(K_i) - \sum_{i<j=2}^{N_k} P(K_i K_j) +$$

$$\sum_{i<j<k=3}^{N_k} P(K_i K_j K_k) + \cdots + (-1)^{N_k - 1} P(K_1, K_2, \cdots, K_{N_k}) \tag{3-36}$$

式中：K_i、K_j、K_k——第 i,j,k 个最小割集。

由式（3－36）可以看出，其共有 $2^{N_k}-1$ 项。当最小割集数 N_k 足够大时，就会产生"组合爆炸"问题。解决的办法，就是先化相交和为不交和，然后再求顶事件发生概率的精确解。

a. 直接化法

根据集合运算的性质，集合 $K_1 \cup K_2$ 可由两项不交和表示：

$$K_1 \cup K_2 = K_1 + \overline{K}_1 K_2$$

上式可用图 3－21 表示。

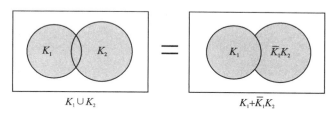

图 3－21　集合 $K_1 \cup K_2$ 的变换运算

将上式推广到一般通式，如下：

$$T = K_1 \cup K_2 \cup \cdots \cup K_{N_i}$$

$$= K_1 + \overline{K}_1 (K_2 \cup \cdots \cup K_{N_i})$$

$$= K_1 + \overline{K}_1 K_2 \cup \overline{K}_1 K_3 \cup \cdots \cup \overline{K}_1 K_{N_i}$$

$$= K_1 + \overline{K}_1 K_2 + \overline{\overline{K}_1 K_2}(\overline{K}_1 K_3 \cup \overline{K}_1 K_4 \cup \cdots \cup \overline{K}_1 K_{N_i})$$

$$= K_1 + \overline{K}_1 K_2 + (K_1 \cup \overline{K}_2)(\overline{K}_1 K_3 \cup \overline{K}_1 K_4 \cup \cdots \cup \overline{K}_1 K_{N_i})$$

$$= K_1 + \overline{K}_1 K_2 + (K_1 \cup \overline{K}_2)(\overline{K}_1 K_3 \cup \overline{K}_1 K_4 \cup \cdots \cup \overline{K}_1 K_{N_i})$$

$$= K_1 + \overline{K}_1 K_2 + \overline{K}_1 \overline{K}_2 K_3 \cup \overline{K}_1 \overline{K}_2 K_4 \cup \cdots \cup \overline{K}_1 \overline{K}_2 K_{N_i}$$

$$= K_1 + \overline{K}_1 K_2 + \overline{K}_1 \overline{K}_2 K_3 + \overline{\overline{K}_1 \overline{K}_2 K_3}(\overline{K}_1 \overline{K}_2 K_4 \cup \cdots \cup \overline{K}_1 \overline{K}_2 K_{N_i}) \quad （3－37）$$

按上式递推，直到化全部相交和为不交和为止。

b. 递推化法

根据集合运算的性质，集合 $K_1 \cup K_2 \cup K_3$ 可由三项不交和表示：

$$K_1 \cup K_2 \cup K_3 = K_1 + \overline{K}_1 K_2 + \overline{K}_1 \overline{K}_2 K_3$$

上式可用图 3－22 表示。

将其推广到一般通式，如下：

$$T = K_1 \cup K_2 \cup \cdots \cup K_{N_i}$$

$$= K_1 + \overline{K}_1 K_2 + \overline{K}_1 \overline{K}_2 K_3 + \cdots + \overline{K}_1 \overline{K}_2 \overline{K}_3 \cdots \overline{K}_{N_i-1} K_{N_i} \quad （3－38）$$

【例 3－13】如图 3－23 所示的故障树，其中 $F_A = F_B = 0.2$，$F_C = F_D = 0.3$，$F_E = 0.36$。该故障树的最小割集为：$K_1 = \{A, C\}$，$K_2 = \{B, D\}$，$K_3 = \{A, D, E\}$，$K_4 = \{B, C, E\}$，求顶事件发生的概率。

解　用直接化法解，代入式（3－38），有

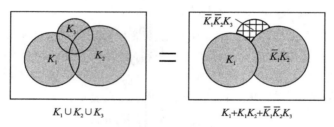

图 3-22　三个集合并集的运算变换

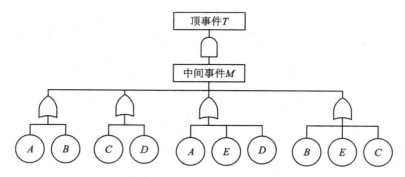

图 3-23　故障树示例 3

$$T = K_1 \bigcup K_2 \bigcup K_3 \bigcup K_4$$
$$= K_1 + \overline{K}_1 (K_2 \bigcup K_3 \bigcup K_4)$$
$$= AC + \overline{AC}(BD \bigcup ADE \bigcup BCE)$$
$$= AC + (\overline{A} \bigcup \overline{C})(BD \bigcup ADE \bigcup BCE)$$
$$= AC + \overline{A}BD + \overline{\overline{A}BD}(\overline{A}BCE \bigcup \overline{C}BD \bigcup \overline{C}ADE)$$
$$= AC + \overline{A}BD + A\overline{C}BD + \overline{D}\overline{A}BCE + \overline{B}\overline{C}ADE$$

所以其概率为

$$P(T) = P(A)P(C) + P(\overline{A})P(B)P(D) + P(A)P(\overline{C})P(B)P(D) +$$
$$P(\overline{D})P(\overline{A})P(B)P(C)P(E) + P(\overline{B})P(\overline{C})P(A)P(D)P(E)$$
$$= 0.2 \times 0.3 + 0.8 \times 0.2 \times 0.3 + 0.2 \times 0.7 \times 0.2 \times 0.3 +$$
$$0.7 \times 0.8 \times 0.2 \times 0.3 \times 0.36 + 0.8 \times 0.7 \times 0.2 \times 0.3 \times 0.36$$
$$= 0.140\ 592$$

用递推化法解,代入式(3-38),有

$$T = K_1 \bigcup K_2 \bigcup K_3 \bigcup K_4$$
$$= K_1 + \overline{K}_1 K_2 + \overline{K}_1 \overline{K}_2 K_3 + \overline{K}_1 \overline{K}_2 \overline{K}_3 K_4$$
$$= AC + \overline{A}BD + AB\overline{C}D + \overline{C}\overline{B}AED + \overline{A}\overline{D}BCE$$

其与用直接化法解的结果相同,即

$$P(T) = 0.140\ 592$$

c. 近似计算顶事件发生概率的方法

如前所述,按式(3-36)计算顶事件发生概率的精确解,当故障树中最小割集数较多时会发生"组合爆炸"问题。即使用直接化法或递推化法将相交和化为不交和,计算量也是相当惊人的。但在许多实际工作问题中,这种精确计算是不必要的,这是因为:

① 统计得到的基本数据往往是不很准确的,因此用底事件的数据计算顶事件发生的概率值时精确计算没有实际意义。

② 一般情况下,人们总是把产品设计得可靠度比较高,对于武器装备尤其如此,因此产品的不可靠度是很小的。故障树顶事件发生的概率(就是系统的不可靠度)按式(3-36)计算,收敛得非常快,$2^{N_k}-1$ 项的代数和中起主要作用的是首项或首项及第二项,后面数值极小。因此,在实际计算时往往取式(3-36)的首项来近似:

$$P(T) \approx S_1 = \sum_{i=1}^{N_k} P(K_i) \qquad (3-39)$$

式(3-36)的第二项为

$$S_2 = \sum_{i<j=2}^{N_k} P(K_i K_j)$$

取公式的前两项的近似算式则为

$$P(T) \approx S_1 - S_2 = \sum_{i=1}^{N_k} P(K)_i - \sum_{i<j=2}^{N_k} P(K_i K_j) \qquad (3-40)$$

【例 3-14】以图 3-23 所示的故障树为例,试用式(3-39)、式(3-40)求顶事件发生概率的近似解,其中 $F_A = F_B = 0.2, F_C = F_D = 0.3, F_E = 0.36$。

解　该故障树的最小割集为
$$K_1 = \{A,C\}, \quad K_2 = \{B,D\}, \quad K_3 = \{A,D,E\}, \quad K_4 = \{B,C,E\}$$

按式(3-39),则有

$$P(T) \approx \sum_{i=1}^{N_k} P(K_i) = P(K_1) + P(K_2) + P(K_3) + P(K_4)$$

$$= P(A)P(C) + P(B)P(D) + P(A)P(D)P(E) + P(B)P(C)P(E)$$
$$= 2 \times 0.2 \times 0.3 + 2 \times 0.2 \times 0.3 \times 0.36 = 0.163\,2$$

顶事件发生概率的精确值为 0.140 592,所以其相对误差则为

$$\varepsilon_1 = \frac{0.140\,592 - 0.163\,2}{0.140\,592} \times 100\% = -16.1\%$$

计算下式:

$$S_2 = \sum_{i<j=2}^{N_k} P(K_i K_j)$$

$$= P(K_1 K_2) + P(K_1 K_3) + P(K_1 K_4) + P(K_2 K_3) + P(K_2 K_4) + P(K_3 K_4)$$

$$= P(A)P(C)P(B)P(D) + P(A)P(C)P(D)P(E) +$$
$$\quad P(A)P(B)P(C)P(E) + P(B)P(D)P(A)P(E) +$$
$$\quad P(B)P(D)P(C)P(E) + P(A)P(D)P(B)P(C)P(E)$$

$$= 0.026\,496$$

按式(3-40),则有

$$P(T) \approx S_1 - S_2 = 0.163\,2 - 0.026\,496 = 0.136\,704$$

其相对误差为

$$\varepsilon_2 = \frac{0.140\ 592 - 0.136\ 704}{0.140\ 592} \times 100\% = 2.76\%$$

该故障树的底事件故障概率是相当高的,按式(3-40)计算的误差尚且不大,当底事件故障概率降低后,相对误差会大大地减小,一般都满足工程应用的要求。

2)重要度分析

底事件或最小割集对顶事件发生的贡献称为该底事件或最小割集的重要度。一般情况下,系统中各元部件并不是同样重要的,如有的元部件一有故障就会引起系统故障,有的则不然。因此,按照底事件或最小割集对顶事件发生的重要性来排队,对改进系统设计是十分有用的。在工程设计中,以下几方面可应用重要度分析:

① 改善系统设计;

② 确定系统需要监测的部位;

③ 制定系统故障诊断时的核对清单等。

重要度是系统结构、元部件的寿命分布及时间的函数。由于设计的对象不同,要求不同,因此重要度也有不同的含意,无法规定一个统一的重要度标准。下面仅介绍几个常用重要度概念及其计算方法。

(a)概率重要度

概率重要度的定义:第 i 个部件不可靠度的变化引起系统不可靠度变化的程度。概率重要度数学表达式为

$$\Delta g_i(t) = \frac{\partial g\left[\boldsymbol{F}(t)\right]}{\partial F_i(t)} = \frac{\partial F_s(t)}{\partial F_i(t)} \tag{3-41}$$

式中：$F_i(t)$——元部件的不可靠度;

$g\left[\boldsymbol{F}(t)\right]$——顶事件发生的概率,$\boldsymbol{F}(t) = \left[F_1(t), F_2(t), \cdots, F_n(t)\right]$;

$F_s(t)$——系统不可靠度,

$$F_s(t) = P(T) = g\left[\boldsymbol{F}(t)\right] \tag{3-42}$$

全概率公式:

$$P(T) = P\left[X_i(t) = 1\right] \cdot P\left[T \mid X_i(t) = 1\right] + P\left[X_i(t) = 0\right] \cdot P\left[T \mid X_i(t) = 0\right]$$
$$= F_i(t)g\left[1_i, \boldsymbol{F}(t)\right] + \left[1 - F_i(t)\right]g\left[0_i, \boldsymbol{F}(t)\right]$$

代入式(3-41),可得

$$\Delta g_i(t) = g\left[1_i, \boldsymbol{F}_i(t)\right] - g\left[0_i, \boldsymbol{F}(t)\right]$$
$$= E\left[\Phi(1_i, \boldsymbol{X}(t)) - \Phi(0_i, \boldsymbol{X}(t))\right]$$
$$= P\left\{\left[\Phi(1_i, \boldsymbol{X}(t)) - \Phi(0_i, \boldsymbol{X}(t))\right] = 1\right\} \tag{3-43}$$

(b)结构重要度

结构重要度的定义:元部件在系统中所处位置的重要程度,与元部件本身故障概率毫无关系。其数学表达式为

$$I_i^\phi = \frac{1}{2^{n-1}} n_i^\phi = \frac{1}{2^{n-1}} \sum_{2^{n-1}} \left[\Phi(1_i, \boldsymbol{X}) - \Phi(0_i, \boldsymbol{X})\right] \tag{3-44}$$

式中：I_i^ϕ——第 i 个元部件的结构重要度;

n——系统所含元部件的数量。

当系统中第 i 个部件由正常状态(0)变为故障状态(1),其他部件状态不变时,系统可能有以下四种状态:

- $\Phi(0_i,\boldsymbol{X})=0\rightarrow\Phi(1_i,\boldsymbol{X})=1,\ \Phi(1_i,\boldsymbol{X})-\Phi(0_i,\boldsymbol{X})=1$;
- $\Phi(0_i,\boldsymbol{X})=0\rightarrow\Phi(1_i,\boldsymbol{X})=0,\ \Phi(1_i,\boldsymbol{X})-\Phi(0_i,\boldsymbol{X})=0$;
- $\Phi(0_i,\boldsymbol{X})=1\rightarrow\Phi(1_i,\boldsymbol{X})=1,\ \Phi(1_i,\boldsymbol{X})-\Phi(0_i,\boldsymbol{X})=0$;
- $\Phi(0_i,\boldsymbol{X})=1\rightarrow\Phi(1_i,\boldsymbol{X})=0,\ \Phi(1_i,\boldsymbol{X})-\Phi(0_i,\boldsymbol{X})=-1$。

由于研究的是单调关联系统,所以最后一种情况不予考虑。

一个由 n 个部件组成的系统,当第 i 个部件处于某一状态时,其余 $n-1$ 个部件可能有 2^{n-1} 种状态组合。显然式(3-41)就是第一种情况发生次数的累加,所以 I_i^φ 可以作为第 i 个部件对系统故障贡献大小的量度。

(c) 关键重要度

关键重要度的定义:第 i 个元部件故障率变化所引起的系统故障概率的变化率。它体现了改善一个比较可靠的元部件比改善一个不太可靠的元部件更困难这一性质。其数学表达式为

$$I_i^{\mathrm{CR}}(t)=\lim_{\Delta F_i(t)\to 0}\left(\frac{\dfrac{\Delta g[\boldsymbol{F}(t)]}{g[\boldsymbol{F}(t)]}}{\dfrac{\Delta F_i(t)}{F_i(t)}}\right)=\frac{F_i(t)}{g[\boldsymbol{F}(t)]}\cdot\frac{\partial g[\boldsymbol{F}(t)]}{\partial F_i(t)}=\frac{F_i(t)}{F_s(t)}\cdot\Delta g_i(t)$$

$$(3-45)$$

式中: I_i^{CR} ——关键重要度;

$F_i(t)\cdot\Delta g_i(t)$ ——第 i 个元部件故障引发的系统故障的概率,此数值越大表明 i 元部件引发系统故障的概率越大。

因此,对系统进行检修时应首先检查关键重要度大的元部件。

【例 3-15】以图 3-17 所示的故障树为例,已知 $\lambda_1=0.001/h$, $\lambda_2=0.002/h$, $\lambda_3=0.003/h$ 。试求当 $t=100$ h 时各部件的概率重要度、结构重要度和关键重要度。

解　① 因为

$$F_s(t)=1-[1-F_1(t)][1-F_2(t)F_3(t)]$$

所以概率重要度为

$$\Delta g_1(100)=1-F_2(100)F_3(100)$$
$$=1-(1-\mathrm{e}^{-0.002\times100})(1-\mathrm{e}^{-0.003\times100})=0.953$$
$$\Delta g_2(100)=[1-F_1(100)]F_3(100)=0.234\,5$$
$$\Delta g_3(100)=[1-F_1(100)]F_2(100)=0.164$$

显然,部件 1 最重要。

② 该系统有三个部件,所以共有 $2^3=8$ 种状态,分别为

$$\Phi(0,0,0)=0,\quad \Phi(1,0,0)=1,\quad \Phi(1,0,1)=1,$$
$$\Phi(0,1,0)=0,\quad \Phi(0,1,1)=1,\quad \Phi(1,1,1)=1,$$
$$\Phi(0,0,1)=0,\quad \Phi(1,1,0)=1$$

系统所含元部件的数量:

$$n_1^\phi=[\Phi(1,0,0)-\Phi(0,0,0)]+[\Phi(1,0,1)-\Phi(0,0,1)]+$$
$$[\Phi(1,1,0)-\Phi(0,1,0)]=3$$

$$n_2^\phi = [\Phi(0,1,1) - \Phi(0,0,1)] = 1$$

$$n_3^\phi = [\Phi(0,1,1) - \Phi(0,1,0)] = 1$$

所以结构重要度为

$$I_1^\phi = \frac{1}{2^{3-1}} n_1^4 = \frac{3}{4}, \quad I_2^\phi = I_3^\phi = \frac{1}{4}$$

显然部件 1 在结构中所占位置比部件 2、3 更重要。

③ 关键重要度:

$$I_1^{CR}(100) = \Delta g_1(100) \frac{F_1(100)}{F_s(100)} = 0.953 \times \frac{0.095\,2}{0.137\,7} = 0.658\,8$$

$$I_2^{CR}(100) = \Delta g_2(100) \frac{F_2(100)}{F_s(100)} = 0.234\,5 \times \frac{0.181\,3}{0.137\,7} = 0.380\,7$$

$$I_3^{CR}(100) = \Delta g_3(100) \frac{F_3(100)}{F_s(100)} = 0.164\,0 \times \frac{0.259\,2}{0.1377} = 0.380\,7$$

显然部件 1 最关键。

*3.2.3　马尔可夫模型

基于单元间故障相互独立的假设,利用概率论的准则可以很容易推导出可靠性模型的基本公式。但是,当单元之间的故障以某种形式相互关联时,则需要马尔可夫(Markov)模型等更有效的方法。

1. 基本思想和数学基础

马尔可夫分析将系统看作由多种状态构成。例如,系统一个可能的状态为所有的组成单元都能够正常地工作;另一种可能的状态为仅有一个组成单元失效,其他组成部分能够正常工作。马尔可夫过程的基本假设为系统从一种状态到另一种状态的转移概率仅与系统的当前状态相关,而与系统先前的状态无关。换个说法,转移概率与系统过去的历史状态无关。这种特性与指数分布的无记忆性相同,因此指数型故障前时间符合马尔可夫特性就不奇怪了。我们可以将从一种状态到另一种状态的转移用失效率表达。假设过程也是静态的(转移概率不随时间而变化),则转移率为常数。这是与指数型失效时间分布等价的。

任务可靠度是系统开始工作后,在任意时刻 t,系统处于工作状态的概率。马尔可夫过程是具有这样性质的随机过程,即当过程在某一时刻 t_i 的状态已知,那么在 t_i 以后任意时刻 t_j,过程处于各种状态的可能性就完全确定,而不受 t_i 之前任意时刻过程处于什么状态的影响,即"无后效性"。马尔可夫过程的这种性质,正好可用于在任务期间部件的寿命和修复时间均服从指数分布的系统可信度的描述。只要已知系统开始工作时的状态,就可以确定以后任意时刻 t 系统处于可工作状态的概率,而与以前的状态无关。

马尔可夫过程的定义:设 $\{X(t), t \geq 0\}$ 是取值在 $S = \{0,1,\cdots\}$ 或 $S = \{0,1,\cdots,N\}$ 上的随机过程。若在任意自然数 n 及任意 n 个时刻点 $0 \leq t_1 < t_2 < \cdots < t_n$ 均有

$$P[X(t_n) = i_n \mid X(t_1) = i_1, X(t_2) = i_2, \cdots, X(t_{n-1}) = i_{n-1}]$$

$$= P\{X(t_n) = i_n \mid X(t_{n-1}) = i_{n-1}\}, \quad i_1, i_2, \cdots, i_n \in S$$

则称 $\{X(t), t \geq 0\}$ 为离散状态空间 S 上的连续时间马尔可夫过程。又如果,对任意 $t \geq 0, u \geq 0$,均有

$$P[X(t+u)=j \mid X(u)=i]=P_{ij}(t), \quad i,j \in S$$

与 u 无关,则称马尔可夫过程 $\{X(t),t \geqslant 0\}$ 是齐次的。

对于固定的 $i,j \in S$,函数 $P_{ij}(t)$ 称为从状态 i 到状态 j 的转移概率函数。

此外,假定马尔可夫过程 $\{X(t),t \geqslant 0\}$ 的转移概率函数满足

$$\lim_{t \to 0} P_{ij}(t)=\delta_{ij}=\begin{cases}1, & i=j \\ 0, & i \neq j\end{cases}$$

则转移概率函数有如下性质:

- $P_{ij}(t) \geqslant 0$;
- $\sum_{j \in S} P_{ij}(t)=1$;
- $\sum_{k \in S} P_{ik}(u)P_{kj}(v)=P_{ij}(u+v)$。

若令

$$P_j(t)=P\{X(t)=j\}, \quad j \in S$$

它表示时刻 t 系统处于状态 j 的概率,则有

$$P_j(t)=\sum_{k \in S} P_k(0)P_{kj}(t) \tag{3-46}$$

2. 基本模型

我们首先利用马尔可夫模型来分析含两个单元的串联或并联系统。虽然这里也假定单元间是相互独立的,但推导过程为该项技术提供了很好的实例。为了将马尔可夫分析应用于该问题中,我们假定系统的 n 个单元中,每个单元仅能是两种状态(工作或失效)中的一种,如图 3-24 所示,系统状态理论上可以有 2^n 种。

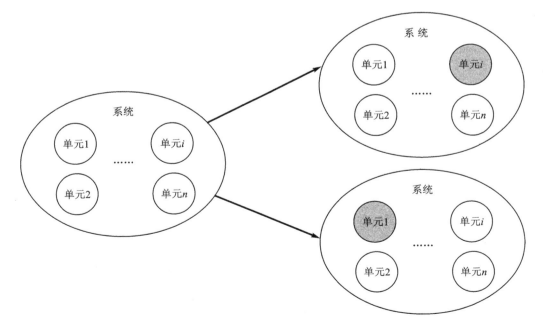

图 3-24　n 个单元系统的状态组合

不失一般性,此处以两单元系统为例,可以定义如表 3-9 所列的四种系统状态。

表 3-9　系统状态

状态	单元 1	单元 2
1	工作	工作
2	失效	工作
3	工作	失效
4	失效	失效

（系统 单元1 单元2）

如果两单元是并联的(冗余的),则只有状态 4 会导致系统失效;但如果两单元是串联的,则状态 2、3、4 都会导致系统失效。问题的目标是找到系统处于每种状态的概率的时间相关函数。若将系统在时间 t 处于状态 i 的概率定义为 $P_i(t)$,对于两单元串联系统,则有

$$R_s(t) = P_1(t)$$

对于两单元并联系统,则有

$$R_p(t) = P_1(t) + P_2(t) + P_3(t)$$

显然,在任意时刻系统必定处于四种状态中的一种,因此

$$P_1(t) + P_2(t) + P_3(t) + P_4(t) = 1 \tag{3-47}$$

由此,该问题转变为求解 $P_i(t)$,$i=1,2,3,4$。

如果假定每个单元有常数失效率 λ_i,则可以通过如图 3-25 所示的状态转移图来表达两单元系统。图 3-25 中的节点代表了系统的四种状态,连线代表了从一种状态到另一种状态的转移率。由状态转移图可以导出下式:

$$P_1(t + \Delta t) = P_1(t) - \lambda_1 \Delta t P_1(t) - \lambda_2 \Delta t P_1(t)$$
$$\tag{3-48}$$

式中：$P_1(t + \Delta t)$——系统在 $t + \Delta t$ 时刻处于状态 1 的概率;

$P_1(t)$——系统在时刻 t 处于状态 1 的概率;

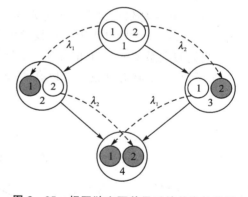

图 3-25　相互独立两单元系统状态转移图

$\lambda_1 \Delta t$——在 Δt 时间内从给定状态 1 转移到状态 2 的条件概率,故 $\lambda_1 \Delta t P_1(t)$ 为系统在时刻 t 处于状态 1 和在时间 Δt 内向状态 2 转移的联合概率;

$\lambda_2 \Delta t$——在 Δt 时间内从给定状态 1 转移到状态 3 的条件概率,故 $\lambda_2 \Delta t P_1(t)$ 为系统在时刻 t 处于状态 1 和在时间 Δt 内向状态 3 转移的联合概率。

根据状态 2,可以得到第二个公式:

$$P_2(t + \Delta t) = P_2(t) + \lambda_1 \Delta t P_1(t) - \lambda_2 \Delta t P_2(t) \tag{3-49}$$

公式(3-49)表明,系统在 $t + \Delta t$ 时刻处于状态 2 的概率等于时刻 t 状态 2 的概率加上时刻 t 状态 1 的概率乘以到状态 2 的转移概率 $\lambda_1 \Delta t$,再减去时刻 t 状态 2 的概率乘以到状态 4 的转移概率 $\lambda_2 \Delta t$。同理,对于状态 3,有

$$P_3(t + \Delta t) = P_3(t) + \lambda_2 \Delta t P_1(t) - \lambda_1 \Delta t P_3(t) \tag{3-50}$$

对于状态 4,有

$$P_4(t+\Delta t)=P_4(t)+\lambda_2\Delta t P_2(t)+\lambda_1\Delta t P_3(t) \tag{3-51}$$

式(3-49)变形为

$$\frac{P_1(t+\Delta t)-P_1(t)}{\Delta t}=-(\lambda_1+\lambda_2)P_1(t)$$

两边对 Δt 取极限,可得

$$\lim_{\Delta t\to 0}\frac{P_1(t+\Delta t)-P_1(t)}{\Delta t}=\frac{\mathrm{d}P_1(t)}{\mathrm{d}t}=-(\lambda_1+\lambda_2)P_1(t) \tag{3-52}$$

同样,可得

$$\frac{\mathrm{d}P_2(t)}{\mathrm{d}t}=\lambda_1 P_1(t)-\lambda_2 P_2(t) \tag{3-53}$$

$$\frac{\mathrm{d}P_3(t)}{\mathrm{d}t}=\lambda_2 P_1(t)-\lambda_1 P_3(t) \tag{3-54}$$

根据式(3-52)~式(3-54)和式(3-47)可求出 $P_1(t)$、$P_2(t)$、$P_3(t)$ 和 $P_4(t)$。

对于公式(3-47),有

$$\frac{\mathrm{d}P_1(t)}{P_1(t)}=-(\lambda_1+\lambda_2)\mathrm{d}t$$

公式两边同时积分,可得

$$\ln P_1(t)=-(\lambda_1+\lambda_2)t$$
$$P_1(t)=\mathrm{e}^{-(\lambda_1+\lambda_2)t} \tag{3-55}$$

对于式(3-53),有

$$\frac{\mathrm{d}P_2(t)}{\mathrm{d}t}=\lambda_1\mathrm{e}^{-(\lambda_1+\lambda_2)t}-\lambda_2 P_2(t)$$

将 $\mathrm{e}^{+\lambda_2 t}$ 作为积分因子,公式两边同时积分,可得

$$P_2(t)\mathrm{e}^{+\lambda_2 t}=+\lambda_1\int\mathrm{e}^{-(\lambda_1+\lambda_2)t}\mathrm{e}^{+\lambda_2 t}\mathrm{d}t+C$$

即

$$P_2(t)=-\mathrm{e}^{-(\lambda_1+\lambda_2)t}+C\mathrm{e}^{-\lambda_2 t} \tag{3-56}$$

初始条件为 $P_1(0)=1$、$P_2(0)=0$ 和 $P_3(0)=0$,因此 $C=1$。同样可以导出 $P_3(t)$、$P_4(t)$ 分别为

$$P_3(t)=\mathrm{e}^{-\lambda_1 t}-\mathrm{e}^{-(\lambda_1+\lambda_2)t} \tag{3-57}$$
$$P_4(t)=1-P_1(t)-P_2(t)-P_3(t) \tag{3-58}$$

于是对于串联系统,有

$$R_\mathrm{S}(t)=P_1(t)=\mathrm{e}^{-(\lambda_1+\lambda_2)t}$$

对于并联系统,有

$$R_\mathrm{p}(t)=P_1(t)+P_2(t)+P_3(t)$$
$$=\mathrm{e}^{-\lambda_1 t}+\mathrm{e}^{-\lambda_2 t}-\mathrm{e}^{-(\lambda_1+\lambda_2)t}$$

该结果与直接利用可靠性框图模型进行求解的结果完全相同。

3. 载荷共享系统

马尔可夫分析最直接的应用在于处理载荷共享系统的可靠性问题。给定一个两单元系统，单元间存在关联性。如果其中一个单元失效，额外的负荷会加载到另一单元上，导致该单元的失效率增加。由于这种关联性的存在，3.2.1 小节中的可靠性框图模型并不适用，必须应用马尔可夫分析来确定系统的可靠度。

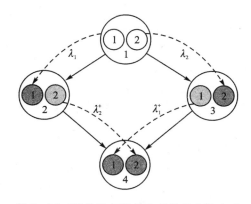

如前述章节，定义系统的四种状态。两单元负荷共享系统状态转移图如图 3-26 所示。

图 3-26 中 λ_1^+ 和 λ_2^+ 分别表达了由于负荷增加而带来的单元 1 和单元 2 失效率增长后的失效率。不同公式的结果如下：

图 3-26　两单元负荷共享系统状态转移图

$$\frac{\mathrm{d}P_1(t)}{\mathrm{d}t} = -(\lambda_1 + \lambda_2)P_1(t) \tag{3-59}$$

$$\frac{\mathrm{d}P_2(t)}{\mathrm{d}t} = \lambda_1 P_1(t) - \lambda_2^+ P_2(t) \tag{3-60}$$

$$\frac{\mathrm{d}P_3(t)}{\mathrm{d}t} = \lambda_2 P_1(t) - \lambda_1^+ P_3(t) \tag{3-61}$$

上述公式的求解方法与"2. 基本模型"中的类似，具体的推导过程如下：

$P_1(t)$ 直接利用"2. 基本模型"中的方法即可推导求得

$$P_1(t) = \mathrm{e}^{-(\lambda_1 + \lambda_2)t} \tag{3-62}$$

对于式(3-60)，将 $\mathrm{e}^{\lambda_2^+ t}$ 作为积分因子求解：

$$\mathrm{e}^{\lambda_2^+ t} P_2(t) = \int \lambda_1 \mathrm{e}^{-(\lambda_1 + \lambda_2)t} \mathrm{e}^{\lambda_2^+ t} \mathrm{d}t + C$$

得到

$$P_2(t) = \mathrm{e}^{-\lambda_2^+ t} \left\{ \int \lambda_1 \mathrm{e}^{[\lambda_2^+ - (\lambda_1 + \lambda_2)]t} \mathrm{d}t + C \right\}$$

$$= \mathrm{e}^{-\lambda_2^+ t} \left\{ \frac{\lambda_1 \mathrm{e}^{[\lambda_2^+ - (\lambda_1 + \lambda_2)]t}}{\lambda_2^+ - (\lambda_1 + \lambda_2)} + C \right\}$$

$$= \frac{\lambda_1 \mathrm{e}^{-(\lambda_1 + \lambda_2)t}}{\lambda_2^+ - (\lambda_1 + \lambda_2)} + C\mathrm{e}^{-\lambda_2^+ t}$$

由于 $P_2(0) = 0$，所以

$$C = \frac{-\lambda_1}{\lambda_2^+ - (\lambda_1 + \lambda_2)}$$

$$P_2(t) = \frac{-\lambda_1}{\lambda_2^+ - (\lambda_1 + \lambda_2)} \left[\mathrm{e}^{-(\lambda_1 + \lambda_2)t} - \mathrm{e}^{-\lambda_2^+ t} \right]$$

$$= \frac{\lambda_1}{\lambda_1 + \lambda_2 - \lambda_2^+} \left[\mathrm{e}^{-\lambda_2^+ t} - \mathrm{e}^{-(\lambda_1 + \lambda_2)t} \right] \tag{3-63}$$

同理,可求解出 $P_3(t)$,即

$$P_3(t) = \frac{\lambda_2}{\lambda_1 + \lambda_2 - \lambda_1^+}\left[e^{-\lambda_1^+ t} - e^{-(\lambda_1 + \lambda_2)t}\right] \quad (3-64)$$

由于系统的可靠度 $R(t) = P_1(t) + P_2(t) + P_3(t)$,如果令 $\lambda_1 = \lambda_2 = \lambda$,$\lambda_1^+ = \lambda_2^+ = \lambda^+$,那么

$$R(t) = e^{-2\lambda t} + \frac{2\lambda}{2\lambda - \lambda^+}(e^{-\lambda^+ t} - e^{-2\lambda t}) \quad (3-65)$$

$$T_{TF} = \int_0^{\infty} R(t)\mathrm{d}t = \frac{1}{2\lambda} + \frac{2\lambda}{2\lambda - \lambda^+}\left(\frac{1}{\lambda^+} - \frac{1}{2\lambda}\right) \quad (3-66)$$

【**例 3 – 16**】两台发电机同时对外提供所需的电力,若任意一台发电机故障,则另一台能够继续独立供电。但此时若负荷增加,则会导致独立供电发电机的故障率升高。如果共同供电时 $\lambda = 0.01/$天,那么独立供电时失效率升高为 $\lambda^+ = 0.1/$天,求系统工作 10 天的可靠度和系统的平均故障前时间。

解　根据式(3 – 65)有

$$R(t) = e^{-2 \times 0.01t} + \frac{2 \times 0.01}{2 \times 0.01 - 0.10} \times (e^{-0.10t} - e^{-2 \times 0.01t})$$

代入工作时间,则

$$R(10) = e^{-0.2} + \frac{0.02}{-0.08} \times (e^{-1} - e^{-0.2}) = 0.931\ 4$$

根据式(3 – 66),有

$$T_{TF} = \frac{1}{0.02} + \frac{0.02}{-0.08} \times \left(\frac{1}{0.1} - \frac{1}{0.01}\right) = 60$$

4. 非工作储备系统

在可靠性的研究领域中,非工作储备系统为一类重要的研究内容。由于这类系统会在故障发生时切换到储备单元上,因此一般来说比普通的工作储备系统更可靠。两单元非工作储备系统与工作储备系统的不同在前面已经讨论过,即储备单元处于备份状态时不会有失效产生或故障率降低的情况。如果储备单元与工作单元相同,则储备单元一旦开始工作,将经历与前述单元相同的失效率过程,否则将有不同的失效率。关联性在于储备单元的失效率依赖于前述单元的状态。

如图 3 – 27 所示的状态转移图,状态 3 代表储备单元在备份时的故障状态(可能不可探测),其相应的失效率为 λ_2^-,则系统的相关方程为

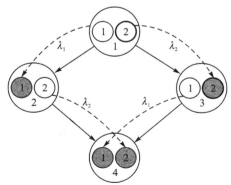

**图 3 – 27　备份状态有失效的两单元
备份系统状态转移图**

$$\frac{\mathrm{d}P_1(t)}{\mathrm{d}t} = -(\lambda_1 + \lambda_2^-)P_1(t) \quad (3-67)$$

$$\frac{\mathrm{d}P_2(t)}{\mathrm{d}t} = \lambda_1 P_1(t) - \lambda_2 P_2(t) \qquad (3-68)$$

$$\frac{\mathrm{d}P_3(t)}{\mathrm{d}t} = \lambda_2^- P_1(t) - \lambda_1 P_3(t) \qquad (3-69)$$

与式(3 - 56)的解法相同,可以得到

$$P_1(t) = \mathrm{e}^{-(\lambda_1 + \lambda_2^-)t} \qquad (3-70)$$

将结果代入到式(3 - 68)中,则有

$$\frac{\mathrm{d}P_2(t)}{\mathrm{d}t} = \lambda_1 \mathrm{e}^{-(\lambda_1 + \lambda_2^-)t} - \lambda_2 P_2(t)$$

将 $\mathrm{e}^{\lambda_2 t}$ 作为积分因子,对上式两边进行积分,可得

$$\mathrm{e}^{\lambda_2 t} P_2(t) = \int \lambda_1 \mathrm{e}^{-(\lambda_1 + \lambda_2^-)t} \mathrm{e}^{\lambda_2 t} \mathrm{d}t + C$$

$$= \frac{-\lambda_1}{\lambda_1 + \lambda_2^- - \lambda_2} \mathrm{e}^{-(\lambda_1 + \lambda_2^- - \lambda_2)t} + C$$

进一步变形,有

$$P_2(t) = \frac{-\lambda_1}{\lambda_1 + \lambda_2^- - \lambda_2} \mathrm{e}^{-(\lambda_1 + \lambda_2^-)t} + C\mathrm{e}^{-\lambda_2 t} \qquad (3-71)$$

根据初始值 $P_2(0) = 0$,可得

$$C = \frac{\lambda_1}{\lambda_1 + \lambda_2^- - \lambda_2}$$

代入式(3 - 71)可得

$$P_2(t) = \frac{\lambda_1}{\lambda_1 + \lambda_2^- - \lambda_2} \left[\mathrm{e}^{-\lambda_2 t} - \mathrm{e}^{-(\lambda_1 + \lambda_2^-)t} \right]$$

为了求得 $P_3(t)$,根据 $P_1(t)$ 和式(3 - 69),可得

$$\frac{\mathrm{d}P_3(t)}{\mathrm{d}t} = \lambda_2^- \mathrm{e}^{-(\lambda_1 + \lambda_2^-)t} - \lambda_1 P_3(t)$$

将 $\mathrm{e}^{\lambda_1 t}$ 作为积分因子,对上式两边进行积分,可得

$$\mathrm{e}^{\lambda_1 t} p_3(t) = \int \lambda_2^- \mathrm{e}^{-(\lambda_1 + \lambda_2^-)t} \mathrm{d}t + C$$

$$= \frac{-\lambda_2^-}{\lambda_2^-} \mathrm{e}^{-(\lambda_2)t} + C$$

$$P_3(t) = -\mathrm{e}^{-(\lambda_1 + \lambda_2^-)t} + C\mathrm{e}^{-\lambda_1 t} \mathrm{d}t$$

根据初始值 $P_3(0) = 0$,可得 $C = 1$,由此可得

$$P_3(t) = \mathrm{e}^{-\lambda_1 t} - \mathrm{e}^{-(\lambda_1 + \lambda_2^-)t} \qquad (3-72)$$

进一步可求得

$$R(t) = P_1(t) + P_2(t) + P_3(t)$$

$$= \mathrm{e}^{-\lambda_1 t} + \frac{\lambda_1}{\lambda_1 + \lambda_2^- - \lambda_2} \left[\mathrm{e}^{-\lambda_2 t} - \mathrm{e}^{-(\lambda_1 + \lambda_2^-)t} \right] \qquad (3-73)$$

$$T_{TF} = \frac{1}{\lambda_1} + \frac{\lambda_1}{\lambda_1 + \lambda_2^- - \lambda_2}\left(\frac{1}{\lambda_2} - \frac{1}{\lambda_1 + \lambda_2^-}\right) = \frac{1}{\lambda_1} + \frac{\lambda_1}{\lambda_2^-(\lambda_1 + \lambda_2^-)} \tag{3-74}$$

如果储备的单元不会失效,可令式(3-73)和式(3-74)中的 $\lambda_2^- = 0$。如果 $\lambda_1 = \lambda_2 = \lambda$ 并且 $\lambda_2^- = \lambda^-$,那么式(3-73)和式(3-74)可以简化为

$$R(t) = e^{-\lambda t} + \frac{\lambda}{\lambda^-}\left[e^{-\lambda t} - e^{-(\lambda + \lambda^-)t}\right] \tag{3-75}$$

$$T_{TF} = \frac{1}{\lambda} + \frac{\lambda}{\lambda^-}\left(\frac{1}{\lambda} - \frac{1}{\lambda + \lambda^-}\right)$$

$$= \frac{1}{\lambda} + \frac{1}{\lambda^-} - \frac{\lambda}{(\lambda_1 + \lambda^-)\lambda^-} = \frac{1}{\lambda} + \frac{1}{\lambda_1 + \lambda^-} \tag{3-76}$$

【例 3-17】某发电机其工作状态的失效率为 0.01/天。另有一台老旧的备份发电机,在储备状态时其失效率为 0.001/天,而在工作状态时其失效率为 0.1/天。求系统使用 30 天的可靠度并求出系统的平均故障前时间 T_{TF}。

解　因为

$$R(t) = e^{-0.01t} + \frac{0.01}{0.01 + 0.001 - 0.1} \times (e^{-0.1t} - e^{-0.011t})$$

因此

$$R(30) = 0.741 - 0.11236 \times (0.04978 - 0.7189) = 0.8162$$

$$T_{TF} = \left[\frac{1}{0.01} + \frac{0.01}{0.1 \times (0.01 + 0.001)}\right] 天 = 109.09 \ 天$$

(1) 转换可能有失效发生的非工作储备系统

将储备单元切换到工作状态的转换本身发生故障(概率为 p)并不罕见。考虑此情况,状态转移图由图 3-27 修正为图 3-28。

状态 1 的积分公式的结果并没有发生变化,因为

$$\frac{dP_1(t)}{dt} = -[(1-p)\lambda_1 + p\lambda_1 + \lambda_2^-]P_1(t)$$

$$= -(\lambda_1 + \lambda_2^-)P_1(t)$$

比较图 3-27 和图 3-28,显然式(3-54)也不会改变,对式(3-53)需做如下修正:

$$\frac{dP_2(t)}{dt} = (1-p)\lambda_1 P_1(t) - \lambda_2 P_2(t)$$

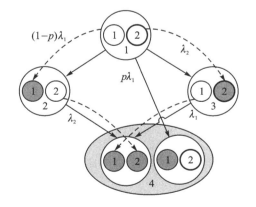

图 3-28　备份状态有失效且转换可能失效的两单元备份系统状态转移图

参照式(3-55)和式(3-56)的结果,可分别得到 $P_1(t)$ 和 $P_3(t)$,则 $P_2(t)$ 的结果如下:

$$P_2(t) = \frac{(1-p)\lambda_1}{\lambda_1 + \lambda_2^- - \lambda_2}\left[e^{-\lambda_2 t} - e^{-(\lambda_1 + \lambda_2^-)t}\right] \tag{3-77}$$

因此可靠度函数为

$$R(t) = e^{-\lambda_1 t} + \frac{(1-p)\lambda_1}{\lambda_1 + \lambda_2^- - \lambda_2}\left[e^{-\lambda_2 t} - e^{-(\lambda_1 + \lambda_2^-)t}\right] \tag{3-78}$$

显然,如果 $p=1$,非工作储备单元将不起作用,整个系统的可靠度与初始单元的可靠度相同。

【例 3-18】 对于图 3-28 所示的非工作储备系统,如果切换失效的可能性为 10%,求系统的可靠度。

解 系统的可靠度为

$$R(30)=0.741+\frac{0.90\times0.01}{0.01+0.001-0.1}\times(0.049\ 78-0.718\ 9)=0.808\ 7$$

与理想的切换相比,系统可靠度略微降低。

(2)三单元非工作储备系统

对于含一个工作单元和两个储备单元的非工作储备系统,假定单元在备份状态时不会失效,并且所有三个单元在工作状态时有相同的固定失效率。定义三单元状态见表 3-10。

系统的状态转移图如图 3-29 所示。

表 3-10　三单元状态

状态＼单元	单元 1	单元 2	单元 3
状态 1	工作	备用	备用
状态 2	失效	工作	备用
状态 3	失效	失效	工作
状态 4	失效	失效	失效

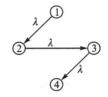

图 3-29　系统的状态转移图

根据图 3-29,各状态的微分方程为

$$\frac{dP_1(t)}{dt}=-\lambda P_1(t) \tag{3-79}$$

$$\frac{dP_2(t)}{dt}=\lambda P_1(t)-\lambda P_2(t) \tag{3-80}$$

$$\frac{dP_3(t)}{dt}=\lambda P_2(t)-\lambda P_3(t) \tag{3-81}$$

根据边界条件 $P_1(0)=1$、$P_2(0)=0$、$P_3(0)=0$ 以及两单元备份系统的解法,可得

$$P_1(t)=e^{-\lambda t} \tag{3-82}$$

$$P_2(t)=\lambda t e^{-\lambda t} \tag{3-83}$$

$$P_3(t)=\frac{\lambda^2 t^2}{2}e^{-\lambda t} \tag{3-84}$$

既然系统处在前三种状态中的任意一种皆为可工作状态,因此

$$R(t)=e^{-\lambda t}\left(1+\lambda t+\frac{\lambda^2 t^2}{2}\right) \tag{3-85}$$

$$T_{TF}=\int_0^\infty R(t)dt=\int_0^\infty e^{-\lambda t}dt+\int_0^\infty \lambda t e^{-\lambda t}dt+\int_0^\infty \frac{\lambda^2 t^2}{2}e^{-\lambda t}dt$$

根据 $\int_0^\infty x^n e^{-ax}dx=\frac{n!}{a^{n+1}}$ ($a>0$,n 为正整数),可进一步求得

$$T_{TF}=\int_0^\infty e^{-\lambda t}dt+\int_0^\infty \lambda t e^{-\lambda t}dt+\int_0^\infty \frac{\lambda^2 t^2}{2}e^{-\lambda t}dt=\frac{3}{\lambda} \tag{3-86}$$

显然,三单元非工作储备系统的平均故障前时间($3/\lambda$)是一个单元平均故障前时间($1/\lambda$)的 3 倍。推而广之,如果系统有 k 个相互独立的相同单元,每个单元的故障率为常数 λ,其中 $k-1$ 个单元处于储备状态,则系统的平均故障前时间为 k/λ。

【例 3 - 19】有三台相同的发射机,每台发射机的失效率为 0.003 5/h。任务要求能够 500 h 连续传输信号,求 500 h 的传输可靠度。

解 500 h 的传输可靠度为

$$R(500) = e^{-0.003\,5 \times 500}\left[1 + 0.003\,5 \times 500 + \frac{(0.003\,5 \times 500)^2}{2}\right] = 0.744$$

与单台传输的任务可靠度 0.174 相比,可靠度大幅提高。

5. 降级系统

某些系统中虽然存在着一定形式的故障,但仍能继续工作。此时系统虽然能够继续完成基本功能,但其运作水平有所下降。例如,计算机系统不能存取与其直接相连的存储器中的数据;复印机不能自动走纸,需要人工操作;或者一架多引擎飞机的一台发动机出现问题等。无论是否将降级模式认定为故障,在可靠性的领域必须加以研究。而且,如果有必要将降级状态与完全故障状态区分开来,则在假定常数失效率条件下可以应用马尔可夫分析方法。

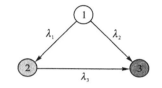

图 3 - 30 可降级系统的状态转移图

将系统定义为完好(状态 1)、降级(状态 2)和失效(状态 3)三种状态,其状态转移图如图 3 - 30 所示。

图 3 - 30 所示的状态转移图微分方程为

$$\frac{dP_1(t)}{dt} = -(\lambda_1 + \lambda_2)P_1(t) \tag{3-87}$$

$$\frac{dP_2(t)}{dt} = \lambda_1 P_1(t) - \lambda_3 P_2(t) \tag{3-88}$$

直接求解式(3 - 87),可得到

$$P_1(t) = e^{-(\lambda_1 + \lambda_2)t} \tag{3-89}$$

求解式(3 - 88),需要使用积分因子,其解过程与式(3 - 87)类似,不再详述,求得的结果为

$$P_2(t) = \frac{\lambda_2}{\lambda_1 + \lambda_2 - \lambda_3}\left[e^{-\lambda_3 t} - e^{-(\lambda_1 + \lambda_2)t}\right] \tag{3-90}$$

最后,由于 $P_3(t) = 1 - P_1(t) - P_2(t)$,状态 3 的平均故障间隔时间为

$$T_{\mathrm{TF}} = \int_0^\infty [P_1(t) + P_2(t)]dt = \frac{1}{\lambda_1 + \lambda_2} + \frac{\lambda_2}{\lambda_1 + \lambda_2 - \lambda_3}\left(\frac{1}{\lambda_3} - \frac{1}{\lambda_1 + \lambda_2}\right)$$

【例 3 - 20】应用于零件制造中的某机器,其完全失效的失效率为 0.01/天。但该机器能够任意降级使用,生产不合格(超出偏差)零件的危险率为 0.05/天。一旦该机器出现降级,其完全失效的危险率为 0.07/天,试求该机器的故障间隔前时间。

解 $P_1(t) = e^{-0.06t}$, $P_2(t) = \dfrac{0.05}{0.06 - 0.07}\left(e^{-0.07t} - e^{-0.06t}\right)$

该机器运转一天的各类可靠度为 $P_1(1) = 0.942$, $P_2(1) = 0.047$, $P_3(1) = 0.011$,所以平均故障前时间求解为 28.6 天。

我们更关心的可能是该机器完全失效前降级工作的平均天数,可以通过1/0.07=14.3求得。预防性维修工作就是推测一部机器何时失效,并根据结果,恰好在失效前进行预防性维修。根据上述分析,一旦该机器开始产出不合格零件,则应该在14天内开展预防性维修工作。注意到

$$\int_0^\infty P_1(t)\mathrm{d}t = \frac{1}{0.01+0.05} = 16.67$$

该结果为该机器处于完好状态而不会降级或完全失效的平均天数。

*3.2.4　面向基于模型系统工程(MBSE)的可靠性模型转换方法

1. MBSE 的标准产品模型构建方法

(1) 功能实现和故障消减相统一的 MBRSE 模型演化过程

MBSE 就是建立工程系统模型的过程,而 MBRSE(基于模型的可靠性系统工程)是在MBSE 模型的基础上,融入故障、维修、测试、保障等内容,进一步扩展为统一模型,将以自然语言为主、相对独立的可靠性系统工程转化为以模型为主体、融入研制过程。

MBRSE 从最初的统一需求模型到统一的系统验证模型,相关模型的演化过程可用图 3-31表示。首先对用户需求进行分析,建立包含可靠性和专用质量特性需求的统一需求模型;再通过分解、映射,建立可靠性与专用质量特性的统一功能模型;随着设计的进一步细化,通过分解、建模,确定实现可靠性与专用特性的最基本的统一单元物理模型;再通过子系统、系统的综合集成与验证、优化,逐步得到统一的子系统模型和满足用户需求的统一系统模型。其中,"单元"是指组成系统的相对最小部分,在设计过程中,不考虑其内部结构和关系,只考虑外部特性;"系统"是指由相互制约的各"单元"组成的具有一定功能的整体。

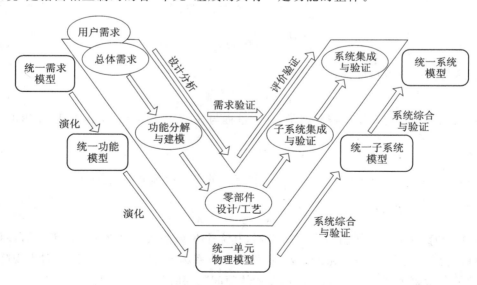

图 3-31　统一模型演化的概念模型

可靠性系统工程(RSE)是以故障为核心,研究复杂系统全寿命过程中的故障发生规律,并建立包含故障预防、故障控制、故障修复和评价验证等内容的故障防控技术体系。该体系应融入系统工程过程,不断进行设计分解与综合,反复迭代开展。传统的可靠性系统工程设计分析

方法以表格分析和人工方式为主,技术应用难度大,过程复杂,管控难。统一模型为可靠性系统工程提供了新的基础模型,基于统一模型进行产品设计将改变传统可靠性工程经验式、碎片化的模式,形成可靠性与专用特性统一设计的新模式,其过程如图 3 – 32 所示。该过程将可靠性系统工程要素凝练为故障并模型化,作为统一模型的有机组成部分。随着统一模型的演化,故障模型也不断演化,通过故障闭环消减控制,以及可靠性特性内部及其与专用特性的权衡优化,逐步实现产品的可靠性设计要求。

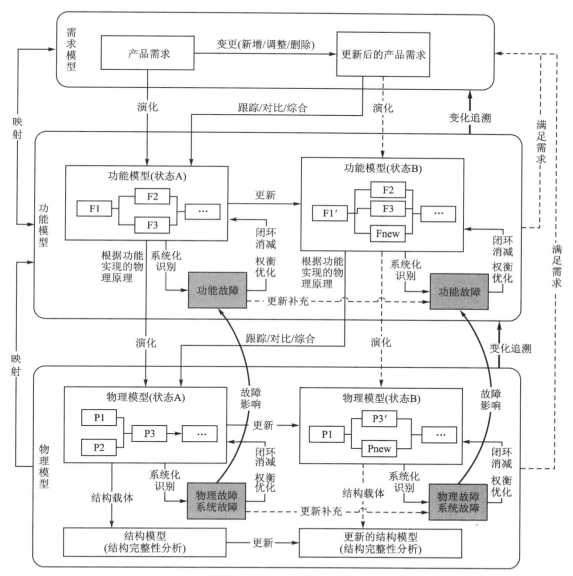

图 3 – 32　可靠性与专用特性统一设计新模式

　　① 在需求分析阶段,确定功能需求的同时,应通过映射拓展得到可靠性设计需求。设计师以市场需求为驱动进行产品规划,确定产品的主需求(MCA,满足用户需求所必须具备的基本需求,如功率、载荷等主功能需求,故障间隔时间、寿命、安全等主可靠性需求)以及辅需求(ACA,使产品更好用、易修等非必须要求所需具备的需求),形成产品的初始模型,即统一需

求模型。该模型通常是一个能够满足各类用户需求的"黑箱",一般使用需求清单(require-ment list)来勾画产品的轮廓。此时,可靠性要素表现为可靠性需求清单,是整体需求清单的有机组成。本书假设可靠性需求清单已存在,不予展开。

② 在功能设计阶段,基于统一需求模型进行抽象化处理,认清问题本质,将其演化为功能设计,建立功能结构,并寻求产品作用原理,形成产品的功能模型。同时,建立需求模型与功能模型之间的映射关系,以便进行各方案的技术可行性和经济可行性评价,最终确定产品的原理解。对同一个需求模型,功能设计的解并不是唯一的,需要根据设计经验及专业知识积累来确定最佳设计方案。对于不同产品的设计方案,应以各自的功能模型为主线,根据其功能实现的物理原理,融合学科专业,如功能、性能、可靠性等,进行原理分析,构成产品完整、统一的模型,我们称之为统一功能模型。设计师在选择方案时,可以对不同方案的统一功能模型进行综合权衡。需要特别指出,此时可将故障作为产品的异常功能存在,这种异常功能与特定功能之间形成对偶功能,每个对偶功能至少表现为一种故障。所有故障以及故障之间的关系即构成功能故障模型,是统一功能模型中的一部分。

③ 在最小物理单元设计时,针对选定的主设计方案及备选设计方案,首先,分别基于对应的统一功能模型,面向主功能,结合控制、气动、强度、电子、液压、软件等专业模型演化得到该方案的主功能载体及其设计参数,包括尺寸、位置、材料、空间约束等;其次,针对必要的辅功能,同样给出该方案的设计参数要求,但需要优先判断该功能载体是否需要特殊设计,已有设计能否满足要求;再次,考虑可靠性要求在物理设计中的实现。可靠性是使功能得以保持的一种能力,其物理载体及设计参数可以从避免功能故障发生的角度分析得到。可靠性需求对应的物理实体,其最终实现的方式可能有两种:一是提升已有功能载体的设计参数要求;二是增加功能载体。最后,还要依托统一功能模型,建立所有各功能载体之间的接口关系,以及物料流、信号流、能量流等输入/输出要求,形成统一的单元物理模型。此时,还需要建立功能模型与物理模型的映射关系,以便进行方案权衡。如果设计方案无法满足要求,表明功能载体在设计上存在缺陷,此时设计师需要结合功能故障,并基于功能模型与物理模型的映射关系,全面、系统地找到物理单元的故障,并以关键、重要物理故障消减为核心,优化物理设计方案。所有分析得到的物理故障即构成物理故障模型,是统一单元物理模型的有机构成。

④ 各物理单元要完成设计所赋予的功能,需要进行单元集成。而单元集成不仅依赖于其自身的配置,还与其接口相关联。我们将为了完成特定功能而通过物理单元构成的虚物理实体称为子系统或系统,对应模型分别称为统一子系统模型和统一系统模型。在系统综合时,需要自下而上通过单元试验、仿真分析等手段对系统物理模型、系统功能模型进行逐级验证,以保证用户需求的实现。在验证过程中,需要综合考虑物理单元独立建模分析时所没有考虑的因素,包括不同层次物理单元之间的关系,物理单元之间的固定用接口、能量和信号传递接口以及环境载荷等。这些因素可能引发系统出现故障,即系统故障。系统故障模型是统一系统模型的一个子集。

(2) 基础产品模型的统一建模方法

对于需求模型,主要是根据产品的使用任务/市场需求确定。在需求分析阶段,应明确的内容包括几何、运动、力、能量、物料(输入/输出产物的物理和化学性质、辅助物料、规定材料等)、信号、可靠性、安全性、制造、装配、运输、维修、费用等具体需求,以及需求的必要性(必达要求和愿望要求)、责任人、标识、版本等,其表现形式主要是清单或条款。

对于功能模型,主要是对需求模型进行抽象和系统扩展,建立与需求关联的功能单元,并通过功能单元之间的作用原理组合而形成的。同时,保持需求模型与功能模型的多对多映射关系。功能模型需要表达的要素包括主功能单元、辅功能单元、输入(能量、物料、信号)、输出(能量、物料、信号)、不确定性干扰、不期望输出、潜功能故障、故障关联,以及作用结构(组合、分解)、逻辑、接口、系统边界、指标等。

对于物理模型,主要是根据功能实现的物理原理而设计得到,与功能模型具有多对多映射关系。物理模型需要表达的要素包括主物理单元、辅物理单元、标识、安装位置、输入(能量、物料、信号)、输出(能量、物料、信号)、不确定性干扰、不期望输出、故障(物理故障、系统故障)、故障关联、装配关系、逻辑、系统边界、物理接口等。

综合分析以上要素特点,本书给出了上述各类模型的元模型(meta model)应包含的主要元素:

① 主单元(必达需求单元、主功能单元、主物理单元)及其输入、输出、不确定性干扰、不期望输出、关键指标/主要功能,如图 3 - 33 所示。

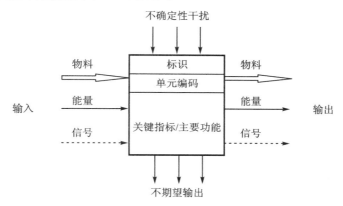

图 3 - 33　主单元及相关信息可视化表达

② 辅单元(愿望需求单元、辅功能单元、辅物理单元)及其输入、输出、不确定性干扰、不期望输出、关键指标/主要功能,如图 3 - 34 所示。

③ 逻辑(包括顺序、并行、重复、选择、多输出、迭代、循环等)。

• 顺序:从左→右箭头,如图 3 - 35 所示。

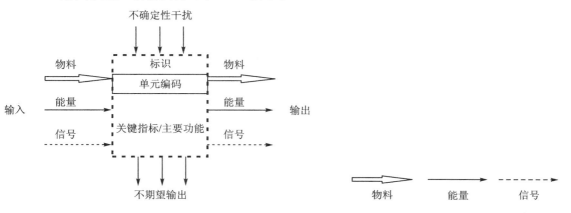

图 3 - 34　辅单元及相关信息可视化表达　　　　**图 3 - 35　顺序模型**

- 并行(A):其模型如图 3-36 所示。
- 重复(RP):表示功能被重复执行,是并行模型的特例。重复模型如图 3-37 所示。

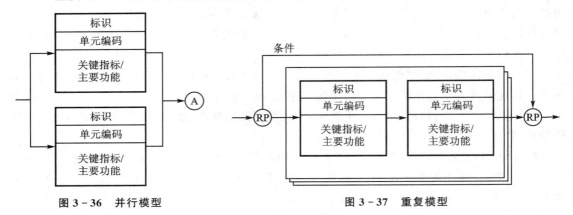

图 3-36　并行模型　　　　　　　　　图 3-37　重复模型

- 选择(OR),其模型如图 3-38 所示。
- 多输出:如果一个功能有多个输出的可能,则需要定义相应的逻辑或规则,使其每次只能输出一个。因此,多输出模型中必包含选择(OR)模型,多输出模型如图 3-39 所示。
- 迭代(IT):表示指定集合内的功能和行为将按给定次数或频率执行多次。迭代模型如图 3-40 所示。

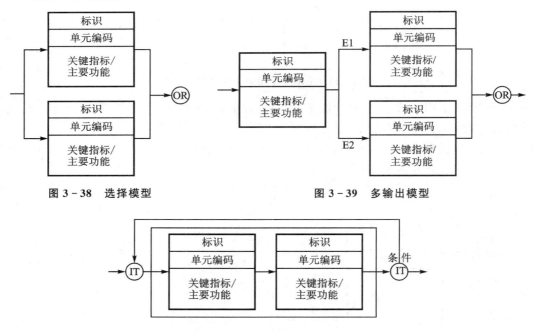

图 3-38　选择模型　　　　　　　　　图 3-39　多输出模型

图 3-40　迭代模型

- 循环(LP):表示循环节点间的功能需要重复执行,直到满足指定的输出条件。其中,至少包含一个选择(OR)节点和一个循环输出节点。循环模型如图 3-41 所示。
④ 系统:其模型如图 3-42 所示。

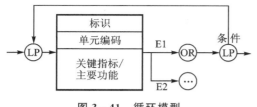

图 3 - 41　循环模型

图 3 - 42　系统模型

⑤ 系统结构及边界:其可视化表达如图 3 - 43 所示。

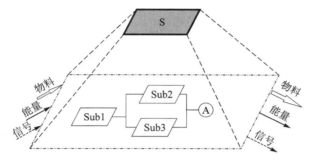

图 3 - 43　系统结构及边界可视化表达

- 装配关系:装配关系主要采用 CAD 模型表达。
- 作用关系:可以通过系统动力学建模方法中的键合图表示,本书不予展开。

【例 3 - 21】针对某信号处理器,建立其电源模件的功能模型。

解　可按照上述功能原理模型构建方法建立电源模件的功能模型,如图 3 - 44 所示。

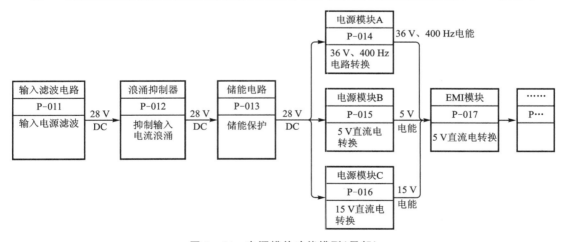

图 3 - 44　电源模件功能模型(局部)

2. 产品模型转换为可靠性框图模型的方法

下面介绍产品模型转换为可靠性框图模型的方法以及流程,如图 3 - 45 所示。该方法框架总体上分为 3 个主要步骤:

① 读取层次化的产品模型;

② 遍历产品功能模型,在遍历过程中,生成可靠性框图模型的节点和节点关系;

③ 根据产品功能-逻辑分配关系,进一步细化可靠性框图模型。

3. 产品模型转换为故障树模型的方法

产品模型表示的是系统正常工作时系统的组成和结构关系,而故障树模型中的底事件或中间事件表示的是单元或系统的失效事件,因此,需要将组成单元在故障树模型中表示为功能或硬件的失效事件。此外,在产品模型中,既存在多个硬件单元共同作用完成某个功能,也存在多个硬件单元都可以完成某个功能的情况,这些逻辑门在故障树模型中需要相应地取反。

下面介绍产品模型转换为故障树模型的方法以及流程,如图3-46所示。该方法框架总体上分为4个主要步骤:

① 读取层次化的产品模型,以系统的某一功能作为故障树模型的顶事件;

② 遍历产品功能模型,在遍历过程中,按照转换规则生成中间故障树模型;

③ 根据产品功能-逻辑分配关系,进一步细化功能故障子树模型,形成完整的传播路径;

④ 将步骤②和③构建的故障树的逻辑门取反,事件的描述均改为功能或硬件失效,构建其对偶故障树,可得到产品模型转换后的故障树模型。

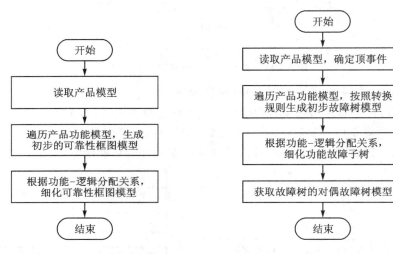

图3-45　产品模型转换为可靠性
框图模型的流程

图3-46　产品模型转换为故障树
模型的流程

下面对每个步骤作进一步说明:

步骤①　读取层次化的产品模型文件;产品模型包含了功能模型、逻辑模型以及功能-逻辑模型的分配关系。以当前系统的功能节点为故障树的顶事件。

步骤②　深度遍历功能模型,并依据给定规则生成特定类型的门、中间事件和底事件,并最终形成初步的故障树模型。

步骤③　根据功能-逻辑单元的分配映射关系,将初步故障树模型中的功能节点按照映射关系进一步找到逻辑节点,并将功能底事件转换为一个中间事件,其下的底事件为分配的硬件节点,形成最终的完整故障树模型。

步骤④　将故障树中的逻辑门取反,并将全部事件标记为功能或硬件失效,从而得到对偶故障树,即能表示系统失效的故障树模型。

以采用IMA架构的飞机驾驶舱显示系统为例,说明产品模型生成对应的故障树模型的方法。通用处理功能产生显示的数据,并经过网络传输和交换设备送至显示功能单元,其功能模型和逻辑模型如图 3-47、图 3-48 所示。从图中可以看到功能模型与逻辑模型节点的分配关系,因此不再赘述。

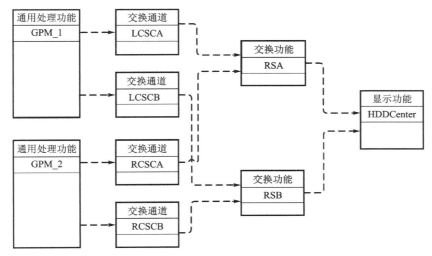

图 3-47　驾驶舱显示功能模型

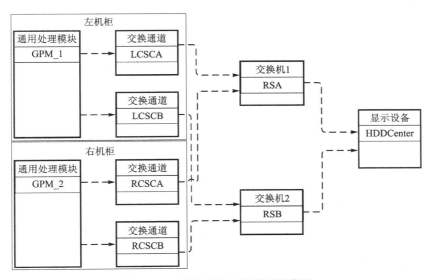

图 3-48　驾驶舱显示系统逻辑模型

以显示系统的显示功能为顶事件节点,以 HDDCenter 的功能节点为遍历的起点,则得到如图 3-49 所示的故障树,该故障树总共有两个子树,分别是支撑该显示功能的数据输入和该功能本身。

继续遍历后续的节点,可以得到如图 3-50 所示的展开的故障树模型。

整个功能模型遍历完成后,可以得到如图 3-51 所示的初步故障树模型。

将故障树中具有功能-逻辑分配关系的事件节点进一步展开,以图 3-52 中 HDDCenter 的功能为例,该功能分配的逻辑节点为 HDDCenter,即该节点实现的是 HDDCenter 的功能。

如图 3-52 中的故障树模型所示,将逻辑门取反,将其中的事件描述为失效,并将重复的失效事件合并,则得到显示系统功能失效的故障树模型,如图 3-53 所示。

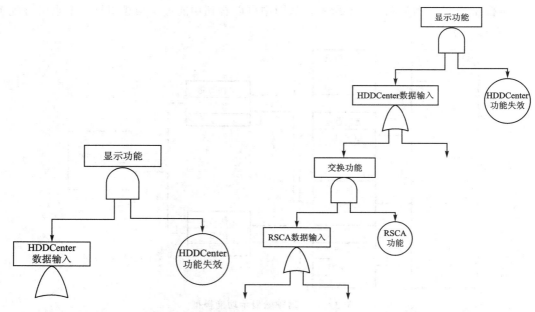

图 3 – 49　显示功能的中间故障树模型　　　　　图 3 – 50　转换过程中的故障树模型

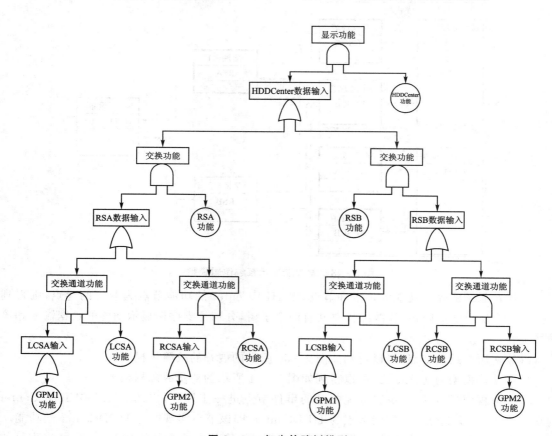

图 3 – 51　初步故障树模型

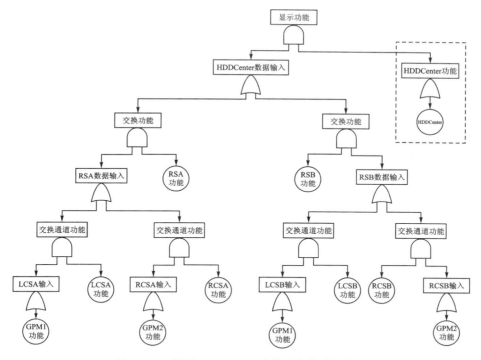

图 3 - 52　扩展 HDDCenter 功能后的故障树模型

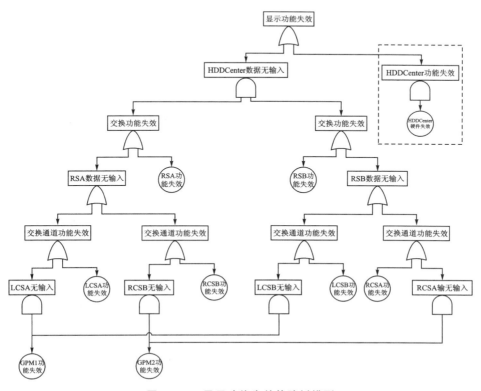

图 3 - 53　显示功能失效故障树模型

3.3　基于故障仿真的可靠性模型

3.3.1　概　述

前面讲的系统可靠性模型,如可靠性框图(RBD)、故障树模型、马尔可夫模型等,属于故障逻辑模型,重点表达系统与其组成要素之间的故障逻辑关系,但难以描述可控设计因素、外界扰动因素与系统故障之间的定量关系。故障逻辑模型适用于对具有两态、独立、指数分布等假设的产品进行建模,是对系统故障特征的一种简化描述。

故障逻辑模型以基于概率统计的理论为主构建,更关注产品故障的结果数据,而相对忽视产品的故障过程和机理。虽然这样的技术体系便于对产品的技术状态进行评价和管理,但是对开展可靠性设计增加了困难。由于历史统计数据的不足,以及研制周期和经费的限制难以进行大量统计试验等,导致基于概率统计的可靠性设计分析方法对故障发生的机理与规律掌握不足,不能科学分析系统故障的根本原因和提出针对性设计措施,使定量化的设计、分析和优化工作难以开展。同时,由于故障逻辑模型没有描述系统本身的领域知识,所得到的结果很难作为改进系统设计的依据,故导致系统可靠性设计和性能设计相分离。

通过可靠性仿真的手段,可以有机融合现有系统可靠性模型和故障机理模型等,更完整、更准确地描述系统故障的发生发展规律。可靠性仿真模型可以分为两个层次,如图3-54所示。

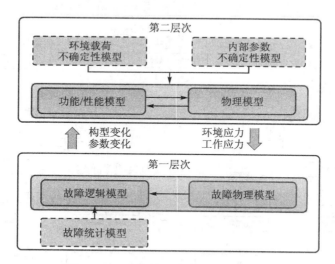

图3-54　可靠性仿真模型的两个层次

第一层次是在传统的故障逻辑模型的基础上关联单元故障物理模型,利用单元故障物理模型来确定单元故障的发生时刻,利用故障逻辑模型来描述故障的发展过程。该方法可以更准确地描述故障的发生过程。该方法重视单元故障过程和机理,加强了对故障发生机理与规律的掌握,可以有针对性地分析系统故障的根本原因和提出相应设计措施,同时使可靠度与设计参数关联,虽然可靠性设计与性能设计通过设计参数进行简单关联,但仿真计算量增加。

第二层次是在第一层次的基础上,关联物理模型、性能/功能模型。物理模型是用几何相似或物理类比方法建立的,它可以描述系统的内部特性,也可以描述试验所必需的环境条件,可以输出热、振动等应力参数。性能模型主要描述系统输入、输出之间的关系,是系统行为方面的知识,即系统本身的工作原理;功能模型主要描述系统的预期目标以及各功能模块之间的功能连接关系,它能够描述系统的故障影响传递关系。单元故障物理模型需要环境应力、工作应力等参数作为输入,因此需要通过物理仿真模型获得热应力、振动应力等环境应力,通过性能/功能模型获得速度、力等工作应力;当单元故障发生时,系统通过故障逻辑模型发生状态跳变,系统状态发生改变,导致物理模型、性能/功能模型的结构或参数发生改变,如电阻丝熔断会导致设计参数电阻值突变为无穷大;同时建立物理模型、性能/功能仿真模型时要考虑内部参数的不确定性和外部环境载荷的不确定性。这样,系统的可靠性与设计参数、环境参数建立了联系,能够用于支持可靠性与性能同时设计,但导致模型复杂,建模困难,计算量增加。

3.3.2　可靠性仿真模型的建立方法

1. 概念模型

概念模型以故障物理模型作为底层支撑,将故障逻辑模型与仿真模型建立联系,形成一种新的可靠性仿真模型,将系统可靠度与设计参数、环境参数建立联系。其模型结构如图 3－55

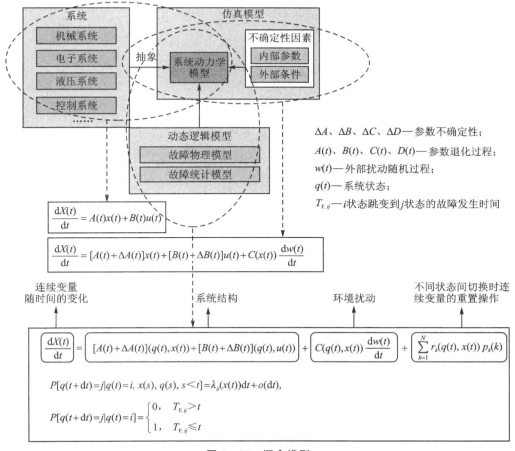

ΔA、ΔB、ΔC、ΔD ——参数不确定性;

$A(t)$、$B(t)$、$C(t)$、$D(t)$ ——参数退化过程;

$w(t)$ ——外部扰动随机过程;

$q(t)$ ——系统状态;

$T_{F,ij}$ —— i 状态跳变到 j 状态的故障发生时间

图 3－55　概念模型

所示,充分利用了系统动力学模型,通过对影响系统可靠性的内因和外因的建模,然后将内、外影响因素的模型送入经过接口设计的系统动力学模型,从而构成仿真模型。同时,对故障进行建模,然后将故障模型送入经过接口设计的系统动力学模型,从而构成基于故障物理的可靠性模型,能够描述系统故障的发生发展过程。

其中,连续变量随时间变化的影响因素包括参数退化过程、内部参数不确定性、环境载荷不确定性以及系统的结构,而系统的结构变化受单元故障影响。单元故障的发生影响系统的结构,从而使连续过程发生改变,系统的连续参数发生改变,而连续参数的改变同时又通过故障物理模型影响其他单元故障的发生时间,如液压系统溢流阀故障会导致系统压力逐渐增加,当油压超过单元或系统额定压力时,会导致其他单元故障甚至系统直接故障。

系统动力学模型的数学表达式如下:

$$\frac{\mathrm{d}X(t)}{\mathrm{d}t} = A(t)x(t) + B(t)u(t) \tag{3-91}$$

式中:X——过程变量;

$\quad\quad u$——控制变量;

$\quad\quad A$、B——设计参数。

在系统动力学模型的基础上集成各种影响可靠性的内部参数不确定性和环境载荷不确定性,形成仿真模型的概念模型(见图 3-55):

$$\frac{\mathrm{d}X(t)}{\mathrm{d}t} = [A(t) + \Delta A(t)]x(t) + [B(t) + \Delta B(t)]u(t) + C(x(t))\frac{\mathrm{d}w(t)}{\mathrm{d}t}$$
$$\tag{3-92}$$

式中:ΔA、ΔB——内部参数偏差;

$\quad\quad w(t)$——外部扰动随机过程。

在仿真模型的基础上集成故障模型,形成基于故障物理的可靠性模型的概念模型(见图 3-55):

$$\begin{cases} \dfrac{\mathrm{d}X(t)}{\mathrm{d}t} = [A(t) + \Delta A(t)](q(t), x(t)) + [B(t) + \Delta B(t)](q(t), u(t)) + \\ \qquad C(q(t), x(t))\dfrac{\mathrm{d}w(t)}{\mathrm{d}t} + \sum\limits_{k=1}^{N} r_k(q(t), x(t))p_t(k) \\ P[q(t + \mathrm{d}t) = j \mid q(t) = i, x(s), q(s), s < t] = \lambda_{ij}(x(t))\mathrm{d}t + o(\mathrm{d}t) \\ P[q(t + \mathrm{d}t) = j \mid q(t) = i] = \begin{cases} 0, & T_{F,ij} > t \\ 1, & T_{F,ij} \leqslant t \end{cases} \end{cases}$$
$$\tag{3-93}$$

式中:$q(t)$——系统状态;

$\quad\quad \sum\limits_{k=1}^{N} r_k(q(t), x(t))p_t(k)$——不同构型之间的切换及连续变量的重置操作,即单元故障发生后对仿真模型的影响。

针对故障物理模型,耗损型故障物理模型通过其工作参数、设计参数及环境应力确定其退化参数值,将退化参数值实时注入系统动力学,得到性能退化曲线。当退化参数值达到阈值时,故障发生,通过动态逻辑模型使系统状态发生跳变。过应力型故障物理模型通过监测其工作参数、设计参数及环境应力,实时计算过应力型故障对应的参数,当参数超过极限应力时,故障发生,通过动态逻辑模型使系统状态发生跳变。

针对故障统计模型,可以根据故障率及系统当前状态通过抽样确定其故障发生时刻,到达该时刻注入故障,通过动态逻辑模型使系统状态发生跳变。

2. 故障建模方法

（1）故障物理模型注入

目前,单元故障物理模型包含两类:耗损型故障物理模型和过应力型故障物理模型。耗损型故障物理模型存在两种形式:一种是参数随时间、工作应力、环境应力不断退化的模型 $x = f(\sigma,e,t)$；另一种是直接确定系统失效时间的模型 $T_F = f(\sigma,e)$。过应力型故障物理模型形式为 $F = f(\sigma,e)$。

1）耗损型故障物理模型注入

针对 $x = f(\sigma,e,t)$ 类型的故障物理模型,通过性能模型、物理模型实时获取参数工作应力 σ、环境参数 e,计算退化参数值 x,并将其返回到性能模型、物理模型中,描述系统的退化。当退化参数值 x 达到失效阈值时,通过判断触发对应的故障模式,改变系统状态。

针对 $T_F = f(\sigma,e)$ 类型的故障物理模型,通过性能模型、物理模型实时获取参数工作应力 σ、环境参数 e,确定单元失效时间 T_F。当达到失效时间时,通过判断触发对应的故障模式,改变系统状态。

2）过应力型故障物理模型注入

针对 $F = f(\sigma,e)$ 过应力型故障物理模型,通过性能模型、物理模型实时获取参数工作应力 σ、环境参数 e,实时计算应力 F。当应力 F 达到极限应力值时,单元出现故障,通过判断触发对应的故障模式改变系统状态。

（2）故障模式注入

由于故障模式千差万别,所以故障模式注入方式各不相同。例如,元器件最常见的故障模式有"断路",对电阻器和电位器来说,"断路"的建模可以通过修改元器件的参数值来实现,如将电阻值改为极大值（$R = 10^{12}\ \Omega$）；而该方法不能用于感性元件,因为对于电感来讲,它是对直流起到短路的作用,无论将电感值设为多大,它都可以通过直流,起不到断开两节点的作用,无法实现"断路"的故障状态,因此电感的"断路"模式需要通过串联一个极大电阻（如 $R = 10^{12}\ \Omega$）来实现。同一产品的不同故障的建模方法也不同,如感性元件的"短路"故障却可以通过修改元器件的参数值来实现,如将电感值置为极小值（如 $L = 10^{15}\ \mathrm{H}$）。因此针对不同产品的不同故障模式,很难找到一种通用的建模方法。

最常用的方法有三种:

① 通过修改元器件参数值实现,如电阻断路,电阻值 R 变为极大值（如 $R = 10^{12}\ \Omega$）。

② 通过串联或并联实现,如电感的"断路"模式可串联一个极大电阻（如 $R = 10^{12}\ \Omega$）。

③ 通过开关选择来实现,如图 3 - 56 所示。正常状态,通过通道 0 输出测量值;在故障情况下,对应不同的故障模式分别通过通道 $1,2,\cdots,n$

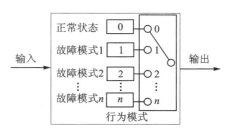

图 3 - 56　故障模式注入原理图

输出不同量值。

下面以传感器为例,说明故障模式注入的数学表示。

传感器是指能感受(或响应)规定的被测量并按照一定规律转换成可用信号输出的器件或装置。传感器通常由直接响应于被测量的敏感元件和产生可用信号输出的转换元件以及相应的电子线路组成。传感器的作用体现在测量上,获取被测量,是应用于传感器的目的。传感器的工作机理体现在敏感元件上,敏感元件是传感器的核心。

传感器的静态特性就是指当被测量 x 不随时间变化,或随时间的变化程度远缓慢于固有的最低阶运动模式的变化程度时,传感器的输出量 y 与输入量 x 之间的函数关系。通常可以描述为

$$y = f(x) = \sum_{i=0}^{n} a_i x^i \tag{3-94}$$

式中:a_i——传感器标定系数,反映了传感器静态特性曲线的形态。

通常,传感器的静态特性为一条直线,即

$$y = a_0 + a_1 x \tag{3-95}$$

式中:a_0——零位输出;

　　　a_1——静态增益。

通常传感器的零位是可以补偿的,使传感器的静态特性变为

$$y = a_1 x \tag{3-96}$$

此时称传感器为线性的。

常见的传感器或执行器故障行为有卡死、增益变化、恒偏差三种,下面分别描述其故障发生时的数学模型。

① 传感器正常工作　令 $y_{i\text{out}}$ 是第 i 个传感器的实际输出,$y_{i\text{in}}$ 为第 i 个传感器正常时应该输出的信号,则第 i 个传感器正常工作时数学模型为

$$y_{i\text{out}} = y_{i\text{in}} \tag{3-97}$$

② 传感器卡死　第 i 个传感器卡死的故障模型为

$$y_{i\text{out}}(t) = a_i = 常数 \quad (i=1,2,\cdots,m) \tag{3-98}$$

③ 传感器恒增益变化　第 i 个传感器恒增益变化的故障模型为

$$y_{i\text{out}}(t) = \beta_i y_{i\text{in}}(t) \tag{3-99}$$

式中:β_i——增益变化的比例系数。

④ 传感器恒偏差失效　第 i 个传感器恒偏差的故障模型为

$$y_{i\text{out}}(t) = y_{i\text{in}}(t) + \Delta_i \tag{3-100}$$

式中:Δ_i——常数。

传感器故障模式注入模型是指包含传感器所有工作模式在内的传感器模块模型。传感器共有四种工作模式:正常状态、卡死失效、恒增益失效和恒偏差失效。图 3-57 显示了传感器工作模式原理图。在正常状态下,传感器正常工作,通过通道 0 输出测量值;在故障情况下,传感器行为模块分别通过通道 1、2、3 输出不同量值。

3. 不确定性建模方法

对产品可靠性具有影响的内外因素分别为内部参数不确定性和外界环境载荷的不确定性。内、外影响因素的建模是通过将各类影响因素的定性或定量描述转换成能被计算机识别

的数学公式、数值、数据表格或曲线等形式,其一般形式如图 3 - 58 所示。

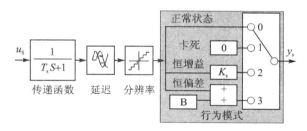

图 3 - 57　传感器工作模式原理图

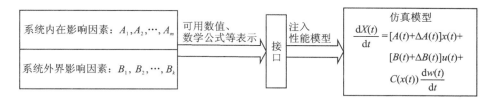

图 3 - 58　内因和外因不确定性建模的一般形式

（1）内部参数不确定性建模

大多数产品在储存或使用过程中,其性能参数容易受到各种应力的影响而发生变化。在可靠性工程中经常涉及内部参数的不确定性,每个实用的工程设计中都必须考虑参数波动的影响。造成内部参数不确定性的来源有很多,如加工精度等,这些不确定性因素对工程系统设计的影响贯穿整个设计过程。

参数不确定性建模的根本思想是寻找一个数学上可以描述的表达式,将不确定性参数的变化规律固化,实现不确定性的复现。内部参数不确定性建模流程如图 3 - 59 所示。

图 3 - 59　内部参数不确定性建模流程

① 不确定性参数的收集。影响系统性能的不确定性参数多种多样,应尽可能详尽地收集各种影响参数,以免在分析过程中出现遗漏或不足。数据的收集方式可有多种,可以充分利用网络和图书馆资源进行搜集总结,或收集相似产品的历史数据,或通过专家的经验获取等。

② 不确定性参数的分析,目的是确定影响系统性能的关键参数。影响系统性能的参数多而杂,其中少部分参数对系统的性能起主要影响作用,通过分析可以剔除影响不明显因子,从而可以简化研究和建模。通过多种途径收集的影响系统工作的不确定参数往往会有很多种,所以重点选择对系统有影响的某些关键参数进行建模。选择关键影响参数主要是通过灵敏度分析、调研或者专家经验。

③ 不确定性参数的建模。通过建立其数学表达式将其变化规律化,建模步骤如图 3 - 60 所示。建模步骤是对收集到的数据进行加工提炼的过程。由于受客观环境或条件所限,从数据到建立数学模型的过程往往需要经过反复迭代才能找到比较合适的模型。

（2）环境载荷不确定性建模思路

任何一种产品都是在一定的环境条件下使用的,系统在运行过程中,不可避免地会受到各种外界自然环境因素的扰动,比如振动、冲击、温度、湿度、风、噪声等,使得其性能产生一定的偏差,并有可能导致性能参数达不到指标要求,从而严重影响系统可靠性。与内部参数不确定性建模相似,环境载荷不确定性建模流程如图3-61所示。

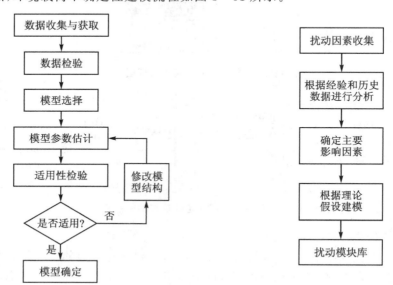

图3-60 不确定性参数建模步骤   图3-61 环境载荷不确定性建模流程

① 扰动因素的收集。与参数不确定性数据的收集类似,扰动因素的收集方式也有多种:可以充分利用网络数据库、图书馆资料,通过大量翻阅进行总结;通过相似产品所积累的数据资料进行调研收集;或者通过专家、总师的经验获取等。在可靠性领域,主要考虑的自然扰动因素有风、温度、冲击、振动等。

② 扰动因素的分析。相比于其他随机因素,对环境扰动进行分析从而确定关键影响因素较为简单,因为对于不同对象,各种扰动对性能的影响作用差异很大。对于飞行器而言,大气运动是飞行轨迹和姿态的主要干扰源,因此主要考虑大气层风场对飞行器的影响;而对于电子产品和元器件,温度应力对其可靠性的影响更为显著,因此主要考虑温度对电子类产品的影响;对于雷达而言,对信号的传输和接收影响最大的是噪声干扰。

③ 扰动因素的建模。扰动因素关键是通过建立其数学表达式描述其特性,相比于其他两种不确定性因素,扰动因素的建模较为复杂。首先,环境扰动本身是一个及其复杂的过程,过程变化动态性很强;其次,环境扰动的影响范围比较广,譬如温度的变化会影响到系统内几乎所有的元器件或子系统的可靠性,需要考虑通用性问题;再次,不同的环境扰动与系统的接口不同,因此对于不同的扰动因素,需要设计不同的接口。

环境扰动模块的建立方法简单,但是过程相对复杂:一是环境因素类型众多,与系统的连接各不相同;二是环境变化规律复杂,从数学描述转变成仿真模型较为困难。通用的环境扰动模块结构主要包括两个部分:一是扰动模型,即将环境扰动因素的数学描述借助于仿真工具实现模型化;二是接口,建立扰动因素与系统的参数或子系统之间的联系。

3.3.3　基于蒙特卡洛的可靠性仿真方法

在建立了可靠性模型的基础上,可靠性仿真主要研究如何在设计变量、模型参数和环境载荷等存在不确定性的情况下,模拟实际系统由于结构参数的随机退化及使用环境的不确定性,造成的系统功能丧失或性能降级等故障;同时,对仿真结果进行统计分析,得出系统可靠性的表征量,如 MTBCF 和可靠度等,从而为系统可靠性的设计分析提供依据。可靠性仿真的研究重点是,在保证仿真精度的前提下提高仿真效率。

蒙特卡洛方法由于其简便的算法和大量仿真次数下的高仿真精度,在可靠性仿真分析领域获得了广泛应用。本节主要围绕蒙特卡洛方法,从它的基本思想入手,讨论了方法的总体实施流程、任意分布随机变量的抽样方法和蒙特卡洛的一些改进方法。

1. 蒙特卡洛方法的基本思想

蒙特卡洛方法亦称为概率模拟方法,有时也称为随机抽样技术或统计试验方法。1946 年,物理学家冯·诺伊曼(von Neumann)等在电子计算机上用随机抽样方法模拟了中子连锁反应,并把这种方法称为蒙特卡洛方法。近几十年来,随着电子计算机的出现和迅速发展,人们广泛、系统地应用随机抽样试验来解决数学物理问题,而且把蒙特卡洛方法当作计算数学的一个新的重要分支。由于可靠性仿真分析中需要考虑系统的各种随机性因素,而蒙特卡洛方法可以通过随机抽样试验求解系统的可靠性,因此蒙特卡洛方法在可靠性仿真分析中获得了广泛的应用。

使用蒙特卡洛方法求解可靠性问题时,可以简单地理解为,当所求解的问题是某个事件出现的概率时,例如可靠度,可以通过抽样试验的方法得到这种事件出现的频率,把它作为问题的解;当所求解的问题是某个随机变量的期望值时,例如 MTBCF,则可以通过抽样试验求出这个随机变量的样本均值,并用它作为问题的解。

因此蒙特卡洛方法的基本思想可以总结如下:首先,建立一个概率模型或随机过程,使它的参数等于问题的解;然后,通过对模型或过程的观察或抽样试验来计算所求参数的统计特征;最后,给出所求解的近似值。而解的精确度可用估计值的标准误差来表示。

根据大数定律,$x_1, x_2, \cdots, x_N$ 是 N 个独立随机变量,它们有相同的分布,且有相同的有限期望 $E(x_i)$ 和方差 $D(x_i)$,$i=1,2,\cdots,N$。则对于任意 $\varepsilon > 0$,有

$$\lim_{N \to \infty} P\left[\left| \frac{1}{N}\sum_{i=1}^{N} x_i - E(x_i) \right| \geq \varepsilon \right] = 0 \qquad (3-101)$$

根据伯努利定理,设随机事件 A 的概率为 $P(A)$,在 N 次独立试验中,事件 A 发生的频数为 n,频率为 $W(A)=n/N$,则对于任意 $\varepsilon > 0$,有

$$\lim_{N \to \infty} P\left[\left| \frac{n}{N} - P(A) \right| < \varepsilon \right] = 1 \qquad (3-102)$$

蒙特卡洛方法从总体抽取简单子样做抽样试验,根据简单子样的定义,$x_1, x_2, \cdots, x_N$ 为具有同分布的独立随机变量。由上述两式可知,当 N 足够大时,$\frac{1}{N}\sum_{i=1}^{N} x_i$ 依概率 1 收敛于 $E(x)$,而频率 n/N 依概率 1 收敛于 $P(A)$,这就保证了使用蒙特卡洛方法的概率收敛性。

针对基于系统可靠性模型的仿真方法,相应的蒙特卡洛方法实施流程如图 3-62 所示。

① 在建立可靠性模型的基础上,输入模型的原始数据和初始参量。

　　② 按照模型参数和环境载荷等的分布规律,产生相应的随机变量抽样值。

　　③ 将产生的抽样值代入可靠性模型中进行仿真计算。

　　④ 判断仿真次数是否达到规定值,若没有达到,则返回步骤②;若已经达到,则进行步骤⑤。

　　⑤ 根据可靠性仿真结果,统计分析系统的可靠度、MTBF 等指标。

2. 随机变量的抽样方法

　　由前述蒙特卡洛方法的基本思想可以看出,从具有已知分布的总体中产生子样,即产生各种概率分布的随机变量,在蒙特卡洛方法中占有非常重要的地位。在计算机上用数学方法产生随机数是目前广泛使用的方法。它的特点是占用内存少、产生速度快、方便重复产生。然而,这种随机数是根据确定的递推公式求得的,存在周期现象,初值确定后所有的随机数便被唯一确定了下来,不满足真正随机数的要求,所以常称用数学方法产生的随机数为伪随机数。在实际应用中,只要这些伪随机数序列通过一系列的统计检验,还是可以把它当作"真正"的随机数使用。

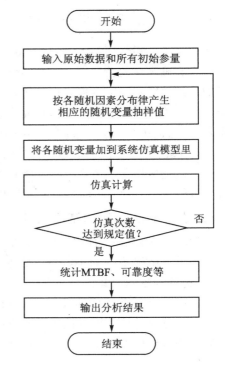

图 3 - 62　蒙特卡洛方法实施流程

　　随机数抽样方法有反函数法、变换法、舍选法以及组合法等,以下仅介绍最常用的反函数方法。

　　反函数基本定理:设随机变量 ξ 具有分布函数 $F(x)$(或已知分布密度函数 $f(x)$),则

$$Z = F(\xi) \tag{3-103}$$

是[0,1]区间上均匀分布的随机变量。

　　由上述基本定理可知,若 Z 为[0,1]区间上均匀分布的随机变量,且 $F(x)$ 为单调递增函数,则

$$\xi = F^{-1}(Z) \tag{3-104}$$

是以 $F(x)$ 为分布函数的随机变量。因此,可用[0,1]区间上均匀分布的伪随机数来产生随机变量 ξ 的抽样值。以下两个例子可以说明该方法。

　　【例 3 - 22】在[a,b]上产生均匀分布的随机变量 ξ 的抽样值。求随机变量的抽样值。

　　解　ξ 的概率密度函数为

$$f(x) = \begin{cases} \dfrac{1}{b-a}, & a \leqslant r \leqslant b \\ 0, & 其他 \end{cases}$$

其分布函数 $F(x)$ 为

$$F(x) = \int_a^x f(x)\mathrm{d}x = \int_a^x \frac{1}{b-a}\mathrm{d}x$$

根据上述公式,可以得到

$$Z = F(\xi) = \int_a^x \frac{1}{b-a} \mathrm{d}x = \frac{\xi-a}{b-a}$$

故可解得

$$\xi = F^{-1}(Z) = (b-a)Z + a$$

将 Z 的随机抽样值即随机数 η 代入上式,即可求出随机变量 ξ 的随机抽样值,且用符号 $X_{F(\xi)}$ 表示,则有

$$X_{F(\xi)} = F^{-1}(\eta) = (b-a)\eta + a$$

表 3-11 中给出的是一些常见的概率分布抽样公式。

表 3-11　常见分布函数随机变量的随机抽样公式

分布名称	概率密度函数 $f(x)$	$X_{F(\xi)}$
$[0,1]$均匀分布	1	η
均匀分布	$\dfrac{1}{b-a}$	$(b-a)\eta + a$
指数分布	$\lambda \mathrm{e}^{-\lambda t}$	$-\dfrac{1}{\lambda}\ln(1-\eta)$ 或 $-\dfrac{1}{\lambda}\ln\eta$
标准正态分布	$\dfrac{1}{\sqrt{2\pi}}\mathrm{e}^{-\frac{t^2}{2}}$	$\sqrt{-2\ln\eta_1}\cos 2\pi\eta_2$ 或 $\sqrt{-2\ln\eta_1}\sin 2\pi\eta_2$
正态分布	$\dfrac{1}{\sqrt{2\pi}\sigma}\mathrm{e}^{-\frac{(t-\mu)^2}{2\sigma^2}}$	$t_{N01}\sigma + \mu$ (t_{N01} 是标准正态分布抽样)
对数正态分布	$\dfrac{1}{\sqrt{2\pi}\sigma(t-a)} \cdot$ $\exp\left\{-\dfrac{[\ln(t-a)-\mu]^2}{2\sigma^2}\right\}$ $(t\geqslant a)$	$a + \exp(\sigma t_{N01} + \mu)$
威布尔分布	$\dfrac{c}{b}\left(\dfrac{t-a}{b}\right)^{c-1}\exp\left[-\left(\dfrac{t-a}{b}\right)^c\right]$	$b(-\ln\eta)^{\frac{1}{c}} + a$
β 分布	$\dfrac{n!}{(k-1)!(n-k)!}t^{k-1}(1-t)^{n-k}$	$R_k(\eta_1,\eta_2,\cdots,\eta_n)$ (R_k 表示由小到大次序排列第 k 个)
二点分布	$p(\xi=1)=p,$ $p(\xi=0)=1-p$	产生随机数 η,若 $\eta<p$,则抽取的 $X_{F(\xi)}=1$
二项分布	$p(\xi=m)=\mathrm{C}_n^m p^m q^{n-m}$ $(m=0,1,\cdots,n;p+q=1)$	产生随机数 $\eta_1,\eta_2,\cdots,\eta_n$,使得 $\eta_i<p$ 成立的个数
泊松分布	$P(\xi=m)=\dfrac{\lambda^m}{m!}\mathrm{e}^{-\lambda}$ $(m=0,1,2,\cdots)$	产生随机数 $\eta_1,\eta_2,\cdots$,满足 $\prod\limits_{i=0}^{m}\eta_i \geqslant \mathrm{e}^{-\lambda} > \prod\limits_{i=0}^{m+1}\eta_i$ 的 m 值 ($\eta_0=1$)

3.3.4　案例应用

1. 案例基本情况介绍

电液伺服阀是液压控制系统中的一种重要元件,它是一种接收模拟电控制信号,输出随电控信号大小和极性变化且快速响应的流量和压力的液压控制阀,是飞机、导弹、舰船等装备控制系统中重要的高精度液压自动控制元件,它承担着电气部分和液压部分的桥梁作用。从可靠性角度考虑,伺服阀的可靠性是伺服系统中最重要的一环。经过长时间的使用,伺服阀存在退化特性,且先导级退化机理复杂,退化特性不易预测,主要依靠经验公式及大量试验验证;传统可靠性建模方法难以定量评估其可靠性水平,需要借助可靠性建模仿真方法。

2. 阀门可靠性建模

阀门的可靠性受长周期使用过程中各部件单元退化的影响,也受到短周期环境应力和设计参数扰动不确定性的影响。阀门可靠性模型以功能性能模型为核心模型,将关键单元退化如射流放大组件的磨损退化、滑阀组件的磨损退化及滤油器的堵塞退化等退化机理注入功能性能模型对应的部位,将环境应力和设计参数扰动等不确定性因素添加到含单元退化的功能性能模型中,并注入随机偶然故障,建立阀门的可靠性模型。当性能指标超过规定的阈值时,判定为软故障;当系统严重退化或发生偶然故障时,判定为硬故障,系统完全失效。

AMESim 仿真软件可以对液压伺服阀系统进行建模,通过对仿真模型注入各类故障信息,分析仿真结果,获得系统异常表现与系统元件故障之间的联系。MATLAB/Simulink 可以对动态系统进行建模、仿真和分析,从而在设计系统时对系统进行仿真和分析。本案例中,阀门的基本功能性能模型通过 AMESim 建立,退化机理模型和扰动数学模型在 MATLAB 中建立,二者实现联合仿真。MATLAB 实时获取 AMESim 功能性能模型的结构参数和状态变量,并向 AMESim 注入退化量和随机扰动建立可靠性模型,实现过程如图 3 – 63 所示。

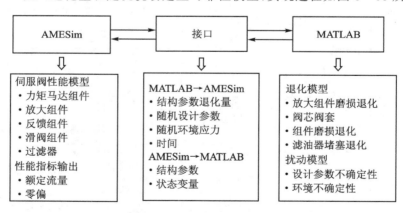

图 3 – 63　AMESIM 与 MATLAB 联合仿真

（1）功能性能模型建立

应用 AMESim 建立伺服阀的功能性能模型,将其功能性能模型建模分解为四大组件的建模,即力矩马达组件、衔铁及反馈组件、放大器组件和滑阀组件。AMESim 中建立的功能性能模型在输入电流信号的控制下,经过底层动力学关系可以仿真得到阀门的额定流量、零偏、内漏、滞环等性能输出。

（2）关键单元退化特性建模

伺服阀结构组成中包含大量机械产品,机械产品中所发生的故障在液压系统中都可能发生。其中,最基本的失效形式有形变或应力断裂、腐蚀、磨损、冲击断裂、疲劳、热应力与热变形。液压系统特殊失效形式有污染(引起堵塞、磨损和卡死等)、泄漏、气蚀以及液压卡死等。对液压系统来说,污染是导致伺服阀故障的最主要原因,80%～90%的伺服阀故障是因油液污染引起的,其次是磨损,密封装置老化、破坏,内外泄漏,这些故障之间有着内在联系。

本阀门产品故障模式较多且故障机理复杂,对阀门进行了故障模式、机理及影响分析。通过分析阀门各组成部件的各种潜在故障模式,造成每一种潜在故障模式的故障原因,并结合其寿命周期剖面,找出每一种故障原因对应的潜在故障机理。阀门关键组件的故障机理如图 3 - 64 所示。

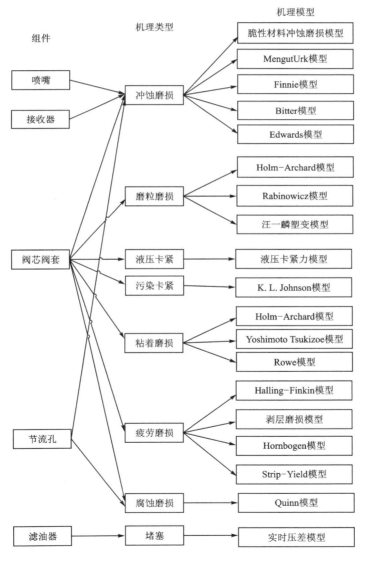

图 3 - 64　阀门关键组件的故障机理

经过分析,得出阀门的主要故障机理有磨粒磨损、冲刷磨损、腐蚀磨损、疲劳磨损、堵塞、污染卡紧和液压卡紧,主要作用的部分集中在射流管式液压放大器组件、滑阀组件和滤油器组件,故将以上故障机理作用在这三类组件上产生的退化规律进行建模。

（3）故障模式建模

完成对关键单元退化特性建模后,实现了具有退化特性的故障机理注入,覆盖了故障模式、机理及影响分析结果中有明确故障机理的故障模式;但对于阀门存在的部分故障模式不是由于长周期退化产生,而是属于偶然故障类型,需要对该类偶然故障进行故障模式建模,并确定其故障发生时间。阀门的偶然故障有线圈开短路、衔铁卡死、密封圈失效、反馈杆断裂,其故障发生时间的分布如表 3-12 所列。

表 3-12　偶然故障发生时间的分布

偶然故障类型	分布类型	均　值	标准差
线圈开短路	正态分布	24 000 h	2 000 h
衔铁卡死	正态分布	8×10^6 次	1×10^5 次
密封圈失效	正态分布	20 000 h	1 000 h
反馈杆断裂	正态分布	1×10^8 次	1×10^5 次

上述偶然故障通过产生随机数的方式得到一组确定的序列,即各偶然故障的发生时间;达到偶然故障发生时间后,将阀门故障发生部位设置为故障状态。

（4）环境应力和设计参数扰动的不确定性建模

阀门在使用过程中,环境应力会对其可靠性产生影响。由于环境应力不确定性也会造成可靠性产生波动,因此需要对环境应力的不确定性进行建模。影响阀门可靠性的环境应力包括油液污染度和油液温度,将这两种环境应力的不确定性加入功能性能模型中,其分布特征如表 3-13 所列。

表 3-13　环境应力的不确定性分布特征

设计变量	分布类型	均　值	标准差
油液污染度	正态分布	51	0.02
油液温度/℃	正态分布	40	5

设计参数由于制造误差等具有不确定性,建立功能性能模型后,需要对设计参数进行不确定性建模,将设计参数的不确定性加入功能性能模型中,阀门设计参数的不确定性分布特征如表 3-14 所列。

上述不确定性因素通过产生随机数的方式得到一组确定的序列,将环境应力和设计参数的不确定性注入功能性能模型中,实现环境应力和设计参数不确定性建模。

3．阀门可靠性仿真

对阀门可靠性模型进行可靠性仿真,以 AMESim 和 MATLAB 联合仿真为基础,综合考虑长周期关键单元退化、偶然故障、短周期环境应力和设计参数扰动,阀门的可靠性仿真流程如图 3-65 所示。

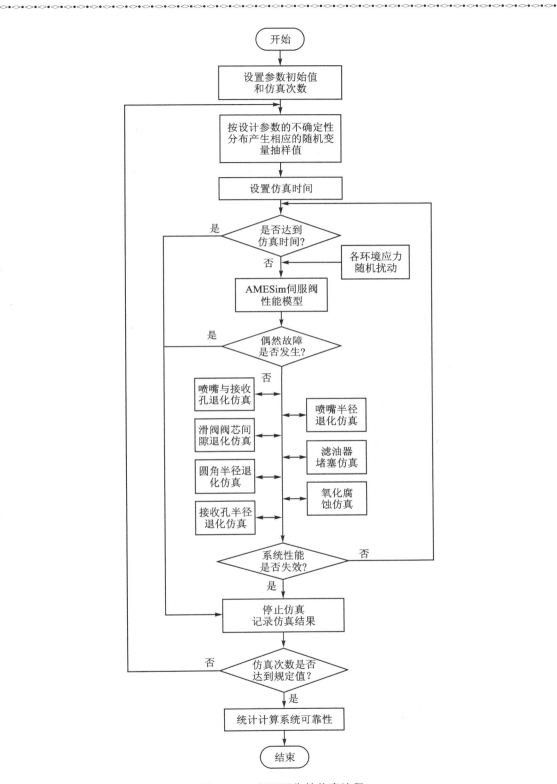

图 3 - 65　阀门可靠性仿真流程

表 3 − 14   阀门设计参数的不确定性分布特征

设计变量	分 布	均 值	标准差
衔铁长/mm	正态分布	29	2×10^{-2}
喷嘴截面半径/mm	正态分布	0.11	2×10^{-3}
接受孔截面半径/mm	正态分布	0.15	2×10^{-3}
两接收孔的水平距离/mm	正态分布	0.005	2×10^{-5}
喷嘴长度/mm	正态分布	0.3	2×10^{-3}
射流管的长度/mm	正态分布	26.5	2×10^{-2}
衔铁的质量/kg	正态分布	0.005 6	2×10^{-5}
阀芯直径/mm	正态分布	6.99	2×10^{-3}
滑阀的质量/kg	正态分布	0.006	2×10^{-5}

在建立完整的阀门可靠性模型基础上进行阀门可靠性仿真,设置相关参数的初始值和仿真次数,在各次仿真中按设计参数的不确定性分布抽样确定设计参数的取值。当未达到单次仿真设置的仿真时间时,运行功能性能模型一个仿真步长,根据环境应力的分布抽样确定各次仿真的环境应力。判断是否发生偶然故障,若发生偶然故障,则记录该次故障时间进入下一次仿真;若未发生偶然故障,则根据故障机理模型计算一个仿真步长内各单元的退化量。然后根据退化后的状态判断系统是否失效,若失效,则记录故障时间进入下一次仿真;若未失效,则运行功能性能模型下一个仿真步长,直到系统发生故障为止。当仿真次数达到规定后,对仿真结果进行统计,输出阀门的可靠性曲线。

通过每一仿真步长,蒙特卡洛抽样可以计算出每个仿真时刻阀门的可靠度。阀门的可靠性仿真曲线如图 3 − 66 所示。

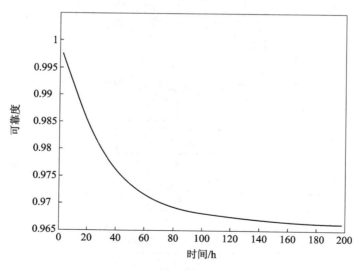

图 3 − 66   阀门的可靠性仿真曲线

习　　题

1. 简述可靠性建模的目的和用途。

2. 某储备系统由三个单元构成,正常情况下有两个单元在线工作,只有这两个单元全部失效,储备单元才开始工作。计算系统的可靠度函数和平均故障前时间。假设储备状态无失效,工作状态时失效率为常数 λ。

3. 比较下列系统的平均故障前时间和在 100 h 的可靠度。

(1) 两单元并联系统,失效率为常数,分别为 $\lambda_1 = 0.003\ 4$,$\lambda_2 = 0.010\ 5$。

(2) 两单元的旁联系统 $\lambda_1 = 0.003\ 4$,$\lambda_2 = 0.010\ 5$,$\lambda_2^- = 0.000\ 5$。切换的失效概率为 15%。

*(3) 两单元的负荷共享系统,$\lambda_1 = 0.003\ 4$,$\lambda_2 = 0.010\ 5$。单元的失效率增长因子为 1.5,即独立承担负荷时失效率增加到 1.5 倍。

*4. 计算机网络有哪些状态、哪些事件? 并绘制状态转移图。

*5. 某系统的可靠性模型如图 3-67 所示,每个部件有三种状态,分别为正常、降级和故障,而且两个降级部件串联会导致系统故障,则单元该系统有多少种状态? 其中故障状态有多少种?

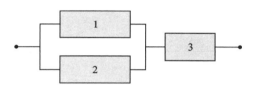

图 3-67　习题 5 的图

*6. 某阀门系统由三个阀门构成,其连接方式如图 3-68 所示,该系统有多少种状态? 若该系统的功能是用于阻断通路,则其中故障状态有多少种?

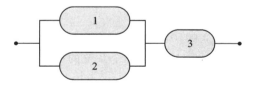

图 3-68　习题 6 的图

7. 证明:对于任意结构函数 ϕ,有

$$\phi(\boldsymbol{x}) = x_i \phi(1_i, \boldsymbol{x}) + (1 - x_i) \phi(0_i, \boldsymbol{x})$$

其中

$$(1_i, \boldsymbol{x}) = (x_1, \cdots, x_{i-1}, 1, x_{i+1}, \cdots, x_n)$$

$$(0_i, \boldsymbol{x}) = (x_1, \cdots, x_{i-1}, 0, x_{i+1}, \cdots, x_n)$$

8. 对于任意结构函数,我们定义对偶结构函数 ϕ^D 为

$$\phi^D(\boldsymbol{x}) = 1 - \phi(1 - \boldsymbol{x})$$

(1) 证明:一个并联(串联)系统对偶是一个串联(并联)系统。

(2) 证明：对偶结构的对偶是原来的结构。

(3) n 中取 k 系统的对偶是什么？

(4) 证明：对偶系统的最小路(割)集是原来系统的最小割(路)集。

9. 写出图 3-69 中系统的结构函数。

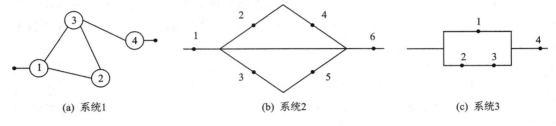

(a) 系统1　　　　　　　(b) 系统2　　　　　　　(c) 系统3

图 3-69　习题 9 的图

10. 给出图 3-70 中结构的最小路集与最小割集。

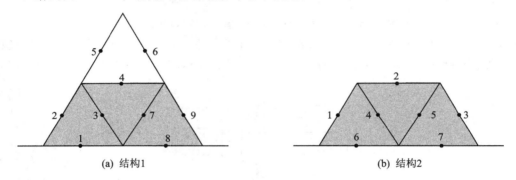

(a) 结构1　　　　　　　　　　(b) 结构2

图 3-70　习题 10 的图

11. 最小路集是 $\{1,2,4\}$、$\{1,3,5\}$ 和 $\{5,6\}$，给出最小割集。

12. 最小割集是 $\{1,2,3\}$、$\{2,3,4\}$ 和 $\{3,6\}$，给出最小路集。

13. 考虑一个结构，其最小路集是 $\{1,2,3\}$ 和 $\{3,4,5\}$。

(1) 最小割集是什么？

(2) 如果不见得寿命都是独立的 $(0,1)$ 均匀随机变量，确定系统寿命小于 0.5 的概率。

14. 两系统(1)和(2)，试问工作 100 h 后哪个系统的可靠度更高？

(1) 两个 CFR 型部件组成的并联系统，$T_{TF}=1\,000$ h；

(2) 两部件组成的串联系统，一个部件服从形状参数为 2、特征寿命为 10 000 h 的威布尔分布，一个部件的故障率为常值0.000 05。

15. 如图 3-71 所示的网络：

(1) 推导以部件可靠度表示的系统可靠度。假设每个部件的可靠度是 R。

(2) 如果 $R=0.9$，计算系统可靠度。

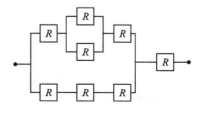

*16. 若某个非工作储备系统的两个组成单元相同，$\lambda=0.002/h$，$\lambda^-=0.000\,1/h$。求其 95% 可靠度的设计寿命。

图 3-71　习题 15 的图

17. 试推导单部件(其寿命分布和故障修复时间均服从指数分布)可修系统在有一个修理工情况下的系统可信度。

18. 3 个并联的通信电路具有相互独立的故障模式,发生频率均为 0.1 次/h,通信电路中的部件共用一个收发器。为保证系统工作 5 h 的可靠度是 0.85,求收发器的平均故障前时间。

19. 求图 3-72 所示系统的可靠度,部件的可靠度已经给出。

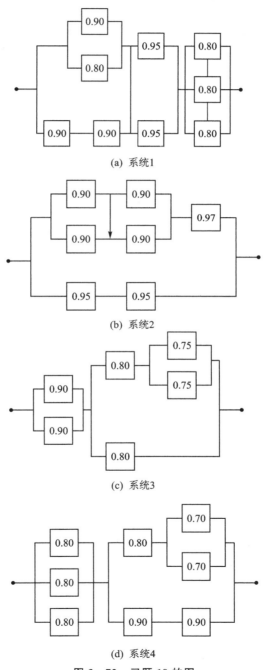

(a) 系统1

(b) 系统2

(c) 系统3

(d) 系统4

图 3-72　习题 19 的图

20. 如图 3-73 所示的系统,当 $R_S=0.99$ 时,求图中的 R。

提示:找到用 R 表示 R_S 的最简洁表达式并用试凑法求 R。

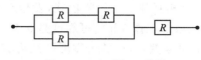

图 3-73　习题 20 的图

21. 某信号处理器的可靠度为 0.90,为增加其可靠性,进行了设计改进,增加了一个备份设备,在信号处理器前安装一台信号分配器,并在信号处理器后安装一台比较仪。这两类设备的可靠度均为 0.95。分析改进的设计是否提高了系统的可靠度。

22. 已知每个网络均由两个串联部件组成,每个部件又有 3 个冗余单元。每个部件发生开路故障的概率是 0.05,发生短路故障的概率是 0.1。比较高层级冗余网络与低层级冗余网络的可靠度。

23. 求图 3-74 所示串并联系统的可靠度。其中,第 i 个部件发生开路故障的概率是 q_{oi},发生短路故障的概率是 q_{si}。

图 3-74　习题 23 的图

24. 某系统的设计使用时间是 100 天。系统由 3 个部件串联而成,其故障分布分别如下:① 形状参数为 1.2、尺度参数为 840 天的威布尔分布;② 形状参数(S)为 0.7、中值为 435 天的对数正态分布;③ 常值故障率为 0.000 1。

(1)计算系统可靠度。

(2)假设部件 1 和部件 2 可以配置成组件。如果部件 1 和部件 2 各两个单元可以使用,求高层级冗余系统的可靠度。

(3)如果部件 1 和部件 2 各有两个单元可以使用,求低层级冗余系统的可靠度。

25. K/N 系统中可能存在一个交叉点,在这个点上单部件可靠度比 K/N 系统的可靠度高。如果 R 表示单部件可靠度,那么交叉点可以由下式得到

$$R_S = \sum_{x=k}^{n} \binom{n}{x} R^x (1-R)^{n-x}$$

(1)求 2/3 冗余系统的交叉点。

(2)求 3/4 冗余系统的交叉点。

26. 某冗余系统由 n 个相互独立的部件组成,每个部件的故障率 $\lambda(t)=\lambda$,证明:

$$T_{TF} = \frac{1}{\lambda} \sum_{i=1}^{n} \binom{n}{i} \frac{(-1)^{i-1}}{i}$$

提示:根据二项式定理

$$(p+q)^n = \sum_{i=0}^{n} \binom{n}{i} p^{n-i} q^i$$

27. 证明：由 n 个相互独立部件组成的串联系统 T_{TF} 是

$$T_{TF} = \sqrt{\frac{\pi}{2\sum\limits_{i=1}^{n} a_i}}$$

28. 如图 3-75 所示网络：

（1）写出结构函数；

（2）用结构函数求系统可靠度；

（3）给出最小路集和最小割集；

（4）用（3）中给出的最小路（割）集计算系统可靠度的上、下限。

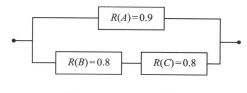

图 3-75　习题 28 的图

29. 如图 3-76 所示网络：

（1）写出结构函数；

（2）用结构函数求系统可靠度；

（3）指出最小路集和最小割集；

（4）用（3）中给出的最小路（割）集计算系统可靠度的上、下限。

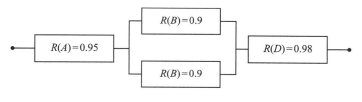

图 3-76　习题 29 的图

30. 某电子设备是由一个雷达和一个计算机组成的串联系统，其寿命分布和故障修复时间均服从指数分布，它们的平均故障间隔时间 T_{BF} 分别为 100 h 和 200 h，平均修复时间 T_{TR} 分别为 10 h 和 5 h（$\mu = 1/T_{TR}$）。试计算工作 10 h 的设备可信度。

31. 证明：由 $m \times n$ 个相同部件组成的并串联系统（见图 3-77(a)）的可靠度比串并联系统（见图 3-77(b)）的可靠度高。

32. 试对比论述可靠性仿真模型与系统可靠性模型在描述能力、计算效率等方面的优势和劣势。

33. 假设某产品由 2×10^4 个电子元器件串联组成，其寿命服从指数分布，如果要求其连续不间断工作 3 年的可靠度为 0.8，试求元器件的平均故障率。

34. 某喷气式飞机有三台发动机，至少需要两台发动机正常才能安全起落和飞行。假定飞机故障仅由发动机引起，且发动机的寿命服从指数分布，其平均故障间隔时间 $T_{BF} = 2 \times 10^3$ h，求飞机连续飞行 5 h 和 10 h 的可靠度。

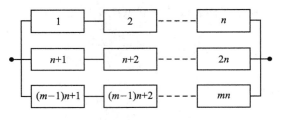

(a) 串并联系统可靠性框图

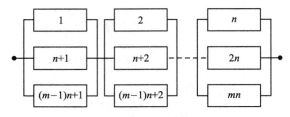

(b) 并串联系统可靠性框图

图 3-77 习题 31 的图

35. 某直流电源系统由直流发电机、应急储备电池、故障监测及转换装置组成,发电机的工作故障率为 $2 \times 10^{-4}/\mathrm{h}$,储备电池的工作故障率为 $1 \times 10^{-3}/\mathrm{h}$,故障监测及转换装置的可靠度为 0.99,试求该系统工作 10 h 的可靠度。

36. 由 n 个相同单元组成的并联系统,单元的累积故障分布函数为 $F(t) = 1 - \mathrm{e}^{-\lambda t}$,试求该系统的故障率函数。

*37. 简述蒙特卡洛方法的基本思路和算法流程。

第二部分
可靠性设计分析方法

第4章 系统可靠性要求、分配与预计

4.1 概 述

基于前三章的基础理论,从本章开始,介绍工程中开展可靠性设计与分析的常用方法。工程设计是为满足目标需求而创造某种系统、部件或方法的过程。设计过程是一系列事件(活动)的序列,这些事件帮助定义设计的不同阶段,同时以一种系统的方式展开设计。通过开展一系列的设计活动可以实现产品不同方面的需求目标,包括性能要求、功能要求、可靠性要求、环境适应性要求等。无论实现何种目标,其基本过程是相似的,主要包括确定研制目标、提出研制要求、开展设计分析、试验验证要求是否实现,并根据研制要求的实现情况进行反复迭代,直到满足所有的研制要求。可靠性作为产品重要的质量特性之一,理应在产品研制中给予实现。为实现可靠性方面的目标,需要开展的一系列活动如图 4-1 所示。

为了实现产品可靠性方面的目标,最基本的工程活动可以分为三类:① 提出可靠性要求,包括通过分配提出不同层次产品的可靠性

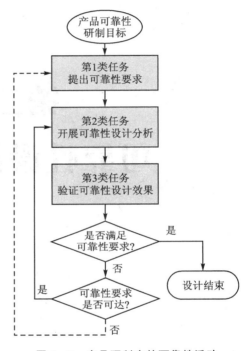

图 4-1 产品研制中的可靠性活动

设计要求(详见本章后面内容);② 开展可靠性设计分析,通过各种可靠性设计分析活动为产品研制过程提供输入,形成考虑可靠性的产品设计(详见第 5 章、第 6 章内容);③ 验证可靠性设计效果,验证是否满足产品的可靠性要求(本部分内容不属于本书范畴,可参考可靠性试验、可靠性评估等相关书籍)。

4.2 可靠性参数指标与要求

4.2.1 相关基本概念

1. 寿命剖面与任务剖面

产品的可靠性水平应是产品在真实的使用条件下(包括运输、储存等)的反映。为了研究产品的可靠性,必须确定产品的寿命剖面和任务剖面。

（1）寿命剖面

寿命剖面的定义：产品从交付到寿命终结（或退出）使用这段时间内所经历的全部事件和环境的时序描述。寿命剖面说明了产品在整个寿命期经历的事件（如装卸、运输、储存、检测、维修、部署、执行任务等）以及每个事件的顺序、持续时间、环境和工作方式。它包含一个或多个任务剖面。通常把产品的寿命剖面分为后勤和使用两个阶段，如图 4-2 所示。

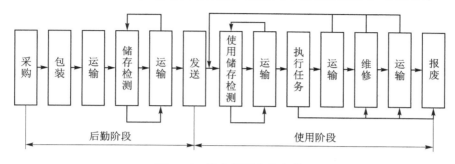

图 4-2　寿命剖面内的事件

后勤阶段：产品从采购到开始使用所经历的包装、运输、储存、测试检查等事件及环境条件，包括事件的持续时间和顺序。

使用阶段：产品从开始使用到损坏或返回后勤阶段所经历的所有事件及环境条件，包括事件的持续时间和顺序。

图 4-3 所示为某型导弹产品的典型寿命剖面示例。

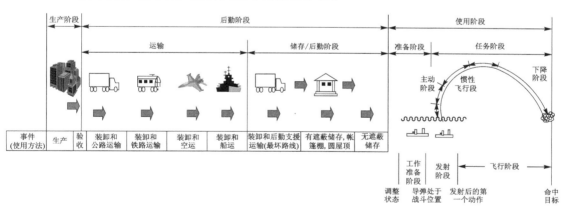

环境剖面	对产品使用或生存有影响的环境特性，如温度、湿度、压力、盐雾、辐射、沙尘以及振动、冲击、噪声、电磁干扰等及其强度的时序说明
维修方案	维修级别（基层级、中继级、基地级）、维修策略、维修职责、维修效果、维修条件、保障条件等的说明
时间	各事件时间长度
任务剖面	使用方案、维修方案（可维修的）、环境剖面、时间长度、严重故障判别准则

图 4-3　某型导弹产品的典型寿命剖面示例

寿命剖面对建立系统可靠性要求是必不可少的。对于大部分时间处于非任务状态的产品（如表 4-1 所列），在非任务期间由于装卸、运输、储存、检测所产生的长时间应力也会严重影响产品的可靠性(称之为储存可靠性问题)。因此,必须把寿命剖面中非任务期间的特殊状况也转化为设计要求。

表 4-1　任务与非任务时间比较

产品	寿命/年	任务时间/h	非任务时间/%
某导弹电子设备	10～12(储存寿命)	0.8	99.99
某飞机电子设备	15	4 000	96.96

(2) 任务剖面

任务剖面的定义:产品在完成规定任务这段时间内所经历的事件和环境的时序描述,如图 4-4 所示。对于完成一种或多种任务的产品都应制定一种或多种任务剖面。任务剖面一般应包括:

① 产品的工作状态;

② 维修方案(任务过程中能维修的产品);

③ 产品工作的时间与顺序;

④ 产品所处环境(外加的与诱发的)的时间与顺序;

⑤ 任务成功或严重故障的定义。

寿命剖面、任务剖面在产品可靠性要求论证时就应提出。精确和比较完整地确定产品的寿命、任务事件和预期的使用环境,是进行正确的可靠性设计分析的基础。

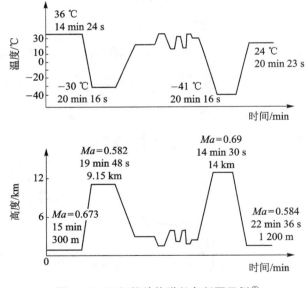

图 4-4　飞机投放炸弹任务剖面示例①

2. 基本可靠性与任务可靠性

在进行可靠性设计分析时,需要综合考虑规定功能和减少用户费用两方面的需求,因此可

---

① Ma 是表示声速倍数的数值,即 1 Ma 表示声速,小于 1 Ma 表示亚声速等。

以把可靠性分为基本可靠性与任务可靠性。

　　基本可靠性即产品在规定的条件下,规定的时间内,无故障工作的能力。基本可靠性反映产品对维修资源的要求,是产品在没有后勤保障情况下工作能力的度量。确定基本可靠性值时,应统计产品的所有寿命单位和所有的关联故障(考虑所有需要维修保障的故障),通常等于或低于任务可靠性,采用冗余将降低产品的基本可靠性。

　　任务可靠性是产品在规定的任务剖面内完成规定功能的能力。任务可靠性是产品完成任务能力的度量。确定任务可靠性值时仅考虑在任务期间内那些影响任务完成的故障(即灾难故障和严重故障)。通常高于基本可靠性,可通过冗余提高产品的任务可靠性。

　　可见,在实际产品设计过程中,需要对产品的基本可靠性和任务可靠性进行综合权衡,不能片面地追求某一方面目标。

3. 固有可靠性与使用可靠性

　　固有可靠性(又称设计可靠性和合同可靠性)是设计和制造赋予产品的,并在理想的使用和保障条件下所具有的可靠性。它是从产品承制方的角度来评价产品的可靠性水平。

　　使用可靠性是产品在实际的环境中使用时所呈现的可靠性,它反映产品设计、制造、使用、维修、环境等因素的综合影响。它是从最终用户(产品使用方)的角度来评价产品的可靠性水平。

4.2.2　可靠性参数指标

　　指标是人们期望事物在某一参数上达到的数值。可靠性参数及其指标可用于约束产品研制过程,并为最终产品验收提供依据,如要求产品的可靠度达到 0.99。

　　系统目标的具体化和量化,可以通过几个主要指标来体现,这几个指标形成指标体系。主要指标的选择是一件非常复杂和困难的工作,指标数越少,就越有综合性,将来分析与优化也会更容易一些;然而,指标过于笼统或者过于集中又反映不了多方面的情况,因此,数目要选得适当。另一方面,哪些可以作为主要指标也不是很容易确定的,它不仅涉及行业领域的知识和经验,还涉及系统分析的要求,是一个主观性很强的问题。

　　如对于宏观经济分析问题,以国民生产活动为对象,涉及生产活动水平的衡量问题,不能局限于物质生产部门,还应包括非物质生产部门,如服务业、城市公用事业、金融保险业、科教文卫、政府与其他团体等。主要指标如国内生产总值(GDP)、工业总产值、财政收入等。上述总量指标是有代表性的,但各国或各地区的人口数量不同,要进行比较研究,不如用人均总产值、人均国民收入这些指标更好一些。如果进一步要知道付出的代价,则应该把投入量也作为指标,如投入产出比等。除了经济指标外,有时还需要用社会发展指标来反映人民物质生活水平的提高,如人均教育设施、人均医疗设施等。

　　对于产品的可靠性而言,除了选取 2.1 节中介绍的常用可靠性特征量(参数)指标,还可以用一些综合性参数指标,如可用度、效能等参数指标。在工程实际中,通常根据不同类型的产品、不同的故障特点、不同的用户需求(如产品承制方、使用方)等进行选取,有时还同时选取多个参数指标,以便描述不同方面的目标、需求和期望。

1. 可靠性参数分类

　　可靠性参数通常可以分为基本可靠性参数与任务可靠性参数。常见的基本可靠性参数有 T_{BF}、T_{BM}、T_{BR} 等,常见的任务可靠性参数有任务可靠度、P_S、T_{BCF} 等。

可靠性参数依其反映目标的不同可细分为四个方面:战备完好性、任务成功性、维修人力费用和保障资源费用。可靠性参数反映目标的说明及示例如表 4-2 所列。

表 4-2　可靠性参数反映目标的说明及示例

反映目标	说　　明	示　例
战备完好性	装备在平时和战时使用条件下,能随时开始执行预定任务的能力	如 T_{BF}[①]、T_{BM}[②]
任务成功性	装备在任务开始时处于可用状态的情况下,在规定的任务剖面中的任一(随机)时刻,能够使用且能完成规定功能的能力。它取决于任务可靠性和任务维修性	如 P_S[③]、T_{BCF}[④]
维修人力费用	系统需要维修人力的频度与费用的多少	如 T_{BF}、T_{BM}、T_{TR}[⑤]
保障资源费用	系统对备件、维修工具、维修设备等费用的要求	如 T_{BR}[⑥]

① T_{BF} 为平均故障间隔时间(Mean Time Between Failures,MTBF),是可修复产品的一种基本可靠性参数。其度量方法为,在规定的条件下和规定的时间内,产品的寿命单位总数与故障总次数之比。

② T_{BM} 为平均维修间隔时间(Mean Time Between Maintenance,MTBM),是考虑维修策略的一种基本可靠性参数。其度量方法为,在规定的条件下和规定的期间内,产品寿命单位总数与该产品计划维修和非计划维修事件总数之比。

③ P_S 为成功概率(Probability of Success,POS),表示产品在规定的条件下成功完成规定功能的概率。它通常适用于一次性使用产品,如导弹。

④ T_{BCF} 为平均严重故障间隔时间(Mean Time Between Critical Failures,MTBCF),与任务有关的一种可靠性参数。其度量方法为,在规定的一系列任务剖面中,产品任务总时间与严重故障总数之比,原称致命性故障间的任务时间。

⑤ T_{TR} 为平均修复时间(Mean Time To Repair,MTTR),表示在规定的条件下和规定的时间内,产品在任一规定的维修级别上,修复性维修总时间与该级别上被修复产品的故障总数之比。

⑥ T_{BR} 为平均拆卸间隔时间(Mean Time Between Removals,MTBR),表示在规定的时间内,系统寿命单位总数与从该系统上拆下的产品总次数之比。

可靠性参数还可以分为使用参数和合同参数。其中,使用可靠性参数及指标反映了系统及其保障因素在计划的使用和保障环境中的可靠性要求,它是从最终用户的角度来评价产品的可靠性水平,如成功概率、平均维修间隔时间等。合同可靠性参数及指标反映了合同中使用的用于设计与考核度量的可靠性要求,它更多的是从承制方的角度来评价产品的可靠性水平,如平均故障间隔时间、MTBCF 等。一般合同可靠性参数采用固有可靠性值。

2. 常用可靠性参数

不同类型产品采用的可靠性参数是不同的。军用飞机、导弹(火箭)、卫星常用的可靠性参数如表 4-3 所列。表中的 T_{FBF} 为平均故障间飞行小时(Mean Fly Hours Between Failures,MFHBF)。

表 4-3　军用飞机、导弹(火箭)、卫星常用的可靠性参数

产品类型	基本可靠性参数	任务可靠性参数
军用飞机	λ、T_{BF}、T_{BM}、T_{FBF}、T_{BR}	P_S、T_{BCF}、发动机空中停车率、发动机基本空中停车率
导弹(火箭)	储存可靠度	发射可靠度、飞行可靠度、P_S
卫星	储存可靠度	任务可靠度、在轨工作可靠度、返回可靠度

3. 可靠性参数间的相关性

可以采用不同的参数对产品的可靠性特征进行刻画,在这些可靠性参数之间存在着相关性,而且在一些使用可靠性参数与合同可靠性参数之间还可以进行转换。

(1)平均故障间隔时间 T_{BF} 与平均故障间隔飞行小时 T_{FBF}

$$\frac{T_{BF}}{T_{FBF}} = \frac{产品工作时间}{飞行时间} = \frac{S}{F} \quad (运行比) \tag{4-1}$$

利用式(4-1)可以把使用可靠性参数 T_{FBF} 转化为合同可靠性参数 T_{BF}。

(2)成功概率 P_S 与平均严重故障间隔时间 T_{BCF}

$$\begin{cases} P_S = e^{-\frac{t}{T_{BCF}}} \\ T_{BCF} = -\dfrac{t}{\ln P_S} \end{cases} \tag{4-2}$$

对于导弹(火箭)、卫星的发射可靠度、飞行可靠度、任务可靠度、在轨工作可靠度、返回可靠度等,只要把上式中的时间 t 置换成当前任务阶段的任务时间,也可以与对应阶段的 T_{BCF} 进行转换。

(3)平均故障间隔时间 T_{BF} 与故障率 λ

对于电子产品和大型复杂系统、设备,一般可以假设其寿命服从指数分布,因此存在下面的转换关系:

$$T_{BF} = \frac{1}{\lambda} \tag{4-3}$$

(4)平均维修间隔时间 T_{BM} 与平均故障间隔时间 T_{BF}

T_{BM} 是产品工作的寿命单位总数与维修事件总数之比,它是使用可靠性参数,可以把它转换成合同可靠性参数 T_{BF}。波音公司经过大量的统计归纳,建立它们之间的转换关系如下:

$$使用参数 = K \times (T_{BF})^\alpha \tag{4-4}$$

式中:使用参数——包括 T_{BM-I}(只考虑固有原因引起的故障)、T_{BM-T}(只考虑误报或无法复现的故障)和 T_{BM-ND}(考虑所有的故障);

　　　K——环境系数;

　　　α——复杂性系数。

环境系数 K 和复杂性系数 α 的取值随装备、系统和设备而变化,由统计数据确定。例如,某战斗机无人舱内设备的 K 和 α 的取值如表 4-4 所列。

表 4-4　某战斗机无人舱内设备的 K 和 α 的取值

使用参数	K	α
T_{BM-I}	0.59	0.7
T_{BM-T}	2.39	0.66
T_{BM-ND}	0.47	0.8

(5)平均拆卸间隔时间 T_{BR} 与平均故障间隔时间 T_{BF}

T_{BR} 是产品工作的寿命单位总数与拆卸产品总数之比。一般地,拆卸产品总数指非计划拆卸产品总数,包括因故障、串件、要修理别的部件而引起的拆卸等。T_{BR} 是使用可靠性参数,可以把它转换成合同可靠性参数 T_{BF},即

$$\frac{T_{BF}}{T_{BR}}=K \quad (K\text{ 一般大于 }1,\text{由统计获得}) \tag{4-5}$$

4. 可靠性参数指标的特点

可靠性参数指标与性能参数指标相比,具有以下特点:

(1)可靠性参数的相关性(可转换性)

不同的可靠性参数能够按照一定规律进行转换。此外,使用可靠性参数与合同可靠性参数之间也具有相关性。

(2)可靠性指标的不唯一性

为便于工程管理,可靠性指标采用目标值与门限值两种形式,通过目标值与门限值,规范地明确了设计工作的可靠性目标和必须满足的可靠性门槛条件。而由目标值转换产生的规定值是产品可靠性设计的依据。由门限值转换产生的最低可接受值是研制阶段必须达到的考核验证指标,是能否转入下一研制阶段的判据之一。

(3)可靠性指标的阶段性

可靠性指标会随着产品研制阶段的推进而增加。例如,F - 16 飞机研制型的目标值为 $T_{FBF}=1.75,P_S=0.85$;生产型的目标值为 $T_{FBF}=2.9,P_S=0.9$。

可靠性指标随着产品研制阶段的深入而增加的原因是在产品研制、生产和使用过程中会不断暴露和发现问题,采取改进措施完善设计后,可使产品的可靠性不断得到增长。为有效地对产品可靠性指标增长这一特性进行控制,必须在各关键时间节点进行检查,因此提出了可靠性指标的阶段性问题。

4.2.3　可靠性要求

可靠性要求是产品使用方从可靠性角度向承制方(或生产方)提出的研制目标,是进行可靠性设计分析、制造、试验和验收的依据。研制人员只有在透彻地了解这些要求后,才能在产品的设计、生产过程中充分考虑可靠性问题,并按要求有计划地实施有关的组织、监督、控制及验证工作。

可靠性要求可分为三类:第一类是可靠性定性要求,即用一种非量化要求的形式来设计、评价和保证产品的可靠性;第二类是可靠性定量要求,即规定产品的可靠性参数、指标和相应的验证方法,用定量方法进行设计分析、验证,从而保证产品的可靠性;第三类是可靠性工作项目要求,即要求采取可靠性设计措施或可靠性分析工作,以保证和提高产品的可靠性。

1. 可靠性定性要求

可靠性定性要求是通过非量化的形式提出可靠性要求,以便通过设计、分析工作保证产品的可靠性。可靠性定性要求对数值无确切要求,在缺乏大量数据支持的情况下,提出定性要求并加以实现就显得尤为重要。可靠性定性要求一般可分为六个方面,包括简单性、冗余、降额、采用成熟技术、环境适应性、人机工程等。可靠性定性要求示例如表 4 - 5 所列。

2. 可靠性定量要求

可靠性定量要求是确定产品的可靠性参数、指标以及验证时机和验证方法,以便在设计、

生产、试验验证、使用过程中用量化方法评价或验证产品的可靠性水平。可靠性参数要反映战备完好性、任务成功性、维修人力费用及保障资源费用四个方面的要求。

表 4-5　可靠性定性要求示例

序　号	类　别	示　例
1	简单性	• 在满足功能和预期使用条件的前提下,尽可能将产品设计成具有最简单的结构和外形; • 设计时,应使用较少的零组件实现多种功能,以简化组装、减少差错
2	冗余	• 重要的承力结构件,应按损坏-安全原则设计,要提供足够的冗余,以保证产品在某一承力结构件损坏时仍可执行任务或安全返回; • 装有两台(或多台)发动机的产品,当其中任一台发动机损坏时,另一台或几台发动机仍能保证产品完成规定的任务等
3	降额	• 选用的电子元器件、液压元件、气动元件、电机、轴承、各种结构件,应采用降低负荷额定值的设计,以提供更大的安全储备; • 机械、电气、机电等设备零件,应减少其承受载荷的应力
4	采用成熟技术	• 设计应在满足功能要求的前提下,尽量采用经过工程实践考验具有高可靠性的设计; • 为满足性能要求采用的新技术,必须经过前期的技术验证,证实其能满足产品的可靠性要求
5	环境适应性	• 应选用耐腐蚀的材料,依据使用环境和材料的性质,对零件表面采用镀层、涂料、阳极化处理或其他表面处理,提高其防腐蚀性能; • 在电势序列中相距远的不同金属不应直接结合在一起,以防止产生电化学腐蚀
6	人机工程	• 驾驶(乘员)舱内的环境条件(如温度、湿度、灯光、振动、气压等),应满足驾驶员(乘员)在舱内正常使用(操作)设备的要求; • 产品使用(操作)人员在正常工作位置的噪声、振动、冲击、加速度等,应在安全范围内,若超出允许范围,应采取安全措施

可靠性定量要求分为基本可靠性要求和任务可靠性要求。一般地,我们把成熟期的规定值作为产品设计的依据,而把研制阶段的门限值(或最低可接受值)作为该阶段必须达到的现场(或实验室)考核验证的依据,是能否转阶段的依据。

在产品研制各阶段,可靠性各参数值之间的时序关系如图 4-5 所示。

图 4-5 说明如下:

① 在论证阶段,由使用方根据产品的使用需求和可能,经过论证提出产品的"目标值",并据此确定"门限值"(一般是针对使用参数的)。例如对于歼击机,使用可用度 A_o、平均故障间隔飞行小时 T_{FBF} 门限值通常取目标值的 80%,成功概率 P_s 门限值取目标值的 90%。

② 在方案阶段,由使用方与承制方协调,确定最终的"目标值"和"门限值",并确定研制结束时的门限值——研制结束门限值,并将其转化为合同参数对应的"规定值"、"最低可接受值"及"研制结束最低可接受值"。

③ 在工程研制阶段,进行可靠性分配确定系统以下各层次产品的设计目标——设计值,即与产品成熟期的"目标值"对应的"规定值",而非研制结束时的最低可接受值;经过可靠性设计分析及可靠性增长,实现设计目标。

④ 在设计定型时,经过验证获得"验证值",用以验证是否达到研制结束时的最低可接受值。

⑤ 在使用阶段,经过验证获得此阶段的"验证值",用以验证产品可靠性是否达到使用方

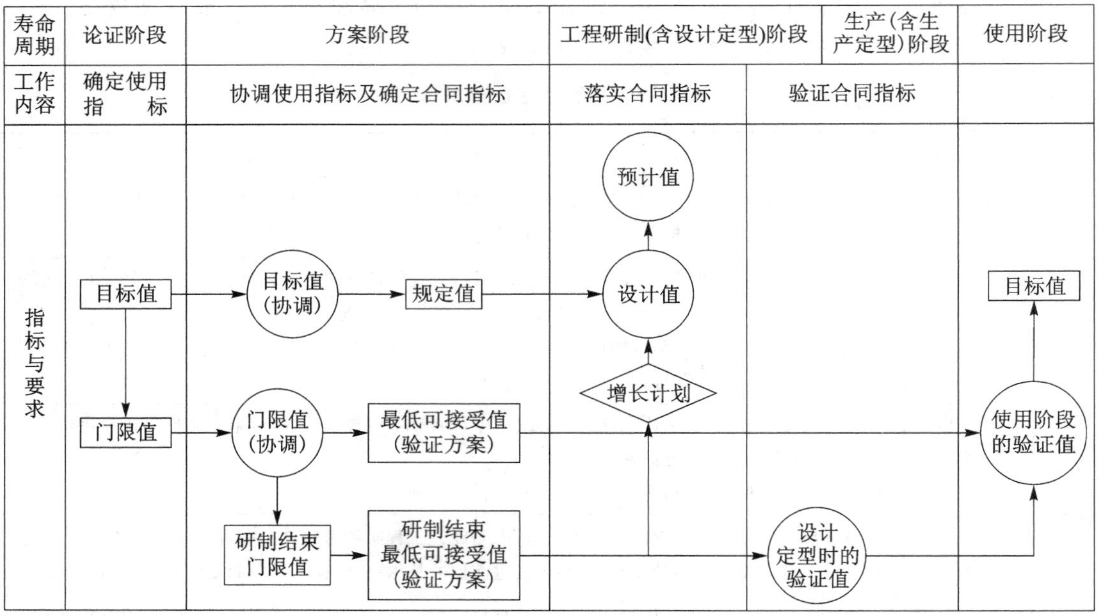

图4-5　可靠性参数值的时序图

要求的"目标值",最低不能低于"门限值"。

3. 可靠性工作项目要求

可靠性工作项目要求一般是在产品研制过程中要求采取的可靠性设计措施或可靠性分析工作,以保证和提高产品可靠性。这些要求都是概要性的设计措施和分析工作,需要在产品研制的各个阶段根据产品的实际情况和设计分析方法的特点进行细化,并具体组织实施。主要的可靠性工作项目要求可参见表4-6。

表4-6　主要的可靠性工作项目要求

序　号	工作项目要求名称	目　的
1	制定和贯彻可靠性设计准则	将可靠性要求及使用中的约束条件转化为设计边界条件,给设计人员规定专门的技术要求和设计原则,以提高产品可靠性
2	简化设计	减少产品的复杂性,提高其基本可靠性
3	余度设计	用多于一种的途径来完成规定的功能,以提高产品的任务可靠性和安全性
4	容错设计	能够自动地实时检测并诊断出产品的故障,并采取对故障的控制后处理策略,以达到对故障的"容忍",仍能完成规定功能
5	降额设计	降低元器件、零部件的故障率,提高产品的基本任务可靠性和安全性
6	元器件、零部件、原材料的选择与控制	对电子元器件、机械零部件、原材料进行控制与管理,提高产品可靠性,降低保障费用
7	确定关键件和重要件	把有限的资源用于提高关键产品的可靠性
8	环境防护设计	选择能抵消环境作用或影响的设计方案和材料,或提出一些能改变环境的方案,或把环境应力控制在可接受的极限范围内

序　号	工作项目要求名称	目　　的
9	热设计	通过元器件选择、电路设计、结构设计、布局来减少温度对产品可靠性的影响,使产品能在较宽的温度范围内可靠地工作
10	软件可靠性设计	通过采用 N 版本编程法、恢复块法和贯彻执行软件工程规范等来提高软件的可靠性
11	包装、装卸、运输、储存等设计	通过对产品在包装、装卸、运输、储存期间性能变化情况的分析,确定应采取的保护措施,从而提高其可靠性
12	故障模式影响及危害性分析(FMECA)	评价每个零部件或设备的故障模式对产品或系统产生的影响,确定其严酷度,发现设计中的薄弱环节,提出改进措施
13	故障树分析(FTA)	分析造成产品某种故障状态(或事件)的各种原因和条件,以确定各种原因或原因的组合。发现设计中的薄弱环节,提出改进措施
14	潜在通路分析	在假定所有元件、器件均正常工作的情况下,分析确认能引起非期望的功能或抑制所期望的功能的潜在状态
15	电路容差分析	分析电路的组成部分在规定的使用温度范围内,其参数偏差和寄生参数对电路性能容差的影响,并根据分析结果提出相应的改进措施
16	耐久性分析	发现可能过早发生耗损故障的零部件,确定故障的根本原因和可能采取的纠正措施
17	有限元分析	在设计过程中对产品的机械强度和热特性等进行分析和评价,尽早发现承载结构和材料的薄弱环节及产品的过热部分,以便及时采取设计改进措施

特别地,对于武器装备而言,为确保其达到规定的可靠性要求,军方需根据相关文件和标准规定,在研制合同的附件中提出最少有效的可靠性工作项目要求,并进行技术经济可行性论证和评审。承制方应将规定的可靠性工作项目纳入其可靠性工作计划中,并实施过程监控。

4.3　可靠性要求分配

可靠性要求分配就是将使用方提出的,在产品研制任务书(或合同)中规定的总体可靠性指标,自顶向底、由上到下,从整体到局部逐步分解,分配到各系统、分系统及设备;也就是上一级产品对其下一级产品的可靠性定量要求,并将其写入相应的研制任务书或合同中。这是一个演绎分解的过程,应与产品的功能分配、技术性能指标分配等同步进行。

可靠性分配的目的就是使各级设计人员明确其可靠性设计要求,根据要求估计所需的人力、时间和资源,并研究实现这些要求的可能性及办法。如同性能指标一样,可靠性指标是设计人员在可靠性方面的一个设计目标。

可靠性分配主要在方案阶段及初步设计阶段进行,它与可靠性预计工作结合,是一个反复迭代的过程,且应尽可能早地实施。

可靠性分配包括基本可靠性分配和任务可靠性分配,这两者有时是相互矛盾的。提高产品的任务可靠性,可能会降低基本可靠性,反之亦然。因此,在进行可靠性分配时,要对两者进行权衡分析或采取其互不影响的措施。

4.3.1　基本思想和原理

产品可靠性分配就是求解下面的基本不等式：

$$R_S(R_1,R_2,\cdots,R_i,\cdots,R_n) \geqslant R_S^* \tag{4-6}$$

$$\boldsymbol{g}_S(R_1,R_2,\cdots,R_i,\cdots,R_n) < \boldsymbol{g}_S^* \tag{4-7}$$

式中：R_S^*——产品的可靠性指标；

$\quad\quad\boldsymbol{g}_S^*$——对产品设计的综合约束条件，包括费用、重量、体积、功耗等因素，所以它是一个向量函数；

$\quad\quad R_i$——第 i 个单元的可靠性指标。

对于简单串联系统而言，式(4-6)可以转换为

$$R_1(t) \cdot R_2(t) \cdot \cdots \cdot R_i(t) \cdot \cdots \cdot R_n(t) \geqslant R_S^*(t) \tag{4-8}$$

如果对分配没有任何约束条件，则式(4-6)、式(4-8)可以有无数个解；如果有约束条件，也可能有多个解。因此，可靠性分配的关键在于确定一个方法，通过该方法能得到合理的可靠性分配值的优化解。考虑到可靠性的特点，为提高分配结果的合理性和可行性，可以选择故障率、可靠度等参数进行可靠性分配。在进行可靠性分配时，需要遵循以下准则：

① 对于复杂度高的分系统、设备等，应分配较低的可靠性指标。因为产品越复杂，其组成单元就越多，要达到高可靠性就越困难并且费用越高。

② 对于技术上不成熟的产品，应分配较低的可靠性指标。对于这种产品提出高可靠性要求，会延长研制时间，增加研制费用。

③ 对于在恶劣环境条件下工作的产品，应分配较低的可靠性指标。因为恶劣的环境会增加产品的故障率。

④ 当把可靠度作为分配参数时，对于需要长期工作的产品，应分配较低的可靠性指标。因为产品的可靠度随着工作时间的增加而降低。

⑤ 对于重要度高的产品，应分配较高的可靠性指标。因为重要度高的产品的故障会影响人身安全或任务的完成。

另外，分配时还可以结合实际情况，考虑其他一些因素。例如，维修可达性差的产品，应分配较高的可靠性指标，以实现较好的综合效能等。

对于已有可靠性指标的货架产品或技术成熟的系统/成品，不再参与可靠性分配。同时，在进行可靠性分配时，要从总指标中剔除这些单元的可靠性指标值。

4.3.2　主要方法

1. 无约束条件的可靠性分配方法

（1）等分配法

这是在设计初期（即方案阶段），当产品没有继承性，而且产品定义并不十分清晰时所采用的最简单的分配方法，可用于基本可靠性和任务可靠性的分配。

等分配法的原理是：对于简单的串联产品，认为其各组成单元的可靠性水平均相同。设产品由 n 个单元串联而成，$R_i = R$，$i = 1,2,\cdots,n$，则产品可靠度 R_S 为

$$R_S = \prod_{i=1}^{n} R_i = R^n \tag{4-9}$$

若给定产品可靠度指标为 R_S^*，则由式(4-9)可得到分配给各单元的可靠度指标为

$$R_i^* = \sqrt[n]{R_S^*} \qquad (4-10)$$

假设各单元寿命服从指数分布，则分配给第 i 个单元的故障率为

$$\lambda_i^* = \lambda_S^*/n \qquad (4-11)$$

式中：λ_S^*——产品的故障率（h^{-1}）。

【例 4-1】 某型抗荷服是由衣面、胶囊、拉链三个部分串联组成的。若要求该抗荷服的可靠度指标 $R_S^* = 0.9987$，试用等分配法求衣面、胶囊、拉链的可靠度指标。

解　按式(4-10)可得

$$R_{衣面}^* = R_{胶囊}^* = R_{拉链}^* = \sqrt[3]{R_S^*} = \sqrt[3]{0.9987} = 0.99957$$

从这个例子可以看出，等分配法虽然简单，但并不合理。因为实际产品中，一般不可能存在各单元可靠性水平均等的情况。但对一个新产品，在方案阶段，进行初步分配是可取的。

（2）评分分配法

评分分配法是在可靠性数据非常缺乏的情况下，通过有经验的设计人员或专家对影响可靠性的几种因素评分，并对评分值进行综合分析以获得产品各组成单元之间的可靠性相对比值，根据相对比值给每个单元分配可靠性指标的分配方法。应用这种方法时，时间一般应以产品工作时间为基准。这种方法主要用于分配产品的基本可靠性，也可用于分配串联产品的任务可靠性，一般假设产品寿命服从指数分布。该方法适用于方案阶段和初步设计阶段。

1）评分因素

评分分配法通常考虑的因素有复杂程度、技术水平、工作时间和环境条件等，在工程实际中可以根据产品的特点增加或减少评分因素。

2）评分原则

下面以产品故障率为分配参数说明评分原则。各种因素评分值范围为 1～10 分，评分越高说明对产品的可靠性产生越恶劣的影响。

① 复杂程度：它是根据产品组成单元的数量以及它们组装的难易程度来评定的。最复杂的评 10 分，最简单的评 1 分。

② 技术水平：根据产品单元目前的技术水平和成熟度来评定。水平最低的评 10 分，水平最高的评 1 分。

③ 工作时间：根据产品单元的工作时间来评定。单元工作时间最长的评 10 分，最短的评 1 分。如果产品中所有单元的故障率是以产品工作时间为基准，即所有单元故障率统计是以产品工作时间为统计时间计算的，则各单元的工作时间不相同，而统计时间均相等（实际工作中，现场统计很多是以产品工作时间统计的）。如果产品中所有单元的故障率是以单元自身工作时间为基准，即所有单元故障率统计是以单元自身工作时间为统计时间计算的，则单元的工作时间各不相同，故障率统计时间也不同，可以不考虑此因素。

④ 环境条件：根据产品单元所处的环境来评定。单元工作过程中会经受极其恶劣而严酷的环境条件的评 10 分，环境条件最好的评 1 分。

3）评分法可靠性分配

设产品的可靠性指标为 λ_S^*，则分配给每个单元的故障率 λ_i^* 为

$$\lambda_i^* = C_i\lambda_S^* \quad (i=1,2,\cdots,n) \qquad (4-12)$$

第 i 个单元的评分系数为

$$C_i = \omega_i / \omega \quad (i = 1, 2, \cdots, n) \tag{4-13}$$

第 i 个单元的评分数为

$$\omega_i = \prod_{j=1}^{4} r_{ij} \quad (i = 1, 2, \cdots, n) \tag{4-14}$$

产品的评分数为

$$\omega = \sum_{i=1}^{n} \omega_i \quad (i = 1, 2, \cdots, n) \tag{4-15}$$

式中：r_{ij}——第 i 个单元、第 j 个因素的评分数，$j=1$ 为复杂程度，$j=2$ 为技术水平，$j=3$ 为工作时间，$j=4$ 为环境条件。

【例 4-2】 某飞机共由 18 个系统组成，其中五个系统是采用已使用过的成品并已知其 MFHBF，见表 4-7。规定飞机的可靠性指标 $T_{FHBF}=2.9$。试用评分分配法对其余 13 个分系统进行分配。

表 4-7　已知 MFHBF 的分系统

分系统名称	已知的 MFHBF
发动机	50
前缘襟翼	80
应急系统	500
飞控系统	142
弹射救生系统	280
总计	22.166

解 由于已知五个系统的 MFHBF 为 22.166，则在总目标 2.9 中应扣除掉，把剩下的值分给其余 13 个系统。

$$T_{FBF}^* = \left(\frac{1}{2.9} - \frac{1}{22.166} \right)^{-1} = 3.337$$

即应按 $T_{FBF}^*=3.337$ 的目标用评分法分给 13 个系统，其分配结果见表 4-8。

表 4-8　可靠性分配结果

系统名称	复杂程度 r_{i1}	技术水平 r_{i2}	工作时间 r_{i3}	环境条件 r_{i4}	各单元评分数 ω_i	各单元评分系数 C_i	分配给各单元的 MFHBF
结构	8	4	10	4	1 280	0.102 0	32.71
动力装置	8	5	10	8	3 200	0.255 1	13.08
发动机接口	3	2	8	4	192	0.015 3	218.05
燃油系统	5	2	10	8	800	0.063 8	52.33
液压系统	5	2	8	7	560	0.044 6	74.76
空中刹车系统	4	3	3	5	180	0.014 3	232.59
前轮结构	4	5	3	8	480	0.038 3	87.22

系统名称	复杂程度 r_{i1}	技术水平 r_{i2}	工作时间 r_{i3}	环境条件 r_{i4}	各单元评分数 ω_i	各单元评分系数 C_i	分配给各单元的 MFHBF
失速告警系统	6	5	2	2	120	0.009 6	348.88
电子对抗系统	6	1	8	3	144	0.011 4	290.74
电源	7	2	10	6	840	0.067 0	49.84
座舱	3	1	10	3	90	0.007 2	465.18
航空电子	9	7	10	7	4 410	0.351 5	9.49
其他	2	5	5	5	250	0.019 9	167.46
总计					12 546	1.0	3.337

（3）比例组合法

如果一个新设计的产品与老产品非常相似，即组成产品的各单元类型相同（例如，新、老飞机都是由机体、动力装置、燃油、液压、导航等分系统组成的），对新产品只是根据新情况提出新的可靠性要求，那么就可以采用比例组合法（也称为相似产品法）；根据老产品中各单元的故障率，按新产品可靠性的要求给新产品的各单元分配故障率。这种方法主要用于分配产品的基本可靠性，也可用于分配串联产品的任务可靠性，其数学表达式为

$$\lambda_{i\text{新}}^{*} = \lambda_{S\text{新}}^{*} \frac{\lambda_{i\text{老}}}{\lambda_{S\text{老}}} \tag{4-16}$$

式中：$\lambda_{i\text{新}}^{*}$——分配给新产品中第 i 个单元的故障率（h^{-1}）；

$\lambda_{S\text{新}}^{*}$——新产品的故障率（h^{-1}）；

$\lambda_{S\text{老}}$——老产品的故障率（h^{-1}）；

$\lambda_{i\text{老}}$——老产品中第 i 个单元的故障率（h^{-1}）。

这种方法的本质是：认为原有产品基本上反映了一定时期内产品能实现的可靠性水平，新产品的个别单元不会在技术上有什么重大的突破，那么按照现实水平，可把新的可靠性指标按其原有能力成比例地进行调整。

这种方法只适用于新、老产品的结构、材料、工艺、使用环境等相似，而且有老产品统计数据或是在已有各组成单元预计数据基础上进行分配的情况。

【例 4 - 3】有一个液压系统，其故障率 $\lambda_{S\text{老}} = 256.0 \times 10^{-6}/\mathrm{h}$，各分系统故障率如表 4 - 9 所列。现要设计一个新的液压系统，其组成单元、使用环境、材料、工艺等与老系统完全一样，只是要求提高新系统的可靠性，即 $\lambda_{S\text{新}} = 200.0 \times 10^{-6}/\mathrm{h}$，试把这个指标分配给各分系统。

表 4 - 9　某液压系统各分系统的故障率

序　号	分系统名称	$\lambda_{i\text{老}}^{*} \times 10^6/(\mathrm{h}^{-1})$	$\lambda_{i\text{新}}^{*} \times 10^6/(\mathrm{h}^{-1})$
1	油箱	3.0	2.3
2	拉紧装置	1.0	0.78
3	油泵	75.0	59.0
4	电动机	46.0	36.0

续表 4 - 9

序　号	分系统名称	$\lambda_{i\text{老}}^* \times 10^6/(\text{h}^{-1})$	$\lambda_{i\text{新}}^* \times 10^6/(\text{h}^{-1})$
5	止回阀	30.0	23.0
6	安全阀	26.0	20.0
7	油滤	4.0	3.1
8	联轴节	1.0	0.78
9	导管	3.0	2.3
10	启动器	67.0	52.0
	总计(系统)	256.0	199.26

解　① 已知：$\lambda_{S\text{新}}^* = 200.0 \times 10^{-6}/\text{h}$；$\lambda_{S\text{老}}^* = 256.0 \times 10^{-6}/\text{h}$。

② 计算：$\dfrac{\lambda_{S\text{新}}^*}{\lambda_{S\text{老}}^*} = \dfrac{200.0 \times 10^{-6}}{256.0 \times 10^{-6}} = 0.781\,25$。

③ 利用式(4 - 16)计算分配给各分系统的故障率(见表 4 - 9 中第 4 列)：

$$\lambda_{\text{油箱}}^* = 3.0 \times 10^{-6}/\text{h} \times 0.781\,25 \approx 2.3 \times 10^{-6}/\text{h}$$

$$\lambda_{\text{拉紧装置}}^* = 1.0 \times 10^{-6}/\text{h} \times 0.781\,25 \approx 0.78 \times 10^{-6}/\text{h}$$

$$\vdots$$

$$\lambda_{\text{启动器}}^* = 67.0 \times 10^{-6}/\text{h} \times 0.781\,25 \approx 52.0 \times 10^{-6}/\text{h}$$

④ 验算：$\lambda_{S\text{新}} = \displaystyle\sum_{i=1}^{10} \lambda_{i\text{新}}^* = 199.26 \times 10^{-6}/\text{h} < \lambda_{S\text{新}}^*$。

如果有老系统中各分系统故障数占系统故障数百分比 K_i 的统计资料，那么可以按下式进行分配：

$$\lambda_{i\text{新}}^* = \lambda_{S\text{新}}^* \cdot K_i \tag{4 - 17}$$

式中：K_i——第 i 个分系统故障数占系统故障数的百分比。

【例 4 - 4】 要求设计一种飞机，在 5 h 的飞行任务时间内 $R_S^* = 0.9$。我们有这种类型飞机各系统故障百分比的统计资料，见表 4 - 10 中第 3 列，试把这个指标分配给各系统。

表 4 - 10　统计资料及可靠性分配值

序　号	系统名称	按历史资料占飞机故障数的百分比 K_i	新飞机系统分配故障率 $\lambda_{i\text{新}}^*/(\text{h}^{-1})$	分配给系统的可靠度指标 $R_{i\text{新}}^*$
1	机身与货舱	12.0	0.002\,529	0.987\,4
2	起落架	7.0	0.001\,475	0.992\,7
3	操纵系统	5.0	0.001\,054	0.994\,7
4	动力装置	26.0	0.005\,479	0.993\,0
5	辅助动力装置	2.0	0.000\,421	0.997\,8
6	螺旋桨	17.0	0.003\,582	0.982\,2
7	高空设备	7.0	0.001\,475	0.992\,7
8	电子系统	4.0	0.000\,843	0.995\,7

序　号	系统名称	按历史资料占飞机故障数的百分比 K_i	新飞机系统分配故障率 $\lambda_{i新}^*/(\text{h}^{-1})$	分配给系统的可靠度指标 $R_{i新}^*$
9	液压系统	5.0	0.001 054	0.994 7
10	燃油系统	2.0	0.000 421	0.997 8
11	仪表	1.0	0.000 210	0.998 9
12	自动驾驶仪	2.0	0.000 421	0.997 8
13	通信、导航	5.0	0.001 054	0.994 7
14	其他各项	5.0	0.001 054	0.994 7
总计		100.0	0.021 072	约 0.90

解　① 已知 $R_S^* = 0.9$，则

$$\lambda_{S新}^* = \frac{-\ln R_S^*}{5} = \frac{-\ln 0.9}{5} = 0.021\ 072/\text{h}$$

② 按照式(4-17)计算分配给各系统的故障率(见表 4-10 中第 4 列)：

$$\lambda_{机身,新}^* = \lambda_{S新}^* K_{机身} = 0.021\ 072 \times 0.12 = 0.002\ 529/\text{h}$$

$$\vdots$$

$$\lambda_{其他各项,新}^* = \lambda_{S新}^* K_{其他各项} = 0.020\ 72 \times 0.05 = 0.001\ 054/\text{h}$$

进一步有

$$R_{i新}^* = \text{e}^{-\lambda_{i新}^* \times 5}$$

验算

$$R_S^* = \prod_{i=1}^{14} R_{i新}^* = 0.987\ 4 \times \cdots \times 0.994\ 7 \approx 0.9$$

可以把各系统的可靠性指标再细分给各部件,如起落架是由前起落架、主起落架、前轮减摆器、机轮刹车装置等部件组成的。我们可以根据统计资料,把起落架的可靠性指标($R_起^* = 0.992\ 7$)再分给前起落架、主起落架、减摆器等,计算方法和步骤与各分系统的计算相同。

在工程实际中,一般新老产品的构成不可能完全相似,某些单元可能属于已定型的"货架"产品或已单独给定可靠性指标的产品,即该单元的指标已确定,那么可以按下式进行分配：

$$\lambda_{i新}^* = \frac{\lambda_{S新}^* - \lambda_c}{\lambda_{S老} - \lambda_c} \lambda_{i老} \tag{4-18}$$

式中：λ_c——已定型"货架"产品或已经给定可靠性指标的产品的故障率(h^{-1})；

$\lambda_{S新}^*$、$\lambda_{S老}$——新、老产品的故障率(h^{-1})；

$\lambda_{i新}^*$、$\lambda_{i老}$——分配给新、老产品中第 i 个单元的故障率(h^{-1})。

【例 4-5】某液压动力系统各分系统故障率同表 4-9。如果考虑到油泵故障对液压系统的影响太大而改用进口产品,其 $T_{BF} = 30\ 000\ \text{h}$,则其 $\lambda_c = 33.4 \times 10^{-6}/\text{h}$。试求其他分系统新分配的故障率。

解　利用式(4-18)可得到新的分配结果,如表 4-11 所列。

表 4-11　某液压动力系统各分系统的故障率

序　号	分系统名称	$\lambda_{i\text{老}}\times10^6/(\text{h}^{-1})$	$\lambda_{i\text{新}}^*\times10^6/(\text{h}^{-1})$
1	油箱	3.0	2.76
2	拉紧装置	1.0	0.92
3	油泵	75.0	(33.4)
4	电动机	46.0	42.27
5	止回阀	30.0	27.63
6	安全阀	26.0	23.95
7	油滤	4.0	3.68
8	联轴节	1.0	0.92
9	导管	3.0	2.76
10	启动器	67.0	61.71
总计(老系统)		256.0	
总计(新系统)			200.0

注:括号里的数字为 λ_c 的值。

(4) 考虑重要因子和复杂因子的分配方法

这种方法一般在初步设计阶段采用,此时可获得产品的相关故障等信息,可用于基本可靠性和任务可靠性的分配。

1) 重要系数的概念

产品可以按系统级、分系统级、设备级等逐级展开。一般情况下,产品的可靠性框图是由各系统串联组成的,而系统的可靠性框图则由分系统或设备以串联、并联等组成混合模型。例如,某飞机由机体、动力装置、飞控等系统组成,动力装置又由两台发动机组成。其可靠性框图如图 4-6 所示。

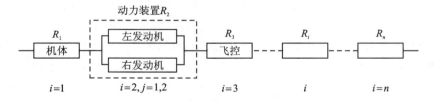

图 4-6　某飞机的可靠性框图

若串联部分任一系统发生故障,则产品就发生故障;但动力装置是由两台发动机并联组成的,若一台发动机故障而动力装置还未故障,则产品也未故障。我们用一个定量的指标来表示各系统(或分系统、设备)的故障对产品故障的影响,该指标就是重要因子 $\omega_{i(j)}$,可表示为

$$\omega_{i(j)}=\frac{N_i}{r_{i(j)}} \tag{4-19}$$

式中:$r_{i(j)}$——第 i 个系统(第 j 个分系统/设备)的故障次数;

　　　N_i——由于第 i 个系统的故障引起产品故障的次数。

注意：当系统没有冗余时，下标 $i(j)$ 指的是第 i 个系统，例如图 4-6 中的机体、飞控分系统，$\omega_{1(j)}=\omega_1$，$\omega_{3(j)}=\omega_3$，$r_{1(j)}=r_1$，$r_{3(j)}=r_3$；当系统有冗余时，下标 $i(j)$ 指的是第 i 个系统第 j 个分系统/设备，如图 4-6 中动力装置分系统由两台发动机组成，则下标 $i(j)$ 是指动力装置中的发动机，即 $\omega_{2(j)}=\omega_{21}$，$\omega_{22}$；重要因子就是第 i 个系统（第 j 个分系统/设备）的故障引起产品故障的概率，$0.0 \leqslant \omega_{i(j)} \leqslant 1.0$，其数值可根据实际经验（或统计数据）来确定。

从 $\omega_{i(j)}$ 的定义可知，如果 $\omega_{i(j)}=1.0$，即只要第 i 个系统（第 j 个分系统/设备）发生故障，产品就发生故障。这就意味着从可靠性角度来看，第 i 个系统（第 j 个分系统/设备）在产品中的地位极为重要，它的可靠程度将对产品产生百分之百影响（我们称它对产品可靠性贡献为 1.0）。显然，由系统串联组成的产品，各系统的 $\omega_{i(j)}=\omega_i=1.0$。如果一个系统中有冗余的分系统/设备，则每个分系统/设备有 $0 \leqslant \omega_{i(j)} \leqslant 1.0$。

仍以图 4-6 为例来说明，由于各系统是串联组成的，所以产品的可靠度 R_S 为

$$R_S = R_1 \cdot R_2 \cdots R_1 \cdots R_n$$
$$= R_1 \cdot (1-F_2) \cdot R_3 \cdots R_i \cdots R_n \tag{4-20}$$

按重要度定义：

$$\omega_1 = \omega_2 = \cdots = \omega_i = \cdots = \omega_n = 1.0$$

动力装置重要因子：

$$\omega_2 = \frac{N_2}{r_2} \quad （即 N_2 = r_2）$$

动力装置不可靠度：

$$F_2 = N_2/N_0$$

式中：N_0——试验次数；
$\quad\quad$ N_2——动力装置故障次数。

左发动机的重要因子：

$$\omega_{21} = \frac{N_2}{r_{21}}$$

右发动机的重要因子：

$$\omega_{22} = \frac{N_2}{r_{22}}$$

左发动机的不可靠度：

$$F_{21} = \frac{r_{21}}{N_0}$$

右发动机的不可靠度：

$$F_{22} = \frac{r_{22}}{N_0}$$

所以 $\omega_{21} = \dfrac{N_2}{r_{21}} = \dfrac{N_2}{F_{21} \cdot N_0} = \dfrac{F_2 \cdot N_0}{F_{21} \cdot N_0} = \dfrac{F_2}{F_{21}}$，可推出

$$F_2 = \omega_{21} \cdot F_{21} \tag{4-21a}$$

同样，$\omega_{22} = \dfrac{F_2}{F_{22}}$，可推出

$$F_2 = \omega_{22} \cdot F_{22} \tag{4-21b}$$

代入式(4-20),则有

$$R_S = R_1 \cdot (1 - \omega_{21} F_{21}) \cdot R_3 \cdots R_i \cdots R_n$$

$$= R_1 \cdot (1 - \omega_{22} F_{22}) \cdot R_3 \cdots R_i \cdots R_n$$

$$= (1 - \omega_1 F_1) \cdot (1 - \omega_{22} F_{22}) \cdot (1 - \omega_3 F_3) \cdots \cdot$$

$$(1 - \omega_i F_i) \cdots \cdot (1 - \omega_n F_n) \tag{4-22}$$

式中:

$$\omega_1 = \omega_2 = \cdots = \omega_i = \cdots = \omega_n = 1.0$$

从上面公式推导中可以看出,动力装置的可靠度 R_2 可以表示为 $R_2 = 1 - F_2$,也可以用并联组成的发动机的不可靠度和重要因子来表示,即

$$R_2 = 1 - \omega_{21} F_{21} \quad (\text{或} \ R_2 = 1 - \omega_{22} F_{22})$$

从式(4-22)中可看出,只要知道各系统(分系统/设备)的重要因子 $\omega_{i(j)}$ 及可靠度 $R_{i(j)}$(或不可靠度 $F_{i(j)}$),就可以计算出产品的可靠度 R_S。

假设产品和各系统(分系统/设备)的寿命服从指数分布,则有

$$R_S = \prod_{i=1}^{n} R_i = \prod_{i=1}^{n} (1 - \omega_{i(j)} F_{i(j)})$$

$$= \prod_{i=1}^{n} [1 - \omega_{i(j)} (1 - R_{i(j)})]$$

$$= \prod_{i=1}^{n} [1 - \omega_{i(j)} (1 - e^{-t_{i(j)}/\theta_{i(j)}})] \tag{4-23}$$

式中:j——第 i 个系统中冗余设备数+1,$j = 1, 2, \cdots, r$;

$\theta_{i(j)}$——第 i 个系统(第 j 个分系统/设备)的平均故障间隔时间(h),

$$\theta_{i(j)} = \frac{1}{\lambda_{i(j)}}$$

由于当 x 很小时 $e^x \approx 1 + x$,所以式(4-23)可改写为

$$R_S \approx \prod_{i=1}^{n} (1 - \omega_{i(j)} t_{i(j)} / \theta_{i(j)})$$

$$\approx \prod_{i=1}^{n} e^{-\omega_{i(j)} t_{i(j)} / \theta_{i(j)}}$$

$$= e^{-\sum_{i=1}^{n} \omega_{i(j)} t_{i(j)} / \theta_{i(j)}} \tag{4-24}$$

当规定了产品的可靠性指标为 R_S^* 时,按等分配的原则,分给各系统(分系统/设备)的可靠性指标为

$$R_i^* = \sqrt[n]{R_S^*} \approx e^{-\omega_{i(j)} t_{i(j)} / \theta_{i(j)}}$$

$$\frac{1}{n} \ln R_S^* = -\omega_{i(j)} t_{i(j)} / \theta_{i(j)}$$

$$\theta_{i(j)} = \frac{n \cdot \omega_{i(j)} t_{i(j)}}{-\ln R_S^*} \tag{4-25}$$

式中:n——系统数。

　　这种分配方法的实质在于使 $\theta_{i(j)}$ 与 $\omega_{i(j)}$ 成正比,即第 i 个系统(第 j 个分系统/设备)越重要,其可靠性指标($\theta_{i(j)}$)也应当成比例地加大。

　　2）复杂因子的概念

　　复杂因子 C_i 可以简单地用该系统(分系统/设备)的基本构成部件数来表示。其定义为

$$C_i = \frac{n_i}{N} = \frac{n_i}{\displaystyle\sum_{i=1}^{n} n_i} \qquad (4-26)$$

式中：n_i——第 i 个系统的基本构成部件数；

　　　　N——系统的基本构成部件总数；

　　　　n——系统数。

　　也就是说,某个系统中基本构成部件数所占的百分比越大就越复杂。在分配时,假设这些基本构成部件对整个串联产品可靠度的贡献是相同的,那么系统 i 的可靠度 R_i^* 为

$$R_i^* = \left[(R_S^*)^{1/N} \right]^{n_i} = (R_S^*)^{n_i/N} \qquad (4-27)$$

　　这种分配方法的实质是：复杂的系统比较容易出故障,因此可靠度应分配得低一些。

　　3）系统可靠度的分配方法

　　由式(4-27)可知,当仅考虑系统(分系统/设备)重要因子时,按等分配法可得到

$$R_i^* \approx \mathrm{e}^{-\omega_{i(j)} t_{i(j)}/\theta_{i(j)}} = \sqrt[n]{R_S^*}$$

　　如果不按照等分配,而是按照系统的复杂因子进行分配,则有

$$R_i^* \approx \mathrm{e}^{-\omega_{i(j)} t_{i(j)}/\theta_{i(j)}} = \left[(R_S^*)^{1/N} \right]^{n_i} = (R_S^*)^{n_i/N}$$

式中：

$$\frac{-\omega_{i(j)} t_{i(j)}}{\theta_{i(j)}} = \frac{n_i}{N} \ln R_S^*$$

　　n_i——第 i 个系统的基本构成部件数；

　　N——整个产品的基本构成部件数,$N = \displaystyle\sum_{i=1}^{n} n_i$；

　　n——系统数；

　　$\omega_{i(j)}$——第 i 个系统(第 j 个分系统/设备)的重要因子；

　　$t_{i(j)}$——第 i 个系统(第 j 个分系统/设备)的工作时间(h)；

　　$\theta_{i(j)}$——分配给第 i 个系统(第 j 个分系统/设备)的平均故障间隔时间(h)；

$$\theta_{i(j)} = \frac{N \cdot \omega_{i(j)} t_{i(j)}}{n_i (-\ln R_S^*)} \qquad (4-28)$$

　　R_S^*——系统规定的可靠度指标。

　　从式(4-28)可以看出,分配给第 i 个系统(第 j 个分系统/设备)的可靠性指标 $\theta_{i(j)}$ 与该系统的重要因子成正比,与它的复杂因子成反比。

　　当按式(4-28)分配给各系统(分系统/设备)的 $\theta_{i(j)}$ 之后,即可按式(4-24)求出产品的可靠度 R_S,它必须满足规定的产品可靠度指标 R_S^*。

　　【例 4-6】某机载电子设备要求工作 4 h 的可靠度 $R_S^* = 0.923$,这台设备各组成单元有关数据见表 4-12,试对各单元进行可靠度分配。

表 4 – 12   设备各组成单元的有关数据

序 号	组成单元名称	组成单元部件数 n_i	工作时间 $t_{i(j)}$	重要因子 $\omega_{i(j)}$
1	发射机	102	4.0	1.0
2	接收机	91	4.0	1.0
3	自动起飞装置	95	3.0	0.3
4	控制设备	242	4.0	1.0
5	电源	40	4.0	1.0
	总计	570		

解 ① 已知 $R_\mathrm{S}^* = 0.923$ 及表 4 – 12 中的数据。

② 按式(4 – 28)计算分配给各单元的 $\theta_{i(j)}$：

$$\theta_1 = \frac{-570 \times 1.0 \times 4}{102 \times \ln 0.923}\ \mathrm{h} = 279\ \mathrm{h}$$

$$\theta_2 = \frac{-570 \times 1.0 \times 4}{91 \times \ln 0.923}\ \mathrm{h} = 313.7\ \mathrm{h}$$

$$\theta_3 = \frac{-570 \times 0.3 \times 3}{95 \times \ln 0.923}\ \mathrm{h} = 67\ \mathrm{h}$$

$$\theta_4 = \frac{-570 \times 1.0 \times 4}{242 \times \ln 0.923}\ \mathrm{h} = 117.7\ \mathrm{h}$$

$$\theta_5 = \frac{-570 \times 1.0 \times 4}{40 \times \ln 0.923}\ \mathrm{h} = 711.3\ \mathrm{h}$$

③ 分配给各单元的可靠度 R_i：

$$R_1 = \mathrm{e}^{-4/279} = 0.985\ 8$$

$$R_2 = \mathrm{e}^{-4/313.7} = 0.967\ 8$$

$$R_3 = \mathrm{e}^{-3/67} = 0.956\ 2$$

$$R_4 = \mathrm{e}^{-4/117.7} = 0.966\ 6$$

$$R_5 = \mathrm{e}^{-4/711.3} = 0.994\ 4$$

④ 将以上数据代入式(4 – 24)，验算产品可靠度：

$$R_\mathrm{S} = \prod_{i=1}^{5} \left[1 - \omega_{i(j)} (1 - R_{i(j)}) \right] = 0.923\ 2 > R_\mathrm{S}^*$$

满足规定的要求。

(5) 余度系统的比例组合法

常规的比例组合法(相似产品法)只适用于基本可靠性指标的分配，即只适用于串联模型。而对于任务可靠性指标分配来说，其对应的可靠性模型多是一个串联、并联、旁联等混合的模型。对于简单的冗余系统，可采用的分配方法有考虑重要因子、复杂因子的分配法，拉格朗日乘数法，动态规划法，直接寻查法等。这些方法多是从数学优化的角度并考虑某些约束条件来研究产品的冗余问题，在工程上往往不是简易可行的，而且不能应用于含有冷储备等多种模型的情况。下面介绍如何把比例组合法应用于含有串、并、旁联等混合模型的产品可靠性分配。

1) 任务可靠度模型

首先,我们对任务可靠度进行分配。假定系统各组成单元的寿命服从指数分布。一般地,设混合模型中各组成单元的可靠度为 $R_i(t),i=1,2,\cdots,n$,该模型的系统可靠度可以表示为 $R_i(t)$ 的函数:

$$R_S(t) = f[R_1(t),R_2(t),\cdots,R_n(t)] \tag{4-29}$$

现要求产品的任务可靠度为 $R_S^*(t)|_{t=t_0}$,其中 t_0 代表要求的任务时间,一般情况下 $R_S^*(t)|_{t=t_0} \leqslant R_S(t)|_{t=t_0}$。

2) 任务可靠性分配

根据比例组合法的基本原则,即新产品各组成单元故障率的分配值 λ_i^* 与老产品相似单元的故障率 λ_i 之比值相等,即

$$\frac{\lambda_i^*}{\lambda_i} = K \quad (i=1,2,\cdots,n) \tag{4-30}$$

由于产品各组成单元的寿命服从指数分布,所以

$$R_i(t) = e^{-K\lambda_i t} \quad (i=1,2,\cdots,n)$$

因此,求解满足下式的 K 值:

$$f(e^{-k\lambda_1 t},e^{-k\lambda_2 t},\cdots,e^{-k\lambda_n t}) = R_S^*(t)|_{t=t_0} \tag{4-31}$$

各单元故障率的分配值 λ_i^* 为

$$\lambda_i^* = K\lambda_i \tag{4-32}$$

对一般产品而言,求解式(4-31)是很困难的,因此可以采用逐步逼近的数值解法。

【例 4-7】系统由 A、B、C、D、E 五个单元组成,由相似系统可得各单元故障率如图 4-7 所示,若要求的系统任务可靠度为 0.9(在任务时间 $t=1.5$ h 内),试将此指标分配给各单元。

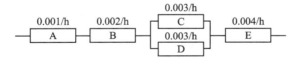

图 4-7 某系统可靠性框图及其单元的故障率

解
$$R_S(t) = f[R_A(t),R_B(t),\cdots,R_E(t)]$$
$$= e^{-\lambda_A t} e^{-\lambda_B t} [1-(1-e^{-\lambda_C t})^2] e^{-\lambda_E t}$$

求解方程:

$$e^{-\lambda_A K t} e^{-\lambda_B K t} [1-(1-e^{-\lambda_C K t})^2] e^{-\lambda_E K t} = R_S^* = 0.9$$

得到 $Kt=14.78$,所以

$$R_A^* = e^{-\lambda_A K t} = e^{-0.001 \times 14.78} = 0.985\ 3$$

$$R_B^* = e^{-\lambda_B K t} = 0.970\ 9$$

$$R_C^* = R_D^* = e^{-\lambda_C t} = 0.956\ 6$$

$$R_E^* = e^{-\lambda_E K t} = 0.942\ 6$$

这就是各单元可靠性指标分配的精确解。

（6）可靠度的再分配法

可靠度的再分配法适用于基本可靠性和任务可靠性的分配。对于串联产品，当通过预计得到各系统可靠度 $R_1,R_2,\cdots,R_n$ 时,则产品的可靠度为

$$R_S = \prod_{i=1}^{n} R_i$$

式中：i——分系统数,$i=1,2,\cdots,n$。

如果 $R_S < R_S^*$（规定的可靠度指标）,即所设计的产品不能满足规定的可靠度指标要求,那么需要进一步改进原设计以提高其可靠度,即要对各系统的可靠性指标进行再分配。可靠度的再分配法就是用来解决这个问题的。

可靠度再分配法的基本思想是：认为可靠性越低的系统（或分系统/设备）改进起来越容易,反之则越困难（以往的经验也是如此）。把原来可靠度较低的系统的可靠度都提高到某个值,而对于原来可靠度较高的系统,可靠度仍保持不变。可靠性再分配法的具体步骤如下：

① 根据各系统可靠度大小,由低到高将它们依次排列：
$$R_1 < R_2 < \cdots < R_{k_0} < R_{k_0+1} < \cdots < R_n$$

② 按可靠度再分配法的基本思想,把可靠度较低的 $R_1,R_2,\cdots,R_{k_0}$ 都提高到某个值 R_0,而原可靠度较高的 $R_{k_0+1},\cdots,R_n$ 保持不变,则产品可靠度为

$$R_S = R_0^{k_0} \cdot \prod_{i=k_0+1}^{n} R_i \qquad (4-33)$$

使 R_S 满足规定的产品可靠度指标要求,即

$$R_S = R_S^* = R_0^{k_0} \cdot \prod_{i=k_0+1}^{n} R_i \qquad (4-34)$$

③ 确定 k_0 及 R_0,即确定哪些系统的可靠度需要提高以及提高到什么程度。
k_0 可以通过式（4-34）及下式求得

$$r_j = \left[R_S^* \Big/ \prod_{i=j+1}^{n+1} R_i \right]^{1/j} > R_j \qquad (4-35)$$

令
$$R_{n+1} = 1.0 \qquad (4-36)$$

k_0 是满足式（4-35）的 j 的最大值,则

$$R_0 = \left[R_S^* \Big/ \prod_{j=k_0+1}^{n+1} R_j \right]^{1/k_0} \qquad (4-37)$$

【例 4-8】一个产品由三个系统串联组成,通过预计得到它们的可靠度为 0.8、0.9、0.95,则产品可靠度 $R_S = 0.648$,而规定的产品可靠度 $R_S^* = 0.85$,试对三个系统进行可靠度再分配。

解 ① 已知 $R_S^* = 0.85, n = 3$。
② 将原系统的可靠度由小到大排列为
$$R_1 = 0.8, \quad R_2 = 0.9, \quad R_3 = 0.95$$
③ 按式（4-35）确定 k_0。由式（4-36）知：
$$R_{n+1} = R_4 = 1.0$$
$$j=1, \quad r_1 = \left(\frac{R_S^*}{R_2 \cdot R_3 \cdot R_4}\right)^{1/1} = \left(\frac{0.85}{0.9 \times 0.95 \times 1.0}\right)^{1/1} = 0.994 > R_1$$

$$j=2, \quad r_2=\left(\frac{R_S^*}{R_3 \cdot R_4}\right)^{1/2}=\left(\frac{0.85}{0.95 \times 1.0}\right)^{1/2}=0.946>R_2$$

$$j=3, \quad r_3=\left(\frac{R_S^*}{R_4}\right)^{1/3}=\left(\frac{0.85}{1.0}\right)^{1/3}=0.973>R_3$$

根据前面所说的 k_0，就是满足不等式(4-35)的 j 的最大值，因此，$k_0=2$。

④ 按式(4-37)计算 R_0：

$$R_0=\left(\frac{R_S^*}{\prod\limits_{j=k_0+1}^{n+1} R_j}\right)^{1/k_0}=\left(\frac{R_S^*}{R_3}\right)^{1/k_0}=\sqrt{\frac{0.85}{0.95}}=0.946$$

⑤ 得到 $R_1=R_2=R_0=0.946$，即第1、2个系统的可靠度都提高到0.946。

⑥ 按式(4-34)验算产品可靠度：

$$R_S=R_0^{k_0} \cdot \prod_{i=k_0+1}^{n} R_i=R_0^2 \cdot R_3=0.946^2 \cdot 0.95=0.85=R_S^*$$

经过可靠度再分配后，产品满足了规定的可靠度指标。

2. 有约束条件的任务可靠性分配方法

在前面几节中所介绍的可靠性分配法都是以所设计的产品能满足规定的可靠性指标为目标的，除了可靠性指标外，没有其他约束条件。这虽然使问题处理起来简单，但往往与实际情况差别较大。

事实上，在设计一个产品时，是有许多约束条件的。例如在费用、重量、体积、消耗功率等限制条件(即约束条件)下，使所设计产品的任务可靠度最高，或者把任务可靠度维持在某一指标以上作为限制条件，而使系统的其他参数做到最优化。

在约束条件下分配任务可靠度指标的必要条件是用一些数据或公式将约束条件与任务可靠性指标联系起来。也就是说，对于具有不同任务可靠性要求或不同设计方案的系统，其费用、重量等因素都必须是可以计算的。

有约束条件的产品任务可靠度分配方法有许多种，如拉格朗日乘数法、动态规划法、直接寻查法等，下面重点介绍直接寻查法。

直接寻查法的思路是：每次在串联产品中任务不可靠度最大的一级上并联一个冗余单元，并检查约束条件。在约束条件允许范围内，通过一系列试探，可以使系统任务可靠度接近最大值，这是一种近似最优解。其实质是对系统任务可靠性的优化。

如图4-8所示的系统，共由 n 个分系统串联组成，每个分系统可以有不同的冗余度。

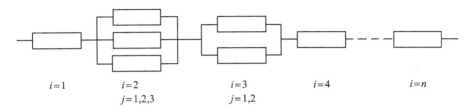

$i=1$　　　$i=2$　　　　　$i=3$　　　$i=4$　　　　　$i=n$
　　　　　$j=1,2,3$　　$j=1,2$

图 4-8　某系统可靠性框图

因此，系统的任务不可靠度 F_S 为

$$F_{\mathrm{S}} = 1 - \prod_{i=1}^{n} (1 - F_i^{k_i}) \qquad (4-38)$$

式中：n——串联单元总数；

　　　F_i——第 i 个串联单元中单台设备的可靠度；

　　　k_i——组成第 i 个串联单元的设备总数，即冗余数加1。

约束条件为

$$\omega_k \leqslant \omega_k^* \quad (j=1,2,\cdots,r) \qquad (4-39)$$

式中：ω_k——第 k 种约束的实际值；

　　　ω_k^*——第 k 种约束的规定值；

　　　r——约束条件总数。

现在的问题是,在满足式(4-39)约束条件下,使系统任务不可靠度 F_{S} 最小。

当 $F_i \ll 1.0$ 时,式(4-38)可以改写为

$$F_{\mathrm{S}} \approx \sum_{i=1}^{n} F_i^{k_i} \qquad (4-40)$$

直接寻查法的具体做法是：设系统的每一个串联单元均没有冗余,即 $K = \{k_1, k_2, \cdots, k_n\} = \{1,1,\cdots,1\}$,逐次改善任务可靠性最薄弱的环节。由于目标函数 F_{S} 与 F_i 是单调的,即 k_i 增加 $F_i^{k_i}$ 单调减小,所以在 $F_i < 0.5$ 的条件下,可以采用平分法来分批改善。即首先在 $F_i^{k_i} \geqslant \frac{1}{2} F_{i\max}^{k_i}$ 的各级各加一个并联单元($F_{i\max}^{k_i}$ 为各级任务不可靠度最大者),并检验约束条件。在约束条件允许的范围内继续进行这种步骤。每次都把本次的 $F_{i\max}^{k_i}$ 平分作为新的界限。达到不超过任一个或 n 个式(4-39)约束条件时停止。如果在第 m^* 步出现超过某个约束条件,则全部退回到第 m^*-1 步。此后把规则改为每一步只在 $F_{i\max}^{k_i}$ 的某一级加一个并联单元,并检验约束条件。如果出现超出约束,则退回,并在以后步骤中不再考虑这一级加冗余。这样一直进行下去,求得不能再改善的解 $K = \{k_1, k_2, \cdots, k_n\}$,使它满足约束条件。只要其中任一个串联单元再增加一个冗余就会破坏约束条件,该解 n^* 就是近似最优解。

【例4-9】 有一个由4个分系统组成的串联系统,各单元的可靠度、单价及单重如表4-13所列。其约束条件为总价格 $C \leqslant 29$ 万元,总质量 $W \leqslant 17$ kg。试给各分系统分配任务可靠度。

表4-13　各分系统的数据

分系统	1	2	3	4
单元可靠度	0.7	0.8	0.9	0.95
单价/万元	2.3	1.2	4.5	3.4
单重/kg	2.0	3.0	1.0	1.0

解　计算过程见表4-14。表中带"$*$"的数值表示各步的 $F_{i\max}^{k_i}$;括号里的数值表示超出约束条件;"—"表示以后计算中不考虑该列再增加冗余。表4-14中第4步之前的 $F_i^{k_i}$ 界限取 $\frac{1}{2} F_{i\max}^{k_i}$,第7步以后界限为 $F_{i\max}^{k_i}$。若同时出现几个 $F_{i\max}^{k_i}$,则可按分系统次序取其中一个。

最后得到的解是 $K^* = \{3,2,2,3\}$,即分配给4个分系统的任务可靠度分别为0.973、

0.96、0.99、0.999 875。在满足 $C \leqslant 29$ 万元，$W \leqslant 17$ kg 的约束条件下，整个系统的任务可靠度 $R_S = 0.925$。

表 4 - 14　最佳冗余解算过程

序　号	k_1	k_2	k_3	k_4	C	W	$F_1^{k_1}$	$F_2^{k_2}$	$F_3^{k_3}$	$F_4^{k_4}$	$F_i^{k_i}$
1	1	1	1	1	11.4	7	0.3^*	0.2	0.1	0.05	0.15
2	2	2	1	1	14.9	12	0.09	0.04	0.1^*	0.05	0.05
3	3	2	2	2	25.1	16	0.027	0.04^*	0.01	0.002 5	0.02
4	4	3	3	2	28.6	(21)					
5	3	2	2	2	25.1	16	0.027	0.04^*	0.01	0.002 5	0.04
6	3	3	2	2	26.3	(19)		—			
7	3	2	2	2	25.1	16	0.027^*		0.01	0.002 5	0.0027
8	4	2	2	2	27.4	(18)	—	—			
9	3	2	2	2	25.1	16	—	—	0.01^*	0.002 5	0.01
10	3	4	3	2	(29.6)	17		—		—	
11	3	2	2	2	25.1	16	—	—		$0.002 5^*$	0.002 5
12	3	2	2	3	28.5	17				0.000 625	

从上述计算可以看出，这种方法不能保证解的最优性，但是与严格解法及许多近似解法相比，计算量较小，便于工程应用。直接寻查法是一个数学寻优的过程，它适用于较为复杂的系统。当系统比较简单时，可采用遍历的方法，逐一计算系统的几十或数百种可解组合，在满足约束的条件下，寻求最优解。对于一般工程问题而言，遍历的方法是一种简明实用的有约束条件下的产品任务可靠性分配方法。

3. 方法的选择与注意事项

（1）可靠性分配方法的选择

要进行可靠性分配，首先必须明确设计目标、约束条件、系统下属各级产品的定义及有关类似产品可靠性数据等信息。随着研制的进展，产品定义越来越清晰，可靠性分配方法也有所不同，参见表 4 - 15。

（2）进行可靠性分配时的注意事项

① 可靠性分配应在研制阶段早期即开始进行。这样可以：

• 使设计人员尽早明确其设计要求，研究实现这个要求的可能性和设计措施；

• 为确定外购件及外协件可靠性指标提供依据；

• 根据所分配的可靠性要求估算所需人力和资源等管理信息。

② 可靠性分配应反复多次进行。在方案和初步设计阶段，分配是较粗略的，经粗略分配后，应与经验数据进行比较、权衡；也可与不依赖于最初分配的可靠性预计结果相比较，确定分配的合理性，并根据需要重新进行分配。

③ 为了尽量减少可靠性分配的重复次数，在可靠性规定值的基础上，可考虑留出一定的余量。这种做法为在设计过程中增加新的功能单元留下余地，因而可以避免为适应附加的设

计而必须进行的反复分配。

表 4-15 不同研制阶段可靠性分配方法的选取

类 别	分配方法	研制阶段	适用范围	前提条件
无约束	等分配法	方案	基本可靠性、任务可靠性	产品无继承性,产品定义不清晰
	评分分配法	方案初步设计	基本可靠性、任务可靠性(串联系统)	产品可靠性数据非常缺乏
	比例组合法	初步设计	基本可靠性、任务可靠性(串联系统)	新设计的产品与老产品非常相似,包括结构、材料、工艺、使用环境等,并且已有老产品的故障统计数据
	考虑重要因子和复杂因子分配法	方案初步设计	基本可靠性、任务可靠性	产品由各系统串联组成,而系统则由分系统/设备以串联、并联等组成混合模型,并且已知其系统故障统计信息和组成部件数量
	余度系统的比例组合法	方案初步设计	任务可靠性	含有串联、并联、旁联等混合模型的系统,并且已有相似系统中各组成单元的故障率数据
	可靠度再分配法	方案初步设计	基本可靠性、任务可靠性(串联系统)	所设计的产品不能满足规定的可靠度指标要求,需要改进原设计以提高其可靠度,通过预计已知其组成系统、分系统的可靠度
有约束	直接寻查法	方案初步设计	任务可靠性	可靠性指标或约束条件,如费用、重量、体积、消耗功率等

例如某军用飞机的可靠性指标为平均故障间隔飞行小时(MFHBF),$T_{FBF}=3.7$,而分配值按 $T_{FBF}=6.18$ 进行,见表 4-16。

表 4-16 某飞机可靠性指标分配值

分系统名称	分配值/h	分系统名称	分配值/h
结构(包括门和起落架)	38.63	航空电子	21.24
动力装置(发动机、辅助动力装置)	61.80	武器	121.18
保障系统(电气、液压、燃油)	34.33	其他	6.45
环控系统和乘员舱	47.54	整机	6.18
飞行控制	132.05		

④ 必须按成熟期规定值(或目标值)进行分配。

⑤ 分配中要有"其他"项,即产品中有些部分在分配中没有考虑,如电缆、管路、接口等,约占总指标的 10%。

4.3.3 应用案例

某歼击机的作战使用要求主要是用于歼灭空中敌机和飞航式空袭兵器。它以空战方式夺取制空权,也可执行对地攻击任务。作战任务要求歼击机有较高的可用性,能够快速、重复出动,有足够完成空战任务的留空时间,能可靠地完成规定任务。未来战场环境要求歼击机尽量减少对保障的依赖和降低维修人力及费用,为此,提出与新研制歼击机性能水平相适应的整机可靠性维修性要求,以发挥歼击机作战效能,满足未来作战和训练任务的需要。

1. 某歼击机寿命、任务剖面

　　某歼击机的寿命剖面如图 4 - 9 所示,两个任务剖面分别是空空任务剖面(见图 4 - 10)和空地任务剖面(见图 4 - 11)。

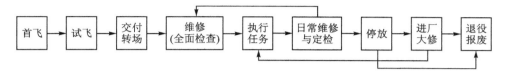

图 4 - 9　某歼击机的寿命剖面

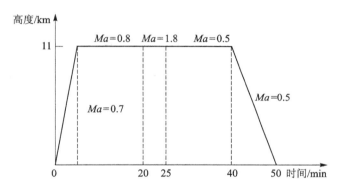

图 4 - 10　某歼击机的空空任务剖面

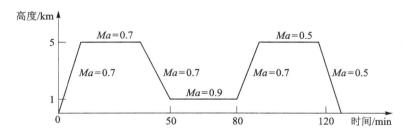

图 4 - 11　某歼击机的空地任务剖面

2. 故障判别准则

　　① 寿命期内与歼击机设计、制造有关的故障均记为影响基本可靠性的关联故障;

　　② 凡由于歼击机设计、制造缺陷造成的不能完成规定任务或可能危及飞行安全的故障,记为影响任务和安全的关联故障。

3. 可靠性参数选择与指标确定

　　(1)可靠性参数选择

　　根据歼击机使用需求,产品的寿命剖面、任务剖面及使用保障等方面的约束条件,选择参数见表 4 - 17。

（2）可靠性指标确定

在论证阶段，根据新研制歼击机的作战使用要求和约束条件，在现役同类机种已达到的技术水平的基础上，参考有关机型统计数据，提出新研制歼击机的可靠性目标值（成熟期的）。

在方案阶段，根据军方报批的研制歼击机可靠性成熟期的目标值，结合技术方案的实际情况，确定成熟期门限值。A_O、r_{SG}、T_{FBF} 的门限值取目标值的 80%，p_S 门限值取目标值的 90%，见表 4 - 18。

表 4 - 17　可靠性参数

反映目标	参　数
战备完好性	使用可用度 A_O、 出动架次率 r_{SG}
任务成功性	任务成功概率 p_{MC}
维修人力及保障费用	平均故障间隔飞行小时 T_{FBF}
耐久性	首翻期总寿命

表 4 - 18　可靠性和维修性指标

指标项目	目标值	门限值
使用可用度 A_O	0.7	0.56
出动架次率 r_{SG}	4	3
任务成功概率（空地任务剖面 任务时间 2 飞行小时）p_{MC}	0.95	0.86
平均故障间隔飞行小时 T_{FBF}/h	3.0	2.4

（3）参数转换

符号下标说明：

目——成熟期目标值；

门——门限值；

规——成熟期规定值；

最——成熟期最低可接受值；

结——研制结束最低可接受值。

① 将使用可用度 A_O 转换为固有可用度 A_I。根据经验公式：

$$A_I = \frac{1}{1 + \dfrac{K_1}{K_e}\left(\dfrac{1}{A_O} - 1\right)} \tag{4-41}$$

取运行系数 $K_1 = 0.45$，环境系数 $K_e = 1.1$，查表 4 - 18 可得

$$A_{O目} = 0.70, \quad A_{O门} = 0.56$$

代入式（4 - 41），计算得

$$A_{I规} = 0.85, \quad A_{I最} = 0.76$$

研制结束最低可接受值取成熟期最低可接受值的 80%，即

$$A_{I结} = 0.80 \times 0.76 = 0.61$$

② 将平均故障间隔飞行小时 T_{FBF} 转换为平均故障间隔时间 T_{BF}。根据经验公式：

$$T_{BF} = K_2 K_e T_{FBF} \tag{4-42}$$

假设：运行比 $K_2 =$ 工作小时/飞行小时 $= 1.3$，环境系数 $K_e = 1.1$，查表 4 - 18 可得

$$T_{FBF目} = 3.0 \text{ h}, \quad T_{FBF门} = 2.4 \text{ h}$$

代入式（4 - 42），计算得到

$$T_{BF规} = 4.29 \text{ h}, \quad T_{BF最} = 3.43 \text{ h}, \quad T_{BF结} = 0.8 \times 3.43 = 2.74 \text{ h}$$

③ 合同中的参数及指标

合同中的参数及指标见表 4 - 19。

表 4 - 19　合同中的参数及指标

合同中参数项目	规定值	目标值	最低可接受值	门限值	研制结束最低可接受值
固有可用度 A_I	0.85		0.76		0.61
出动架次率 r_{SG}		4		3	暂不考核
（空地任务剖面任务时间为 2 飞行小时）任务成功概率 p_{MC}		0.95		0.86	暂不考核
平均故障间隔时间 T_{BF}/h	4.29		3.43		2.74
首翻期/飞行小时		1 000			给出初始值
总寿命		4 000 飞行小时			逐步给出
		20 年			

4. 可靠性分配

在此仅对歼击机的基本可靠性作分配。见表 4 - 20 第 2 列，飞机由 9 个系统组成，飞机的基本可靠性指标：$T_{BF规} = 4.29$ h。假设各系统均服从指数分布，时间是以歼击机飞行时间为基准。

（1）方案阶段可靠性分配

① 在方案阶段初期，只有系统划分。因此，采用等分配法进行粗略的可靠性分配。分配时留一定的余量，按 $T_{BF规} = 5.0$ h 进行分配，结果如下：

$$\lambda_S^* = 1/T_{BF}^* = 0.20/h$$

② 应用等分配法，可得

$$\lambda_i^* = \lambda_S^*/10 = 0.02/h \quad (i = 1, 2, \cdots, 10)$$

其分配结果如表 4 - 20 所列。

表 4 - 20　某歼击机的组成系统及方案阶段的可靠性分配值

序　号	单元名称	系统的故障率 $\times 10^6/(h^{-1})$
1	结构	20 000.0
2	起落架系统	20 000.0
3	动力装置（发动机、辅助动力装置）	20 000.0
4	液压系统	20 000.0
5	燃油系统	20 000.0
6	环控系统和乘员舱	20 000.0
7	飞行控制	20 000.0
8	航空电子	20 000.0
9	武器	20 000.0
10	其他	20 000.0
总计		200 000

(2) 初步设计阶段可靠性分配

在初步设计阶段,飞机的具体组成基本已知。因此,采用评分分配法进行可靠性分配。

① 分配时留一定的余量,按 $T_{BF规}=5.0\ h$ 进行分配。结果如下:

$$\lambda_S^*=1/T_{BF}^*=0.20/h$$

② 选定复杂度、技术水平、工作时间和环境条件作为评分因素,请专家对各系统进行评分,其结果见表 4-21 中的第 3~6 列。各系统的评分数和评分系数见表 4-21 中的第 7~8 列。

③ 应用式(4-12):$\lambda_i^*=C_i\lambda_S^*$,可得到各系统的可靠性指标,如表 4-21 所列。

表 4-21　某歼击机的组成系统及初步设计阶段的可靠性分配值

序　号	单元名称	r_{i1}	r_{i2}	r_{i3}	r_{i4}	ω_i	C_i	$\lambda_i\times10^6/(h^{-1})$
1	结构	5	3	5		375	0.024 8	4 955.7
2	起落架系统	5	3	1	9	135	0.008 9	1 783.8
3	动力装置(发动机、辅助动力装置)	7	6	10	6	2 520	0.166 5	33 298.2
4	液压系统	6	5	10	5	1 500	0.099 1	19 820.3
5	燃油系统	7	5	10	5	1 750	0.115 6	23 123.7
6	环控系统和乘员舱	8	8	10	3	1 920	0.126 9	25 370.0
7	飞行控制	9	9	10	4	3 240	0.2141	42 811.9
8	航空电子	6	7	10	5	2 100	0.138 8	27 748.5
9	武器	7	8	3	8	1 344	0.088 8	17 759.0
10	其他	2	5	5	5	250	0.016 5	3 303.4
总计						15 134	1.0	199 974.5

注:r_{i1} 为复杂程度;r_{i2} 为技术水平;r_{i3} 为工作时间;r_{i4} 为环境条件;ω_i 为各单元评分数;$C_i=\omega_i/\omega^*$,为各单元评分系数;$\lambda_i=\lambda_S^*C_i$,为系统的故障率。

从两个阶段的可靠性分配结果可以看出,随着设计的细化,分配的结果也随之更为准确、合理。但在方案阶段,只能用等分配法进行粗略分配。

4.4　可靠性预计

可靠性模型最直接的应用是在设计阶段对单元和系统的可靠性参数进行定量估计,即可靠性预计。可靠性模型从可靠性的角度体现了系统的结构特点,基于可靠性模型,根据历史的产品可靠性数据、系统的工作环境等因素,可估计组成系统的单元及系统总体的可靠性。

可靠性预计的主要目的和用途:

① 评价是否能够达到要求的可靠性指标;

② 在方案阶段,通过可靠性预计,比较不同方案的可靠性水平,为最优方案的选择及方案优化提供依据;

③ 在设计中,通过可靠性预计,发现影响系统可靠性的主要因素,找出薄弱环节,采取设

计措施,提高系统可靠性;

④ 为可靠性增长试验、验证及费用核算等提供依据;

⑤ 为可靠性分配奠定基础。

可靠性预计的主要价值在于,它可以作为设计手段,为设计决策提供依据。因此,要求预计工作具有及时性,即在决策点之前做出预计,提供有用的信息,否则这项工作就会失去其意义。为了达到预计的及时性,在设计的不同阶段及系统的不同层次上可采用不同的预计方法,由粗到细,随着研制工作的深入而不断细化。

可靠性预计与可靠性分配都是可靠性设计分析的重要工作,两者相辅相成、相互支持。前者是自下而上的归纳综合过程,后者是自上而下的演绎分解过程。可靠性建模是这两项工作的基础,可靠性分配结果是可靠性预计的目标,可靠性预计的相对结果是可靠性分配与指标调整的基础。在产品设计的各个阶段,均要相互交替反复进行多次,其工作流程如图 4-12 所示。

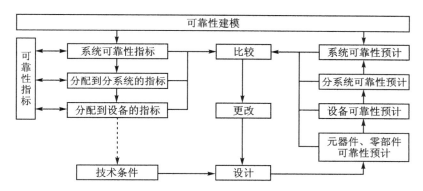

图 4-12　可靠性预计与可靠性建模、分配关系

4.4.1　单元可靠性预计

1. 相似产品法

相似产品法就是利用与该产品相似的已有成熟产品的可靠性数据来估计该产品的可靠性,成熟产品的可靠性数据主要来源于现场统计和实验室的试验结果。

相似产品法考虑的相似因素一般包括:

① 产品结构、性能的相似性;

② 设计的相似性;

③ 材料和制造工艺的相似性;

④ 使用剖面(保障、使用和环境条件)的相似性。

这种方法简单、快捷,适用于系统研制的各个阶段,可应用于各类产品的可靠性预计,如电子、机械、机电等产品,其预计的准确性取决于产品的相似性。成熟产品的详细故障记录越全,数据越丰富,比较的基础越好,预计的准确度越高。

相似产品法的预计程序:

① 确定相似产品。考虑前述的相似因素,选择确定与新产品最为相似,且有可靠性数据的产品。

② 分析相似因素对可靠性的影响。分析所考虑的各种因素对产品可靠性影响程度,分析新产品与老产品的设计差异及这些差异对可靠性的影响。

③ 新产品可靠性预计。根据②中的分析,确定新产品与老产品的可靠性参数的比值,当然,这些比值应由有经验的专家评定。最终,根据比值预计出新产品的可靠度。

【例 4-10】某型导弹射程为 3 500 km,已知飞行可靠性指标为 $R_s=0.885\ 7$,各分系统可靠度如表 4-22 所列。

为了将该型号导弹射程提高到 5 000 km,对发动机采取了三项改进措施:

① 采用能量更高的装药。

② 发动机长度增加 1 m。

③ 发动机壳体壁厚由 5 mm 减至 4.5 mm。

试求改进后的导弹飞行可靠度。

解 新的导弹与原来的导弹十分相似,其区别就在发动机,导弹射程增加而带来的工作时间增加有限,可认为对导弹各部分可靠度影响很小。根据经验,新型装

表 4-22 已知各系统可靠度数值

各系统	可靠度
战斗部	0.99
安全自毁系统	0.98
弹体结构	0.99
控制系统	0.98
发动机	0.940 9

药是成熟工艺,加长后的药柱质量有保证,就不会对发动机的可靠性带来大的影响;唯有壁厚减薄会使壳体强度下降,会使燃烧室的可靠性下降,从而影响发动机的可靠性。因此,可粗略地认为发动机的可靠性是与壳体强度成正比。经计算,原发动机壳体的结构强度为 9.806×10^6 Pa,现在发动机壳体的结构强度为 9.412×10^6 Pa,则发动机的可靠度为

$$R = 0.940\ 9 \times \frac{9.412\times10^6}{9.806\times10^6} = 0.903\ 3$$

改进后导弹的飞行可靠度为 $R_s=0.850\ 3$。

这种方法对于具有继承性产品(如改型产品)或其他相似的产品是比较适用的,但对于全新的产品或功能、结构改变比较大的产品就不太合适;而且这种方法的前提是,相似产品具有可靠性数据。

2. 评分预计法

组成系统的各单元可靠性由于其复杂程度、技术水平、工作时间和环境条件等主要影响可靠性的因素不同而有所差异。评分预计法是在可靠性数据非常缺乏的情况下(可以得到个别产品可靠性数据),通过有经验的设计人员或专家对影响可靠性的几种因素评分,对评分进行综合分析而获得各单元产品之间的可靠性相对比值,再以某一个已知可靠性数据的产品为基准,预计其他产品的可靠性。应用这种方法时,时间因素一般应以系统工作时间为基准,即预计出的各单元平均故障间隔时间是以系统工作时间为其工作时间的。

(1) 评分因素

评分预计法通常考虑的因素有:复杂程度、技术水平、工作时间和环境条件。在工程实际中,可以根据产品的特点而增加或减少评分因素。

(2) 评分原则

下面以产品故障率为预计参数说明评分原则。评分原则如下:

各种因素评分值范围为 1~10,评分越高说明可靠性越差。

① 复杂程度:根据组成单元的元部件数量以及它们组装的难易程度来评定,最简单的评

1 分,最复杂的评 10 分。

② 技术水平:根据单元目前的技术水平的成熟程度来评定,水平最低的评 10 分,水平最高的评 1 分。

③ 工作时间:根据单元工作的时间来评定,其前提是以系统的工作时间为时间基准。系统工作时,单元一直工作的评 10 分,工作时间最短的评 1 分。如果系统中所有单元的故障率是以系统工作时间为基准,即所有单元故障率统计是以系统工作时间为统计时间计算的,则各单元的工作时间不相同,而统计时间均相等(实际工作中,外场统计很多是以系统工作时间统计的),因此,必须考虑此因素。如果系统中所有单元的故障率是以单元自身工作时间为基准,即所有单元故障率统计是以单元自身工作时间为统计时间计算的,则单元的工作时间各不相同,故障率统计时间也不同,不考虑此因素。

④ 环境条件:根据单元所处的环境来评定,单元工作过程中会经受极其恶劣和严酷的环境条件的评 10 分,环境条件最好的评 1 分。

(3) 评分法可靠性预计

已知某单元的故障率为 λ^*,则其他单元故障率 λ_i 为

$$\lambda_i = \lambda^* C_i \quad (i = 1, 2, \cdots, n) \tag{4-43}$$

第 i 个单元的评分系数为

$$C_i = \omega_i / \omega^* \tag{4-44}$$

第 i 个单元评分数为

$$\omega_i = \prod_{j=1}^{4} r_{ij} \tag{4-45}$$

式中:ω^*——故障率为 λ^* 的单元的评分数;

r_{ij}——第 i 个单元、第 j 个因素的评分数,$j=1$ 为复杂度,$j=2$ 为技术水平,$j=3$ 为工作时间,$j=4$ 为环境条件。

【例 4-11】某飞行器由动力装置、武器等六个分系统组成。已知制导装置故障率为 $284.5 \times 10^{-6}/\text{h}$,即 $\lambda^* = 284.5 \times 10^{-6}/\text{h}$,试用评分法求得其他分系统的故障率。一般,计算可用表格进行,见表 4-23。

表 4-23 某飞行器的故障率计算

序 号	单元名称	r_{i1}	r_{i2}	r_{i3}	r_{i4}	ω_i	C_i	$\lambda_i \times 10^6 /(\text{h}^{-1})$
1	动力装置	8	6	10	10	4 800	4.8	1 365.6
2	武器	7	6	5	2	420	0.42	119.49
3	制导装置	5	8	5	5	(ω^*) 1 000	1.0	(λ^*) 284.5
4	飞行控制装置	8	8	10	7	4 480	4.48	1 274.6
5	机体	4	4	10	8	640	0.64	182.1
6	辅助动力装置	6	5	2	5	300	0.3	85.4

注:r_{i1} 为复杂程度;r_{i2} 为技术水平;r_{i3} 为工作时间;r_{i4} 为环境条件;ω_i 为各单元评分数;$C_i = \omega_i / \omega^*$,为各单元评分系数;$\lambda_i = \lambda^* C_i$,为单元的故障率。

评分预计法主要适用于产品的初步设计与详细设计阶段,可用于各类产品的可靠性预计。这种方法是在产品可靠性数据十分缺乏的情况下进行可靠性预计的有效手段,但其预计的结果受人为影响较大。因此,在应用时,尽可能多请几位专家评分,以保证评分的客观性,提高预计的准确性。

3. 电子元器件应力分析法

应力分析法用于产品详细设计阶段的电子元器件故障率预计,其方法是基于电子元器件的标准化和大量生产,可应用概率统计方法对某种电子元器件在实验室的标准应力与环境条件下,通过大量的试验,并对其结果统计而得出该种元器件的"基本故障率"。在预计电子元器件工作故障率时,应用元器件的质量等级,应力水平、环境条件等因素对基本故障率进行修正。电子元器件的应力分析法已有成熟的预计标准和手册。最新的国家军用标准为 GJB/Z 299C—2006《电子设备可靠性预计手册》,除了提供国产元器件的可靠性预计方法,同时也给出了进口元器件的可靠性预计方法。其计算较为烦琐,不同类别的元器件有不同的工作故障率计算模型,如普通二极管的故障率计算模型(GJB/Z 299C)见下式:

$$\lambda_{p} = \lambda_{b}\pi_{E}\pi_{Q}\pi_{r}\pi_{A}\pi_{S_2}\pi_{c} \tag{4-46}$$

式中：λ_{p}——元器件工作故障率(h^{-1});

λ_{b}——元器件基本故障率(h^{-1});

π_{E}——环境系数;

π_{Q}——质量系数;

π_{r}——电流额定值系数;

π_{A}——应用系数;

π_{S_2}——电压应力系数;

π_{c}——结构系数。

各 π 系数是按照影响元器件可靠性的应用环境类别及其参数对基本故障率进行修正的,这些系数均可查阅 GJB/Z 299C。由于利用应力分析法预计很繁琐且费时,目前国内外已开发了相关的软件工具,利用计算机辅助预计可以大大节省人力及时间。

4. 机械零部件修正系数法

与电子元器件不同,机械零部件的故障"个性"较强,很难建立故障率数据库进行预计,机械零部件的故障特点主要表现在:

① 各个机械部件,例如阀门和齿轮箱一般能完成一个以上的功能,非标准部件特定应用的故障率数据很难得到。

② 机械部件的故障率通常不是恒定的,这是因为耗损、疲劳,以及其他与应力有关的故障机理导致了部件的退化。当恒定故障率分布不能采用时,数据收集是复杂的,除了总的运行小时和总的故障数以外,还必须记录每个故障发生的时间。

③ 机械设备的可靠性与电子设备可靠性相比,对载荷、使用方式和利用率更加敏感。仅仅基于使用时间的故障率数据对于机械设备的可靠性预计通常是不够的。

④ 机械设备的故障定义取决于它的应用。例如,由于过度的噪声或泄漏引起的故障一般是不会被认定的。供水系统的泄漏要求与燃油系统有着明显的不同。故障率数据库中上述信息的缺乏限制了它的用途。

本书中将应用美国水面作战中心 NSWC - 11 手册中提供的方法,进行机械零部件的可靠性预计。手册中依据确定的故障模式和原因建立可靠性模型。建模的第一步收集设计信息和实验数据,推导每个故障模式的公式。对这些公式进行简化,仅保存由外场经验数据证明,的确会影响可靠性的变量。故障率模型中为每个变量设定了修正系数,用于反映其对独立零部件故障率的定量影响。

以提升阀为例,根据提升阀的功能,其首要的故障模式是阀不能完全关闭导致阀座周围泄漏。该故障模式可能的原因包括:提升阀和阀座之间存在污染物,提升阀和阀座磨损,提升阀和阀座结合处被腐蚀。根据该模式可能的影响因素,手册中给出了故障率计算公式:

$$\lambda_p = \lambda_{p,B} \frac{2 \times 10^{-2} D_{MS} f^3 (P_1^2 - P_2^2) K_1}{Q_f V_a L_w S_S^{1.5}} \qquad (4-47)$$

式中:λ_p——提升阀组件故障率(1/百万工作循环);

$\lambda_{p,B}$——提升阀组件基本故障率(1/百万工作循环);

D_{MS}——平均底座直径(in);

f——相对表面的粗糙度(in);

P_1——进口压力(lb/in²);

P_2——出口压力(lb/in²);

K_1——考虑污染物尺寸,硬度和颗粒数量的常数;

Q_f——可认定阀失效的泄漏率(in³/min),即故障判据;

V_a——绝对流体粘度(lb·min/in²);

L_w——径向底座占地宽度(in);

S_S——表面机座压力(lb)。

故障率公式中的参数可以通过工程图纸、设计信息或实际测量获得。其他对故障率有次要影响的参数都包含在了由外场数据确定的基本故障率中。

【例 4 - 12】根据某提升阀的设计资料,获得提升阀部件的设计参数,见表 4 - 24,求解其可靠性。

表 4 - 24　某提升阀泄漏故障模式相关设计参数

参　数	$\lambda_{p,B}$	D_{MS}	f	P_1	P_2	K_1	Q_f	V_a	L_w	S_S
值	1.4	0.7	35×10^{-6}	3 000	15	1.00	0.06	2×10^{-8}	0.18	20

解　将参数代入式(4 - 47)中,可得 $\lambda_p = 0.2$ /百万工作循环。

为了适合工程上的应用,故障率方程可换算成基本故障率和一系列系数的乘积:

$$\lambda_{po} = \lambda_{po,B} \cdot C_P \cdot C_Q \cdot C_F \cdot C_V \cdot C_N \cdot C_S \cdot C_{DT} \cdot C_{SW} \cdot C_W \qquad (4-48)$$

式中:λ_{po}——提升阀组件故障率(次/百万次运行);

$\lambda_{po,B}$——提升阀组件的基本故障率(1.40 次/百万次运行);

C_P——流体压力对基本故障率影响系数;

C_Q——允许泄漏率对基本故障率影响系数;

C_F——表面粗糙度对基本故障率影响系数;

C_V——流体粘度对基本故障率影响系数;

C_N——污染物影响对基本故障率影响系数;

C_S——底座应力对基本故障率影响系数;

C_{DT}——底座直径对基本故障率影响系数;

C_{SW}——底座宽度对基本故障率影响系数;

C_W——流体流动速率对基本故障率影响系数。

5. 故障物理模型预计法

前面所述的电子元器件应力分析法和机械零部件修正系数法都是基于大量试验和故障数据统计的方法(又称为基于故障协变模型的方法)。如前所述,还可以基于故障物理模型对单元的可靠性进行预计。

应用故障物理模型的可靠性预计主要基于如下假设,即产品的故障是在机械、热、电子和化学应力等作用下发生的(区别于数据统计方法认为故障是偶然的随机事件)。应用该方法的前提条件/核心是对各种故障机理的预先研究,包括建立其故障机理模型(如2.3.2小节所述);并且,随着微电子技术的不断发展,新型材料的应用、新工艺技术的不断涌现,会发现新的故障机理,需建立新的故障机理模型。同时,对已有研究的故障机理也需要进行深入研究(如面临新的工作条件和环境条件)。

对于电子产品而言,不同的故障机理会发生在不同的封装层次和部位。根据典型的电子产品三级封装结构,可靠性预计分别在器件级(包括芯片、封装、互连结构)和板级(二级封装及以上)两个层次进行。基于故障机理模型进行可靠性预计的一般步骤如图4-13所示。

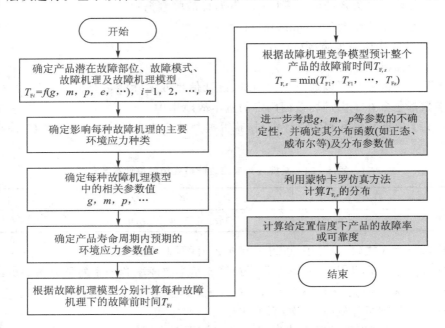

图 4 - 13　故障物理模型预计法的一般步骤

区别于电子设备可靠性预计手册中的元器件故障率预计方法,故障物理模型预计法主要以产品故障机理模型为基础,结合产品寿命周期内预期的工作应力、环境应力等载荷信息,以及产品自身的几何、材料等参数信息,预计其在不同故障机理下的故障前时间(TTF)。在考虑参数分散性的情况下,可对其MTTF、故障率或可靠度等进行预计。

通过故障机理模型可以计算出产品对应于不同故障机理的一系列 TTF 确定值（点估计值），其中故障前时间最短的故障机理将决定（"竞争"模型）整个产品的故障前时间（寿命）。实际上，无论是产品的几何参数、材料参数，还是其寿命周期内的载荷都存在着不确定性（即参数存在分散性）。在可能的情况下，各种参数变量的不确定性可以用分布函数（如正态分布、威布尔分布）来描述。包括材料的物理特性、故障部位的几何形状、寿命周期内的工作/环境载荷、故障机理模型的经验系数等均可以用分布函数进行描述。进一步，还可以利用蒙特卡洛仿真方法，在故障机理模型的基础上，计算得到整个器件故障前时间的联合概率密度（PDF），也可以得到产品的 MTTF 预计值，如图 4 – 14 所示。

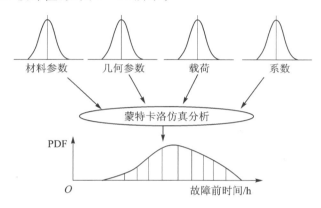

图 4 – 14　参数不确定性及故障前时间分布

此外，针对每个故障机理，可以计算得到一系列的故障前时间，记为 T_{Fij}（其中，i 表示第 i 个故障机理，j 表示考虑分散性后，根据每组抽样数据计算得到的一次 TTF 数值）。进一步，还可以将 T_{Fij} 作为产品的故障发生时间的仿真数据，代替传统可靠性试验中的产品故障时间（寿命）数据，再利用不同类型可靠性试验的数据统计及处理方法（如残存比率法、平均秩次法等数据初步处理方法以及统计推断、分布拟合、参数估计等数据统计分析方法）对产品的可靠度函数、故障分布函数以及失效率函数等进行计算（具体可参见可靠性数据处理及分析相关书籍）。

某型闪存产品案例如图 4 – 15 所示，为具有 128 M 存储容量的 U 盘（因其主要组成部分是 Flash memory，故又称闪存），主要由 USB 接口电路、电源控制模块以及闪存芯片（包括闪存控制器和闪存芯片）组成。USB 接口电路外接 5 V 的工作电压，然后通过电源控制模块将 5 V 输入电压转化为闪存芯片的工作电压 3.3 V，再由闪存芯片完成数据文件的读/写和存储功能。

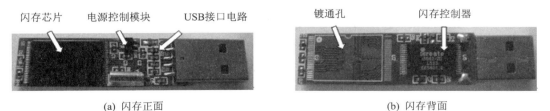

(a) 闪存正面　　　　　　　　　　　　(b) 闪存背面

图 4 – 15　闪存外观及主要组成结构示意图

① 通过分析闪存产品的特点、结构组成以及主要故障模式等,确定了该型闪存的潜在故障机理,包括:印制电路板电镀通孔(PTH)的热疲劳故障、有引脚形式芯片封装结构焊点的热疲劳故障、金属互连线部位的电迁移故障以及金属氧化物半导体(MOS)管氧化层内的热载流子退化故障。通过自行研究,建立了 PTH 热疲劳故障机理模型见参考文献[25],通过文献检索获得其他三个故障机理模型。

● PTH 热疲劳故障的故障机理模型

PTH 镀层中的应力函数:

$$\sigma(z) = \left[1 - \left(\frac{z}{l}\right)^3\right] \times \frac{4}{3\beta}(\alpha_{\mathrm{E}} - \alpha_{\mathrm{Cu}}) E_{\mathrm{Cu}} \Delta T$$

式中:

$$\beta \equiv \frac{4E_{\mathrm{Cu}}}{G_{\mathrm{E}}} \left[-\frac{f_1'(R/r_0)}{f_2'(R/r_0)} \cdot \frac{r_0}{l} \cdot \frac{t}{l} + 1 \right]$$

$$-\frac{f_1'(R/r_0)}{f_2'(R/r_0)} = \left\{ \frac{5}{2} \left[\left(\frac{1}{4} - \frac{r_0}{l}\right) \mathrm{e}^{\left(\frac{R}{r_0}-1\right)^{-2}} + \left(\frac{3}{4} \cdot \frac{r_0}{l} + \frac{1}{5}\right) \right] \right\}^{l/r_0}$$

z——沿 PTH 轴向的位置坐标;

l——基板厚度的一半(m),$l = h/2$;

α——热膨胀系数(10^{-6}/℃),下标 E 为基板相关的参数;

E——弹性模量(Pa),下标 Cu 为 PTH 镀层相关的参数;

ΔT——温度循环幅值(℃);

G_{E}——PCB 材料的剪切模量(Pa);

r_0——PTH 的钻孔半径(m);

t——PTH 的镀层厚度(m);

R——有效的基板作用半径(m)。

PTH 镀层中的应变函数:

$$\varepsilon(z) = \frac{\sigma(z)}{E_{\mathrm{Cu}}}$$

PTH 镀层热疲劳寿命函数:

$$N_{\mathrm{f}}^{-0.6} D_{\mathrm{f}}^{0.75} + 0.9 \times \frac{S_{\mathrm{u}}}{E_{\mathrm{Cu}}} \left[\frac{\mathrm{e}^{D_{\mathrm{f}}}}{0.36}\right]^{-0.178\,5\log\frac{10^5}{N_{\mathrm{f}}}} - \Delta\varepsilon = 0$$

式中:N_{f}——预计的平均疲劳寿命(即故障前循环周期数);

D_{f}——PTH 镀层材料断裂应变(或称疲劳耐久性系数);

S_{u}——PTH 镀层材料断裂强度(Pa);

$\Delta\varepsilon$——总应变(由上述应力-应变评估模型确定)。

● 焊点热疲劳故障的故障机理模型

$$N_{\mathrm{f}} = \frac{1}{2} \left[\frac{\Delta W}{\varepsilon_{\mathrm{f}}}\right]^{\frac{1}{c}}$$

式中:N_{f}——器件故障前循环周期数(疲劳寿命)的中位值(器件样本总体 50% 故障的循环周期数);

ΔW——最大循环应变能密度(m·kg/m³);

ε_f——疲劳耐久系数(对于共晶焊点材料,取值为 0.65);

c——疲劳耐久指数。

对于共晶焊点材料,有

$$c = -0.442 - (6 \times 10^{-4}) T_{SJ} + 1.74 \times 10^{-2} \ln(1 + 360/t_d)$$

式中:T_{SJ}——焊点的平均周期温度(℃),$T_{SJ}=0.25(T_c+T_s+2T_o)$;

T_c、T_s——衬底(substrate)和器件(component)的稳态工作温度(℃);

T_o——不工作半周期内的温度(℃)。

最大循环应变能密度:

$$\Delta W = F \frac{K_D}{200Ah}(L_D \Delta\alpha\Delta T_e)^2$$

式中:F——与理想化假设相关的经验系数,一般取值范围为 0.5~1.5,典型取值为 1.0 左右,由焊点的预测寿命与实际疲劳故障寿命结果的吻合程度确定;

K_D——未受约束时器件焊点在对角线方向的弯曲刚度(kg/m);

A——焊点的有效面积(2/3 倍的焊点突出于焊盘之外的粘接面积)(m²);

h——焊点的名义高度(m),一般假定为焊点粘接层厚度的一半,取值范围为 101.6×10^{-6}~127×10^{-6}m;

L_D——器件的长度(m),正方形器件的对角线长度的一半即 0.707 倍边长,矩形器件的 0.5 倍长边长;

$\Delta\alpha\Delta T_e$——由于器件和衬底的热膨胀系数不同而引起的应变绝对值,$\Delta\alpha\Delta T_e = \Delta\alpha_c\Delta T_c - \Delta\alpha_s\Delta T_s$,其中 α_c、α_s 为器件和衬底的热膨胀系数(10^{-6}/℃),T_c、T_s 为器件和衬底的温度(℃),ΔT_c、ΔT_s 为器件和衬底温度变化幅值(℃)。

● 电迁移故障的故障机理模型

$$T_{TF} = \frac{WdT^3}{C_j^3} e^{\frac{E_a}{kT}}$$

式中:W——局部线宽(m);

d——局部线厚(m);

E_a——激活能(J);

j——电流密度(A/m²);

T——热力学温度(K);

k——玻耳兹曼常量(J/K);

C——实验常数。

● 热载流子退化故障的故障机理模型

$$I_{sub} \approx \frac{A_i}{B_i}(V_D - V_{Dsat})I_D \exp\left(-\frac{lB_i}{V_D - V_{Dsat}}\right)$$

$$\tau = K_1\left(\frac{I_{sub}}{I_D}\right)^{-3}$$

式中:I_{sub}——衬底电流(A);

A_i、B_i——实验参数;

V_D——漏端电压(V);

V_{Dsat}——漏端饱和电压(V);

I_D——沟道电流(A);

l——MOS 管有效沟道长度(m);

K_1——实验常数。

② 通过对故障机理及其模型的分析,可以得知主要环境应力为温度、振动等,为了便于说明,本案例中仅选择温度参数,具体包括温度循环幅值和最高温度值。

③ 通过查阅产品的相关技术文档,可以确定相关的几何、材料、工作参数,如表 4-25~表 4-27 所列。

● PTH 热疲劳故障机理模型的输入参数如表 4-25 所列。

表 4-25　PTH 热疲劳故障机理模型输入参数

模型参数	参数值	
镀层/基板材料	Cu	FR-4
弹性模量 E/Pa	84×10^9	3.5×10^9
泊松比 μ	0.35	0.13
热膨胀系数 CTE$\times10^6$/(℃$^{-1}$)	18	50
屈服强度/Pa	1.75×10^8	
断裂强度/Pa	2.8×10^8	
基板厚度 H/mm	1	
PTH 孔径 r/mm	0.225	
镀层厚度 t/μm	25	
等效基板作用半径 R^{eq}/mm	2.025*	

注:这里等效半径的确定考虑了基板中可能产生最大应力的那个 PTH 孔。

● 焊点热疲劳故障机理模型的输入参数,见表 4-26。

表 4-26　焊点热疲劳故障机理模型输入参数

模型参数		参数值	
		iCreate 芯片	Hynix 芯片
器件封装体长度 E/mm		8	20
器件封装体宽度 D/mm		13.4	12
管脚厚 C/mm		0.2	0.2
管脚与焊料接触处的尺寸	宽 B/mm	0.22	0.17~0.25
	长 L/mm	0.8	0.5~0.68
热膨胀系数$\times10^6$/(℃$^{-1}$)	基板(FR-4)	50	
	封装体材料	6.3	
引脚的柔性刚度 K_D/(kg·m^{-1})		8 930	7 143
最大循环应变能密度 ΔW/(m·kg·m^{-3})		2.306	4.278

● 电迁移和热载流子退化故障机理模型的输入参数,见表 4 - 27。

表 4 - 27　电迁移和热载流子退化故障机理模型的输入参数

模型参数	参数值
芯片内互连线材料	Al
局部线宽 $W/\mu m$	0.15
局部线厚 $d/\mu m$	0.45
激活能 E_a/J	9.28×10^{-20}
电流密度 $j/(A \cdot m^{-2})$	3.33
玻耳兹曼常量 $k/(J \cdot K^{-1})$	$1.380\,662 \times 10^{-23}$
栅氧化层厚度 x_{ox}/nm	4
MOS 管沟道长度 $L/\mu m$	0.13
有效沟道长度 $L_{eff}/\mu m$	0.08
阈值电压 V_T/V	0.45
栅极电压 V_G/V	1.8
源端电压 V_S/V	0
漏端电压 V_D/V	3.3
拟合参数 $\mu_0/(m^2 \cdot V^{-1})$	0.067
拟合参数 $\varepsilon_0/(V \cdot m)$	6 700
拟合参数 v	1.6
实验参数 $v_{sat}/(m \cdot s^{-1})$	80×10^3
实验参数 $A_i/(m^{-1})$	200×10^6
实验参数 $B_i/(V \cdot m^{-1})$	170×10^6

④ 记录的产品实际使用环境温度应力参数如图 4 - 16 所示。

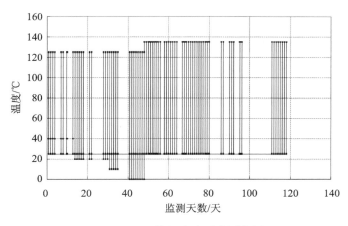

图 4 - 16　环境温度实时监测数据

⑤ 针对上述连续的温度记录,可划分为两个区间,分别是 0～125 ℃和 25～135 ℃,每个

应力区间内实际经历的时间如图 4-16 所示。

⑥ 根据上述故障机理的故障机理模型,可以分别计算出每个故障机理在不同的温度应力水平下的理论寿命,见表 4-28。

表 4-28　理论寿命计算结果

应力水平	PTH	Hynix 焊点	iCreat 焊点	电迁移	热载流子
0~125 ℃	7 600 cycles (760 天[①])	28 911 cycles (2 891 天[①])	123 333 cycles (12 333 天[①])	277 h (332 天[②])	460 h (276 天[③])
25~135 ℃	12 400 cycles (1 240 天[①])	23 620 cycles (2 362 天[①])	98 104 cycles (9 810 天[①])	197 h (236 天[②])	460 h (276 天[③])

① 按 10 cycles/天计算;

② 按 10 cycles/天,高温持续时间 5 min/cycles 计算;

③ 按 10 cycles/天,加电持续时间 10 min/cycles 计算。

4.4.2　基于故障逻辑模型的系统可靠性预计

系统可靠性预计是以组成系统的各单元的预计值为基础,根据系统可靠性模型,对系统的基本可靠性和任务可靠性进行预计。对于使用以前的系统或成品(不做设计任何改进/修改)以及购买的货架产品,不再进行可靠性预计,直接用其以往的统计值或可靠性指标。

1. 基本可靠性预计

(1) 一般方法

基本可靠性模型为串联模型,设系统组成单元之间相互独立,则有

$$\begin{cases} R_{\mathrm{S}}(t_{\mathrm{S}}) = R_1(t_1) \cdot R_2(t_2) \cdots R_n(t_n) \\ T_{\mathrm{BFs}} = \displaystyle\int_0^\infty R_{\mathrm{S}}(t_{\mathrm{S}}) \, \mathrm{d}t_{\mathrm{S}} \end{cases} \tag{4-49}$$

式中：$R_{\mathrm{S}}(t_{\mathrm{S}})$——系统可靠度;

$\quad$ $R_i(t_i)$——第 i 个单元的可靠度;

$\quad$ t_{S}——系统工作时间(h);

$\quad$ t_i——第 i 个单元的工作时间(h);

$\quad$ T_{BFs}——系统平均故障间隔时间(h),

$$T_{\mathrm{BFs}} = 1/\bar{\lambda}_{\mathrm{S}} \tag{4-50}$$

$\quad$ $\bar{\lambda}_{\mathrm{S}}$——系统平均故障率($\mathrm{h}^{-1}$)。

如果各单元寿命均服从指数分布,且取 $d_i = t_i/t_{\mathrm{S}}$,则

$$\begin{aligned} R_{\mathrm{S}}(t_{\mathrm{S}}) &= \mathrm{e}^{-\lambda_1 t_1} \cdot \mathrm{e}^{-\lambda_i t_i} \cdots \mathrm{e}^{-\lambda_n t_n} \\ &= \mathrm{e}^{-(\lambda_1 d_1 + \lambda_2 d_2 + \cdots + \lambda_n d_n)t_{\mathrm{S}}} \\ &= \mathrm{e}^{-\sum_{j=1}^{n} \lambda_i \cdot d_i t_{\mathrm{S}}} \end{aligned} \tag{4-51}$$

式中：λ_i——第 i 单元的故障率(h^{-1});

$\quad$ d_i——第 i 个单元工作时间与系统工作时间之比。

因各单元均服从指数分布,且为串联模型,所以系统必然也服从指数分布,即

$$R_S(t_S) = e^{-\lambda_S t_S} = e^{-\sum_{i=1}^{n} \lambda_i \cdot d_i t_S}$$

由此可得系统故障率

$$\lambda_S = \sum_{i=1}^{n} \lambda_i d_i \qquad\qquad (4-52)$$

式中:λ_i——第 i 个单元的故障率(h^{-1})。

严格地说,系统内各组成单元的工作时间并非一致。例如,一架飞机,其燃油、液压、电源等系统是随飞机同时工作的,而其应急动力、弹射救生等系统则仅是在应急状态下才工作,故其相应的工作时间远远小于飞机(系统)工作时间。

在工程上,若各单元的故障率 λ_i 均是以系统工作时间为基准(称为时间基准),则 $d_i = t_i / t_S = 1.0$;或无法得知各单元故障率的时间基准,为简单起见,将系统内各单元工作时间视为相等,即

$$t_1 = t_2 = \cdots = t_n = t_S$$

则有

$$\begin{aligned} R_S(t_S) &= e^{-\lambda_1 t_1} \cdot e^{-\lambda_i t_i} \cdot \cdots \cdot e^{-\lambda_n t_n} \\ &= e^{-(\lambda_1 + \lambda_2 + \cdots + \lambda_n) t_S} \\ &= e^{-\sum_{j=1}^{n} \lambda_i \cdot t_S} \\ &= e^{-\lambda_S t_S} \end{aligned}$$

由此可得系统的故障率

$$\lambda_S = \sum_{i=1}^{n} \lambda_i \qquad\qquad (4-53)$$

也就是说,对于串联模型,其系统的故障率等于各单元故障率之和。另外,值得一提的是,若系统中有部分单元的工作时间少于系统工作时间,则根据式(4-53)预计的结果一定是偏保守的。

(2)电子元器件记数法

电子元器件记数法适用于电子设备方案论证阶段和初步设计阶段,元器件的种类和数量大致已确定,但具体的工作应力和环境等尚未明确时,对系统基本可靠性进行预计。其基本原理也是对元器件"通用故障率"的修正。

其计算步骤是:先计算系统中各种型号和各种类型的元器件数目,然后再乘以相应型号或相应类型元器件的通用故障率,最后把各乘积累加起来,即可得到部件、系统的故障率。这种方法的优点是只使用现有的工程信息,不需要详尽地了解每个元器件的应力及环境条件就可以迅速地估算出该系统的故障率。其通用公式为

$$\lambda_S = \sum_{i=1}^{n} N_i \cdot \lambda_{Gi} \cdot \pi_{Qi} \qquad\qquad (4-54)$$

式中:λ_S——系统总故障率(h^{-1});

λ_{Gi}——第 i 种元器件的通用故障率(h^{-1});

π_{Qi}——第 i 种元器件的通用质量系数;

N_i——第 i 种元器件的数量；

n——系统所用元器件的种类数目。

式(4-54)适合应用在同一环境类别的设备中。如果设计所包含的 n 个单元是在不同环境中工作(如机载设备有的单元应用于座舱,有的单元应用于无人舱),则式(4-54)应该分别按不同环境考虑,然后将这些"环境-单元"故障率相加即为系统的总故障率。元器件通用故障率 λ_G 及质量等级 π_Q 可以查国军标 GJB/Z 299C。

【例 4-13】 用电子元器件计数法求解某地面搜索雷达的平均故障间隔时间。该雷达使用的元器件类型、数量及故障率见表 4-29。

表 4-29　某雷达使用的元器件及其故障率

元器件类型	使用数量	通用故障率·$10^6/(\mathrm{h}^{-1})$	总故障率·$10^6/(\mathrm{h}^{-1})$	元器件类型	使用数量	通用故障率·$10^6/(\mathrm{h}^{-1})$	总故障率·$10^6/(\mathrm{h}^{-1})$
电子管,接收管	96	6.0	576.0	可变合成电阻器	38	7.0	266.0
电子管,发射管(功率四极管)	12	40.0	480.0	可变线绕电阻器	12	3.5	42.0
电子管,磁控管	1	200.0	200.0	同轴连接器	17	13.31	226.47
电子管,阴极射线管	1	15.0	15.0	电感器	42	0.938	39.4
晶体二极管	7	2.98	20.86	电器仪表	1	1.36	1.36
高 K 陶瓷固定电容器	59	0.18	10.62	鼓风机	3	630.0	1 890.0
钽箔固定电容器	2	0.45	0.9	同步电动机	13	0.8	10.4
云母膜制电容器	89	0.018	1.6	晶体壳继电器	4	21.28	85.12
固定低介质电容器	108	0.01	1.08	接触器	14	1.01	14.14
碳合成固定电容器	467	0.020 7	9.67	拨动开关	24	0.57	13.66
功率型薄膜固定电容器	2	1.6	3.2	旋转开关	5	1.75	8.75
固定线绕电阻器	22	0.39	8.58	总合			3 926.57
功率变压器和滤波变压器	31	0.062 5	1.94				

解
$$T_{BF} = \frac{10^6}{3\ 926.57}\ \mathrm{h} = 255\ \mathrm{h}$$

(3)机械零部件计数法

与元器件计数法类似,对于机械类设备(产品),可以采用零部件计数法来预计其基本可靠性,所依照的计算模型为 NPRD—2011《非电子零部件可靠性数据库》数据手册。NPRD 包含了电气、机械、机电、液压及旋转装置的故障率数据。

其计算步骤如下:

① 确定零部件信息,具体包括:

• 零部件类型,如轴承、膜片串波纹管、磁力制动器等;

- 使用环境;
- 军用还是民用等。

② 查找故障率点估计数值。在 NPRD 中依据上述零部件信息查找对应的故障率点估计数值。如果数据手册中没有该类型零部件在其使用环境下的故障率数据,则可以查找相似零部件或相似环境下的数据,并于修正后进行替代。

③ 综合预计机械设备的可靠性特征量数值。根据基本可靠性框图计算系统的故障率,进一步根据机械零部件的寿命分布类型(如指数分布、正态分布等)计算基本可靠度、平均故障间隔时间等可靠性特征量数值。

【例 4 - 14】已知某型飞机减速器的传动机构部分由大齿轮、小齿轮、轴承、齿轮轴、平键组成,该部分的可靠性规定值要求平均故障间隔时间为 70 000 h,且 $R(2\ 000)=0.95$,要求对该减速器传动部分的基本可靠性进行预计,并分析是否达到了相关设计要求,有何改进的方向?

解

1) 定义产品,确定零部件信息,建立系统基本可靠性模型

该减速器处于工程研制中后期,传动部分由大齿轮、小齿轮、轴承、齿轮轴、平键组成。假设如下:

① 系统各组成部分工作时间相同;

② 系统各组成部分寿命均服从指数分布,且系统各组成部分之间的故障相互独立。

根据产品定义,该减速器传动部分的基本可靠性框图如图 4 - 17 所示。

A₁—大齿轮;A₂—小齿轮;A₃—轴承;A₄—齿轮轴;A₅—平键

图 4 - 17　减速器传动部分可靠性框图

系统故障率模型为

$$\lambda_S = \sum_{i=1}^{5} \lambda_i$$

式中:λ_i——组成部分 A₁～A₅ 的故障率(h⁻¹)。

系统可靠度模型为

$$R_S(t) = \prod_{i=1}^{5} e^{-\lambda_i t}$$

式中:$R_S(t)$——系统 t 时刻的可靠度(h⁻¹)。

2) 选择可靠性预计方法,查找故障率点估计数值

由于该减速器传动部分正处于工程研制中后期,且能确定其零部件类别和应用环境,因此采用数据手册法进行产品可靠性预计。根据 NPRD 查找故障率点估计如表 4 - 30 所列。

其中,齿轮没有运输机座舱的数据,采用 GF(地面)、C(民用)的数据代替;轴承中没有运输机座舱的数据,因此采用 A(航空)、M(军用)替代;齿轮轴中没有军用的数据,因此采用 AIT(运输机座舱)、C(民用)替代;平键中没有运输机座舱的数据,因此采用 A(航空)、M(军用)替代。

表 4 - 30　减速器故障率计算

单元名称	零部件类型	使用环境	军用还是民用	故障率×10^6/(h^{-1})
大齿轮	机械装置(齿轮)	AIT(运输机座舱)	M(军用)	0.169
小齿轮	机械装置(齿轮)	AIT(运输机座舱)	M(军用)	0.169
轴承	轴承(普通)	AIT(运输机座舱)	M(军用)	8.260
齿轮轴	机械装置(齿轮轴)	AIT(运输机座舱)	M(军用)	1.000
平键	连接件(矩形)	AIT(运输机座舱)	M(军用)	1.087

3) 综合产品可靠性预计结果

首先,根据基本可靠性模型计算该液压操纵系统故障率:

$$\lambda_S = \sum_{i=1}^{5} \lambda_i = 10.685 \times 10^{-6}/h$$

由于该减速器各组成部分寿命均服从指数分布,故可由故障率计算得到平均故障间隔时间:

$$T_{BFs} = \frac{1}{\lambda_S} = 93\ 589.14\ h$$

进一步,可计算出该系统的基本可靠度为

$$R_S(2\ 000) = \prod_{i=1}^{5} e^{-\lambda_i t} = e^{-10.685 \times 10^{-6} \times 2\ 000} = 0.978\ 9$$

该减速器传动部分基本可靠性预计结果,系统 T_{BF} 为 93 589.14 h,达到了该系统基本可靠性规定值要求,即 $T_{BF} = 7\ 000$ h;当该系统运行到 2 000 h 时,系统可靠度为 0.978 9,也达到了该系统可靠性规定值要求,即 $R(2\ 000) = 0.95$。

其中,薄弱环节存在于轴承,其故障率占整个减速器传动部分故障率的 77.3%。如需继续提高产品可靠性,可考虑改变设计方案,选择可靠性水平更高的轴承。

2. 任务可靠性预计

任务可靠性预计即对系统完成某项规定任务成功概率的估计。在任务期间系统可分为不可修系统和可修系统。因此,任务可靠性预计分为不可修系统任务可靠性预计和可修系统任务可靠性预计。同时,对于不同任务剖面,系统工作状态、工作时间及工作环境条件有所不同,其可靠性模型也不同。所以任务可靠性预计是针对某一任务剖面进行的。

此外,任务可靠性预计时,单元的可靠性数据应当是影响系统安全和任务完成的故障统计而得出的数据,如产品的任务故障率、平均致命故障间隔时间(MTBCF)等;当缺乏单元任务可靠性数据时,也可用基本可靠性的预计值代替,但系统预计结果偏保守。

(1) 可靠性框图法

可靠性框图法是以系统组成单元的预计值为基础,依据建立的可靠性框图及数学模型计算得出系统任务可靠度。

① 根据任务剖面建立系统任务可靠性框图;

② 应用 4.4.1 小节中的方法预计单元的故障率或 MTBCF;

③ 确定单元的工作时间;

④ 根据可靠性框图计算系统任务可靠度。

【例 4 - 15】某飞机共有 6 个任务剖面,燃油系统完成复杂特技任务的可靠性框图如图 4 - 18 所示。假设各单元寿命均服从指数分布,工作时间均为 1.0 h,试求其故障率。

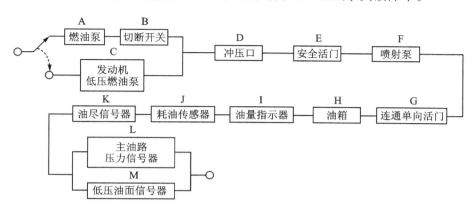

图 4 - 18　某飞机燃油系统完成任务的可靠性框图

解　各单元的故障率(时间基准为飞行小时)如表 4 - 31 所列。

表 4 - 31　单元故障率

单元名称	故障率×10^6/(h^{-1})	单元名称	故障率×10^6/(h^{-1})
燃油泵(A)	900	油箱(H)	1
切断开关(B)	30	油量指示器(I)	50
发动机低压燃油泵(C)	800	耗油传感器(J)	45
冲压口(D)	20	油尽信号器(K)	30
安全活门(E)	30	主油路压力信号器(L)	35
喷射泵(F)	700	低压油面信号器(M)	20
连通单向活门(G)	40		

其任务可靠度预计如下:

图 4 - 18 中的可靠性模型可以化分成三个大单元。

① 旁联单元 1,由 A、B、C 组成(转换装置可靠度为 1.0),其可靠度为

$$R_1 = \frac{\lambda_C}{\lambda_C - (\lambda_A + \lambda_B)} e^{-(\lambda_A + \lambda_B)t} + \frac{\lambda_A + \lambda_B}{(\lambda_A + \lambda_B) - \lambda_C} e^{-(\lambda_C)t}$$

$$= \frac{800}{800 - (870 + 30)} e^{-(870+30)\times10^{-6}\times1.0} + \frac{870 + 30}{870 + 30 - 800} e^{-800\times10^{-6}\times1.0}$$

$$= -8.0 e^{-900\times10^{-6}\times1.0} + 9.0 e^{-800\times10^{-6}\times1.0}$$

$$= -8.0 \times 0.999\,100\,40 + 9.0 \times 0.999\,200\,32$$

$$= -7.992\,803\,24 + 8.992\,802\,8\,8$$

$$= 0.999\,999\,64$$

② 串联单元 2,由 D、E、F、G、H、I、J、K 组成,其可靠性为

$$R_2 = R_D \cdot R_E \cdot R_F \cdot R_G \cdot R_H \cdot R_I \cdot R_J \cdot R_K$$

$$= e^{-\lambda_D t} \cdot e^{-\lambda_E t} \cdot e^{-\lambda_F t} \cdot e^{-\lambda_G t} \cdot e^{-\lambda_H t} \cdot e^{-\lambda_I t} \cdot e^{-\lambda_J t} \cdot e^{-\lambda_K t}$$

$$= e^{-(\lambda_D + \lambda_E + \lambda_F + \lambda_G + \lambda_H + \lambda_I + \lambda_J + \lambda_K) t}$$

$$= e^{-(20+30+700+40+1+50+45+30) \times 10^{-6} \times 1.0}$$

$$= e^{-916 \times 10^{-6} \times 1.0} = 0.999\,084\,42$$

③ 并联单元 3,由 L、M 组成,其可靠度为

$$R_S = R_L + R_M - R_L \cdot R_M$$

$$= e^{-\lambda_L t} + e^{-\lambda_M t} - e^{-\lambda_L t} \cdot e^{-\lambda_M t}$$

$$= e^{-35 \times 10^{-6} \times 1.0} + e^{-20 \times 10^{-6} \times 1.0} - e^{-55 \times 10^{-6} \times 1.0}$$

$$= 0.999\,965 + 0.999\,98 - 0.999\,945$$

$$= 0.999\,999$$

因此燃油系统任务可靠度为

$$R_S = R_1 \cdot R_2 \cdot R_3$$

$$= 0.999\,999\,64 \times 0.999\,084\,42 \times 0.999\,999$$

$$\approx 0.999\,1$$

(2) 多任务剖面任务可靠度综合计算

对飞机等武器装备的可靠性指标要求中,一个重要的指标是完成任务成功概率(MCSP),即整机总的任务可靠度。它是多个任务剖面的综合任务可靠度指标。如前所述,在任务可靠性预计时必须根据不同的任务剖面,预计其各自的任务可靠度。我们需要将各任务剖面的任务可靠度综合,预计出整机总的任务可靠度。

1) 整机各任务剖面的任务可靠度

假设 R_{ij} 为第 i 个任务剖面的第 j 个系统的任务可度,则整机各任务剖面做任务可靠度为

$$R_i = \prod_{j=1}^{k} R_{ij} \quad (i = 1, 2, \cdots, m) \tag{4-55}$$

式中: i ——任务剖面的编号;

$\quad m$ ——任务剖面数;

$\quad k$ ——与该任务有关的系统数。

2) 整机完成任务成功概率(MCSP)

MCSP 可表示为

$$P = \frac{\text{完成任务的次数}}{\text{任务总次数}} \tag{4-56}$$

因为 R_i 与任务时间有关,且各任务的执行时间也不同,所以 MCSP 也可以按下式计算:

$$P = \sum_{i=1}^{m} R_i \alpha_i$$

式中: α_i ——第 i 个任务剖面的加权系数。

3) 加权系数 α_i 的计算

第 i 个任务剖面在寿命期间的相对任务次数,可通过下式计算:

$$n_i = TC_i / t_i \quad (i = 1, 2, \cdots, m) \tag{4-57}$$

式中：T——装备在寿命期间的总任务时间；

　　C_i——在寿命期间，第 i 个任务剖面的任务时间占装备总任务时间的比例；

　　t_i——第 i 个任务剖面的任务时间。

由此可得加权系数 α_i 公式如下：

$$\alpha_i = \frac{n_i}{n} = \frac{n_i}{\sum_{i=1}^{m} n_i}$$

$$= \frac{TC_i/t_i}{\sum_{i=1}^{m}(TC_i/t_i)}$$

$$= \frac{C_i/t_i}{\sum_{i=1}^{m}(C_i/t_i)} \tag{4-58}$$

表 4-32 所列是对某型教练机的 α_i 的计算结果，根据 α_i 值即可计算 MCSP。

表 4-32　某型教练机的加权系数计算表

剖面名称	$C_i/\%$	任务时间 t_i/飞行小时	C_i/t_i	α_i
起落剖面	23	1 650	0.013 9	0.356
仪表飞行剖面	17	2 710	0.006 27	0.160 6
复杂特级剖面	18	3 327	0.005 41	0.138 5
编队剖面	21	2 505	0.008 38	0.214 6
航行剖面	6	5 418	0.001 11	0.028 4
攻击剖面	10	405 9	0.002 46	0.063 0
其他	5	3 286	0.001 52	0.038 0
总计			0.039 05	0.999 1

4.4.3　基于性能的系统可靠性预计

对于复杂的机电产品，通过单元可靠性及系统故障逻辑模型预测系统任务可靠性，可能会有较大偏差。一方面，由于单元和系统的功能/性能会存在降级状态（多态或连续态），采用"正常/故障"两态假设进行概率封装时，丢失了大量有用信息；另一方面，对可靠性的层次关系进行逻辑抽象，也割断了单元功能/性能变化对系统功能/性能变化影响的复杂联系。利用性能仿真模型来准确描述单元和系统的定量关系，同时通过故障建模、参数扰动建模和环境扰动建模等步骤，使性能仿真模型可以模拟系统故障行为，基于系统故障行为进行系统任务可靠性预计。主要步骤如下：

① 建立性能仿真模型，描述系统与单元性能之间的定量关系。该步骤是本方法的前提，没有性能仿真模型就不能进行预计。模型通常由熟悉性能设计的人员建立。同时确定影响系统可靠性的关键性能指标，确定系统故障判据。

② 分析影响系统关键性能及可靠性的因素，包括单元故障、参数扰动及环境扰动，并且确定其服从分布函数及特征值。利用 3.3 节的方法进行故障建模、参数建模和环境建模，将三类

因素注入到性能仿真模型中。

③ 根据对各类影响因素的分布,用蒙特卡洛方法进行随机抽样。将抽样值分别代入仿真模型中,根据仿真模型输出的性能指标判断该样本是否能满足任务要求。多次仿真,统计任务可靠性指标。

【例 4 - 16】 伺服阀是一种机电液混合的产品,建立其可靠性仿真模型,进行任务可靠性预计。已知伺服阀的 AMESim 性能模型,分析影响伺服阀可靠性的主要因素,并对主要因素进行建模和注入。用蒙特卡洛方法对影响因素的随机性进行抽样,统计求得伺服阀任务可靠性。

解

1) 性能模型建立

应用 AMESim 建立伺服阀的性能模型,将其性能模型建模分解为四大组件的建模,即力矩马达组件、衔铁及反馈组件、放大器组件和滑阀组件。AMESim 中建立的性能模型在输入电流信号的控制下,经过底层动力学关系可以仿真得到阀门的额定流量、零偏、内漏、滞环等性能输出。行业标准规定,若这些性能不满足要求,则认为阀门故障。因此,可将上述性能指标作为阀门故障判据。当性能指标超过规定的阈值时,判定为软故障;当系统严重退化或发生偶然故障时,判定为硬故障,如反馈杆断裂等则认为系统完全失效。

2) 影响因素分析、建模与注入

阀门的偶然故障有线圈开短路、衔铁卡死、密封圈失效、反馈杆断裂。这些偶然故障通过产生随机数的方式得到一组确定的序列,即可得到各偶然故障的发生时间;达到偶然故障发生时间后,将阀门故障发生部位设置为故障状态。

阀门在使用过程中,环境应力会对其可靠性产生影响。由于环境应力的不确定性也会使可靠性产生波动,因此需要对环境应力的不确定性进行建模。影响阀门可靠性的环境应力包括油液污染度和油液温度,将这两种环境应力的不确定性加入性能模型中。

设计参数由于制造误差等具有不确定性,建立性能模型后,需要对设计参数进行不确定性建模,将设计参数的不确定性加入性能模型中。参数退化可以视为参数扰动的一种复杂情况,需要借助故障物理模型来描述。本案例将其单独讨论。经过分析得出阀门的主要故障机理有磨粒磨损、冲刷磨损、腐蚀磨损、疲劳磨损、堵塞、污染卡紧和液压卡紧,主要作用的部分集中在滑阀组件和滤油器组件等,故将以上故障机理作用在这些组件上产生的退化规律进行建模。

因素建模与注入方法比较复杂,具体过程可以参考 3.3.1 小节。

3) 基于蒙特卡洛方法进行任务可靠性预计

综合考虑单元故障、环境应力、参数扰动和退化等,通过蒙特卡洛方法进行阀门的可靠性仿真。设置相关参数的初始值和仿真次数,在各次仿真中按设计参数的不确定性分布抽样确定设计参数的取值。当未达到单次仿真设置的仿真时间时,运行性能模型一个仿真步长,根据环境应力的分布抽样确定各次仿真的环境应力。判断是否发生偶然故障,若发生偶然故障,则记录该次故障时间并进入下一次仿真;若未发生偶然故障,则根据故障机理模型计算一个仿真步长内各单元的退化量。之后,根据退化后的状态判断系统是否失效,若失效则记录故障时间并进入下一次仿真;若未失效则运行性能模型下一个仿真步长,直到系统发生故障为止。当仿真次数达到规定之后,对仿真结果进行统计,输出阀门的可靠性曲线。

使用蒙特卡洛方法抽样可以计算出每个仿真时刻阀门的可靠性水平,200 h 内阀门的任务可靠性仿真曲线如图 4 - 19 所示。

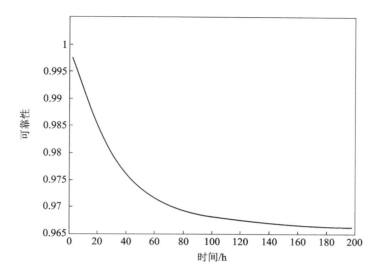

图 4-19　阀门的任务可靠性仿真曲线

习　　题

1. 试举例说明可靠性参数间的相关性。
2. 试简述可靠性参数的体系。
3. 试简述可靠性指标的特点。
4. 什么是基本可靠性、任务可靠性？两者之间的差别是什么？
5. 可靠性要求是什么？为什么要制定可靠性要求？可靠性要求分为哪几类？
6. 简要描述"目标值""门限值""规定值""最低可接受值"的概念及相关性。
7. 简要描述可靠性定性、定量要求制定的程序。
8. 可靠性参数选择与指标确定,应反映哪四个方面的要求？
9. 可靠性定性设计、分析要求一般包含哪些内容？
10. 简述进行系统可靠性分配的目的。
11. 简述可靠性分配的准则。
12. 根据评分分配法的基本原理,试给出可靠度的分配方法及其一般计算公式。
13. 简述可靠性预计的目的和用途。
14. 简述可靠性预计的分类与程序。
15. 简述可靠性预计与可靠性分配的关系。
16. 有三台重要因子相同的设备组成的串联系统。当系统可靠度 $R_S^* = 0.9$ 时,各设备的可靠度应如何分配？如果其中一台设备的可靠度 $R_1 = 0.99$,其余设备的可靠度应是多少？
17. 某一液压系统,其故障率 $\lambda_{老} = 265 \times 10^{-6}/h$,各分系统故障率如表 4-33 所列。现设计一个新的液压系统,其组成与老的系统相似,只是油泵和油滤仍沿用老产品。要求新液压系统故障率为 $\lambda_{新} = 200 \times 10^{-6}/h$,试指标分配给各分系统。

表 4 - 33　各分系统故障率

序　号	分系统名称	$\lambda_{i\text{老}} \times 10^6/(\text{h}^{-1})$
1	油　箱	4.0
2	油　泵	70.0
3	电动机	40.0
4	止回阀	30.0
5	安全阀	25.0
6	油　滤	8.0
7	启动器	60.0

18. 飞行器由动力装置、武器、制导装置、飞行控制装置、机体及辅助动力装置 6 个分系统组成。已由专家进行了评分(见表 4 - 34),系统的可靠性指标 $R_S^* = 0.95$,工作时间为 150 h,试给各分系统分配可靠性指标。

表 4 - 34　专家评分

单元名称	复杂程度 r_{i1}	技术水平 r_{i2}	工作时间 r_{i3}	环境条件 r_{i4}
动力装置	5	6	5	5
武器	7	6	10	2
制导装置	10	10	5	5
飞行控制装置	8	8	5	7
机体	4	2	10	8
辅助动力装置	6	5	5	5

19. 通信设备由发射机、接收机和天线三部分串联组成。每一部分工作是相互独立的,寿命分布为指数分布,每一部分在 10 h 的可靠度分别为 $R_1 = 0.95$,$R_2 = 0.93$,$R_3 = 0.98$。如要求通信设备的 10^3 h 的可靠度为 0.9,试按不可靠度和故障率进行按比例分配。

20. 四个单元构成一个串联系统。每个单元的故障率分别为 0.003/h,0.002/h,0.004/h 和 0.007/h。当要求的系统故障率 $\lambda_S^* = 0.99$/h 时,试按比例将故障率分至各单元,并计算各单元工作 10 h 时的系统可靠度。

21. 某飞机装有反雷达干扰发射机、无线电通信系统、雷达和敌我识别器,其工作时间为 4 h,各分系统(设备)的构成部件数和重要因子见表 4 - 35,若规定的可靠度指标 $R_S^* = 0.9$。试给各分系统(设备)分配可靠度。

表 4 - 35　各分系统(设备)的构成部件数和重要因子

序　号	分系统(设备)名称	构成部件数	重要因子	工作时间/h
1	反雷达干扰发射机	20	0.7	4.0
2	无线电通信系统	30	0.5	3.0
3	雷达	200	0.8	4.0
4	敌我识别器	50	0.2	2.0

22. 某台仪器由四个分系统串联组成,每个分系统工作是相互独立的,寿命分布为指数分

布,每个分系统又由 n_i 个单元组成,其重要因子 ω_i 和 n_i 的取值见表 4-36。如果要求系统工作 10 h 的可靠度为 0.98,试进行可靠性分配。

23. 设系统由 A、B、C 三个分系统串联组成。已知各分系统可靠度 $R_A=0.9$,$R_B=0.8$,$R_C=0.85$。要求系统可靠度 $R_S^*=0.7$。试对三个分系统进行可靠度再分配。

24. 某分系统由三个部件组成,各单元的可靠度、单价及单重见表 4-37。其约束条件为总价格 $C \leqslant 37$ 万元,总质量 $\leqslant 20$ kg。试用直接寻查法给各设备分配可靠度。

表 4-36 重要因子 ω_i 和 n_i 的取值

分系统号	n_i	ω_i
1	50	0.8
2	60	1.0
3	40	0.7
4	100	1.0

表 4-37 各单元的可靠度、单价及单重

部 件	可靠度	单价/万元	单重/kg
1	0.9	2.5	2
2	0.85	4.0	1
3	0.93	4.3	3

25. 试述各种可靠性分配方法的适用范围。

26. 电视机的中频系统由 8 种元器件组成,其数量及单件故障率见表 4-38($\pi_Q=1.0$)。试用元器件计数法预计该中频系统的平均故障间隔时间。

表 4-38 数量及单件故障率

元器件名称	数量 N	故障率 $\lambda_G \times 10^6/(h^{-1})$
第一、二中放管	2	4.0
第三中放管	1	16.2
电解电容	1	0.5
一般电容	24	0.15
电阻	18	0.1
线圈	1	0.38
中周	8	0.48
接插件	1	0.24

27. 一种新设计的飞机,与某一老飞机相似。其供氧抗荷系统的组成相似系数如表 4-39 所列。用相似产品法预计飞机供氧抗荷系统的基本可靠性。

表 4-39 供氧抗荷系统的组成相似系数

产品名称	单机配套数	老产品的 MFHBF	相似系数
氧气开关	3	1 192.8	3.0
氧气减压阀	2	6 262.0	1.0
氧气示流器	2	2 087.3	1.0
氧气调节器	2	863.7	1.0
氧气面罩	2	6 000.0	1.5
氧气瓶	4	15 530.0	1.0
跳伞氧气调节器	2	6 520.0	1.2
氧气余压指示器	2	3 578.2	1.3
抗荷分系统	2	3 400.0	1.0

28. 简述时间基准对可靠性预计的影响。

29. 某一系统由 5 个单元组成,各单元的 4 个因数评分如表 4-40 所列,其可靠性框图如图 4-20 所示。其中单元 C 的可靠度为 $R_C=0.92$,计算系统的可靠度。

表 4-40　各单元的 4 个因数评分

分系统	复杂程度 r_{i1}	技术水平 r_{i2}	工作时间 r_{i3}	环境条件 r_{i4}
A	8	1	10	8
B	3	2	8	4
C	5	2	10	8
D	5	2	8	7
E	4	5	8	3

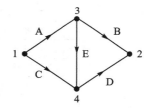

图 4-20　习题 29 的可靠性框图

30. 雷达系统是由天线阵、雷达、数据处理和其他设备四个分系统串联组成,其平均故障间隔时间分别为 18 125 h、35 244 h、15 944 h、49 293 h。预计该系统的平均故障间隔时间。

31. 已知某系统的可靠性框图如图 4-21 所示,其元件故障率都相同,$\lambda=0.000\ 5/h$。预计该系统工作 100 h 的可靠度。

32. 图 4-22 是某一系统的任务可靠性模型,其中,$R_A=R_B=0.8$,$R_C=R_D=0.7$,$R_E=0.64$,试预计其系统的任务可靠性。

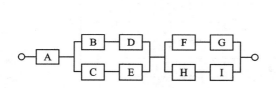

图 4-21　习题 31 的可靠性框图　　　　图 4-22　习题 32 的可靠性模型

33. 某电子设备是由一个雷达和一个计算机组成的串联系统,其寿命分布和故障修复时间均服从指数分布,它们的平均故障间隔时间分别为 100 h 和 200 h,平均修复时间分别为 10 h 和 5 h($\mu=1/T_{TR}$)。试计算 10 h 时的设备可信度。

34. 试比较各种预计方法的适用范围及使用该方法的先决条件。

35. 简述可靠性预计的注意事项。

第 5 章　故障及薄弱环节的分析与识别

5.1　概　述

可靠性工程中建模、分配、预计等方法主要回答产品是否满足可靠性定量要求的问题,但这些方法不能直接指导产品设计。研制中开展可靠性设计还应以故障为核心,根据第 2 章中产品的功能与故障的定义,分析产品在使用过程可能发生的"故障",并采取针对性设计措施,从而提高产品的可靠性。这些可能发生故障的部位和模式可以被认为是产品的薄弱环节。

预先分析故障并加以处理的想法并不神秘,其朴素思想早在《左传》中就有提及,即所谓"居安思危,思则有备,有备无患"。而在现代工业中,此类工作最初没有特定的名称,有时被简单地称为"故障预想",且缺乏规范的方法和过程。需要注意的是,在某些非可靠性的领域,相关工作至今仍称为"故障预想"。

故障及薄弱环节分析工作的实质,相当于从可靠性的角度对已有的产品设计方案(不同细致程度,从概念、初步到详细等设计阶段)进行评判。由于产品任一组成单元均可能发生故障,当产品组成单元数量较多时,产品整体可能发生的故障将不计其数。为了提高工作的有效性,相关工作应有重点。针对故障发生可能性比较高或后果比较严重的部分,必须在产品研制中给予处理,但应避免"杞人忧天"式的矫枉过正;根据产品研制的特点和需求,部分在任务期内发生可能性极低、影响极小的故障模式,可以适当忽略。

由于"故障"相较于设计师来说是一个"意外"或"不期望发生"的事件,往往需要采用逆向设计思维才能准确分析,所以必须有系统化的支撑方法才能保证"故障分析"的充分性和完备性。一般而言,可以分别从"功能逻辑"和"物理"两个角度对故障或薄弱环节加以分析和识别,常用的方法及分类如表 5-1 所列。

表 5-1　故障及薄弱环节分析与识别方法分类

功能逻辑角度	物理角度
故障模式影响及危害性分析(FMECA)	载荷-应力分析(如有限元)
故障树分析(Fault Tree Analysis, FTA)	应力-强度分析
可靠性框图(Reliability Block Diagram, RBD)	耐久性分析
潜在通路分析(Sneak Circuit Analysis, SCA)	可靠性薄弱环节仿真分析
容差分析	……

其中,故障模式影响及危害性分析(Failure Mode Effect and Criticality Analysis,FMECA 方法发展最为成熟,影响力也最大。其主要思想是确定系统各单元可能的故障模式,并自底向上分析其对系统最终的影响,从而进行针对性的处理。相较于 FMECA,潜在通路分析更关注单元间在特定条件下如何构成了不期望的通路。这些通路的出现会引起功能异常或抑制正常功能的实现。FMECA 和潜在通路分析方法都是从产品的"功能实现"和"逻辑关系"角度分析

和识别产品的潜在故障或薄弱环节。

实际上,产品发生故障往往与其寿命周期中承受的各种载荷(如热、振动、冲击等)有关,还可以从"故障物理"的角度分析和识别产品的潜在故障或薄弱环节。可靠性薄弱环节仿真分析,是指在产品三维物理模型的基础上构建有限元分析(Finite Element Analysis, FEA)模型、计算流体动力学(Computational Fluid Dynamics, CFD)模型等,并结合产品寿命周期工作和环境条件确定仿真分析载荷剖面,进行热应力分析、振动应力分析以及故障物理分析,发现产品在设计、工艺以及使用等方面的薄弱环节/缺陷,进一步采取设计改进或使用补偿措施,提高产品可靠性水平。

5.2 故障模式影响及危害性分析

5.2.1 基本思想和原理

故障模式影响及危害性分析(FMECA),其根本目的是发现产品的各种缺陷与薄弱环节,并采取有效的改进和补偿措施以提高其可靠性水平。以一个简单的小例子说明 FMECA 的意义和作用,如图 5-1(a)所示的某体重计产品,在用户使用一段时间后出现"无显示"的故障现象,拆开后其示意结构如图 5-1(b)所示。其导线简单地放置于支撑结构上,显然因为反复踩压面板致后导线疲劳断裂,造成断路。如果在体重计设计过程中进行了 FMECA,识别出导线断路这一故障模式,即可采取在支撑结构上挖槽或打孔的方式消除这一故障模式,如图 5-1(c)所示。

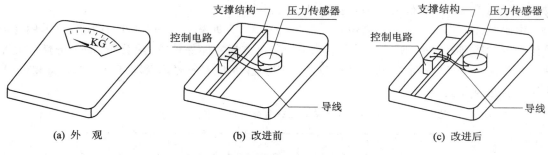

(a) 外 观   (b) 改进前   (c) 改进后

图 5-1 某体重计产品故障分析

FMECA 是一种自底向上的归纳分析方法,其特点是从原因(单元故障)向结果(整体故障)进行分析;分析产品所有可能的故障模式、原因及其可能产生的影响,并按照故障发生的可能性和后果的严重程度进行分类,在此基础上给出针对性处理措施。FMECA 由故障模式及影响分析(FMEA)、危害性分析(CA)两部分组成。

FMECA 确切起源不可考,但早在 20 世纪 50 年代初,美国格鲁门飞机公司在研制飞机主操纵系统时就采用了 FMEA 方法,并取得了良好的效果。随后,人们在 FMEA 的基础上扩展了 CA 方法,以判断故障模式影响的程度具体有多大,使分析定量化。

随着 FMECA 方法的不断发展,其适用对象从最初的航空、航天等领域不断延伸至机械、汽车、医疗等领域,可以说各类产品乃至广义的人工系统都有 FMECA 的用武之地。

根据产品寿命周期不同的需求,在产品研制过程中可采取不同形式的 FMECA,如功能、硬件、软件、过程等。本章采用功能/硬件 FMECA 来阐述 FMECA 的原理与过程,如图 5 - 2 所示。用于其他分析目的的 FMECA 方法与功能/硬件 FMECA 方法在原理上基本是一致的。

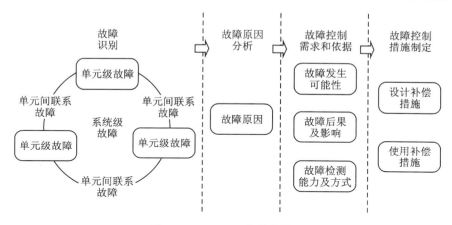

图 5 - 2　FMECA 的基本原理

　　FMECA 方法通常采取逐层分析的方式,即识别出单元级的故障或单元间联系故障后,逐层向上传递直至产品本身。对识别出的故障模式,首先需要分析其原因,然后分析故障发生的可能性和故障后果,通过定量/定性分析找出关键的故障模式。同时也需要分析故障检测能力及其方式,明确分析对象发生故障后被检测出的可能性。这些工作有助于确定采取何种措施来控制这些可能故障。最终综合考虑故障原因、后果、检测方式等,分别从设计补偿措施和使用补偿措施两个角度制定故障消减控制措施。

　　FMECA 是一个反复迭代、逐渐完善的过程,在产品研制过程中需要进行多轮分析,直到所有可能故障模式都已经被消除或采取了相应的控制措施。其通用的步骤如图 5 - 3 所示。

　　FMECA 准备工作的主要目的是收集产品组成、功能、任务的基本信息,制定 FMECA 工作计划,选择 FMECA 方法和表格,制定功能或故障模式编码规则等,为后续的 FMECA 提供全面支撑。

　　FMECA 是产品可靠性分析的一个重要工作项目,同时也是维修性分析、安全性分析、测试性分析和保障性分析的基础。以 FMECA 为基础,按照故障的闭环消减控制思想可以建立可靠性、维修性、测试性、保障性和安全性工作之间的有机联系。

5.2.2　故障模式影响分析(FMEA)

1. 系统分析及定义

　　根据故障的概念,故障与产品的功能定义与运行环境密切相关,因此 FMEA 的第一项工作是进行系统分析和定义,明确分析对象及其主要任务、功能、工作方式等,从而辅助分析人员有针对性地分析产品在给定任务下所有可能的故障模式、原因和影响。主要工作包括开展系统划分,进行任务、功能及可靠性分析,给出故障判据和严酷度定义等。其中,故障判据和严酷度定义的说明,将结合具体工作随后进行详细说明。

　　(1)系统划分

　　开展 FMEA 前应明确分析对象,一般可按照层次结构对产品进行功能分解或硬件分解,

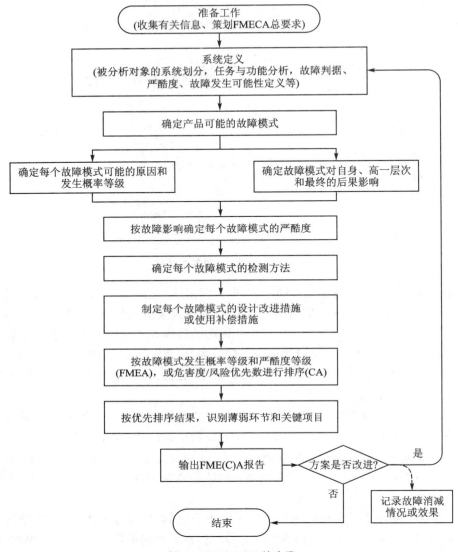

图5-3　FMECA 的步骤

同时应按照事先定义的编码规则对功能或硬件进行编码,注意保证编码的唯一性。在此基础上,可建立功能与硬件之间的映射关系,如图5-4所示,称为功能和硬件层次对应图。需要注意,功能与硬件通常不是一一对应的,往往是多对多的关系,既可能一个功能对应着多个硬件,也可能一个硬件对应着多个功能。还需要注意的是,区分功能和功能结构。避免出现功能是"发射",硬件是"发射装置",或者功能是"发动机子系统",硬件是"发动机"等类似结果。有时根据 FMECA 分析的需要,也可单独进行功能分解或硬件分解。

　　在产品层次化分解的基础上,应明确 FMEA 分析的范围,即从哪个产品层次开始到哪个产品层次结束。这种规定的 FMEA 层次称为约定层次。如果选择硬件 FMEA 方法,则按硬件层次进行划分;如果进行功能 FMEA,则按功能层次进行划分。由于分析角度不同,一般应独立于功能硬件分解图,绘制单独的约定层次划分图,如图5-5所示。

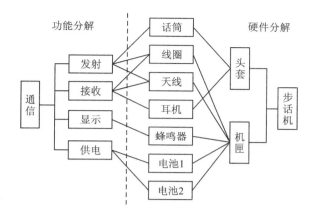

图 5-4　步话机的功能硬件分解图

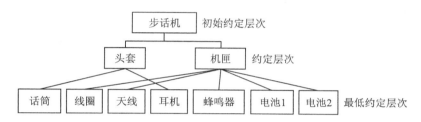

图 5-5　约定层次划分示意

FMEA 中常用约定层次的定义如下：

① 初始约定层次：要进行 FMEA 总的、完整的产品所在的约定层次中的最高层次。它是 FMEA 最终影响的对象。

② 约定层次：根据 FMEA 的需要，按产品的功能关系或组成特点进行 FMEA 的产品所在的功能层次或结构层次。一般是从复杂到简单依次进行划分，当约定层次有多层次时，也可用序号进行标识（如第二、第三、第四等），表明约定层次间的有序排列。

③ 最低约定层次：约定层次中最底层的产品所在的层次。它决定了 FMECA 工作深入、细致的程度。

FMEA 层次划分决定了分析的细致程度与工作量，根据 FMEA 目的、侧重点以及进度费用等方面的要求，可以相对灵活地划分约定层次。总体来说，成熟产品的约定层次可以划分得比较粗，而新研产品则多而细。一般来说，产品的初始约定层次为产品本身，而最低约定层次则可划分到零部件或元器件。使用 FMEA 表记录 FMEA 分析结果时，除最低约定层次外，所有约定层次应单独列表。最低约定层次所包含对象是对其上一约定层次 FMEA 分析时表内的分析对象，对照图 5-5，头套和机匣这一层次需单独列表分析，其中，话筒这一层次属于最低约定层次，作为被分析对象，不单独列表。

（2）产品任务和功能分析

复杂产品往往具有多个任务，在不同的任务中，需执行产品的部分功能或全部功能。因此首先应明确产品的任务剖面（见第 2 章），并对产品在不同任务剖面下的主要功能、工作方式（如连续工作、间歇工作或不工作等）、工作阶段、工作时间、工作模式等进行描述和分析。如果功能差异较大（如电台在正常飞行时可能仅执行收发信号功能，但在其他仪表失灵的应急飞行模式下,可能要执行定位、导航等功能),则应根据不同的任务剖面单独展开 FMEA 分析。

为更进一步分析,还可采用功能框图描述系统各组成部分所承担的任务或功能间的相互关系,以及产品每个约定层次间的功能逻辑顺序(见图 5 - 6)。功能框图不同于产品的原理图、结构图、信号流图,而是表示产品各组成部分所承担的任务或功能间的相互关系(输入/输出/控制等),以及产品每个约定层次间的功能逻辑顺序、数据(信息)流、接口的一种功能模型(按 GJB/Z 1391—2006,也可用功能和结构层次对应图替代,但在实际分析时不推荐)。当功能数量或层次较多时,可列出功能列表进一步描述。如果必要,还可采用表格方式描述功能模块之间的输入与输出关系,作为补充说明。

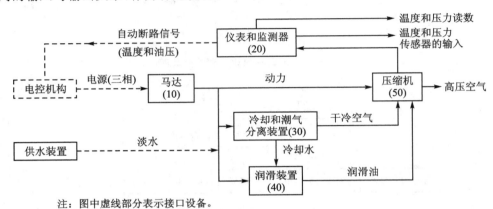

注:图中虚线部分表示接口设备。

图 5 - 6 某高压空气压缩机功能框图示意

2. 故障模式、原因及影响分析

（1）故障模式分析

故障模式是故障的表现形式,通常按照产品发生故障时的现象进行描述,如短路、开路、断裂、过度耗损等。在对具体的系统进行故障分析时,必须首先明确系统故障(在规定的条件下丧失规定的功能)的判断标准,即系统的故障判据。

通常来讲,故障的定义具有主观性。也就是说,同样的产品,由于用户目的不同,对故障的判断标准也不同(即故障判据的不同)。如液压系统的功能之一是装液压油,但围绕液压油泄漏的问题,不同的人从不同的观点看什么是故障有所不同,如图 5 - 7 所示。设备操作者认为,只有泄漏导致设备停止工作才是功能故障;而维修工程师认为,只要一段时间内泄漏引起过量的油料消耗,就算是功能故障;安全管理员则认为,只要泄漏形成了积油,就会有安全的隐患,因此应算作故障。由此可见,必须预先确定明确故障判据才能开展 FMEA 分析,一般在系统分析与定义阶段就应该完成。

故障判据定义时应尽可能量化,根据故障的定义,通常可按照产品规定的性能指标及其允许基线来定义故障判据,如组件无输出,或组件输出超差 5%,"燃油泵的供油能力不足 10 L/min"等。此外,定义故障判据时,还应考虑任务和使用环境需求,如某台发动机的润滑油消耗量偏大,对于短程飞机或中程飞机来说,可能不算故障,但对于远程飞机来说,同样的润滑油消耗率就会把润滑油耗光,此条件下就是故障。从另一个角度讲,在运用故障判据判断某种故障模式是否存在时,还应注意考虑产品的规定使用时间和规定条件。举例来说,如果在规定的使用时间内确定不会发生,则可认为该故障模式不存在。

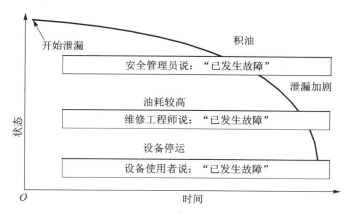

图 5 - 7　不同角色对故障判断的区别

　　产品一般具有多种功能,且每一个功能可能包含多种故障模式。故障模式分析的目的是找出所有可能的故障模式,它的两个基本需求是:① 完备性,故障模式尽可能全;② 唯一性,识别出的故障模式是明确的,且彼此间具有互斥性,不能存在交叉的部分。为此,要求故障判据必须具备足够的分辨尺度,不能过于宽泛,同时故障模式的说明也必须清晰,不可含糊。此外,为保证故障模式具有唯一性和可追溯性,可参考 5.2.2 小节中的编码规则进行故障模式的编码。

　　产品的故障模式可以通过分析、预测、试验和统计等方法获取。其中,新研产品一般需要通过试验或分析的方法获取其故障模式,而其他产品则主要通过经验获取故障模式。特别是对于产品中新材料、新结构、新器件等,往往需要开展针对性试验。在分析过程中,一些可参考的故障模式分类如表 5 - 2 所列。其中第 1 类故障模式功能结构损坏通常用于分析元器件级/零部件等底层的产品单元,其发生后可能会导致后 6 类故障模式。其余 6 类则更多用于分析更高层次的产品单元,如组件、分系统、系统等。

表 5 - 2　故障模式分类

序　号	故障模式分类	说　　明	示　　例
1	功能结构损坏	可直接观察或检测到的功能结构损坏现象,包括变形、局部破坏或完全破坏等	开路、短路、结构故障(破损)、捆结或卡死、泄漏、裂纹、折断、变形
2	规定功能丧失	完全无法执行规定功能	无输出,打不开,关不上,无法开机、关机,不能切换
3	功能不连续	能执行部分功能,但时序上有缺陷	间歇性工作
4	功能不完整	能执行部分功能,但完整性上有缺陷	输出数据有缺项,功能执行一部分后停滞
5	性能偏差	功能可执行,但距离预期性能有偏差,包括超出性能基线或完全错误两大类	输出值增大或下降,输出值错误、超出允差、参数漂移、流动不畅、动作不到位、动作过位、不匹配
6	功能时刻偏差	提前或滞后启动功能	提前运行、滞后运行、信号延误
7	不期望功能	执行预定功能时,出现了其他不期望的功能行为	共振、大噪声、错误动作

对于其他产品,如现有产品、具有相似产品的产品、货架产品等,则可依据如下原则进行故障模式分析:

① 对于现有产品,可根据外场统计数据或试验数据不断丰富产品的故障模式,特别是使用环境条件发生变化时,应注意根据环境的变化进行分析修正。

② 对于具有相似产品的,以相似功能或相似结构使用中发生的故障模式作为参考,分析其故障模式。

③ 对于国内外的货架产品,应向供应商索取其故障模式,如无法提供,可参考相似产品处理。

④ 对常用的元器件、零组件,可从国内外某些标准、手册中确定其故障模式。

此外,产品在同一剖面下的不同任务阶段中也可能具有不同的工作模式。因此,在进行故障模式分析时,还要说明产品的故障模式是在哪一个任务阶段的什么工作模式下发生的。

(2) 故障原因分析

故障模式分析仅能完成故障识别,为了提高产品的可靠性,还需要通过故障原因分析找出每个故障模式产生的原因,进而采取针对性的有效改进措施,消减故障发生可能性,或控制故障影响。

故障原因分析可以从两个维度出发,即成因机理和成因阶段。成因机理包括直接原因和间接原因,直接原因是指导致产品故障的产品自身的那些物理、化学或生物变化过程;间接原因是指产品某个故障来源于产品其他部分的故障或者环境扰动、人为因素等,例如某组件的故障模式"无显示",其故障原因可能是由前端输入组件提供的信号错误(间接故障原因)。另一个分析维度是成因阶段,包括设计阶段、制造阶段、使用阶段等。这一维度的分析有助于采取针对性的故障消减措施。如果发现故障原因来源于制造阶段,则应制定相应的工艺改进措施,详见 5.2.2 小节中的"设计改进与使用补偿措施分析"。

故障原因分析的主要手段之一是因果图,也称鱼刺图法或树枝图法。它以产品的故障现象为结果,以导致故障发生的诸因素为原因绘制相关图形,通过图形的因果关系,可以分析出主要原因。图 5-8 所示为增压器转子振动过大的因果图。图中"鱼头"表示故障结果,主干线端部箭头直通"故障结构",主干线两侧有若干分支形成枝节,每个枝节表示形成故障的原因,可用不同的方框表示更主要或关键的原因。大分支表示大原因、直接原因或主导原因;小分支表示小原因、间接原因或次要原因,还可再细分为更小、更次要的原因。

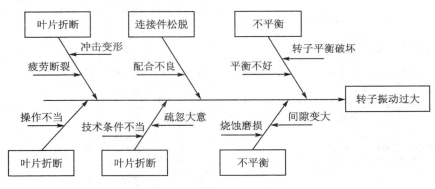

图 5-8   增压器转子振动过大因果图

此外,故障树分析(详见 3.2.2 小节)也是故障原因分析的常用手段。

(3) 故障影响分析

故障影响是指产品的每一个故障模式对产品自身或其他产品的使用、功能和状态的影响。故障影响分析的目的是找出产品的每个可能的故障模式所产生的影响,并对其严重程度进行分析。

考虑到故障影响的传播特征,当分析某故障模式的故障影响时通常按预先定义的约定层次结构进行。既要分析故障模式对产品自身及所在相同层次的其他产品造成的影响,还要分析该故障模式对该产品所在层次的更高层次产品的影响。按照约定层次的划分,分别被称为局部影响、高(上)一层次影响和最终影响,其定义见表 5-3。

表 5-3　故障影响定义

名　称	定　义
局部影响	某产品的故障模式对该产品自身及所在约定层次产品的使用、功能或状态的影响
高一层次影响	某产品的故障模式对该产品所在约定层次的紧邻上一层次产品的使用、功能或状态的影响
最终影响	某产品的故障模式对初始约定层次产品的使用、功能或状态的影响

为更细致地评价故障影响,可通过故障模式的严酷度类别(或等级)进行评判。故障模式严酷度是根据故障模式的最终影响(即在初始约定层次可能导致的人员伤亡、任务失败、产品损坏、经济损失和环境损害等方面的影响)程度进行定义。该部分工作可以在系统分析与定义阶段完成。

产品严酷度类别的定义与初始约定层次执行的任务或功能密切相关。如果初始约定层次是产品本身,则需要重点考虑对系统、对使用者以及对外部环境等的影响,军品和民品代表性严酷度定义分别如表 5-4、表 5-5 所列。在 FMEA 中,应分析每一个故障模式产生的局部影响、高一层次影响和最终影响,并依据最终影响给出其严酷度。

表 5-4　武器装备严酷度定义

严酷度类别	严重程度定义
Ⅰ类(灾难的)	这是一种会导致人员死亡或系统(如飞机、坦克、导弹及船舶等)毁坏的故障
Ⅱ类(致命的)	这种故障会导致人员严重伤害、重大经济损失,或者任务失败的系统严重损坏
Ⅲ类(中等的)	这种故障会导致人员轻度伤害、一定的经济损失,或者任务延误或降级的系统轻度损坏
Ⅳ类(轻度的)	这是一种不足以导致人员伤害、一定的经济损失或系统损坏的故障,但它会导致非计划性维护或修理

表 5-5　汽车产品故障严酷度定义

严酷度类别	严重程度定义
Ⅰ类(灾难的)	危及人身安全,引起主要总成报废,造成重大经济损失,对周围环境造成严重危害
Ⅱ类(致命的)	引起主要零部件、总成严重损坏或影响行车安全,不能用易损备件和随车工具在短时间修复
Ⅲ类(中等的)	不影响行车安全,非主要零部件故障,可用易损备件和随车工具在短时间内修复
Ⅳ类(轻度的)	对汽车正常运行无影响,不需要更换零件,可用随车工具在短时间内(5 min)轻易排除

如果初始约定层次非产品本身,而是产品的一部分,则重点考虑功能无法执行的严重程度。以某数据采集模块为例,其严酷度类别定义如表 5-6 所列。

表 5-6　数据采集模块严酷度类别定义示意

严酷度类别	严重程度定义
Ⅰ类(灾难的)	引起数据采集模块加电后,不工作的故障
Ⅱ类(致命的)	引起数据采集模块加电后,数据采集不完整、不连续、不稳定或数据错误的故障
Ⅲ类(中等的)	引起数据采集模块加电后,数据采集值出现偏差(0~5%]的故障
Ⅳ类(轻度的)	对数据采集模块使用几乎无影响,但可能导致非计划的维修或者保障

应注意,在进行最终影响分析时,当所分析的产品在系统设计中已采用了余度设计、备用工作方式设计或故障检测与保护设计时,应暂不考虑这些设计措施,即分析该产品的某一故障模式可能造成的最坏的故障影响。在根据这种最终影响确定该故障模式的严酷度等级时,在设计改进措施中填入这些措施,同时应当备注该措施已应用。

（4）故障模式、原因、影响的层次及传递关系

产品的故障模式、原因、影响具有比较密切的关系,一般来说,故障模式和影响都是对某种可观测的故障现象的描述,故障原因则描述导致故障发生的机理,既可以是直接的物理、化学等机理,也可能是其他间接原因(下级产品或同级产品的故障)。在填写 FMEA 报告时应注意区分几者之间的关系。例如,"电阻开路"是一个可观测的故障模式,其故障原因可能是"内部出现裂纹"。

产品故障发生具有传播特征,即产品中产生某一故障点后,其影响会沿着逻辑上或物理上关联的单元进行传播(包括同级或向上级),最终表现为产品某种故障现象。在 FMEA 中,这一过程体现在故障模式、原因、影响的传递上,即单元级产品故障的高一层次影响可以作为上一级产品(系统级产品)的故障模式。相应的单元级的故障模式则是对应系统级这一故障模式的故障原因。另一方面,单元级故障模式可能是同层次其他产品的故障模式的故障原因,其局部影响是同层次其他产品的故障模式。

以某飞机燃油系统为例,该系统包含中央油箱以及左、右两个主油箱共三个油箱。中央油箱通向左、右油箱的燃油管路中装有单向活门,保证燃油不会倒流。单向活门由活门体、转轴、叶片、扭簧等组成。其 FMEA 中故障分析的层次性与传递性如图 5-9 所示。

活门体的故障模式"变形",其高一层次影响是单向活门的"渗漏"。这是单向活门的一种故障现象,可以作为单向活门的故障模式,相应的活门体"变形"是其故障原因。同理,单向活门"渗漏"的高一层次影响是燃油系统发生"油箱串油",相应的,"油箱串油"的故障原因是单向活门"渗漏"。

另外,在活门体"变形"这一故障模式识别后,也可以向下分析。其机理可能是腐蚀、磨损等,其最终的故障原因可能是润滑差等,也就是所谓的根原因分析,这有助于进行设计改进措施或使用补偿措施。

基于此,在进行产品 FMEA 过程中,可运用如下一些技巧:

① 归并原则,在填写单元级高一层次故障影响时,比对其后果差异,加强归并,以便快速形成系统级的故障模式,同时相应的单元级故障模式归并后可作为系统级的故障原因,从而完

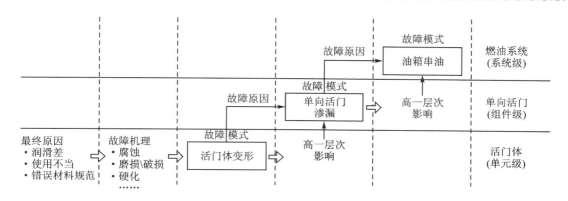

图 5-9　故障分析的层次性与传递性

成故障的传递分析。

② 逆向原则,当单元级故障高一层次影响不明确时,也可先按照表 5-2 进行系统级故障模式的分析,并逆向填写单元级的高一层次故障影响。

3. 故障检测方法分析

针对每一个故障模式,需确定其故障检测方法。故障检测能力会一定程度影响是采取设计补偿措施还是使用补偿措施,同时还可为系统的测试性、维修性设计以及系统的维修工作提供依据。故障检测方法一般包括目视检查、离机检测、原位测试等。采用的手段包括 BIT(机内测试)、自动传感装置、传感仪器、音响报警装置、显示报警装置等。故障检测一般分为事前检测与事后检测两类,对于具有退化特征的故障模式,应尽可能设计事前检测方法。

4. 设计改进与使用补偿措施分析

在分析完每一个故障模式的原因、影响后,需给出相应的故障消减措施,这是提升产品可靠性的重要环节。按照应用措施的时机,可分为设计改进措施与使用补偿措施。

(1) 设计改进措施

设计改进措施需在产品研制过程中进行,相当于对产品进行了再设计;因此,当采用设计改进措施后,需要开展新一轮的 FMEA,特别注意,应用设计改进措施后是否会对产品其他部分带来新的影响。根据产品划分,设计改进措施同样具有层次性,单元级的设计改进措施通常是为了防止故障点的发生,而系统级则更多是为了消减控制故障影响和后果,如冗余设计(产品中尤为突出,如采用 1 组多个电容进行备份)或者整体的环境防护设计。一些常见的设计改进措施思路如下:

① 产品发生故障时,应考虑是否具备能够继续工作的冗余设备;
② 提供安全或保险装置(例如监控及报警装置);
③ 可替换的工作方式(例如备用或辅助设备);
④ 可以消除或减轻故障影响的设计改进(例如优选元器件、热设计、降额设计等)。

(2) 使用补偿措施

使用补偿措施则是指故障模式的影响无法被完全消除的情况下,在产品使用中通过开展预防性的维护工作以避免故障发生。使用补偿措施主要应用于非元器件/零部件层次(元器件/零部件层次一般更倾向采用设计改进措施),与故障检测能力、维修能力和修理级别等因素均有较大联系。常见的使用补偿措施思路如下：

① 为尽量避免或预防故障的发生,对人员使用和操作产品提出的规定要求;

② 产品使用和维护过程中需要采用的预防性维护措施;

③ 一旦出现某故障后,操作人员应采取的最恰当的补救措施等。

5．FMEA 表格与实施

FMEA 的实施一般通过填写 FMEA 表格进行,一种常用的功能/硬件 FMEA 表格形式如图 5-10 所示。根据各种不同的分析要求,可设计不同风格的 FMEA 表格形式。

在进行 FMEA 时,图 5-10 的"初始约定层次产品"处填写处于初始约定层次中的产品名称,"约定层次产品"处则填写 FMEA 表中正在被分析的产品紧邻的上一层次产品。如图 5-4 中,分析"话筒""耳机"这两个对象可能的故障模式时,"初始约定层次产品"处填写"步话机","约定层次产品"处填写"头套"。

FMEA 是一个逐层的分析过程,高一层次分析以低层次的分析为基础。当约定层次的级数较多(一般大于 3 级)时,应从自底向上按约定层次的级别不断分析,直至约定层次为初始约定层次时,才构成一套完整的 FMEA 表格。图 5-10 中的"任务"处填写初始约定层次产品所需完成的任务。若初始约定层次具有不同的任务,则应分开填写 FMEA 表。

初始约定层次产品：　　　　　　　　任务：　　　　　　审核：　　　　　　　　第　页　共　页
约定层次产品：　　　　　　　　　　分析人员：　　　　批准：　　　　　　　　填表日期：

| 代　码 | 产品或功能标志 | 功　能 | 故障模式 | 故障原因 | 任务阶段与工作方式 | 故障影响 | | | 严酷度类别 | 故障检测方法 | 设计改进措施 | 使用补偿措施 | 备　注 |
						局部影响	高一层次影响	最终影响					
1	2	3	4	5	6	7	8	9	10	11	12	13	14
对每个产品采用一种编码体系进行标识	记录被分析产品或功能的名称以及标志	简要描述产品所具有的主要功能	根据故障模式分析结果,简要描述每个产品的所有故障模式	根据故障原因分析结果,简要描述每个故障模式的所有故障原因	根据任务剖面依次填写发生故障时的任务阶段与该阶段内产品的工作方式	根据故障影响分析结果,简要描述每一个故障模式的局部、高一层次和最终影响,并分别填入第7~9栏			根据最终影响分析结果,按每一个故障模式分析其严酷度类别	根据产品故障模式原因、影响等分析结果,依次填写故障检测方法	根据故障影响、故障检测等分析结果,依次填写设计改进与使用补偿措施		简要记录对其他栏的注释以及补充说明

图 5-10　功能及硬件故障模式影响分析表

5.2.3　危害性分析(CA)

危害性分析(CA)是 FMEA 的补充,其目的是对故障模式严重程度及发生可能性进行综合评定,确定故障的影响,从而对系统中的产品重要程度进行分类并加以控制。只有在进行 FMEA 的基础上才能进行危害性分析。

危害性分析常用的方法有两种,分别是危害性矩阵法与风险优先数(Risk Priority Number,RPN)法。前者用于航空、航天等军工领域,后者则用于汽车等民用工业领域。其基本思想都是综合考虑故障发生可能性及严重程度的影响,对故障模式进行排序,找出更重要的故障模式,以便给出针对性处理措施。

1. 危害性矩阵法

危害性矩阵法又分为两种方法,其一为定性分析方法,其二为定量分析方法。一般而言,若不能获得准确的产品故障数据(如故障率 λ_p),则应选择定性分析方法;若可以获得产品的较为准确的故障数据,则应选择定量分析方法。

（1）定性分析方法

定性分析方法将每一个故障模式的发生可能性分成离散的级别,然后分析人员再综合故障模式严酷度进行综合评定。在国军标 GJB/Z 1391—2006 中将故障概率等级分为 5 级,但其给出的判定依据是该故障模式发生概率占产品总故障概率的比率,由于产品总概率有时未知,所以很难判断,一般不推荐采用。比较好的修正方式是采用直接数量级进行分类,如表 5 - 7 所列,该部分工作也可在系统定义阶段完成。

表 5 - 7 故障发生可能性等级划分

等　　级	定　义	故障模式发生概率的特征	(在产品使用时间内)故障模式发生概率 P_m
A	经常发生	高概率	$P_m > 1 \times 10^{-3}$
B	有时发生	中等概率	$1 \times 10^{-4} < P_m \leqslant 1 \times 10^{-3}$
C	偶然发生	不常发生	$1 \times 10^{-5} < P_m \leqslant 1 \times 10^{-4}$
D	很少发生	不大可能发生	$1 \times 10^{-6} < P_m \leqslant 1 \times 10^{-5}$
E	极少发生	几乎为零	$P_m \leqslant 1 \times 10^{-6}$

图 5 - 11 所示为定性危害性分析示意性结果。表格的横坐标表示严酷度类别,纵坐标表示故障发生可能性等级,在表格中根据分析结果填入故障模式的编号(如 a_{11} 等)。越靠近右上角的故障模式的危害性越大。采取控制措施后,必须降低高严酷故障模式发生概率或消除高可能故障模式的故障后果,也就是尽可能让故障模式分布在表格的左下角。

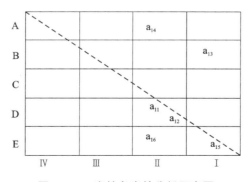

图 5 - 11 定性危害性分析示意图

（2）定量分析方法

定量分析方法主要是计算故障模式的危害度 C_m 和产品的危害度 C_r。在介绍计算公式之前，先介绍两个基本概念：故障模式频数比 α 和故障影响概率 β。

1）故障模式频数比

故障模式频数比 α 是指产品的某个故障模式占产品所有故障模式的比率。如果考虑某产品所有可能的故障模式，则其故障模式频数比之和将为 1。故障模式频数比一般通过统计得出，在缺少统计数据时也可分析评估得出。

例如，双极型晶体管的故障模式及其频数比如表 5-8 所列。表中的模式故障率 λ_m 是产品总故障率 λ_p 与某故障模式频数比 α 的乘积，利用 λ_m 即可计算产品以某种故障模式发生故障的概率。如果假设双极型晶体管的故障率 $\lambda_p = 0.123\,45 \times 10^{-6}/h$，则该晶体管的模式故障率计算结果见表 5-8。

表 5-8　双极型晶体管故障模式、频数比及其模式故障率

元器件故障模式	α	$\lambda_p \cdot 10^6/(h^{-1})$	$\lambda_m \cdot 10^6/(h^{-1})$
集电极到发射极击穿电压过低	0.34		0.041 97
发射极到基极泄漏电流过大	0.57	0.123 45	0.070 36
集电极到发射极开路	0.90		0.011 11
总计	1.0	0.123 45	0.123 44

2）故障影响概率

最终影响是在不考虑冗余或替换操作模式下，某故障模式发生后所能导致的最坏影响，此外，导致最终影响的因素有时较多（甚至还包含环境扰动或人为操作），使得当某个故障模式发生时，其对应的最终影响未必发生。为此可采用故障影响概率 β 来描述这种情况，β 是产品在某故障模式发生的条件下，其最终影响导致"初始约定层次"出现某严酷度等级的条件概率，取值 0~1。通常 β 值的确定是按经验定量估计的，代表了分析人员对产品本身，故障模式、原因和影响等掌握的程度。表 5-9 给出三种推荐的故障影响概率 β 值的量化标准。

表 5-9　故障影响概率 β 的推荐值

方法来源	GJB/Z 1391—2006		国内某歼击机设计采用		GB 7826	
	实际丧失	1	一定丧失	1	肯定损伤	1
	很可能丧失	0.1~1	很可能丧失	0.50~0.99	可能损伤	0.5
β 规定值	有可能丧失	0~0.1	可能丧失	0.10~0.49	很少可能	0.1
	无影响	0	可忽略	0.01~0.09	无影响	0
			无影响	0		

此外，某一故障模式有时会产生多种最终影响，分析人员应针对该模式所有最终影响分别定义 β。单一故障模式多个故障影响的 β 值之和应小于或等于 1。如果 $\sum \beta < 1$，则意味着 $1 - \sum \beta$ 的概率是无影响，相当于隐藏了一个故障影响后果"无影响"。

以火车制动系统为例进行说明。假设其故障模式"卡死"，分析其可能的故障影响是什么呢？大多数分析人员可能只考虑到最严重的故障影响——火车脱轨，而忽视了其他可能的影响。其实在这种情况下，最可能的影响是火车滑轨并高速驶入一个火车站。因此，该例中故障影响概率 β 的正确使用如表 5-10 所列。

表 5 - 10　火车制动系统卡死的故障影响示例

产品名称	故障模式	α	故障影响	严酷度	β
制动系统	卡死	0.5	火车滑轨并驶入火车站	Ⅱ	0.9
			火车脱轨	Ⅰ	0.1
	效率降低	0.5	火车不能有效减速	Ⅱ	0.8
			火车不能有效减速且发生安全事故	Ⅰ	0.2

3）故障模式危害度与产品危害度

为了按单一的故障模式评价其危害性,应计算每一个故障模式的危害度 $C_m(j)$。其公式如下:

$$C_m(j) = \alpha\beta\lambda_p t \quad (j = Ⅰ, Ⅱ, Ⅲ, Ⅳ) \tag{5-1}$$

式中：λ_p——被分析产品在其任务阶段内的故障率（h^{-1}）；

t——产品任务阶段的工作时间（h）；

$C_m(j)$——产品的工作时间 t 内以某一故障模式发生第 j 类严酷度类别的故障次数。

为了评价某一产品的危害性,应计算该产品的危害度 C_r。其公式如下:

$$C_r(j) = \sum_{i}^{n} C_m(j) \quad (i = 1, 2, \cdots, n) \tag{5-2}$$

式中：n——该产品在第 j 类严酷度类别下的故障模式总数；

j——严酷度类别,$j = Ⅰ, Ⅱ, Ⅲ, Ⅳ$。

$C_r(j)$ 代表了某一产品在工作时间 t 内产生的第 j 类严酷度类别的故障次数。

如表 5 - 10 中,假设火车制动系统的故障率 $\lambda_p = 0.01 \times 10^{-6}/h$,工作时间 $t = 20\ h$,则第一个故障模式"制动系统卡死"的模式危害度 C_{m1} 为

$$C_{m1}(Ⅱ) = \alpha_1\beta_{11}\lambda_p t = 0.5 \times 0.9 \times 0.01 \times 10^{-6} \times 20 = 9 \times 10^{-8}$$

$$C_{m1}(Ⅰ) = \alpha_1\beta_{12}\lambda_p t = 0.5 \times 0.1 \times 0.01 \times 10^{-6} \times 20 = 1 \times 10^{-8}$$

第二个故障模式"制动效率降低"的模式危害度 C_{m2} 为

$$C_{m2}(Ⅱ) = \alpha_2\beta_{21}\lambda_p t = 0.5 \times 0.8 \times 0.01 \times 10^{-6} \times 20 = 8 \times 10^{-8}$$

$$C_{m2}(Ⅰ) = \alpha_2\beta_{22}\lambda_p t = 0.5 \times 0.2 \times 0.01 \times 10^{-6} \times 20 = 2 \times 10^{-8}$$

按照式(5-2),制动系统的产品危害度 $C_r(j)$ 分别为

$$C_r(Ⅰ) = C_{m1}(Ⅰ) + C_{m2}(Ⅰ)$$
$$= \alpha_1\beta_{12}\lambda_p t + \alpha_2\beta_{22}\lambda_p t$$
$$= 0.5 \times 0.1 \times 0.01 \times 10^{-6} \times 20 + 0.5 \times 0.2 \times 0.01 \times 10^{-6} \times 20$$
$$= 3.0 \times 10^{-7}$$

$$C_r(Ⅱ) = C_{m1}(Ⅱ) + C_{m2}(Ⅱ)$$
$$= \alpha_1\beta_{11}\lambda_p t + \alpha_2\beta_{21}\lambda_p t$$
$$= 0.5 \times 0.9 \times 0.01 \times 10^{-6} \times 20 + 0.5 \times 0.8 \times 0.01 \times 10^{-6} \times 20$$
$$= 1.7 \times 10^{-7}$$

2. 风险优先数法

某一故障模式的风险优先数（RPN）由故障模式发生概率等级（Occurrence Probability

Ranking,OPR)和影响严酷度等级(Effect Severity Ranking,ESR)的乘积计算得出,即

$$RPN = OPR \times ESR \tag{5-3}$$

故障模式的 RPN 越高,则其越重要。在对影响 RPN 的两项因素进行评分之前,应首先根据所分析系统的具体特点对这两项因素制定评分准则。

故障模式的 OPR 用于评定某个故障模式实际发生的可能性。表 5-11 给出了故障模式 OPR 的评分准则,表中"故障模式发生概率 P_m 参考范围"是对应各评分等级给出的预计该故障模式在产品的寿命周期内发生的概率,该值在具体应用中可以视情定义。

表 5-11　故障模式 OPR 的评分准则

OPR 评分等级	故障模式发生的可能性	故障模式发生概率 P_m 参考范围
1	极低	$P_m \leqslant 10^{-6}$
2,3	较低	$1 \times 10^{-6} < P_m \leqslant 1 \times 10^{-4}$
4,5,6	中等	$1 \times 10^{-4} < P_m \leqslant 1 \times 10^{-2}$
7,8	高	$1 \times 10^{-2} < P_m \leqslant 1 \times 10^{-1}$
9,10	非常高	$P_m > 10^{-1}$

ESR 用于评定所分析的故障模式的最终影响的程度。表 5-12 给出了 ESR 的评分准则。在分析中,该评分准则应综合所分析产品的实际情况尽可能地详细规定。

表 5-12　ESR 的评分准则

ESR 评分等级	严酷度等级	故障影响的严重程度
1,2,3	轻度的	不足以导致人员伤害、产品轻度的损坏、轻度的财产损失及轻度环境损坏,但它会导致非计划性维护或修理
4,5,6	中等的	导致人员中等程度伤害、产品中等程度损坏、任务延误或降级、中等程度财产损坏及中等程度环境损害
7,8	致命的	导致人员严重伤害、产品严重损坏、任务失败、严重财产损坏及严重环境损害
9,10	灾难的	导致人员死亡、产品(如飞机、坦克、导弹及船舶等)毁坏,重大财产损失和重大环境损害

有时根据 FMEA 类型,还可增加特定的评定因素,如在工艺 FMEA(过程 FMEA)中,需要增加检测难度等级(Detection Difficulty Ranking,DDR)。相当于公式(5-3)中再增加一个因素。

对于危害性高的故障模式,应从降低故障发生可能性和故障严重程度等方面提出改进措施。当提出的各种改进措施在系统设计或保障方案中落实后,应重新对各故障模式进行评定,并计算新的 RPN 值,按改进后的 RPN 值对故障模式进行排队,直到 RPN 值降到一个可接受的水平。

值得指出的是,当因素较多时,评分乘积的差异性会较小,不易区分到底哪些情况需要采取措施,此时,可制定一个 RPN 的门限值,超过此门限值的故障模式均应采取改进措施。

3. 危害性分析的实施

危害性分析的实施与 FMEA 的实施一样,均采用填写表格的方式进行。一种典型的危害性分析表格见图 5-12。

初始约定层次：　　　　　　　　　产品任务：　　　　　　审核：　　　　　第　页　共　页
约定层次产品：　　　　　　　　　　分析人员：　　　　　　批准：　　　　　填表日期：

代码	产品或功能标志	功能	故障模式	故障原因	任务阶段与工作方式	严酷度类别	故障概率等级或故障数据源	故障率 $\lambda_p \times 10^6/$ (h^{-1})	故障模式频数比 α	故障影响概率 β	工作时间/t	故障模式危害度 $C_m(j)$	产品危害度 $C_r(j)$	备注
1	2	3	4	5	6	7	8	9	10	11	12	13	14	15

图 5 - 12　危害性分析表

5.2.4　FMECA 结果与工作要求

1. FMECA 报告

FMECA 的结果以 FMECA 报告的形式提供。在 FMECA 报告中应包括系统的原理图、功能方框图、可靠性方框图、FMEA、CA 表格、RPN 评分准则、危害性矩阵等。

FMECA 报告中还应包括排除或降低故障影响已经采取的措施，对无法消除的单点故障和Ⅰ、Ⅱ类故障的说明，建议其他可能的补偿措施（如设计、工艺、检验、操作、维修等），以及预计采取所有措施后能取得效果的说明。为了更清楚地表述 FMECA 的结果，一般将 FMECA 结果汇总成各类故障清单。这些清单主要包括可靠性关键产品清单、严重故障模式清单及单点故障模式清单。

（1）可靠性关键产品清单

可靠性关键产品是指其 RPN 值大于某一规定值或危害性矩阵图中落在某一规定区域之内的产品。根据 RPN 值或危害性矩阵图提供一份可靠性关键产品清单，以便在设计、生产、使用中进行控制。

（2）严重故障模式清单

故障影响严重的故障模式是指严酷度为Ⅰ、Ⅱ类或故障影响严重程度被评为 9～10 分的故障模式。这些故障模式有些可能已在可靠性关键产品清单中体现，但由于其故障后果的严重性，需要再单独列出并加以控制。

（3）单点故障模式清单

单点故障是指系统中的某一产品的某一故障模式发生后将直接导致系统的故障。如果系统已进行了定量的危害性分析，则那些故障影响概率 $\beta=1$ 的故障模式即为单点故障模式。所提供的单点故障清单需要同时注明故障影响的严重程度，对于既属于严重故障清单又属于单点故障清单中的故障模式尤其应加以控制。

2. 工作要求

在实施 FMECA 的过程中，应注意以下问题：

① FMECA 工作应与产品的设计同步进行，尤其应在设计的早期阶段就开始进行 FMECA，这将有助于及时发现设计中的薄弱环节并为安排改进措施的先后顺序提供依据。

② 应按照产品研制阶段的不同，进行不同程度、不同层次的 FMECA，即 FMECA 应及时反映设计、工艺上的变化，并随着研制阶段的展开而不断补充、完善和反复迭代。

③ FMECA 工作应由产品设计人员完成，即贯彻"谁设计、谁分析"的原则，这是因为设计

人员对自己设计的产品最了解。

④ FMECA 分析中应加强规范化工作,以保证产品 FMECA 的分析结果具有可比性。复杂系统的分析开始前,应统一制定 FMECA 的规范要求,结合系统特点,对 FMECA 中的分析约定层次、故障判据、严酷度与危害度定义、分析表格,故障率数据源和分析报告要求等均应作统一规定及必要说明。

⑤ 应对 FMECA 的结果进行跟踪与分析,以验证其正确性和改进措施的有效性。这种跟踪分析的过程,也是逐步积累 FMECA 工程经验的过程。一套完整的 FMECA 资料,是各方面经验的总结,是宝贵的工程财富,应当不断积累并归档,以备查考。

⑥ FMECA 虽然是有效的可靠性分析方法,但并非万能。它们不能代替其他可靠性分析工作。特别应注意,FMECA 一般是静态的单一因素分析方法,在多因素分析和动态分析方面还不完善,若对系统实施全面的分析,还应与其他分析方法相结合。

⑦ 有数据表明,至少 50% 的现场故障发生在接口或系统集成上,因此在 FMECA 框图和分析过程中应该包括集成和接口的故障模式。

⑧ FMECA 应与现场数据(经验教训)建立联系,这些数据是定义故障模式的重要依据。

⑨ FMECA 表应该按规定完整填写,包括设计改进措施/使用补偿措施以及最终的风险评估,而不应该有任何缺漏。

5.2.5　应用案例

下面以某型军用飞机升降舵操纵分系统为例说明 FMECA 应用过程。

(1) 分析对象定义及有关说明

① 功能及组成:该升降舵操纵分系统的功能是操纵升降舵,以保证某军用飞机纵向机动飞行。它是由安定面支承、轴承组件、扭力臂组件、操纵组件、配重和调整片所组成。

② 约定层次:"初始约定层次"为某型军用飞机;"约定层次""最低约定层次"的划分见图 5-13。

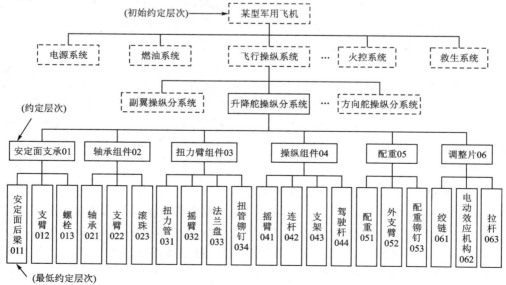

图 5-13　某型军用飞机升降舵操纵系统的组成

③ 绘制功能层次与结构层次对应图(见图 5－14)、任务可靠性框图(见图 5－15)。

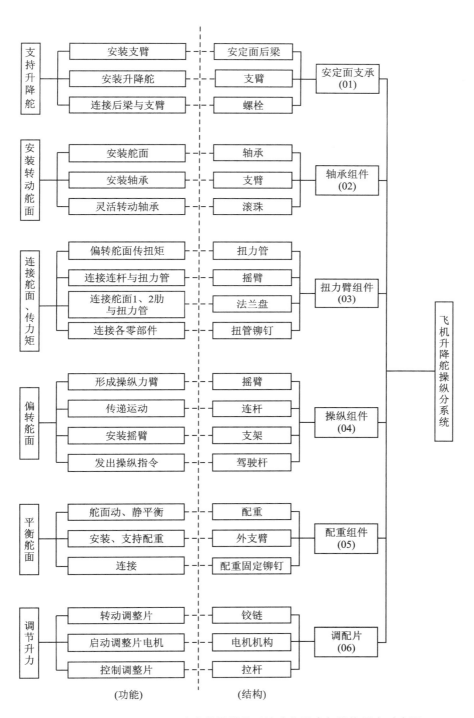

图 5－14　某型军用飞机升降舵操纵分系统功能层次与结构层次对应图

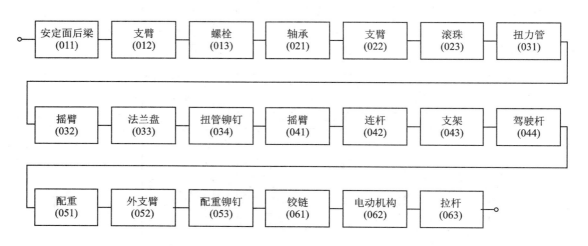

图 5-15　某型军用飞机升降舵操纵分系统任务可靠性框图

　　④ 严酷度类别的定义:结合航空产品的特点,该军用飞机系统严酷度类别的定义见表 5-13。

表 5-13　某军用飞机系统严酷度类别的定义

严酷度类别	严酷度定义
Ⅰ类(灾难的)	危及人员或飞机安全(如一等、二等飞行事故)及重大环境损害
Ⅱ类(致命的)	人员损伤或飞机部分损坏(如三等飞行事故)及严重环境损害
Ⅲ类(中等的)	人员中等程轻度伤害或影响任务完成(如误飞、中断或取消飞行、降低飞行品质、增加着陆困难等)及中等程度环境损害
Ⅳ类(轻度的)	无影响或影响很小,增加非计划性维护或修理

　　⑤ 信息来源:FMECA 分析中的故障模式、原因、故障率等,基本上是根据多个相似军用飞机群的升降舵外场、内场信息进行调研、整理、归纳和分析后获得的,其结果比较真实可靠。

　　(2) 填写 FMECA 表格

　　根据该示例的实际情况,将 FMEA、CA 表合并成一个 FMECA 表。由此,FMECA 表将变得更简明、直观,工作量得以减少,其填写结果如表 5-14 所列。

　　(3) 结　论

　　通过 FMECA 找出了该升降舵操纵分系统的薄弱环节,并采取了针对性的有效改进措施,进而提高了该分系统的可靠性,为确保该机首飞成功提供了技术支持。本示例的危害性矩阵图、FMECA 报告等略。

表 5-14　某型军用飞机升降舵操纵分系统 FMECA 表

初始约定层次：某型军用飞机　　任务：飞行　　　审核：XXX　　第 1 页·共 2 页
约定层次：升降舵操纵分系统　　分析人员：XXX　　批准：XXX　　填表日期：2004 年 11 月 20 日

代码	产品或功能标志	功能	故障模式	故障原因	任务阶段与工作方式	局部影响	高一层次影响	最终影响	严酷度	故障检测方法	设计改进措施	使用补偿措施	故障率 λ_p 的来源	α	β	$\lambda_p \times 10^6/(h^{-1})$	C_m t/h	$\alpha\beta\lambda_p t \times 10^6$	产品危害度 $C_r \times 10^6$
01	安定面支承组件	支承升降舵	安定面后梁变形过大	刚度不够	飞行	安定面后梁变形超过允许范围	升降舵转动卡滞	损伤飞机	II	无	增加结构抗弯刚度	功能检查	统计	0.02	0.8	15.6	0.33	0.082 4	II类：0.082 4
			支臂裂纹	疲劳	飞行	故障征候	故障征候	影响任务完成	III	目视检查或无损探伤	增加抗疲劳强度	增加裂纹视情检查	统计	0.49	0.1	15.6	0.33	0.252	III类：0.252
			螺栓锈蚀	长期使用腐蚀	飞行	功能下降	影响很小	无影响	IV	目视检查	无	定期维修	统计	0.49	0.01	15.6	0.33	0.025 2	IV类：0.025 2
02	轴承组件	安装转动舵面	轴承间隙过大	磨损	飞行	功能下降	功能下降	损伤飞机	II	无	调整尺寸公差	加强润滑	统计	0.89	0.8	79.91	0.33	18.776	I类：2.611
			滚珠掉出	磨损	飞行	丧失功能	丧失功能	危及飞机安全	I	无	选高质量轴承	润滑更换	统计	0.11	0.9	79.91	0.33	2.611	II类：18.776

续表 5-14

代码	产品或功能标志	功能	故障模式	故障原因	任务阶段与工作方式	故障影响			严酷度	故障检测方法	设计改进措施	使用补偿措施	故障率 λ_p 的来源	故障模式危害度 C_m					产品危害度 $C_r \times 10^6$
						局部影响	高一层次影响	最终影响						α	β	$\lambda_p \times 10^6 / (\mathrm{h}^{-1})$	t/h	$\alpha\beta\lambda_p t \times 10^6$	
03	扭力臂组件	连接舵面传力矩	扭力管连接孔松动	舵面振动冲击载荷;长期使用	飞行	功能下降	功能下降(舵面偏转不到位)	损伤飞机	II	视情检查	提高扭转刚度	增加视情检查	统计	0.5	0.8	15.22	0.33	2.009	II类: 2.009
			摇臂裂纹	疲劳	飞行	故障征候	故障征候	故障征候	III	目视检查	增加抗疲劳强度	同上	统计	0.25	0.1	15.22	0.33	0.125 6	III类: 0.251 2
			法兰盘裂纹	疲劳	飞行	故障征候	故障征候	故障征候	III	无损探伤	增加抗疲劳强度		统计	0.25	0.1	15.22	0.33	0.125 6	
			摇臂同隙过大	磨损	飞行	故障征候	故障征候	故障征候	III	目视检查	调整尺寸公差	润滑	统计	0.18	0.1	14.84	0.33	0.088 1	
			连杆同隙过大	磨损	飞行	故障征候	故障征候	故障征候	III	目视检查	调整尺寸公差		统计	0.25	0.1	14.84	0.33	0.122 4	
			支架裂纹	疲劳	飞行	故障征候	故障征候	故障征候	III	目视检查无损探伤	增加抗疲劳强度	视情检查	统计	0.13	0.1	14.84	0.33	0.063 7	
04	操纵组件	偏转舵面	驾驶杆行程过大	摇臂连杆长期磨损形成同隙后综合结果	飞行	功能下降	功能下降(舵面操纵不到位)	损伤飞机	II	视情检查	调整尺寸公差	润滑定期维护	统计	0.44	0.8	14.84	0.33	1.724	II类: 1.724 III类: 0.274

续表 5－14

代码	产品或功能标志	功能	故障模式	故障原因	任务阶段与工作方式	故障影响			严酷度	故障检测方法	设计改进措施	使用补偿措施	故障率 λ_p 的来源	故障模式危害度 C_m					产品危害度 $C_r \times 10^6$
						局部影响	高一层次影响	最终影响						α	β	$\lambda_p \times 10^6/(h^{-1})$	t/h	$\alpha\beta\lambda_p t \times 10^6$	
05	配重组件	平衡舵面	配重松动	振动引起连接处间隙过大	飞行	功能下降	功能下降	损伤飞机	II	视情检查	改进设计	视情检查	统计	0.67	0.8	34.25	0.33	6.058	II类：6.058
			外支臂裂纹	疲劳	飞行	故障征候	故障征候	故障征候	III	目视检查无损探伤	增加抗疲劳	同上	统计	0.11	0.1	34.25	0.33	0.124 3	III类：0.373 0
			铆钉锈蚀	长期腐蚀使用	飞行	故障征候	故障征候	故障征候	III	目视检查	无	同上	统计	0.22	0.1	34.25	0.33	0.248 7	
06	调整片	调节升力	铰链松动	磨损	飞行	功能下降	功能下降	损伤飞机	II	视情检查	增加触点灭弧功能	功能检查	统计	0.25	0.8	30.44	0.33	2.009	I类：3.390
			电动效应机构不工作	电门接触不良（有积炭）	飞行	丧失功能	丧失功能	危及飞机安全	I	视情检查	增加触点灭弧功能	定期维修	统计	0.375	0.9	30.44	0.33	3.390	II类：5.023
			拉杆断	疲劳	飞行	丧失功能	丧失功能	损伤飞机	II	无	增加抗疲劳强度	定期维修	统计	0.375	0.8	30.44	0.33	3.014	

5.3 基于模型的 FMECA

5.3.1 故障传递过程

1. 不同层次单元之间的故障传递

除了从功能故障直接映射得到物理故障之外,物理域分解模型中的子系统/系统还可从其组成部分的故障影响中获取故障相关信息,其传递关系如图 5-16 所示。

① 单元对上级的影响→子系统/系统的故障模式来源;

② 单元对应的故障模式→子系统/系统的故障原因来源;

③ 单元对应的最终影响→子系统/系统对应故障的最终影响;

④ 单元对应的严酷度类别→子系统/系统对应故障的严酷度类别;

⑤ 单元对应的频数比→子系统/系统对应故障的频数比的参考值计算输入。

该过程实际上是单元故障集合到子系统/系统故障集合的一个映射,其表达式如下:

$$F_i \xrightarrow{T} F_P \tag{5-4}$$

式中:F_i——单元 i 的故障集合;

F_P——子系统/系统 P 的故障集合;

T——传递函数。该集合具有多对一的特点。

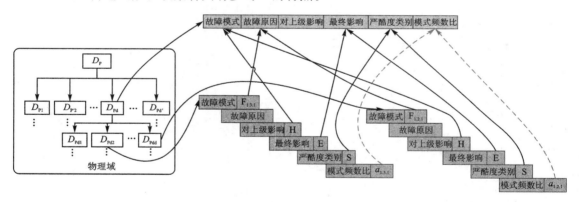

图 5-16 不同层次物理故障之间的传递关系

子系统/系统的故障频数比可通过单元的故障频数比推算得到作为参考。假设子系统/系统 P 包含 n 个单元、K 个故障,其中故障 k 是由一个或几个单元 $P_j(j=1,2,\cdots,n)$ 的故障 f_{ji} 传递得到的,那么故障 k 的频数比参考值 α_k 可通过下式计算得到

$$\alpha_k = T(\lambda_j, \alpha_{ji}) = \frac{\sum_{j=1}^{n} \sum_{i=1}^{K_j} (I_{kji} \times n_j \times \lambda_j \times \alpha_{ji})}{\sum_{k=1}^{K} \sum_{j=1}^{n} \sum_{i=1}^{K_j} (I_{kji} \times n_j \times \lambda_j \times \alpha_{ji})} \tag{5-5}$$

式中:λ_j 为单元 $P_j(j=1,2,\cdots,n)$ 的故障率;α_{ji} 为单元 $P_j(j=1,2,\cdots,n)$ 故障 $i(i=1,2,\cdots,K_i)$ 的频数比;$n_j(j=1,2,\cdots,n)$ 表示单元 j 的数量;I_{kji} 为示性函数。当 $I_{kji}=1$ 时表示单元

$P_j(j=1,2,\cdots,n)$ 故障 $i(i=1,2,\cdots,K_i)$ 传递到故障 k；当 $I_{kji}=0$ 时表示故障 k 与单元 $P_j(j=1,2,\cdots,n)$ 故障 $i(i=1,2,\cdots,K_i)$ 无关。

当子系统/系统的部分故障模式频数比已知时，在计算故障 k 的频数比参考值 α_k 时，还应将其扣除，计算公式如下：

$$\alpha'_k=\alpha_k\left(1-\sum_{l=1}^{L_j}\alpha_l\right) \tag{5-6}$$

式中：α' 表示调整后故障 k 的频数比参考值；L_j 表示单元 j 中频数比已知的故障模式数量；α_l 表示已知的故障模式 l 的频数比。

2. 相同层次单元之间的故障传递

相同层次的单元，由于 T 类接口、F 类接口、L 类接口的作用关系，所以它们之间也存在故障传递关系，其过程如图 5-17 所示。例如，单元 $D_{P'22}$ 故障如果会导致单元 D_{Ppd2} 故障发生，则 $D_{P'22}$ 故障应作为 D_{Ppd2} 故障的"对关联设备影响"的内容之一；反之，D_{Ppd2} 故障应作为 $D_{P'22}$ 故障的故障原因。

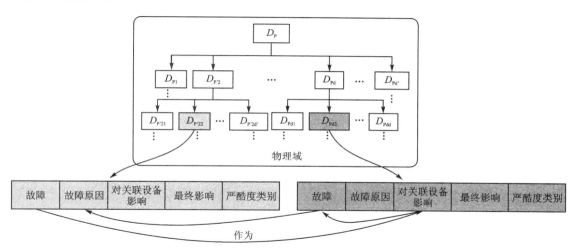

图 5-17　相同层次单元故障之间的传递关系

5.3.2　故障传递模型

故障链 F-TL 的核心是故障及其传递关系，而单元的故障并不是唯一的，因此在 F-TL 中需要明确给出是哪个故障触发的故障传递链，并且影响了哪些单元的哪个故障。面向对象的概念，起初源于计算机编程技术，目前面向对象的设计、分析已经渗透到各个领域。它用非常接近实际领域术语的方法把系统构造成"现实世界"的对象。设计师在进行故障分析时，同样可以将故障视作一个对象类，而非产品的一个属性。在设计过程中，设计师首先关注的是故障及其影响和发生概率，通过对故障影响及发生概率的评估确定关键故障，然后制定设计改进措施或者使用补偿措施对其实施消减，直到满足可靠性指标要求为止。因此，可用图 5-18 所示的图元来表示单元及其故障。首先由用户创建一个产品对象，然后在产品对象下创建产品故障对象。图中 S_{i1} 表示产品组成部件 i 第 $i1$ 个故障的严酷度类别，P_{i1} 表示部件 i 第 $i1$ 个故障的故障发生概率。S_i 表示部件 i 故障可能导致自身的最严重后果，P_i 表示部件 i 故障概率。

　　① 图元中的故障内容应可折叠隐藏,显示为单元之间的故障传递链。

　　② 图元左右两侧显示为连接端口,左侧输入端口表示导致部件 i 故障 $i1$ 发生的其他部件故障,即对应的故障原因。右侧输出端口表示部件 i 故障 $i1$ 发生的触发其他产品故障发生。

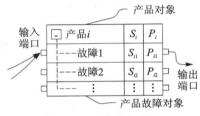

图 5-18　链节点图元

　　易知:

$$S_i = \max\{S_{ij}\} \quad (j = 12, \cdots, n) \tag{5-7}$$

$$P_i = \sum_{j=1}^{n} P_{ij} = \sum_{j=1}^{n} (\lambda_i t_i \beta_{ij}) \tag{5-8}$$

式中:n 表示部件 i 的故障数量;λ_i 表示部件 i 的故障率;t_i 表示部件 i 的工作时间;β_{ij} 表示部件 i 故障 j 的频数比。

　　故障传递关系主要来源于两方面:一是对相同层次故障影响;二是对不同层次故障影响。

　　① 相同层次故障影响。假设 $D_{\mathrm{P}ij}$ 为第 i 层次的第 j 个实体,包含 K_{ij} 个故障 f_{ijk},与 $D_{\mathrm{P}ij}$ 关联的实体有 M_{ij} 个,记为 $D_{\mathrm{P}i_c j_c}$ $(i_c = 1, 2, \cdots, M_{ij})$,其下故障 $f_{i_c j_c k_c}$ 可能由于 $D_{\mathrm{P}ij}$ 的故障 f_{ijk} 发生而导致的,那么其传递链可表示为如图 5-19 所示。故障之间的传递关系用向右箭头的折线连接,不同实体层次之间用横线分割,并于右侧表明层次属性。

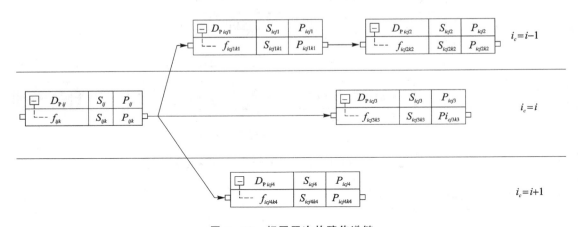

图 5-19　相同层次故障传递链

　　在实际工程中,一般不考虑当前子系统/系统对自身功能分解得到的单元的故障影响。如果同层被传递的故障仍然继续导致其他实体故障发生,那么在故障传递链中应同时表现出来,如图 5-19 中的 $f_{i_c j 2 k 2}$。

　　② 不同层次故障影响。假设 $D_{\mathrm{P}ij}$ 为第 i 层次的第 j 个单元,包含 K_{ij} 个故障 f_{ijk},其子系统/系统为 $D_{\mathrm{P}(i-1)j_f}$,其中的故障 $f_{(i-1)j_f k_f}$ 是由故障 f_{ijk} 传递而来的,其传递链可表示为图 5-20。同样,故障之间的传递关系用右箭头折线连接,不同实体层次之间用横线分割。

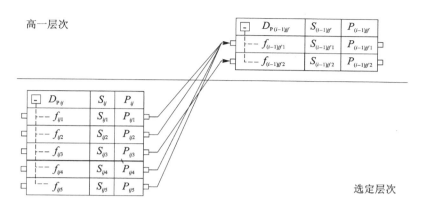

图 5 - 20　不同层次故障传递链

5.3.3　应用案例

某型信号处理器主要用于飞机发动机轴承转换信号采集与处理。根据外场故障数据统计分析发现,以往型号的信号处理器有 80% 的故障并未在设计阶段的可靠性分析中发现,导致使用阶段信号处理器的维护与维修工作繁多,大大增加了成飞电子的售后服务成本。本文结合成飞电子在研型号信号处理器的研发,对所提的方法进行验证。某型信号处理器的主要功能要求是将 28 V DC 转换成 36 V 400 Hz 单相交流电输出,并解算轴角转换角度。因此,我们可以分解得到 2 个子功能需求:将 28 V DC 转换成 36 V 400 Hz 单相交流电输出,解算轴角转换角度,其分解结构如图 5 - 21 所示。

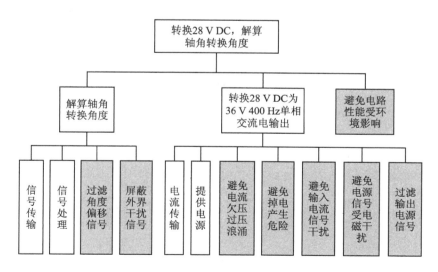

图 5 - 21　信号处理器的功能结构

结合故障分析结果,按照本节给出的故障传递关系模型,可得到信号处理器中信号处理模件的部件故障传递关系图,如图 5 - 22 所示。

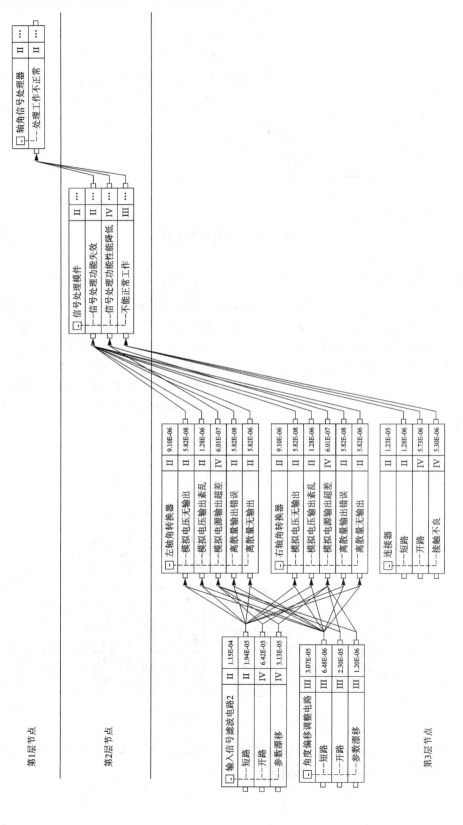

图5-22　信号处理模件的部件故障传递关系图

5.4　基于载荷分析的薄弱环节识别

5.4.1　基本思路

产品一旦被制造出来,从其筛选、库存、运输到使用、维修的每时每刻都会受到各类载荷的作用,致使产品的物理、化学、机械和电学性能等不断发生变化,进而导致产品发生故障。常见的载荷主要包括环境载荷(如温度、湿度、振动、冲击等)和工作载荷(如电压、电流、压力等)。载荷对产品的影响可以用应力来表征,这里的应力是指广义应力,即产品为抵抗各类载荷在内部所产生的反作用力。

美国发布的 ANSI/GEIA - STD - 0009—2008《系统设计、研发和生产中的可靠性工作标准》中,明确提出"渐进理解系统级工作载荷和环境载荷及其导致的在整个系统结构中出现的载荷和应力",进而达到"渐进识别产生的故障模式和机理"的目的。

基于载荷分析的薄弱环节识别,首先开展产品全寿命周期中的载荷分析,明确产品各寿命阶段环境载荷和工作载荷类型以及不同类型载荷的影响;在此基础上,分析各类载荷对产品各层级结构影响的分析方法,如 FEM、FVM 等,分析确定产品各层级的载荷响应;进而根据产品应力集中部位及应力对可靠性的影响,确定产品可靠性薄弱环节。考虑到产品实际受到综合应力影响,有时还需要建立基于各类载荷作用的可靠性仿真模型,根据产品结构层级特点,依次开展产品结构单点薄弱环节的可靠性分析及多点故障融合的可靠性分析,以确定产品系统的可靠性薄弱环节。基于载荷分析的薄弱环节识别基本思路图 5 - 23 所示。

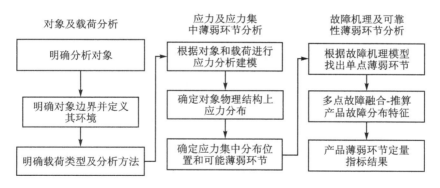

图 5 - 23　基于载荷分析的薄弱环节识别基本思路

5.4.2　载荷分类

1. 载荷的概念

载荷通常是指作用在结构上的外力,如结构自重、水压力、土压力、风压力,以及人群及货物的重力、起重机轮压等。此外,还有其他因素可以使结构产生内力和变形,如温度变化、地基沉陷、构件制造误差、材料收缩等。从广义上说,这些因素也可看作载荷。

合理地确定载荷,是结构设计中非常重要的工作。如果估计过大,所设计的结构尺寸将偏大,造成浪费;如果将载荷估计过小,所设计的结构则不够安全。进行结构设计,就是要确保结构的承载能力足以抵抗内力,将变形控制在结构能正常使用的范围内。在进行结构设计时,不仅要考虑直接作用在结构上的各种载荷作用,还应考虑引起结构内力、变形等效应的间接作用。

对于特殊的结构,必要时还要进行专门的实验和理论研究以确定载荷。

2. 载荷的分类

在工程实际中,作用在结构上的载荷是多种多样的。为了便于力学分析,需要从不同的角度对它们进行分类。

(1) 根据载荷的分布范围

根据载荷的分布范围,载荷可分为集中载荷和分布载荷。集中载荷是指分布面积远小于结构尺寸的载荷,如起重机的轮压。由于这种载荷的分布面积较集中,因此在计算简图上可把这种载荷作用于结构上的某一点处。分布载荷是指连续分布在结构上的载荷,当连续分布在结构内部各点上时,为体分布载荷;当连续分布在结构表面上时,为面分布载荷;当沿着某条线连续分布时,为线分布载荷;当为均匀分布时,为均布载荷。

(2) 根据载荷的作用性质

根据载荷的作用性质,载荷可分为静力载荷和动力载荷。当载荷从零开始,逐渐缓慢、连续、均匀地增加到最后的确定数值后,其大小、作用位置以及方向都不再随时间而变化,这种载荷称为静力载荷,例如,结构的自重、一般的活载荷等。静力载荷的特点是,该载荷作用在结构上时,不会引起结构振动。如果载荷的大小、作用位置、方向随时间而急剧变化,这种载荷称为动力载荷。例如,动力机械产生的载荷、地震力等。这种载荷的特点是,该载荷作用在结构上时,会产生惯性力,从而引起结构显著振动或冲击。

(3) 根据载荷作用时间的长短

根据载荷作用时间的长短,可分为恒载荷和活载荷。恒载荷是指作用在结构上的不变载荷,即在结构建成以后,其大小和作用位置都不再发生变化的载荷。例如,构件的自重、土压力等。构件的自重可根据结构尺寸和材料的重力密度(即 $1\ m^3$ 体积的重量,单位为 N/m^2)进行计算。活载荷是指在施工或建成后使用期间可能作用在结构上的可变载荷,这种载荷有时存在,有时不存在,它们的作用位置和作用范围可能是固定的(如风载荷、雪载荷、会议室的人群载荷等),也可能是移动的(如起重机载荷、桥梁上行驶的汽车载荷等)。不同类型的房屋建筑,因其使用的情况不同,活载荷的大小也就不同。在现行《建筑结构载荷规范》(GB 50009—2012)中,各种常用的活载荷都有详细的规定。确定结构所承受的载荷是结构设计中的重要内容之一,必须认真对待。在载荷规范未包含的某些特殊情况下,设计者需要深入现场,结合实际情况进行调查研究,才能合理确定载荷。

(4) 根据载荷的作用层次

由于产品层级具有层次性,在每一层分析时都可以广义地划分为系统级与单元级,其中单元级是指无需考虑其内部组成的部分。针对分析的层次问题,在载荷分析中产生了具有相对性的两个概念,即全局载荷/应力与局部载荷/应力。例如分析一个计算机的机箱时,全局载荷主要是指环境载荷与各类工作载荷,此时主板上的载荷为局部载荷,如果还需对主板上的器件做进一步分析,则主板上的载荷就变更为全局载荷。

① 全局载荷/应力。

通常是指系统级产品寿命周期工作载荷和环境载荷。一般来源于当前分析系统级的外部,包括环境、外围设备等,也可能来源于使用人员或维修人员的操作活动。全局载荷/应力的获取具有渐进性,在研制早期可以使用相似产品数据,到研制后期可以使用实验数据。总体上会逐渐精确。

② 局部载荷/应力。

通常是指单元级产品(如分系统、零部件上)的寿命周期载荷,是各单元级产品在全局载荷下的响应或分布,通过全局载荷在系统各个组成结构部分的分解或分析获取。准确评估局部载荷/应力,有助于设计可靠的单元级产品,为货架产品(COTS)、非研制产品(NDI)以及客户提供设备(CFE)提出准确配套的研制要求。

通常,认为局部应力集中或者过大的部位是影响产品可靠性的薄弱环节,可以采用有限元等方法进行载荷-应力分析,确定应力集中部位及应力相关薄弱环节。

5.4.3　载荷应力分析方法

1. 常用数值模拟方法

与结构或非结构相关的工程问题基本都可用积分或微分方程来描述其行为。由于材料、几何和边界条件的非线性使方程变得非常复杂,如果采用一些假定并对问题进行线性简化,就可以得到一些解析解,但是问题简化后获得的解析解并不能满足复杂工程问题的设计需求。自 20 世纪 50 年代提出了 FEM 之后,工程领域的设计人员开始将注意力转向数值解,并广泛吸收现代数学、力学理论知识,然后借助计算机求解复杂问题的数值解,这种技术称为数值模拟技术。常用的数值模拟方法可分为两大类,即网格法和无网格法。网格法包括有限单元法(Finite Element Method,FEM)、有限差分法(Finite Difference Method,FDM)、有限体积法(Finite‐Volume Method,FVM)、边界元法(Boundary Element Method,BEM)等。无网格法主要包括基于 Galerkin 法的无网格法和基于配点法的无网格法,如分子动力学(Molecular Dynamics,MD)、离散元(Discrete Element Method,DEM)、耗散粒子动力学(Dissipative Particle Dynamics,DPD)、光滑粒子动力学(Smoothed Particle Hydrodynamics,SPH)和格子玻耳兹曼法(Lattice Boltzmann Method,LBM)等。

基于网格法的 FEM、FVM 或 FDM 等数值分析方法是目前公认的解决关键科学问题和工程技术瓶颈问题的最有效的数值计算方法。其中,FEM 目前是结构分析中最成熟、最有效的方法,对于流动和传热等问题则常采用 FVM。

(1) FEM

1) 方法简介

FEM 是当今工程分析和科学研究中不可或缺的方法。FEM 在科学计算领域不仅实用,而且高效。工程中的 FEM 最初是在分析结构力学问题的物理基础上发展起来的,随着有限元理论不断地完善、计算机硬件的提升,FEM 同样可以很好地解决其他领域的问题。可用FEM 解决的有关工程和数学领域内的典型问题包括结构分析、热传导、流体流动、质量传输等。

2) 基本思想

对于简单的结构,通常可以由数学表达的解析形式解答得出结构内任何位置所要求的未知量的数值,数学表达形式的解析解通常要求求解常微分方程或偏微分方程,而涉及复杂几何形状、载荷和材料特性的问题通常不能得到解析形式的数学解答,因此工程上采用 FEM 获得可以接受的数值解。FEM 将一个物体划分为一定数量的较小物体或单元(有限元)组成的等价系统,建立关于每个单元的方程,并组合这些方程进而得出整个物体的解答。对于结构问题的求解通常是指确定每个节点的位移和构成承载结构的每个单元内的应力。在非结构问题中,节点未知量可以是热流或流体流动产生的温度或流体压力。

　　3) 原理概念

　　如图 5 - 24 所示,将一个物体划分为有限个较小的单元(Element)组成的过程称为离散化。每个较小的单元又称为网格(Mesh),单元之间的连接点称为节点(Node),单元之间的相互作用只能通过节点传递。FEM 求解方法有三种:第一种是力法(或柔度法),用内力作为问题的未知量进行求解;第二种是位移法(或刚度法),假定节点位移作为问题的未知量;第三种是混合法,假定一部分内力和另一个部分节点位移作为问题的未知量进行求解。

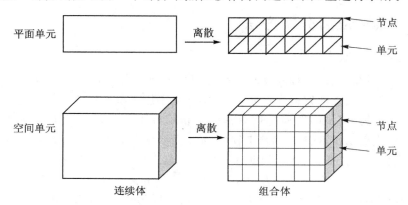

图 5 - 24　连续体离散化的示意图

　　4) 基本过程

　　图 5 - 25 所示为有限元分析的基本过程。

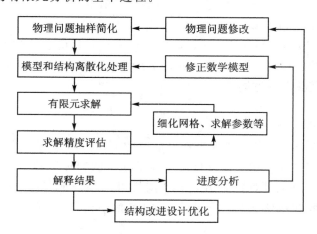

图 5 - 25　有限元分析的基本过程

　　通常 FEM 求解结构问题的基本步骤如下:

　　① 结构离散化,将物体划分为具有相关节点的等价系统,并选择合适的模型近似地模拟实际的物理性能。

② 选择位移函数,选择每个单元内的位移函数。

③ 定义几何方程和物理方程,建立应变-位移以及应力-应变之间的关系。

④ 推导单元刚度矩阵和方程,通常由单元的力平衡条件和力-位移的关系得出。

⑤ 组装单元方程得出总体方程并引入边界条件,将单个单元得到的方程进行组装,得到结构的整体方程,并利用边界条件消除总体刚度矩阵的奇异性。

⑥ 求解广义位移和单元应变与应力,用高斯消元法或迭代法求解修改边界条件之后所建立的代数方程组,获得节点的广义位移,由位移计算单元的应力和应变。

⑦ 解释结果,对应力-应变分析过程的结果进行解释和分析。

5) 方法优点

FEM 能够应用于大量的工程问题中,具备诸多的优点。例如:能够分析形状复杂的结构;能够处理复杂的边界条件;能够模拟多种不同的材料;能够处理多样的载荷条件;能够求解非线性类型问题;计算模型的修改较为容易。

结构分析采用 FEM 使设计者能在设计过程中探知应力、振动和热应力问题,能够进行多次数字样机实验,极大地提升了结构设计的效率和优化能力。

6) 适用范围

FEM 开始时是用于结构分析和典型的结构问题,例如应力分析,包括桁架和框架分析,与孔、凸起式物体等几何形状改变相关的应力集中问题。

近些年它也被改进应用于其他工程和数学物理领域的其他学科,求解一些非结构问题,例如热传递、流体流动(通过多孔材料的渗流)、电位或磁位的分布等。

(2) FVM

针对工程中常见的流体力学问题,通常采用 FVM。FVM 的基本思想是,把原来连续的物理量场,如速度场、温度场等,用一系列有限个离散点上的值的集合来替代,通过一定的原则建立起这些离散点上变量值之间关系的代数方程,求解所建立起来的代数方程以获得所求解变量的近似值。

该方法基于积分形式的守恒方程而不是微分方程,该积分形式的守恒方程描述的是计算网络定义的每个控制体。FVM 从物理观点构造离散方程,每个离散方程都是有限大小体积上的某种物理量守恒的表达式,因此能够保证离散方程具有守恒特性。

FVM 又称为控制体积法。其基本思路是:将计算区域划分为一系列不重复的控制体积,并使每个网格点周围有一个控制体积。将待解的微分方程对每一个控制体积积分,便得出一组离散方程。其中的未知数是网格点上因变量的数值。为求出控制体积的积分,需假定值在网格点之间的变化规律,即假设值分段分布的剖面。

计算区域的离散化,即将原来的连续空间用一组有限个离散的点来代替。其具体的操作过程,首先将所计算的区域划分为许多个互不重叠的子区域,然后确定每个子区域中节点位置以及该节点所代表的控制体积,通过区域离散,得到了四个几何要素:节点、控制体积、界面和网格线。节点代表需要求解的未知物理量的几何位置;控制体积是应用控制方程或守恒定律的最小几何单位;界面定义了与各节点相对应的控制体积的界面位置;网格线是连接相邻两节点面形成的曲线簇。

图 5 - 26、图 5 - 27 所示分别为一维和二维 FVM 网格的示意图。节点一般是作为控制体积的代表,在离散过程中,将一个控制体积上的物理量定义并储存在该节点上。

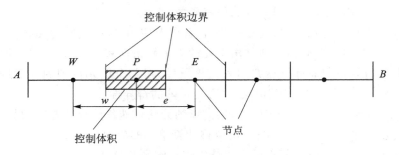

图 5 - 26　一维的 FVM 网格

　　计算区域离散的网格有两类,分别是结构化网格
和非结构化网格。结构化网格,所有内部节点周围的
网格数目相同。结构化网格具有实现容易、生成速度
快、网格质量好、数据结构简单的优点,但不能实现复
杂边界区域的离散。非结构化网格内部节点在流场中
的布置不规则,各节点周围的网格数目不尽相同。这
种网格生成过程复杂,但具有极大的适应性,对复杂边
界的流场计算问题特别有效。

　　对于 FVM 流体力学问题的控制方程,无论是连
续性方程、动量方程还是能量方程,都可以用下式的通
用形式来表示:

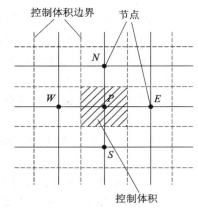

图 5 - 27　二维的 FVM 网格

$$\frac{\partial(\rho u\phi)}{\partial t} + \mathrm{div}(\rho u\phi) = \mathrm{div}(\Gamma\,\mathrm{grad}\,\phi) + S \tag{5-9}$$

式中:$\frac{\partial(\rho u\phi)}{\partial t}$、$\mathrm{div}(\rho u\phi)$、$\mathrm{div}(\Gamma\,\mathrm{grad}\,\phi)$ 分别为对流项、扩散项和源项;$\rho u\phi$ 是广义变量,可以
是速度、温度或者浓度等一些待求的物理量;$\mathrm{div}(\Gamma\,\mathrm{grad}\,\phi)$ 是相应于的广义扩散系数;S 是广
义源项。

　　从积分区域的选取方法来看,FVM 属于加权剩余法中的子区域法;从未知解的近似方法来
看,FVM 属于采用局部近似的离散方法。总之,子区域法属于 FVM 的基本方法。相比
FDM 通过微分方程构造离散方程而言,FVM 则是以守恒型控制方程为出发点,把计算域分
成许多控制容积,并对每个控制容积进行积分来构造离散方程,因而其离散方程能保证整个计
算域内质量、动量及能量的守恒性得到精确满足,便于模拟具有复杂边界区域的流体流动。因
此,FVM 是目前流体工程领域中应用最普遍的一种数值方法。

　　FVM 具有很好的守恒性,更加灵活的假设,可以克服泰勒展开离散的缺点;同时可以很
好地解决复杂的工程问题,对网格的适应性很好;尤其在进行流固耦合分析时,能够完美地和
FEM 进行融合。

　　(3) 无网格方法

　　流体计算除了采用有限体积方法外,还有格子玻耳兹曼方法。格子玻耳兹曼方法(Lattice
Boltzmann Method,LBM)是一种基于介观(mesoscopic)模拟尺度的计算流体力学方法。它
的理论基础是,流体由流体分子构成,流体的宏观运动是分子微观运动的平均结果。它的基本

思想是构成一个简化的动力学模型,该模型在宏观上满足质量守恒、动量守恒以及能量守恒等基本物理规律的同时,摒弃了微观层次的分子动力学理论中大量分子带来的庞大的计算量的限制。

相比于其他传统 CFD 计算方法(如 FVM),该方法具有介于微观分子动力学模型和宏观连续模型的介观模型特点,因此具备流体相互作用描述简单、复杂边界易于设置、易于并行计算、程序易于实施等优势。格子玻耳兹曼方法作为一种具有显著优势的流体计算方法,已被广泛用于理论研究和处理工程问题。

格子玻耳兹曼方法中,采用单松弛时间算子且带体积力项的控制方程有如下形式:

$$f_i(r+e_j\mathrm{d}t,t+\mathrm{d}t)-f_j(r,t)=-\frac{1}{\tau}\left[f_i(r,t)-f_i^{eq}(r,t)\right]+\mathrm{d}t\cdot F_i \quad (5-10)$$

式中: $f_i(r,t)$ ——在时间 t 、位置 r 处沿速度 e_i 方向的粒子密度分布函数;

$\quad$ $\mathrm{d}t$ ——时间步长, τ 为无量纲松弛时间;

$\quad$ f_i^{eq} ——局部平衡态分布函数;

$\quad$ F_i ——体积力项。

式(5-10)即为格子玻耳兹曼方程。通常式(5-10)分解为以下两步演化形式:

碰撞步:

$$f_i(r+e_j\mathrm{d}t,t+\mathrm{d}t)=f_i^+(r,t) \quad (5-11)$$

迁移步:

$$f_i^+(r,t)=f_i(r,t)-\frac{1}{\tau}\left[f_i(r,t)-f_i^{eq}(r,t)\right]+\mathrm{d}t.\cdot F_i \quad (5-12)$$

格子玻耳兹曼方法是一种不同于传统数值方法的流体计算和建模方法。与传统的计算流体力学方法(如 FVM、FDM 等)相比,格子玻耳兹曼方法主要有以下优点:

① 算法简单,简单的线性运算加上一个松弛过程,就能模拟各种复杂的非线性宏观现象;

② 能够处理复杂的边界条件;

③ 格子玻耳兹曼方法中的压力可由状态方程直接求解;

④ 编程容易,计算的前后处理也非常简单;

⑤ 具有很高的并行性;

⑥ 能直接模拟有复杂几何边界的诸如多孔介质等连通域流场,无须做计算网格的转换。

由于其边界易于设置的特点,使得 LBM 善于处理较为复杂与不规则的结构,因而适用于解决多孔介质内的流动与传质问题;由于模型具备描述粒子运动的特性,使得其在处理流体与固体作用相对直观,在解决气-固和流-固耦合方面具备优势;由于 LBM 不受连续介质假设的约束,它对纳/微尺度的流动和传质或稀薄气体输运等连续方法不适用的问题而言是一种有效的解决方法;更为难得的是,LBM 在处理多相多组分流体问题时相比于传统计算流体方法在抓取移动和变形的界面、描述组分间相互作用方面具备明显优势,通过基于对不同组分作用的描述,形成了各类多相多组分 LBM 模型,例如颜色模型(color-gradient model)、伪势能模型(pseudo-potential model)、自由能模型(free-energy model)、相场模型(phase-field model)等。这些模型被广泛地运用在多组分、多相流、界面动力学、化学反应与传递等领域。除此之外,LBM 在磁流体、晶体生成、相变过程等方面也具备潜在的应用前景。

光滑粒子流体动力学(Smoothed Particle Hydrodynamics,SPH)方法也是流体计算方法之一,是近 20 多年来逐步发展起来的一种纯拉格朗日的无网格粒子计算方法。该方法的基本思想是,将连续的流体(或固体)用相互作用的质点组来描述,各个物质点上承载各种物理量,包括质量、速度等,通过求解质点组的动力学方程和跟踪每个质点的运动轨道,求得整个系统的力学行为。这类似于物理学中的粒子云(particle-in-cell)模拟,从原理上说,只要质点的数目足够多,就能精确地描述力学过程。

虽然在 SPH 方法中,解的精度也依赖于质点的排列,但它对点阵排列的要求远远低于网格的要求。由于质点之间不存在网格关系,因此它可避免极度大变形时网格扭曲而造成的精度破坏等问题,并且也能较为方便地处理不同介质的交界面。SPH 的优点还在于它是一种纯拉格朗日方法,能避免 Euler 描述中欧拉网格与材料的界面问题,因此特别适合求解高速碰撞等动态大变形问题。

2. 常见载荷应力分析

可靠性设计分析与静力分析、动力分析、热应力分析等均密切相关,它们对可靠性设计分析工作都有很大的基础支撑作用。

(1) 静力分析

静力分析是 FEM 中最简单、最基本、最常见的一类应用领域。主要用于计算结构或部件上引起的结构响应(位移、应变和应力等),忽略结构的惯性效应。静力分析可以是线性的,也可以是非线性的,其中非线性的情形包括大变形、塑性、蠕变、应力钢化、接触单元以及超弹性单元等。通用静力分析涉及的虚功原理表达式为

$$\int_V \sigma : \delta\varepsilon\, dV = \int_V f_b^T \delta u\, dV + \int_V f_s^T \delta u\, d\Gamma \tag{5-13}$$

对方程进行有限元离散,参考虚功原理和非线性方程解法的相关过程,可以将问题划分为多个积分时间步;对每个增量步进行迭代和更新,最终求解获得广义位移等。如图 5-28 所示是某轴承支座在静载荷作用下的应力分布情况。

图 5-28　轴承支座上的静力分布

结构(件)是各产品类产品的重要组成部分,有些结构件的工作条件相对比较恶劣,如长期工作在满载、振动与冲击载荷下。寻求有关这些结构(件)正确而可靠的设计与计算方法是提高产品工作性能、可靠性以及寿命的主要途径之一。在可靠性设计分析工作中,静力分析的结果(如应力、应变等)可直接作为进一步进行其他深入分析的基础数据,如机械可靠性中的应力-强度分析、结构件的耐久性分析、电子产品封装的故障机理分析等。

（2）动力分析

工程中有许多承受动载荷（随时间变化）作用的产品，如在道路上行驶的汽车、受风载的雷达、海浪冲击的海洋平台、受偏心离心力作用的旋转机械等。一方面需要对其进行动态分析，了解其动态特性；另一方面，还要对其在动载荷作用下可靠性进行分析（如机载设备、结构在气动载荷下的可靠性）。

动态分析又称动力分析，包括固有特性分析和响应分析。固有特性有固有频率、模态振型、模态刚度和模态阻尼比等一组模态参数定量描述，它由结构本身决定，而与外部载荷无关，但决定了结构对动载荷的响应。固有特性分析就是对模态参数进行计算，其目的一是避免结构出现共振和有害的阵型；二是为响应分析提供必要依据。响应分析是计算结构对给定动载荷的各种响应特性，包括位移响应、速度响应、加速度响应以及动应力和动应变等。动力学响应通常与结构的振动微分方程相关，以带阻尼的结构动力学计算为例，该问题的基本微分方程表达式为

$$M\ddot{U} + C\dot{U} + KU = F_{\text{ex}} \tag{5-14}$$

对于这类微分方程的求法有多种，如直接积分法、阵型叠加法等。具体的方法可以参考有限元和振动力学相关的书籍。在动态分析中，结构的各种响应常用时间历程曲线表示，结构的阵型常用变形图或动画显示，其他模态参数可通过表格形式列出。

在可靠性分析工作中，可应用的情形包括：零部件受振动、冲击载荷作用，飞机结构受气动载荷作用，电子封装结构受跌落冲击作用等。图 5-29 所示为简化的 PCB 电路板应力分析结果示意，其中图 5-29(a) 显示了电路板跌落后 0.006 s 时刻的 von Mises 等效应力云图，图 5-29(b) 显示了电路板上某点 von Mises 等效应力的时序曲线。

（3）热应力分析

进行产品热分析的目的是确定产品及其组成部分的温度及分布，并对热设计的成果进行检验和优化。通过热分析可以计算在给定热边界条件（热环境）下结构或区域内部的温度分布，进而求出由于温度变化引起的热变形和热应力。获得产品温度场的途径主要有数字分析计算和热测量两种方式。热场的数字分析计算方法，又称热模拟，是利用数学手段获得产品中温度分布的方法。主要适用于产品的设计过程，此时尚无实物产品可供测量（如产品的初步设计阶段）。采用热测量的方式确定实物产品表面温度及温度场是很方便的，所得结果也较为准确。

热场的数字分析计算必须考虑热交换的三种途径是热传导、热对流、热辐射。热分析需要建立产品温度场和流场的数学模型，并对其进行求解。由于求解的复杂性，通常需要借助于计算机数值程序和软件工具，既可以选用通用的有限元仿真分析软件工具，也可以采用专用的热分析软件工具。

在可靠性分析中，主要是解决热传导问题。在热传导分析中，一般首先计算每个节点的温度值（即温度分布），然后计算结构的热变形和热应力。结构温度变化时将发生热变形，如果热变形是自由的，就不会引起内部应力；但如果结构内部受热不均匀或有外界约束，其热变形就要受到内部各部分的相互制约和外界的限制，从而在结构内部产生应力。这种因温度变化而形成的应力称为热应力。相应地，可以将产生热应力的温度变化视为一种载荷，称为温度载荷。这是一种典型的热—应力两场耦合问题。

在热传导分析中，还可以按一定方式显示结构的温度、热变形、热应力分布和热流情况，进

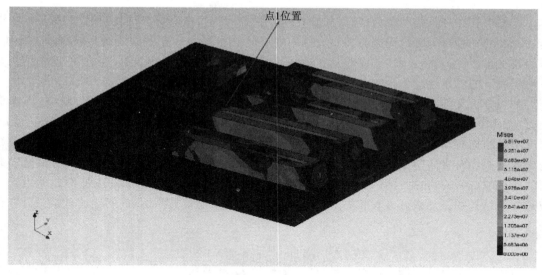

(a) 等效应力的分布云图

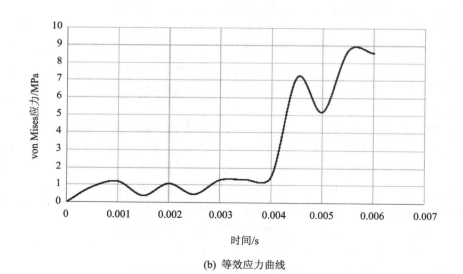

(b) 等效应力曲线

图 5 - 29　应力分析结果

一步研究分析结果的合理性和精度,用以评估设计的优劣,并采取相应的改进或控制措施。在前面介绍的热设计与热分析工作中,主要分析产品或结构内部的温度分布情况,并据此采取一些针对性的改进和优化措施,进而对上述温度场条件下的应力场进行计算和评估。由于热应力对产品及其封装互连结构的可靠性有着重要影响,很多产品的可靠性问题最终都可以归结为热应力(包括高低温循环、温度冲击等)造成的断裂或疲劳故障。因此,热分析的结果还可以支持对产品进行故障机理分析以及辅助建立其故障机理模型。

电子设备内外部的流体流动和热量传递受物理守恒定律的控制。基本的守恒定律包括质量、动量和能量守恒定律,其分别对应的守恒控制方程如下:

质量守恒方程：

$$\frac{\partial \beta}{\partial t} + \mathrm{div}(\rho u) = 0 \tag{5-15}$$

动量守恒方程（X 方向）：

$$\frac{\partial(\rho u)}{\partial t} + \mathrm{div}(\rho u u) = \mathrm{div}(\mu \, \mathrm{grad}\, u) - \frac{\partial P}{\partial x} + S_u \tag{5-16}$$

能量守恒方程：

$$\frac{\partial(\rho T)}{\partial t} + \mathrm{div}(\rho u T) = \mathrm{div}\left(\frac{k}{c} \mathrm{grad}\, T\right) + S_T \tag{5-17}$$

自 20 世纪 60 年代前后开始，CFD 技术逐渐形成了一门独立的学科，其主要思想是把原来的时间域及空间域上连续的物理量场，如温度场和速度场，用一系列有限个离散点上的变量值的集合来替代，通过一定的原则和方式建立起关于这些离散点上场变量之间关系的代数方程组，然后求解代数方程组获得场变量的近似值。

3. 载荷应力分析简化方法

工程问题当中所处理的模型通常较为复杂，在对于相关分析时，可以根据计算结构的几何、受力及相应变形等情况，对相应的力学问题进行简化，从而达到减小计算时间和存储空间的目的。常见的简化方法有多种，FEM 中通常采用子模型法和等效载荷法。

（1）子模型法

子模型法是得到模型部分区域中更加精确解的有限元技术。在一些问题分析中，往往出现一些受到关注的应力集中区域，这部分需要更为精细的网格，而对于非关注区域，可以针对模型中的一些小特征进行简化处理，并且网格密度也不需要很精细。子模型法将关注的应力集中区域的网格进行加密细化并进行有限元分析，不仅能够提高求解问题的精度，还能减小求解问题的规模。

（2）等效载荷法

等效载荷法是进行多层分析时，涉及单元级的应力分析时将系统级层次的接触力以及结构连接进行脱离和简化，把它们的作用替换为等效载荷。这些等效载荷如同外部载荷一样，施加到单元级分析模块上对问题进行分析，从而降低问题的计算规模并提高计算效率。同时，对于一些几何较为规则的结构，如满足对称性或者反对称性条件，可以在对称面或反对称面上进行简化，计算模型只需要建立一半，载荷可以等效为对称载荷或对称载荷与非对称载荷的叠加形式，从而降低计算规模和求解速度。

4. 载荷应力分析与可靠性关系

利用载荷应力分析方法可获得产品工作过程中各设计变量或环境因素的波动对产品功能单元或系统的影响，如静力、热、热力等。在开展产品可靠性仿真分析时，这种方式是获取产品对单个或多个变量波动的响应数据并作为可靠性仿真分析输入的重要途径之一，常见的载荷应力分析与可靠性分析类型的映射关系示例如表 5-15 所列。根据载荷应力分析应用方式不同，可将其分为确定性分析与不确定性分析。因此，可靠性仿真分析时，载荷应力分析常包括产品有限元分析类型确定、有限元模型构建、载荷边界设置、有限元模型修正及求解等。考虑到产品载荷波动、制造误差、装配误差、材料随机性等不确定性信息对可靠性分析的影响，仿真分析时，将依次开展对象的确定性仿真分析和不确定性仿真分析，如图 5-30 所示。

表 5 - 15　常见的载荷应力分析与可靠性分析类型的映射关系示例

序　号	载荷分析类型	常见可靠性仿真类型	可靠性评估所需仿真结果
1	稳态静力学、瞬态静力学	疲劳可靠性	应变、应力等
2	稳态传热学、瞬态传热学	热腐蚀可靠性	温度、热流密度等
3	稳态热力学、瞬态热力学	疲劳可靠性、断裂可靠性、磨损可靠性	应力、应变、接触应力、接触面积等
4	随机振动、冲击振动	疲劳可靠性、断裂可靠性	PSD、应力、应变、频率等
5	电学、电应力	腐蚀可靠性、断裂可靠性	温度、电压、电流、应变等

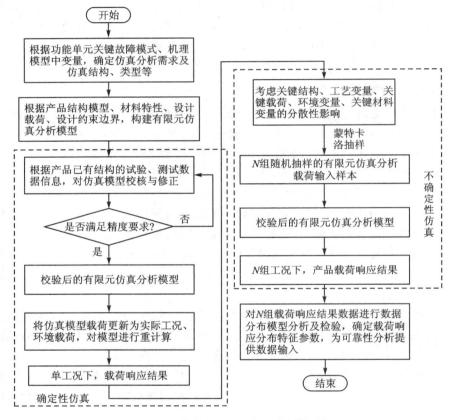

图 5 - 30　载荷应力分析与可靠性的关系

5.4.4　可靠性薄弱环节仿真分析

1. 可靠性仿真分析基本过程

可靠性薄弱环节仿真分析(简称可靠性仿真分析)以故障物理(PoF)为基础,利用有限元等载荷应力分析数值方法,建立产品的几何特性、材料特性、边界条件以及载荷剖面等分析模型,计算出产品各层级和部位的位移、加速度及应力等载荷响应,进一步结合 PoF 模型评估产品的寿命和可靠性水平(如平均故障前时间),发现产品的可靠性薄弱环节并指导设计改进。

可靠性仿真分析可以实现产品可靠性设计与性能设计相结合,避免设计上"两张皮"的痛点问题,将可靠性仿真分析与产品模态、随机振动、热测试等实物试验相结合,能够有效解决一些工程上较难处理的可靠性"根因"问题,可用于电子产品、机械产品、机电产品等多产品领域。

可靠性仿真分析主要包括设计信息采集、数字样机建模、测试及模型校核、载荷应力分析、试验设计及不确定性分析、故障/寿命预计、可靠性评估等步骤,如图 5 - 31 所示。

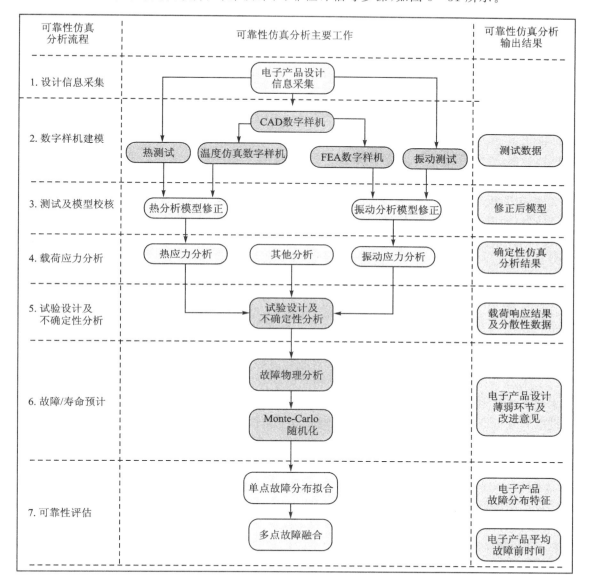

图 5 - 31　可靠性仿真分析的基本过程

2. 可靠性仿真分析关键步骤

(1) 设计信息采集

在对仿真分析对象进行分析前,应收集产品对象设计信息。该项工作由可靠性仿真分析人员负责收集,并由产品相关设计人员提供。可靠性仿真分析人员在进行设计信息的采集时,可向产品相关设计人员提供信息采集表。为便于信息采集,可预先制定设计信息采集表的格式。产品相关设计人员应如实、准确地填写采集表中的相关内容,及时提供相关设计资料。

仿真分析所需设计信息主要包括以下内容:

① 产品基本设计信息。产品基本设计信息应包括产品名称、产品代号、产品的基本组成、产品的功能简介等信息。

② 产品环境信息。产品环境信息应包括产品安装环境信息(如产品的安装区域、安装方式、重力方向、周围是否有其他对产品产生较大影响的产品等)和产品的试验环境剖面(如产品的温度环境剖面、振动环境剖面、电应力工作剖面等)。

③ 产品物理特征信息。产品物理特征信息应包括产品的外形尺寸、产品的安装尺寸、产品的物理特征(如整体功耗、产品质量)等信息。

④ 产品具体设计信息。产品具体设计信息包括产品结构设计信息、产品电路设计信息、产品加工信息。其中,产品电路设计信息应包括产品的电路布局文件、使用元器件清单(如元器件所属模块、元器件编号、元器件的生产厂商等信息)、使用元器件器件手册(如元器件的封装形式、外形尺寸、管脚尺寸、功耗、质量等信息);产品加工信息应包括电路板与结构的装配说明文件、电路板结构文件(如电路板的厚度、层数、各层厚度及金属迹线占面积比)、电镀通孔的设计信息(如镀通孔的种类、镀通孔的尺寸参数、镀通孔的镀层材料等信息)、过孔的设计信息(如过孔的种类、过孔的尺寸参数、过孔的填充材料等信息)、电路焊接及表面处理所用材料信息等。在上述收集信息中,还应包括实际产品参数分散性信息的确定和收集。

在设计信息采集时,还应注意以下几点:

① 产品相关设计人员在填写和提供产品设计信息时,应保证提供信息的完整性和一致性。例如,提供的产品设计信息中的所有产品、模块、组件、元器件名称和代号应保证一致。同时,在收集信息时还应保证提供的设计信息与实际设计状态保持一致。如有实际设计状态改变,应在提供信息时予以说明,并及时通知可靠性仿真分析人员。

② 在实际设计信息采集过程中,产品相关设计人员可能遇到部分设计信息无法提供的情况。此时产品相关设计人员应与设计信息采集者交流协商能否不提供该部分信息。在保证分析进度和分析准确性的前提下,可以适当地删减采集信息的内容。

③ 产品相关设计人员应提供相关设计文件(如产品的 CAD 文件、产品中电路的设计文件等)。

(2) 数字样机建模

在产品设计信息采集的基础上,建立对应数字样机模型。其中数字样机包括 CAD 数字样机、热仿真数字样机和 FEA 数字样机。数字样机创建时,首先建立和完善 CAD 数字样机。在 CAD 数字样机的基础上,建立热仿真数字样机和 FEA 数字样机。

1) CAD 建模

CAD 数字样机建模主要包括输入信息明确、数字样机建模及简化、材料及边界条件设置、数字样机输出。其中,CAD 数字样机建模的输入信息全部来自采集的电子产品设计信息(主要是电子产品的 CAD 设计文件)。CAD 数字样机建模主要是参考已收集的产品设计信息,对原产品设计的 CAD 数字样机进行修改和完善,包括:在原产品设计的 CAD 数字样机组成部分进行增删,可靠性仿真分析相关的组成部分的补充(如电子产品中大量元器件部分结构件或元器件的补充建模),在保证数字样机几何与结构完整且不影响后续分析的情况下,CAD 数字样机模型的删减等;零件或元件材料属性的设置等。

2）FEA 建模

FEA 数字样机建模主要包括 FEA 数字样机建模的输入信息明确、FEA 数字样机建模及输出。其输入信息主要包括 CAD 数字样机、材料属性和载荷及约束边界。材料属性主要包括产品结构中所使用材料的密度、弹性模量、泊松比、比热、导热率、对流换热系数等。载荷及约束边界包括产品各层级结构的装配关系、约束方式、约束类型及位置、载荷类型及信息、载荷位置及加载方式等。

FEA 数字样机建模及输出主要包括：CAD 数字样机导入、FEA 数字样机的简化、网格划分及质量检查、模型参数和求解参数设定、FEA 数字样机的修正及输出信息。

① CAD 数字样机导入。将 CAD 数字样机导入对应 FEA 的软件，建立初步 FEA 数字样机的主体几何结构。若所选择的 FEA 软件不支持 CAD 数字样机输出文件格式，可采用中间格式（如 ＊.SAT、＊.STEP、＊IGES 等）导入。

② FEA 数字样机的简化。由于 FEA 对求解网格数量的限制，必须对导入的 CAD 数字样机的部分设计细节进行简化，完善 FEA 数字样机几何结构。

③ 网格划分及质量检查。对简化后的 FEA 数字样机几何结构进行网格划分。在网格划分时既要考虑分析的精度，同时也要考虑分析硬件条件和进度安排，通过权衡确定网格划分数量。在网格划分结束后，需进行网格质量检查，以保证 FEA 的精度。

④ 模型参数和求解参数设定。对划分后网格后的数字样机，应设定其模型参数和求解参数。模型参数包括 FEA 数字样机中所有材料的力学属性参数和电子产品的振动控制条件（包括重力方向、载荷和边界约束条件等）；求解参数与 FEA 软件类型相关，一般应设定求解类型和收敛条件等。

⑤ FEA 数字样机的修正。在具备分析条件时，应对 FEA 数字样机进行修正。FEA 数字样机修正应通过对实物样机测试、分析的方法进行修正，其测试方法参照国军标进行。

⑥ 输出信息。FEA 数字样机建模的输出信息为修正后的 FEA 数字样机文件。

（3）测试及模型校核

由于仿真技术具有的优越性——可操纵性、可重复性、灵活性、安全性、经济性，且又不受环境条件和空域场地的限制，其应用越来越广泛，同时它本身的准确性和置信度也越来越引起人们的广泛重视。建模与仿真的校核技术正是在这种背景下被提出的。该技术的应用能提高和保证仿真置信度，降低由于仿真系统在实际应用中的模型不准确和仿真置信度水平低所引起的风险。

为保证仿真分析模型的精度，需要对所构建的产品仿真分析模型进行校核。即在建立产品有限元模型之后，进行产品实物试验测试，如热测试、振动测试等；基于载荷试验的实测结果数值，通过迭代优化计算，不断调整有限元模型的参数，如几何特征、材料属性、网格尺寸等，使得有限元模型计算的响应结果与实测静力响应之间的差异最小，如温度误差、模态频率误差等，从而实现基于实测数据的有限元模型的校核及修正。其具体技术流程如图 5-32 所示。

一般而言，针对产品的测试与模型校核，需要首先根据产品样件实物及其使用剖面数据，确定待开展的测试类型，如热测试、振动测试等；然后，利用响应的测试设备搭建测试系统，测试并采集其测试工况时的参数数据，如电路板及关键元器件的表面温度、结构的振动信号、位移型号、应变型号等；最后，以此为依据，对产品样件的仿真模型进行校核。以某电子产品的热测试为例，其测试系统搭建内容包括热测试设备检查、线路连接及传感器粘贴、热测试。具体过程如下：

　　1）热测试设备检查

　　根据热测试目的,选择合适的温度测试系统,根据热测试操作手册,逐项检查并确认设备状态是否完好。

　　2）线路连接及传感器粘贴

　　按照电子产品使用操作说明进行操作,连接测试仪、电源、采集仪、计算机,并将其运行状态调整至正常,计算机操作方法可参考相关软件的硬件校核使用说明中热测试的内容;连接完成后,将温度传感器进行编号,并根据元器件发热功率信息,按照功率由大到小的顺序依次将热传感器粘贴在应变测试仪PCB板的元器件上。

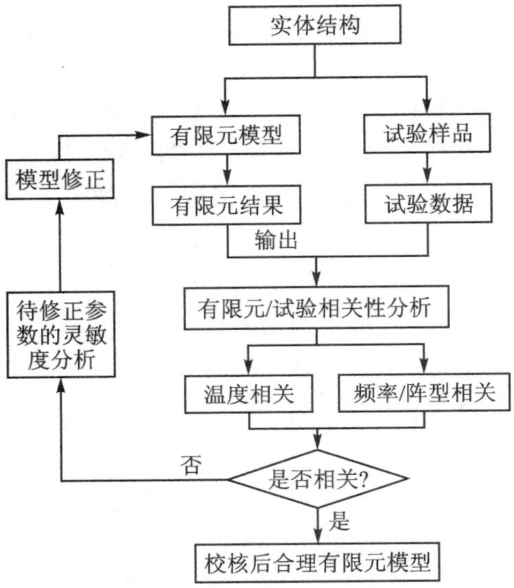

图 5-32　测试及模型校核技术流程

　　3）热测试

　　在被测电子产品正常运行的情况下,通过热测试仪来监测某一段时间内产品的关键器件温度变化情况;使用测试软件导出热测试数据。

　　4）热分析模型校核

　　将热热仿真分析的结果与上述产品实际测试结果进行比较,并依据结果对之前建立的模型进行修正。

　　(4) 载荷应力分析

　　根据产品载荷类型分析需要,选择响应的仿真分析类型,如热仿真、振动仿真等,借用适当的软件工具即可开展产品的载荷应力分析工作。其主要包括如下内容：

　　1）应力分析的输入信息确定

　　如热仿真分析,其一般包括热仿真数字样机、产品寿命周期工作状态、产品寿命周期热环境条件。产品寿命周期工作状态和热环境条件,可用来确定产品热应力分析的环境温度条件。

　　2）确定应力分析环境温度

　　根据产品寿命周期工作状态和环境条件,确定产品应力分析的载荷条件。以热分析为例,一般的热应力分析只针对高温环境进行,但在可靠性仿真分析流程中,热应力分析的结果还需用于之后的故障预计工作。因此,在确定热应力分析环境温度时,还应考虑产品在整个寿命周期内的热环境条件,而且需要与故障预计分析人员共同协商确定。在确定热应力分析环境温度后,还需在热仿真软件中设定环境温度条件。

　　3）应力计算分析

　　在完成仿真数字样机的所有设定后对模型进行求解,完成应力计算分析。以热分析为例,其应根据产品实际工况全面考虑并选择仿真分析的热交换方式,如传导、对流和辐射。当分析对象为电子产品时,热应力分析必须分析其在最高/最低工作温度下的稳态温度分布情况,并依据耐热设计的准则、规范和温度容许范围,指出设计中的问题以及不能满足要求的薄弱部位。

4) 输出热分析结果

在完成应力计算分析后,需要输出规定类型格式的分析结果。如热分析结果包括热分析报告和故障预计所需的热分析信息,振动分析结果包括模态频率、模态阵型、结构的应力、应变、位移的 PSD 响应数据等。

5) 输出信息

应力分析的输出信息包括分析报告和故障预计所需的分析信息。

(5) 试验设计及不确定性分析

在基于载荷分析的薄弱环节识别中,针对影响产品可靠性的材料、载荷、环境、几何、工艺等多种类型关键变量,选择一定的试验设计方法,对单个或多个影响因素的不确定性进行试验方案设计,并将不同试验方案的设计结果作为不确定性仿真分析的数据输入,通过后台驱动仿真分析算法的方式,实现多种试验方案的高效并行的不确定性仿真分析。

1) 试验设计

试验设计(Design of Experiment,DoE)方法是以概率论与数理统计为理论基础,经济科学地安排试验的一项技术。试验设计方法主要是解决在相当多可能影响目标的自变量中,选出能显著影响目标并研究如何选择自变量的水平组合适合目标达到最佳的理论。其在工程、质量、科技研究等方面都具有广泛的应用。

试验设计方法很多,根据具体的问题模型和目的可以选择适当的设计方法。根据试验设计的处理因素数量,常用的试验设计方法可分为单因素试验设计、多因素试验设计,如图 5 - 33 所示。单因素试验设计用于考察单个因素的效应,如完全随机设计、配对设计等;多因素试验设计用于考察多个因素的实验效应(各因素效应及因素间相互作用),如析因设计、正交设计、交叉设计等。

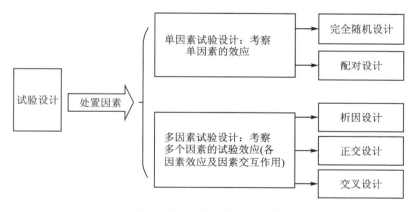

图 5 - 33 常见试验设计方法

(a) 完全随机设计

完全随机设计是将受试对象随机分配到各处理组进行实验观察,属于常见的一种考察单因素两水平或多水平的实验设计方法。根据样本组个数,可分为两组比较的两组完全随机设计和三组及以上处理组比较的多组完全随机设计。当样本组样本数量相等时为平衡设计,该设计方法检验效率较高;当样本数量不相等时为非平衡设计。

随机分组时应注意,随机数的位数不应小于样本含量的位数。抽取的随机数如果出现重复,应舍弃。

该试验设计方法优点是:各试验组样本数相等时需要的样本少,检验效率高;出现缺失样本时,仍然可以进行统计分析;设计方法和分析方法简单易行、易于实施、应用广。

但该方法的缺点是受试对象随机化后,因样本差异的客观存在,小样本完全随机分组后可能会出现两组间不均衡;实验检验效率不高(与随机区组设计相比)且只能分析单因素。

(b) 配对设计

配对设计是将不同受试对象按一定条件配成对子,再将每对对子中的两个受试对象分配到不同的处理组。该设计可以做到严格控制非处理因素(混杂因素)对实验结果的影响,同时使受试对象的均衡性增大,从而提高实验效率。其中配对条件可以是对象的属性信息、类别信息、特征信息等,如强度实验中,配对条件可选择其材料类型、结构类型、载荷类型、载荷大小、载荷持续时间等。根据其配对方法,配对设计时可分为直接配对设计、分层配对设计等。

该试验设计方法在使用时具有如下特点:组间均衡性好;由于人为控制了非处理因素的干扰,组间误差小,因此需要的样本少,提高了检验效率。但当配对条件未能严格控制造成配对失败或配对欠佳时,反而会降低效率。

(c) 随机区组设计/配伍设计

随机区组设计/配伍设计是组间设计在实验设计中的应用,是配对设计的扩大。它是将几个受试对象按一定相同或相近的条件组成配伍组或区别组,使每个配伍组的例数等于处理组个数,再将每一配伍组的各受试者随机分配到各个处理组中去。

该试验设计方法在使用时具有如下特点:区组间的均衡性好,缩小了实验的随机误差;能够分析处理因素和配伍因素对实验指标的作用,实验效率较高。但该试验设计方法的缺点是不能分析交互作用。

(d) 拉丁方设计

拉丁方设计是用 r 个拉丁字母排成 r 行 r 列的方阵,使每行每列中每个字母都只能出现 1 次,这样的方阵叫 r 阶拉丁方或 $r * r$ 拉丁方,即分别按拉丁方的字母、行和列安排处理因素和影响因素的试验设计方法。

该设计方法具有以下特点:可同时分别研究三个及以上因素,设计严密,双向误差控制,所需的样本含量小;但当因素为三个时,要求因素的水平数相等,各因素间无交互作用,各行、列、字母(处理)间具有方差齐性。

(e) 正交试验设计

正交试验设计是研究多因素多水平的又一种设计方法。它是根据正交性从全面试验中挑选出部分有代表性的点进行试验,这些有代表性的点具备了"均匀分散,齐整可比"的特点。正交试验设计是分析因式设计的主要方法,是一种高效率、快速、经济的实验设计方法。

日本著名的统计学家田口玄一将正交试验选择的水平组合列成表格,称为正交表(见6.4.3 小节)。例如作一个三因素三水平的实验,按全面实验要求,须进行 $3^3 = 27$ 种组合的实验,且尚未考虑每一组合的重复数。若按 $L_9(3)$ 正交表安排实验,只需做 9 次实验;若按 $L_{18}(3)$ 正交表则需进行 18 次实验,显然大大减少了工作量。因此,正交实验设计在很多领域的研究中得到广泛应用。其一般流程包括确定研究因素、选择指标水平、制作成正交试验表格、进行试验、试验结果分析。具体内容如下:

① 确定研究因素。根据问题研究背景可以确定本次的研究因素个数。

② 选择指标水平。确定因素后,还要对每个因素的水平进行设定,通常是依据专业知识或通过参考过往的文献经验来设定。

③ 制作正交试验表格。确定好因素与水平,准备工作就基本完成;接着制作正交试验表格,再将数据对应填入表格。

④ 进行试验。经过了漫长的试验,记录试验结果,整理数据。

⑤ 试验结果分析。得到试验结果后,将试验数据与结果整理到表格中进行分析。

2）不确定性分析

不确定性分析是对产品生产、制造、使用等过程中各种事前无法控制的外部及内部因素变化与影响所进行的估计和研究。在产品全寿命周期中,影响产品可靠性的不确定因素普遍存在,如产品材料、加工工艺、装配工艺、工作环境、载荷、约束边界等的不确定性。为了正确决策,需对产品在不同载荷状态下进行响应分析、综合评价,计算各因素发生的概率及对决策方案的影响,从中选择最佳方案。

在结构分析中,可靠性评价方法在单个构件或简单子结构中发展了许多成熟的解析算法,当研究对象扩展为整个体系结构时,解析算法的应用举步维艰,研究者不得不退而求其次,采纳基于经验化和许多假定的简化近似方法。产生以上问题的原因在于解析算法仅适用于结构显式功能函数。当结构复杂度显著增加,如自由度和随机变量数目的增多、非线性和动力效应的引入等,结构载荷和抗力相关的功能函数便具有了隐式特征,解析算法难以求解而不再适用。与此相对应的,有限元方法能够尽可能真实地再现各类结构的组成、连接、支撑、非线性状态、加载失效过程,有效地求解各类复杂结构实际行为,但是确定的有限元方法不能考虑变量的随机性,这样限制了有限元方法在可靠性分析中的应用。为了兼得两种方法的长处,产生了随机有限元(SFEM)或称概率有限元(PFEM)的思想,基于随机有限元的可靠性分析,可以尽可能真实地评价简单或复杂系统的可靠性。它类似于确定性的有限元分析,但在分析中考虑了变量的不确定性。

因此,开展基于载荷分析的产品薄弱环节识别时,需要开展面向载荷应力分析的不确定性分析工作,即随机有限元分析,进而开展基于随机有限元的可靠性分析。

具体是,针对产品全寿命周期中的关键参数的不确定性,根据参数的随机性特征,如数据分布类型及特征值,采用一定的试验设计方法进行试验方案设计,确定一定数量的载荷应力分析的样本组数据,在此基础上开展随机有限元仿真分析,获取不同载荷输入情况下产品的结构响应数据,进而将其作为产品故障预计及可靠性评估的数据输入。

（6）故障/寿命预计

故障预计目前主要用于板级电子产品,其输入信息包括振动应力分析信息和热应力分析信息。产品详细设计参数及工艺参数,如元器件类型、位置、尺寸、重点、引脚、功耗,电路板的层数、厚度、镀通孔信息,以及仿真分析环境条件等,主要输出包括以下几点:

- 产品设计薄弱环节;
- 产品的故障信息矩阵;
- 各故障机理的故障时间蒙特卡洛仿真值。

其中,故障信息矩阵包含了故障位置、故障机理以及影响故障前时间的各类因素。故障信息矩阵和各故障机理的故障时间蒙特卡洛仿真结果可用于之后的可靠性仿真评估。故障预计获得的产品设计薄弱环节可与热应力分析和振动分析发现的产品设计薄弱环节合并,最终形成产品的设计薄弱环节及改进意见报告。

故障预计的主要工作内容如下：

① 故障预计仿真建模。在故障预计中，需要依照电路板详细设计参数和工艺参数、电子元器件详细设计参数，建立单个电路板故障预计仿真模型。在此基础上还应补充上述参数的随机分散性信息。在建模中应注意：所建模型应与实物设计状态和以上数字样机保持一致。

② 板级热分析。在完成故障预计仿真建模的基础上，应在对应的故障预计软件中对所有单个电路板进行板级的热分析。其中，热应力分析提供的信息可作为板级热分析的边界条件。通过板级热分析，可以获得每个元器件的基板温度、壳温和结温。这些温度数值将用于最后的单点蒙特卡洛仿真抽样预计。同时，板级热分析的结果还应与整个产品热应力分析进行比对，以保证结果的一致性和正确性。

③ 板级振动分析。在完成故障预计仿真建模的基础上，应在对应的故障预计软件中对所有单个电路板进行板级的振动分析。其中，振动应力分析提供的信息可作为板级振动分析的边界条件。通过板级振动分析，可以获得每个元器件的位移、加速等数值。这些数值将用于最后的单点蒙特卡洛仿真抽样预计。同时，板级振动分析的结果还应与整个产品振动应力分析进行比对，以保证结果的一致性和正确性。

④ 故障物理分析。在完成上述板级热分析和振动分析的基础上，在故障预计软件中输入对应的试验环境剖面时序信息。环境条件通常是按照循环方式加载的，且所有的环境条件相互独立，最终计算获得单个元器件对应故障机理的故障前时间(一般以试验循环数表示)。在选择进行故障预计的故障机理时，充分考虑电子元器件所处环境和所承受的载荷，确定可能诱发的故障机理及其导致的故障模式。利用故障物理分析获得单个元器件对应故障机理的故障前时间，进行规定可靠性门限值的筛选，最终可以确定产品在元器件方面的设计薄弱环节。

⑤ 蒙特卡洛仿真抽样预计。在故障物理分析的基础上，通过补充电路板和电子元器件参数的分散性信息，结合蒙特卡洛仿真抽样，最终获得大量的单点仿真故障数据。

(7) 可靠性评估

可靠性仿真评估的输入信息包括产品的故障信息矩阵以及各故障机理的故障时间蒙特卡洛仿真值。最终可以获得设备的可靠性仿真评估数值。主要输出包括产品的故障分布特征或者产品的平均故障前时间。

可靠性仿真评估包括单点故障分布拟合和多点故障分布融合。以上可靠性仿真评估已由对应的软件和程序集成，可进行自动化计算。

1) 单点故障分布拟合

针对每一故障点的大样本故障时间数据，采用统计数学方法对这些故障时间数据进行分布拟合，以获得其故障密度分布。

2) 多点故障分布融合

对于多点故障，采用故障机理的竞争失效方法，将产品的每个故障机理对应的故障分布进行融合得到产品的故障分布过程，计算得到产品的故障分布特征和平均故障前时间。

5.4.5　应用案例

以典型电子产品应变测试仪作为案例，进行基于载荷分析的薄弱环节识别方法的应用。

案例内容主要涵盖产品设计信息收集、数字样机建模（包括 CAD、CFD、FEM 等）、应力分析（包括热、振动）、仿真模型校核（包括热测试、振动测试）、试验设计、故障预计和可靠性评估等技术内容。

　　针对应变测试仪，需首先了解其结构组成、功能原理、使用方法等基本内容，收集包括产品总体、电路模块、元器件等在内的产品设计信息；然后分别利用计算机辅助设计（CAD）、有限元分析（FEA）、计算流体动力学分析（CFD）等方面的软件工具建立产品的数字样机模型，进行初步的热、振动载荷应力分析。在此基础上，通过实际操作电子产品实验件、多功能综合测试系统等硬件设备和测试仪器，开展实验件的温度测试、振动模态测试，收集关键元器件的温度数据、线路板的自由模态数据等，并对数字样机模型的有效性和准确性进行校核和验证；在此基础上，以验证后的仿真分析模型的热、振仿真分析结果，作为产品薄弱环节识别的数据输入，开展实验件的可靠性预计及评估工作。

1. 设计信息采集

　　收集整理应变测试仪的基本信息及设计资料，包括工作原理、功能结构、元器件信息、使用操作方法、工作载荷剖面信息等。

　　本案例对象为一台双通道应变测试仪，主要由机箱、电路板、输出接口等部分组成，如图 5-34 所示。其工作原理是其利用电阻应变片的变形产生的电阻变化实现对应变的电测量，并通过信号放大、低通滤波、预平衡、程序控制、电压输出等单元，将微弱的应变信号进行放大、处理转换为合格的电压信号。由于电阻应变片适应性强、易于掌握，能在复杂的工作条件下完成测量，可广泛应用于公路桥梁检测、地基沉陷、土压测量及大型工程结构的应力等测量。

图 5-34　应变测试仪实物图（机箱及电路板）

　　实验件外壳采用 45 号钢，PCB 采用环氧树脂 FR4，芯片封装材料及外壳上接口材料主要是环氧树脂 E51-618，其主要材料参数具体如表 5-16 所列。

　　针对应变测试仪，影响其可靠性的主要环境载荷因素为热载荷、振动载荷，其热载荷、振动载荷剖面具体信息如表 5-17、表 5-18 所列，机箱壁面热属性对流换热系数为 5 W/(m^2·K)，环境温度为 17.5 ℃。

　　应变测试仪结构中的关键元器件发热功率信息如表 5-19 所列。

表 5-16　实验件材料参数表

材料名称	密度/ (kg·m⁻³)	杨氏模量/MPa	泊松比	热扩张系数/(K⁻¹)	比热容/ [J·(kg·K)⁻¹]	热导率/ [W·(m·k)⁻¹]
45 号钢	7 890	2.09×10^5	0.269	1.3×10^{-5}	460	44
环氧树脂 FR4	1 938	1.72×10^4	0.11	4.8×10^{-6}	1 842	0.38
环氧树脂 E51-618	1 200	1×10^3	0.38	1.0×10^{-5}	1 650	0.59

表 5-17　热载荷剖面信息表

序　号	温度/K	保持时间/h
1	290.65	2
2	318.15	2
3	333.15	2
4	228.15	2

表 5-18　振动载荷剖面信息表

序　号	频率/Hz	功率谱密度/(G²·Hz⁻¹)
1	20	0.01
2	100	0.01
3	500	0.02
4	1 000	0.02
5	2 000	0.001

表 5-19　关键元器件发热功率信息表

序　号	器件型号	器件类型	封　装	功耗/W
1	LM307-1	运算放大器	通用封装	0.04
2	LM340-1	三端稳压芯片	通用封装	0.02
3	AD8230-1	运算放大器	通用封装	0.02
4	AD8230-3	运算放大器	通用封装	0.02
5	AD8230-5	运算放大器	通用封装	0.02
6	UAF42-1	滤波器	LCC	0.03
7	LM350-1	三端稳压芯片	通用封装	0.02
8	ADV7123	数模转换器	通用封装	0.15
9	LM307-2	运算放大器	通用封装	0.04
10	LM340-2	三端稳压芯片	通用封装	0.02
11	AD8230-2	运算放大器	通用封装	0.02
12	AD8230-4	运算放大器	通用封装	0.02
13	AD8230-6	运算放大器	通用封装	0.02
14	UAF42-2	滤波器	LCC	0.03
15	LM350-2	三端稳压芯片	通用封装	0.02

2. 数字样机建模

根据样品设计文件,经过适当简化建立的样件CAD数字样机如图5-35所示。

3. 测试及模型校核

根据样件实物及其使用剖面数据,采用可靠性综合分析数据采集仪搭建电子产品热测试系统、振动测试系统,测试并采集电子产品额定工作时电路板及关键元器件的表面温度、前三阶自由模态频率及阵型信息;并以此为依据,对电子产品样件热仿真模型、振动仿真模型进行校核。具体测试过程如图 5－36 所示,测试系统搭建示意图如图 5－37 所示,测试结果数据如表 5－20、表 5－21 所列。

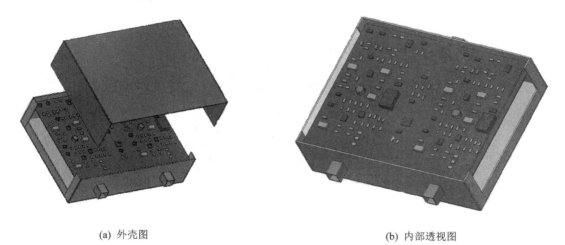

(a) 外壳图　　　　　　　　　　　　　　　(b) 内部透视图

图 5－35　案例样品 CAD 模型

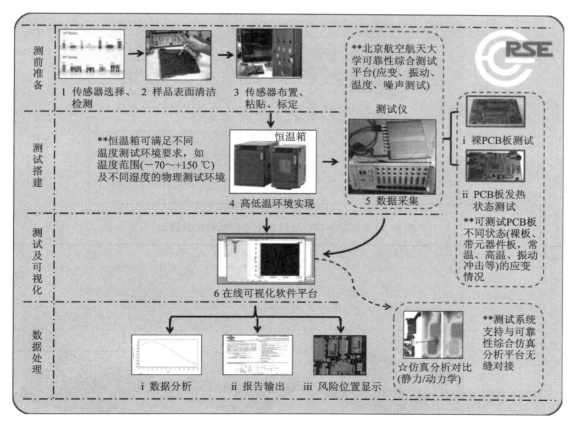

图 5－36　测试及模型校核通用流程

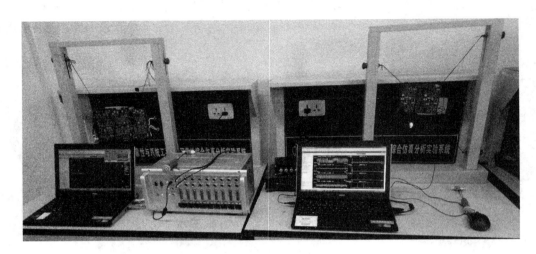

图 5-37 测试系统搭建示意图

表 5-20 应变测试仪关键元器件温度测试数据表

序 号	器件型号	器件类型	功耗/W	测试结果/K
1	LM307-1	运算放大器	0.04	304.35
2	LM340-1	三端稳压芯片	0.02	291.75
3	AD8230-1	运算放大器	0.02	291.94
4	AD8230-3	运算放大器	0.02	299.15
5	AD8230-5	运算放大器	0.02	292.44
6	UAF42-1	滤波器	0.03	291.35
7	LM350-1	三端稳压芯片	0.02	291.94
8	ADV7123	数模转换器	0.15	318.05

表 5-21 应变测试仪线路板振动测试结果数据表

类 型	模态阶次	第1阶	第2阶	第3阶
样件实物测试	自由模态频率/Hz	116	176	209
	阻尼比/%	1.663	1.536	2.636
	测试振型图			

续表 5 - 21

类　型	模态阶次	第 1 阶	第 2 阶	第 3 阶
自由模态仿真	自由模态频率/Hz	126.2	196.2	236.6
	仿真振型图			

4. 载荷应力分析

在样品测试及模型校核的基础上，对数值仿真分析模型进行热仿真、振动仿真分析，并将仿真分析结果与测试结果对比；热仿真分析结果见图 5 - 38、图 5 - 39、表 5 - 22。

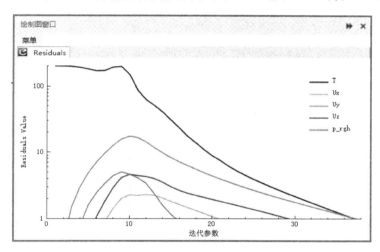

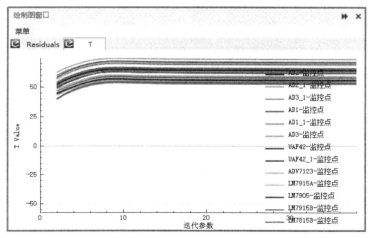

图 5 - 38　残差曲线和监控点温度

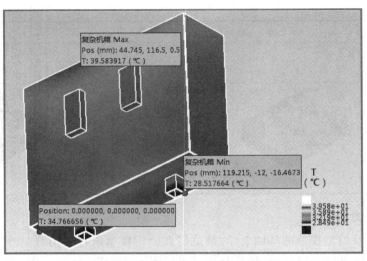

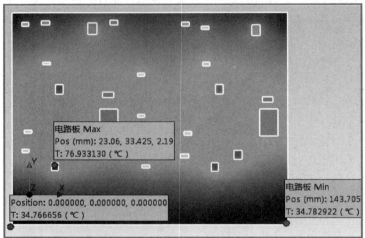

图 5 - 39　应变测试仪箱体、线路板热仿真温度示意图

表 5 - 22　应变测试仪关键元器件热载荷仿真温度信息

序　号	元器件名称	Max_T/K	与测试结果的误差/K
1	LM307 - 1	305.31	0.96
2	LM340 - 1	292.11	0.36
3	AD8230 - 1	291.45	0.49
4	AD8230 - 3	300.4	1.25
5	AD8230 - 5	292.87	0.43
6	UAF42 - 1	290.65	0.7
7	LM350 - 1	292.75	0.81
8	ADV7123	318.94	0.89

振动仿真分析结果如表 5 - 23 所列,振型图示意如图 5 - 40 所示,详细振型参见第 9 章中图 9 - 7 所示的模态分析结果。

表 5 - 23　约束模态频率分析结果(前 6 节频率)

序　　号	约束模态阶次	频率/Hz
1	第 1 阶次	737.852
2	第 2 阶次	775.198
3	第 3 阶次	1 193.65
4	第 4 阶次	1 681.26
5	第 5 阶次	1 914.27
6	第 6 阶次	1 939.91

图 5 - 40　应变测试仪随机振动分析结果云图

5. 试验设计及不确定性分析

在载荷应力分析的基础上,针对影响应变测试仪可靠性的材料、载荷、环境等多种类型参数中的关键变量,根据其分散性,选择一定的试验设计方法,对单个或多个影响因素的不确定性进行试验方案设计,获得不同试验方案,并将不同试验方案的设计结果作为不确定性仿真分析的数据输入。根据应变测试仪可能发生的可靠性问题,确定故障机理及模型,如 Engel-maier 热疲劳模型、Steinberg 随机振动疲劳模型等。然后,设置不确定性参数,在试验设计方案的基础上,开展应变仪的不确定性分析,获得每个参数样本对应的热、振动仿真分析结果。具体内容包括机理模型配置、不确定性参数设置、试验设计三部分。

（1）机理模型配置

根据应变测试仪可能发生的可靠性问题,确定故障机理及模型。表 5－24 中给出了热、振动载荷应力作用下典型的故障模式与机理模型。

表 5－24　热、振动载荷应力作用下典型的故障模式与机理模型

载荷应力类型	故障模式	故障机理模型
热	焊点开裂	Engelmaier 热疲劳模型
振动	引脚断裂	Steinberg 疲劳模型

（2）不确定性参数设置

在元器件故障机理模型的基础上,设置不确定性参数。表 5－25 中给出了典型的不确定性参数,可以在软件中对相应的元器件进行设置。

表 5－25　不确定性参数信息

机理模型	参数名称	分布类型	均　值	标准差
Steinberg 疲劳模型	焊点材料疲劳强度指数	正态分布	6.4	0.5
Steinberg 疲劳模型	引脚材料热膨胀系数	正态分布	6	35

（3）试验设计

完成机理模型配置及不确定性参数设置后,选择试验设计方法进行试验设计。下面以完全样本随机抽样——蒙特卡洛方法为例进行说明。

① 选择待抽样的不确定性参数。

② 设置需要抽样的样本数量,调用相应的算法开展随机抽样,对所有选择的不确定性参数进行抽样。图 5－41 为针对上述设置的引脚材料热膨胀系数等进行随机抽样 100 次的示意图。

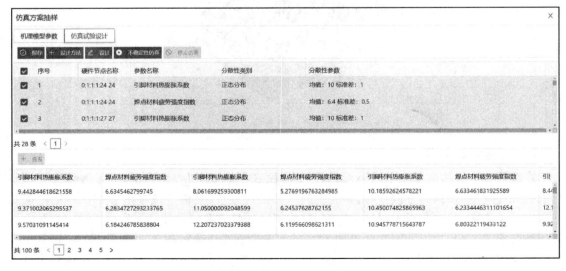

图 5－41　蒙特卡洛方法抽样结果示意图

6. 故障/寿命预计

完成试验设计及样品不确定性分析后，开展基于载荷分析的薄弱环节识别，即样品的故障预计工作。元器件故障预计结果包括失效/故障模式、平均故障前时间（MTTF）、服从的分布类型及参数等。

采用基于故障物理的可靠性仿真分析软件开展案例样品的故障预计，存在故障点模块的故障预计信息如图 5－42 所示。其中，应变测试板卡的潜在元器件故障位置为元器件 UAF42－1、LM350－1 和 ADV7123，寿命云图如图 5－43 所示。

故障预计和可靠性评估

故障预计结果列表　可靠性估计

计算　寿命云图

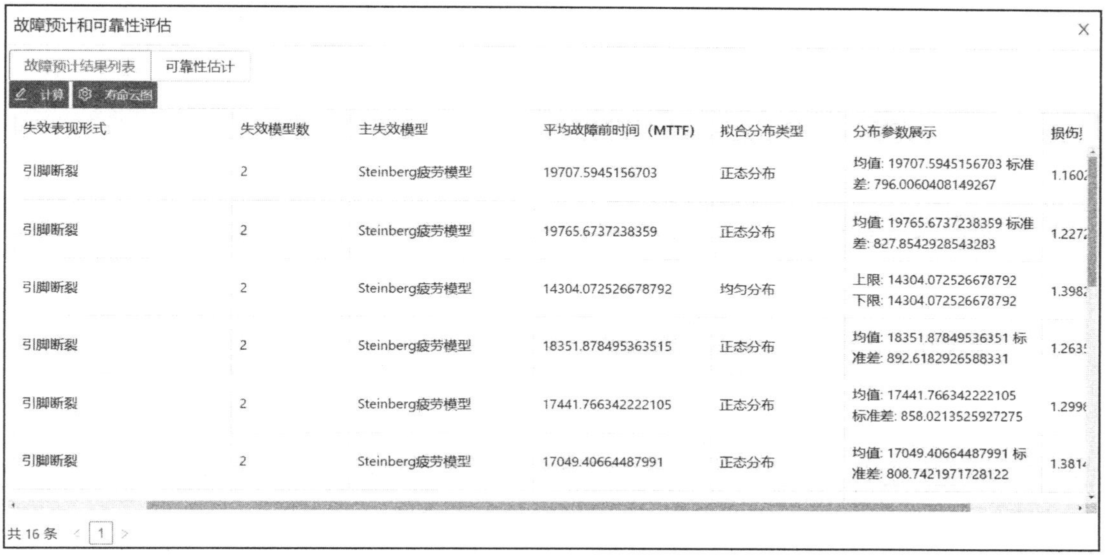

失效表现形式	失效模型数	主失效模型	平均故障前时间（MTTF）	拟合分布类型	分布参数展示	损伤!
引脚断裂	2	Steinberg疲劳模型	19707.5945156703	正态分布	均值: 19707.5945156703 标准差: 796.0060408149267	1.160
引脚断裂	2	Steinberg疲劳模型	19765.6737238359	正态分布	均值: 19765.6737238359 标准差: 827.8542928543283	1.227
引脚断裂	2	Steinberg疲劳模型	14304.072526678792	均匀分布	上限: 14304.072526678792 下限: 14304.072526678792	1.398
引脚断裂	2	Steinberg疲劳模型	18351.878495363515	正态分布	均值: 18351.87849536351 标准差: 892.6182926588331	1.263
引脚断裂	2	Steinberg疲劳模型	17441.766342222105	正态分布	均值: 17441.766342222105 标准差: 858.0213525927275	1.299
引脚断裂	2	Steinberg疲劳模型	17049.40664487991	正态分布	均值: 17049.40664487991 标准差: 808.7421971728122	1.381

共 16 条　1

图 5－42　元器件单点故障预计的计算结果信息

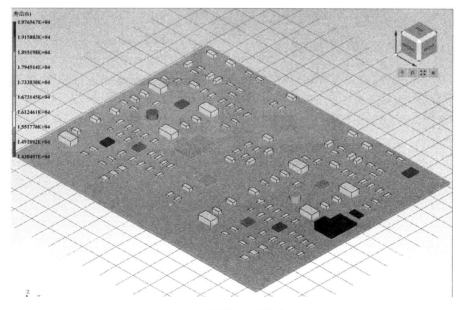

图 5－43　元器件、电路板寿命云图

7. 可靠性评估

在应变测试仪故障/寿命预计的基础上,开展其可靠性评估工作。首先开展元器件可靠性评估,获得与仿真样本对应的元器件寿命信息;然后,利用软件内置系统可靠性评估方法,基于竞争失效理论,逐层计算元器件、电路板的可靠性指标。电路板可靠性评估结果包括概率密度柱状图、故障率曲线、可靠度曲线、不可靠度曲线、MTTF、中位寿命、B10寿命等,具体如图5-44所示。

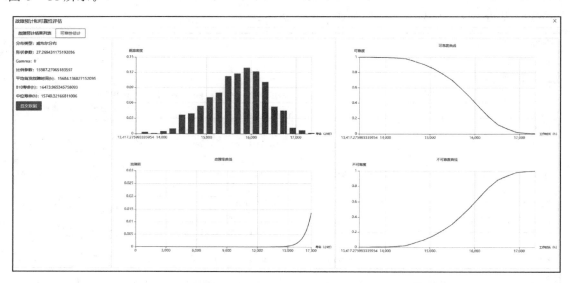

图5-44　测试仪电路板的寿命预计与可靠性评估结果

5.5　潜在通路分析

5.5.1　基本思想和原理

系统的功能由系统的单元、单元间联系和环境共同决定。系统发生故障时,既有可能是单元发生硬件故障,也可能是单元间联系出现故障。其中一种重要情况是,系统各组成单元均正常,但是系统中单元间联系构成了"潜在通路",从而引起功能异常或抑制正常功能的实现。

潜在通路往往是设计者无意中设计进系统的一种潜在状态,是无预期的。潜在通路通常在系统所处的特定条件下出现,表现为意外路径或意外逻辑流,这种路径或逻辑流可能是由硬件、软件、操作员的动作,或者这些因素组合造成的。潜在通路的出现可能会给系统设备乃至人身造成巨大的危害。

美国早在20世纪60年代率先开始研究潜在通路分析(Sneak Circuit Analysis,SCA)技术,对红石火箭发动机熄火事件的调查推动了这一技术的发展。1967年美国波音公司在阿波罗计划中首次系统地采用了SCA技术,如今SCA已在航空、航天、核能等领域中得到应用,并成为系统安全性、可靠性、质量保证工作的重要组成部分。

SCA技术是目前规范系统识别大型复杂系统的全部潜在通路的唯一有效方法,随着系统的日益庞大和高度自动化,SCA技术的发展和应用前景将越来越广阔。

　　潜在通路产生的根本原因是设计人员的有限能力无法充分应对现代工程系统的复杂性。由于在产品设计过程中对潜在的激励条件或激励响应间的复杂因果关系认识不足,导致设计者容易主观上忽略了这种状态。随着产品复杂性的增加,这种矛盾会呈级数增长。此外,需要注意潜在通路本身虽与元器件/零部件的故障无关,但一旦发生元器件/零部件故障,则可能激活更多的潜在通路状态。

　　导致潜在通路的一些常见的直接原因包括:

　　① 分系统设计人员对产品整体设计缺乏全面深入认识,对如何适当的连接分系统缺乏全面考虑。

　　② 对设计评审后所做的更改将会给产品带来的影响未进行充分的审查。

　　③ 操作人员差错。

　　潜在通路的主要表现形式:

　　① 潜在路径:引起电路、逻辑流或控制信号沿着意外的路径或意外的方向流动的路径,将会导致出现非期望功能或屏蔽预期功能。

　　② 潜在时序:在非期望的时刻可能导致出现非期望功能或屏蔽预期功能。也可以说,它是具有时序性的潜在通路。

　　③ 潜在指示:引起对系统工作状态指示不明确或错误的理解。它可以导致操作员不正确的操作。

　　④ 潜在标志:引起系统功能错误的或不准确的理解的标志。它可以导致操作员向系统施加错误的激励。

5.5.2　潜在通路分析的基本过程

1. 基本原理

　　潜在通路分析包括两个基本原理:一是划分原理,目的是化整为零,减少单次分析规模;二是结构功能相似原理,目的是举一反三,降低单次分析的工作量。

　　(1) 划分原理

　　潜在通路产生的根本原因是人的认知能力与产品的庞大规模和复杂性的差距。系统划分的目的是将一个需要全面认识和深入分析时的大系统分割成较小部分以便分析,因此对解决潜在通路问题具有重大意义。系统可以视为由单元和通路组成的网络,即各个单元均由通路(某种实体的接口或逻辑通道,代表单元间联系)连接。系统划分需要将网络逐级划分为功能和结构相对简单的模式,直至人们易于识别的拓扑形式。划分原理的唯一前提是不可丢失可能的通路模式。

　　以电路系统为例,采取的做法是将电网络图中各级供电母线、各级返回母线作为划分点,将系统分成许多单独的、相互不连通的小块电路,这些小块电路之间可以通过划分点重新恢复原系统。在 SCA 技术中将这样的小块电路称为"网络树"。每棵网络树都是电气上相互连通的最小功能电路。如果按"电源供电点画在页面的上方,供电返回画在页面的下方"规则将网络树绘制出来,那么它就是简明表达系统功能和各部件相互连接关系且易于进行拓扑识别的电路图。

　　掌握这些网络树的所有功能特性是容易且可行的。对一个复杂系统的分析,可转变为首先分析单棵网络树所具有的功能特性,然后将与之有关的其他网络树进行组合分析,进而掌握整个系统所有可能的功能行为。

　　(2) 结构功能相似原理

　　结构功能相似原理是划分原理的重要补充,即系统划分到什么程度是合适的。如果是任意的分解,则会得到很多不同类型的网络树,依然无法有效展开分析。实践表明,在系统中存在相似原理,即结构类似的产品表现出类似的行为(功能)。因此,可以定义最低层次的基本网络树,只要识别这些基本网络树可能的功能行为(含潜在行为),就有助于识别出复杂系统的所有功能行为,进而得到潜在通路。以电路系统为例,所有的电路都可归纳为五种基本的拓扑模式,也称为拓扑树,如图 5-45 所示。

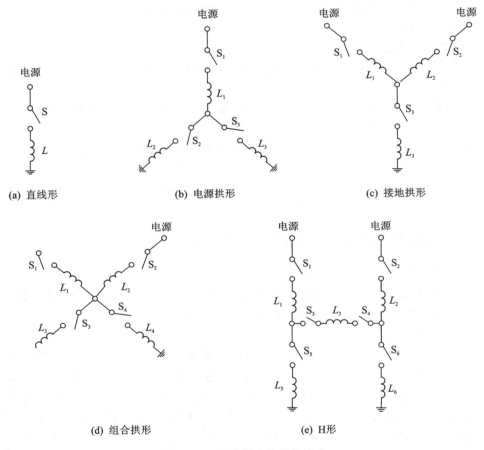

图 5-45　五种基本的拓扑模式

　　针对这些基本的拓扑结构,大部分的分析工作就是回答有关是否发生非期望行为或抑制期望行为的提示性问题。这些问题构成了潜在电路分析的线索表,可为分析人员提供一把理解复杂系统电路行为的"钥匙",扩展他们对电路行为理解的深度和全面性,提高他们对潜在问题的敏感程度。这些线索一般来自对设计准则、设计经验及潜在电路案例的提炼。

　　五种基本拓扑树都有各自对应的线索表,最简单的直线形拓扑的线索表如表 5-26 所列。其他型拓扑的线索表比这复杂得多,特别是 H 形拓扑。H 形拓扑的网络树可能存在 100 条以上的通路,目前所辨识出来的潜在通路中,有一半以上是由 H 形拓扑网络产生的。各个线索表也将随着技术的发展而不断地增加和完善。这些线索表的获得是困难的,大多数公司都把它们当专利一样看待。

表 5 - 26　直线形拓扑的线索表

序　号	线　索	序　号	线　索
1	需要负载 L_1 时,开关 S_1 断开	6	需要负载 L_1 时,电路不与电源连接
2	不需要负载 L_1 时,开关 S_1 闭合	7	负载 L_1 没有任何作用
3	L_1 和 S_1 的标志不能正确地反映它们的功能	8	开关 S_1 无用
4	L_1 是一个不正确的指示,如 L_1 可能指示"S_1 断开"	9	负载 L_1 控制开关 S_1(L_1 是继电器绕阻,而 S_1 是继电器触点)
5	需要负载 L_1 时,电路不与地连接	10	负载 L_1 在电路中发挥了两次作用,而设计只要求它一次

2. 基本方法

潜在通路基本分析方法有两种,分别是基于网络树生成和拓扑模式识别的分析方法、基于功能节点识别和路径追踪的分析方法。下面以电路系统为例进行说明。

(1) 基于网络树生成和拓扑模式识别的分析方法

此方法的基本分析过程:首先,对系统进行适当的划分以及结构上的简化,生成网络树;其次,识别网络树中所有的拓扑模式构成;最后,结合线索表对网络树进行分析,识别出系统中存在的所有潜在状态。

基于网络树生成和拓扑模式识别的分析方法是传统的分析方法,可以满足对系统进行全面、彻底分析的要求,但它对分析人员在专业知识和设计经验方面的要求较高,并且分析的工作量大,因此它更适用于对可靠性与安全性要求很高的关键系统。本章重点介绍此分析方法。

(2) 基于功能节点识别和路径追踪的分析方法

潜在通路分析也可以在对复杂系统进行划分和简化的基础上,通过关键功能节点的识别和功能节点间因果路径的追踪,结合线索表进行分析。

系统中的功能节点可划分为源和目标两类。功能路径是指为完成系统的某项特定功能,系统内电流或逻辑信号在功能节点间的传输路径。对于功能路径的识别,是针对特定的源和目标进行的。

此方法的基本分析过程:首先,对复杂系统进行划分和简化;其次,识别出系统中的功能节点,追踪出功能路径;最后,结合线索表进行路径分析。

此方法本质上也是基于拓扑模式识别,它对"基于网络树生成和拓扑模式识别的分析方法"的实施过程进行了简化,即通过只分析指定源和目标之间路径,以及这些路径间的组合,达到识别潜在路径的目的。此方法的局限性表现在两个方面:一方面,单条路径很难揭示它在系统中的实际作用,而对于规模稍大的产品,其路径组合太多,对分析人员来说,很难承受其分析的工作量;另一方面,由于此方法只关注路径,因此不具有揭示所有潜在问题的能力,不能满足对系统进行全面、彻底分析的要求。但由于以该方法为思想开发的辅助软件能通过路径追踪自动识别出产品中的 H 形拓扑结构,因此也在实际工程中也得到一定程度的应用。

3. 潜在通路分析程序

潜在通路分析的基本流程如图 5 - 46 所示。该流程图对"基于网络树生成和拓扑模式识别的分析方法"和"基于功能节点识别和路径追踪的分析方法"均适用。

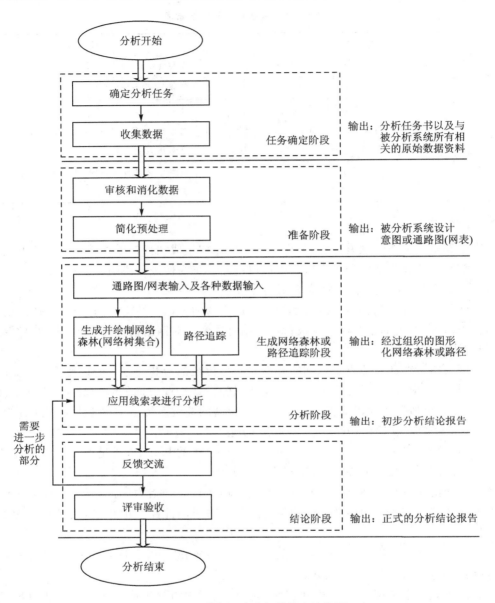

图 5-46　潜在通路分析的基本流程图

潜在通路分析过程由"任务确定阶段"、"准备阶段"、"生成网络森林或路径追踪阶段"、"分析阶段"和"结论阶段"五个阶段组成。前述两种基本分析方法仅仅在"生成网络森林或路径追踪阶段"的工作内容方面有所区别,其余基本相同。

(1) 任务确定阶段

本阶段主要是确定分析任务并进行相关数据的收集工作。分析任务应明确分析内容、任务输入、指标要求、完成形式和任务进度,而数据收集的准确性与完整性直接决定网络树以及整个分析过程是否有效。

收集数据的基本原则如下：

① 必须是反映当前设计实际技术状态的数据；

② 尽可能全面收集能准确表达任务要求和设计意图的资料；

③ 对原理设计进行潜在通路分析时，要收集原理设计图；

④ 对物理实现进行潜在通路分析时，要收集直接用于生产制造的图纸或物理连接数据以及有关元器件的电气参数。

（2）准备阶段

审核并消化已收集的数据。数据审核的范围包括任务要求和设计意图、原理设计以及物理实现等。所谓消化数据是指在对设计意图进行深刻理解的基础上，了解原理设计的所有功能实现过程，即使所要求分析的只是某个或某些功能实现过程，但了解整个系统的功能实现过程仍是必要的，这可以帮助分析人员从整个系统的角度来了解被分析电路的功能。

然后是对待分析的通路进行简化处理，其目的是在生成网络树集合的数据之前，可进一步突出待分析功能的通路，同时减少后面生成网络森林（网络树集合）数据时追踪的工作量。简化处理是根据分析要求进行的。

（3）生成网络森林或路径追踪阶段

该阶段的主要任务是根据被分析系统的设计意图及通路特点，设置系统划分点，采用人工方法或利用潜在通路分析辅助软件工具对电路进行追踪，生成网络森林节点集，然后按规定的布图规则将之绘制出来，最终形成图形化、按系统功能组织的网络森林；或者设定追踪源点和目标点，进行路径追踪。此阶段的工作内容包括：确定或输入用于分析的电路图或网表及各种设置数据，生成并绘制网络森林或进行路径追踪。

路径追踪的主要工作包括电路图/网表输入、各种数据输入（确定追踪源和目标等）、追踪路径。

根据经验，对于规模小于 50 个单元的系统，此阶段工作可以采用人工方法完成；但对大于 50 个单元规模的系统，应该由潜在通路分析辅助软件系统完成。

（4）分析阶段

分析阶段任务是利用线索表，对网络森林或路径进行分析，识别产品可能具有的所有功能，并将之与设计意图相比较。如果比较结果一致，则说明系统设计符合要求；否则，说明可能存在潜在通路问题，加以标志，并写入初步分析结论报告中。下面以潜在电路为例进行说明。

1）基于网络树生成和拓扑模式识别的分析

（a）基本流程

生成系统的网络森林后，分析人员接下来的工作就是按功能对相关的网络树（森林）及其组合进行潜在分析。分析过程如图 5 - 47 所示。其中，对于网络树 A，如果它是网路树 B 非连续性控制信号（数字信号或开关信号）的直接接受者，则网络树 A 被称为网络树 B 的"被控制树"，发出控制信号的网络树 B 称为网络树 A 的"控制树"。网络树之间的控制与被控制关系记录在交叉参考表中。

（b）网络树分析方法

a）对单棵网络树的分析

由于绘制的网络树图的布图是很规则的（源点在上，返回点在下），因此分析人员很容易识别出它的拓扑构成，从而判定是否存在潜在问题。

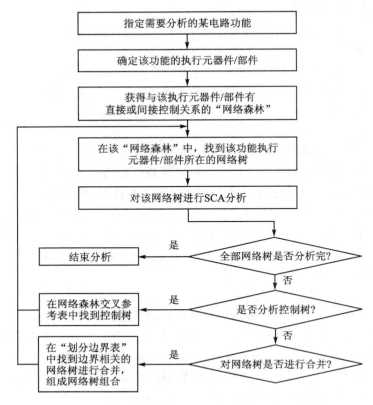

图 5 - 47　网络森林分析流程

在对网络树进行分析时,潜在路径、潜在时序、潜在指示、潜在标志的分析是分别进行的。一般来说,潜在路径最先被识别,然后是潜在时序、潜在指示,最后是潜在标志。在分析过程中,设计图纸错误也可以作为分析工作的副产品被发现出来。具体分析步骤如下:

① 对网络树图进行拓扑识别,考察网络树图中包含哪些直线形、电源拱形、接地拱形、组合拱形、H 形电路模式。

② 对在网络树图中识别出的每个电路拓扑模式应用线索。有些线索是高层次的,并未涉及具体的元器件,而有些必须结合电路或元器件的具体特点才能完成分析,这时就需要应用到较低层次的线索,即与电路或元器件具体特点相关的线索。

③ 将应用每条线索的分析结果与被分析系统的设计意图相比较,就能发现实际的功能或电气结构与预期的功能或电气结构之间存在偏差。如果不存在偏差,则说明不存在问题,继续下一条线索的应用;否则,说明设计可能存在问题,记录下该潜在问题,并最终将之编入潜在分析报告中。

b) 对网络树组合的分析

对系统进行划分生成网络森林后,各网络树之间在连通性及非连续性控制关系上都相互分离,而经常某个电路功能由几棵网络树协同完成,此时就要对相关的网络树进行组合,然后对之分析。

网络树之间的组合有三类:电路连通性的组合、非连续性控制的组合以及同时包含这两种组合的混合组合。下面阐述电路连通性的组合及非连续性控制上的组合方法。

● 电路连通性的组合

系统是通过划分边界点将系统进行分割而得到称之为网络树的各小规模电路,从而使各网络树之间失去电路连通性。若要使网络树之间恢复电路连通性,也必须借助于划分边界表。

通过划分边界点,可以很容易地在某网络森林中恢复某网络树与其他相关网络树的电路连通性。其步骤如下:

① 找出某网络树(设为"网络树 A")所有的划分边界点;

② 在划分边界表中,找出与这些划分边界点相连的网络树集合(设为"网络树集 B");

③ 找出网络树集 B 与"与该执行元器件/部件有直接或间接控制关系的网络森林"的交集(设定为"网络树集 C");

④ "网络树 A"与"网络树集 C"在各对应的划分边界点恢复连接,成为新的大网络树,这样就完成了它们之间的电路连通性组合。

通过这种方法,可以将网络树恢复成任何规模的电路,甚至将整个系统电路恢复而不丧失任何原来电路图的信息。

● 非连续性控制的组合

在电路中传递的信号可以分为两类:一类是通过导线传递的信号;另一类是不通过导线传递的信号。

网络树之间可以通过导线传递的信号来恢复系统单个连通电路的连通性,但不能恢复系统内不相互连通的电路之间的连通性,并且单个连通电路内部也可能存在不通过导线传递的信号。考虑到这两个因素,在分析过程中就有必要对非连续性控制进行组合。需要指出的是,有效地利用网络树之间非连续性控制的组合,有助于揭示电路行为。

非连续性控制的组合,是通过非连续性控制交叉参考表来实现的。其步骤如下:

① 确定网络树(设为"网络树 A")中某元器件(或部件)是否受控于某非连续性控制信号;

② 在非连续性交叉参考表中,找出控制该元器件(或部件)的网络树集合(设为"网络树集 B");

③ "网络树 A"与"网络树集 B"放在一起(注意:它们之间是相互不连通的)进行分析,这样就实现了它们之间的非连续性控制的组合。

通过这种方法,可以方便地将非连通但具有控制与被控制关系的网络树集合放在一起进行分析,而不会漏掉对非连续性控制信号的分析。

2)基于功能节点识别和路径追踪的分析

用被分析系统预期的时序及开关状态来剔除不可能被激励的路径,并结合低层次的线索表对其他路径逐个识别,以发现与设计意图不相符的潜在路径、潜在时序和潜在指示。

(5)结论阶段

1)反馈交流

按分析任务书中的要求,对系统分析完后,需要编写"潜在电路分析初步结论报告",即分析报告的初稿。系统的相关设计人员需要对报告中提出的潜在电路进行认真审核。随后,设计人员与分析人员需要就这些问题进行一次甚至数次交流,以检查这些问题在设计中是否确实存在,在系统的任务过程中是否可能被激发等。通过交流,最终确定初步分析结论。

2)评审验收

评审分析方法及分析结论的正确性,同时,获得与潜在电路相关的设计负责人对结论的认可。在此基础上,讨论被确认的潜在电路的改正措施。分析结论获得评审通过后,分析人员编写正式的分析结论报告。

3)潜在电路分析报告

分析报告的内容主要包括任务分析范围、作为分析依据的设计资料清单、任务完成过程的叙述及分析结论。

报告中可以按潜在路径、潜在时序、潜在指示和潜在标志来说明潜在电路问题。

分析结论按所发现的潜在问题逐个进行阐述。每个潜在问题的叙述内容包括:问题描述、危害性、改正措施建议。问题描述需要指出问题所在的设备、印刷电路板及元器件、对问题的叙述、激励条件等。危害性是评估本潜在问题对本设备、分系统、总体危害的严酷度。改正措施是为了消除本潜在问题而提出的电路改正措施建议。

4. 工作要求

① 潜在通路分析可以应用于一个完整的系统,也可以应用于重点选择的分系统、关键功能或关键设备。任务关键系统、安全关键系统应作为潜在电路分析的重点。

② 进行潜在通路分析时,必须保证用于分析的电路(管路等)能代表系统的实际情况。在识别系统的潜在通路时,使用实际的生产图和安装图要比使用系统级或功能级的图纸更有效。

③ 潜在通路分析要考虑人为差错,但一般不考虑硬件故障、制造因素、环境因素的影响。

④ 在实际操作过程中,应注意潜在通路分析与传统可靠性安全性分析技术的综合。传统的可靠性安全性分析技术大多以元器件、部件或模块的失效为前提,而潜在通路分析原则上与上述失效无关(对于安全性要求非常高的系统,也可进行元器件/部件一次失效、甚至多次失效下的潜在电路分析),因此潜在分析可弥补其他分析技术的不足。

⑤ 潜在通路分析工作应在系统设计基本完成、能完整提供设计资料的情况下进行。最理想的阶段为试样或正样阶段之后、定型之前,这个阶段设计资料也比较完整,要求的资料均可以提供,即使发现问题,修改设计所花费的代价也相对较小。

⑥ 承担潜在通路分析任务的人员应由三方面的人员组成,即系统设计人员、待分析系统领域专家和潜在通路分析专家。其中,设计人员主要负责提供设计数据及相关内容的咨询,分析任务则主要由后两类专家独立完成。设计人员和分析人员之间应就分析数据和结论进行及时沟通和交流,以保证分析结论的正确、有效。

5.5.3　应用案例

下面给出一个电路系统和一个燃气系统的潜在通路示例。对分析过程的说明较简单,主要着重于描述实际存在的潜在通路。

1. 红石火箭发射失败案例

现象:1960 年 11 月 21 日,美国红石火箭发射,在给出发射命令和发动机点火后,火箭升离发射台几英寸时,发动机突然熄火,导致发射失败。

分析结论:红石火箭发动机控制电路的网络树如图 5-48 所示。该网络树中包含了接地拱形、电源拱形、H 形等三种基本拓扑形式。设计该控制电路的目的是:保证只有在切断指令继电器触点闭合或紧急中断发射开关闭合时,才能使发动机熄火线圈和紧急中断指示器线圈接通电源,发动机熄火。当发射指令继电器触点闭合时,只能使发射指示灯亮。但是在实际电路中,如果发射指示灯下方的接地点开路,那么就会出现图中虚线箭头所示方向的反向电流。这条潜在通路起了与切断指令继电器触点闭合或紧急中断发射开关闭合同样的作用。在该次失败的发射中,尾部脱落插头比控制脱落插头早断开了 29 ms,从而使上述潜在通路发生了作用。

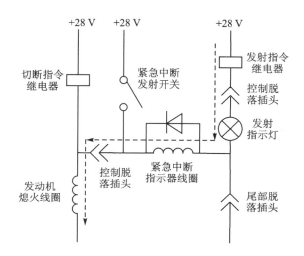

图 5 - 48　发动机控制电路中的网络树

2. 燃气罐供气系统爆炸案例

现象:燃气罐供气系统爆炸。

分析结论:

1) 燃气罐供气系统结构简图如图 5 - 49(a)所示。氢、氧分别经过各自的闸阀(两个串联)、止回阀、减压阀进入燃料容器。必要时,氮气罐中的氮气通过其闸阀(两个并联)对氢、氧供气支路中的减压阀及其通路进行冲洗。

2) 燃气罐供气系统对应的网络树如图 5 - 49(b)所示。开关表示闸阀,二极管表示止回阀,负载表示减压阀。

3) 氢、氧混合的通路可能有:

① 氢气罐中的氢气取道燃料容器进入氧气罐,然而止回阀阻断了此通路。

② 氧气罐中的氧气取道燃料容器进入氢气罐,同样,止回阀阻断了此通路。

③ 氢气、氧气接到一个公共点。这条通路若满足下列条件可能接通:

• 氢气罐和氧气罐支路中的闸阀没有关闭;

• 系统用氮气进行冲洗,因此氮气支路上的闸阀是打开的;

• 氮气罐的压力比氢气罐和氧气罐的压力小。

4) 实际发生的潜在通路如图 5 - 49(b)中的虚线所示。由于氢气与氧气的混合而发生了爆炸。

5) 在氮气支路上加装止回阀(如图 5 - 49(a)中的虚线阀门及图 5 - 49(b)中的虚线二极管所示)后,可以避免该潜在通路的产生。

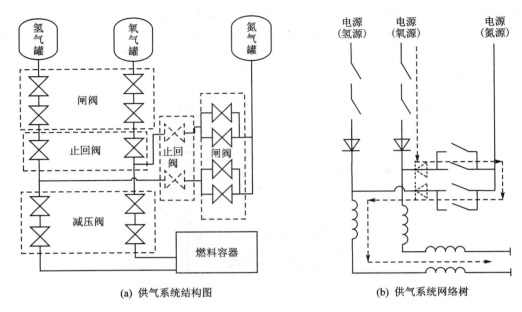

(a) 供气系统结构图　　　　　　　　(b) 供气系统网络树

图 5-49　供气系统结构图与网络树

习　　题

1. 试说明故障模式频数比的物理意义。

2. 以体重计为例给出其严酷度定义。

3. 试论述规定时间和规定条件对故障模式识别的影响。

4. 以硬件 FMEA 为例,分别说明约定层次(初始约定层次、一般约定层次、最低约定层次)的意义以及对严酷度和 FMEA 表格的影响。

5. 如图 5-50 所示的电路图,电容 C_2 的目的是防止输入对 Q1 产生高频干扰。试分析 C_2 发生短路、开路、参漂后,其故障模式影响概率 β 的取值(或取值范围)。

6. 请举例说明常见的故障及薄弱环节的分析方法有哪些? 并说明这些方法的基本思想和思路。

7. 论述故障模式、影响、原因以及机理之间的区别与联系。

8. 绘制如图 5-4 所示步话机的功能框图。

9. 试说明 $C_m(j)$ 的物理意义。

10. 图 5-51 所示为信号放大系统,由两个信号放大器并联工作,只要其中任意一个放大器正常工作即可完成信号放大功能。已知条件如下:$\lambda_A = \lambda_B = 1.0 \times 10^{-3}$/h,该系统的工作时间为 72 h,放大器 A 和 B 均具有两种故障模式,即开路($\alpha = 0.9$)和短路($\alpha = 0.1$)。现要求完成该系统的 FMECA。(故障影响"系统功能丧失",严酷度类别为"Ⅰ","系统功能降级",严酷度类别为"Ⅱ")

11. 完成自行车的 FMEA,要求:

(1) 定义自行车的功能任务及自行车的系统层次;

(2) 定义自行车的故障判据;

（3）定义自行车的严酷度；

（4）选择自行车的一个子系统完成各层次产品的 FMEA；

（5）根据你的经验用 RPN 方法评价所分析故障模式的危害性。

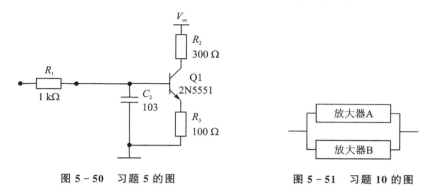

图 5-50　习题 5 的图　　　　　　图 5-51　习题 10 的图

12. 针对个人用移动电脑说明其寿命周期中承受的载荷有哪些？如何对其进行渐进的载荷应力分析？

13. 简述有限元分析方法的基本思想，并说明其优缺点有哪些。

14. 请分别从工作开展时机、输入数据、输出结果、采用方法等多个方面说明可靠性仿真分析与可靠性预计、故障预计、可靠性评估的不同。

15. 简述可靠性薄弱环节仿真分析有哪些输出结果以及其主要作用、目的是什么。

16. 结合典型的产品故障机理模型（如第 2 章所述），给出基于蒙特卡洛仿真方法的可靠性仿真评估的基本数学表达式，并采用数学演绎法给出仿真评估的基本推导过程。

17. 什么是潜在电路？其特点是什么？

18. 简述潜在电路的表现形式，并举例说明。

第6章　故障预防与控制

6.1　概　述

当分析确定产品可能发生故障的薄弱环节后,需要根据产品故障发生的规律采取针对性的设计措施进行故障预防控制。故障是产品不能执行规定功能的状态。按照系统科学思维,任一系统的故障均由其元素、结构、环境共同决定。由于在产品研制过程中产品可以广义地划分为"系统级""单元级"两层,所以可将导致产品"故障"发生的三个要素映射为单元、单元间的相互联系(即结构)以及环境。由此,故障预防与控制的方法可以分为三类,即单元级故障预防、系统级故障预防以及环境影响最小化。目前,能够提高产品可靠性的故障预防控制方法较多,本书将介绍工程中常用且效果显著的方法。

在单元级故障预防方面,可靠性设计的核心是防止故障点的发生。依据对故障规律的掌握程度,可以开展两类故障预防技术:单元裕度的加强设计和针对故障的局部优化设计。针对尚未完全掌握规律的故障或者缺乏预防技术的故障,可采用单元裕度加强设计,主要方式是降低单元工作时的实际应力(如电子产品的降额设计、机械产品的裕度设计等)或者提高单元的品质(如元器件、零部件、原材料的优选与控制)。对于已完全掌握的故障规律(且没有技术障碍),则可针对其关键影响因素,对已有设计方案进行局部优化设计。

在系统级故障预防方面,首先剖析其故障的原因,分为两类:① 系统的组成单元故障造成系统故障;② 系统的组成单元正常,但是单元间的相互影响造成了系统的故障。复杂产品不同层次单元间的联系更加复杂,很难完全认知其故障规律。由于对其规律认识不够,很多故障表现出随机性或模糊性,无法开展有针对性的故障预防设计。系统级故障预防的核心是研究系统故障与单元状态之间的关系,然后根据不同的规律采取相应的措施。针对由单元故障导致的系统故障,其规律相对清晰,主要是防止单元故障传播而造成系统故障,常采用的技术包括冗余设计、容错设计等。而针对那些单元间的相互影响所造成的系统故障,主要是预防一个或多个单元可接受的变化在一定条件下经单元间联系转化为系统不可接受的改变,从而造成系统的故障。目前对该类累积型故障,部分产品可以采用稳健性设计来防止单元参数偏差引起系统故障。但对大多数产品来说,更主要的是贯彻可靠性设计思想或准则预防系统级故障。这些准则来源于长期的可靠性工作实践,主要通过两种方式应用这些可靠性准则:正向的可靠性准则选用贯彻以及逆向的可靠性准则检查。后者可以确定可靠性准则的应用情况,并进一步改进设计中存在的问题。

在环境影响最小化方面,在对产品进行层次化划分后,与某一系统级对象具有紧密联系的周围事物构成该系统级对象具有实际意义的环境。这里的环境通常具有相对性,如产品预期使用的外界环境构成产品整机的环境,而产品内部的环境往往局限在产品整机的内部。环境影响是系统发生故障的外因,通过研究环境载荷和从外至内的传播规律以及它们对故障的影响,即可开展相应的环境影响最小化设计,从而降低故障发生的概率。主要应用的技术手段包括环境载荷确定与分析以及耐环境影响设计。

　　故障的发生是由单元、单元间联系以及环境三个因素交互作用造成的,因此从这三个要素出发的故障防控方法也存在一定的交叉性,在选用时要注意方法间的协同效应。

6.2　余度(冗余)设计

6.2.1　基本思想和原理

　　余度设计是获得高任务可靠性的设计方法之一。采用余度设计的产品中通常具有一套以上能够完成规定功能的单元,只有当几套单元都发生故障时整个产品才会丧失功能,进而达到提高产品任务可靠性的目的。其基本思想是通过采用两个或两个以上的同样部件或单元,正确、协调地完成同一功能/任务,即以可靠性较低的基础元器件或零部件,来构造具有较高任务可靠性的产品/系统。余度设计采用增加多余的资源,获得较高的任务可靠性,通常又称之为冗余设计。下面用例子分析不同余度结构形式对产品可靠性的影响,并说明余度设计的原理及基本原则。

　　【例 6 - 1】产品可靠性框图如图 6 - 1 所示,试分析简单并联余度结构对产品可靠度的影响。

　　解　该产品的系统可靠度为

$$R_{\mathrm{s}}(t)=1-\prod_{i=1}^{n}\left[1-R_i(t)\right] \tag{6-1}$$

　　根据式(6 - 1)可绘制如图 6 - 2 所示的曲线,图中描述了余度数 n 分别取不同的数值时系统可靠度随单元可靠度的变化情况。

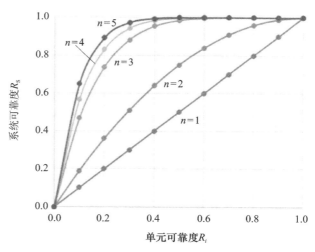

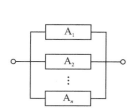

图 6 - 1　简单并联结构系统
　　　　可靠性框图

图 6 - 2　简单并联余度对产品可靠度的影响

　　由图 6 - 2 可见,在单元可靠度不变的情况下,随着余度数 n 值的增加,系统任务可靠度增大,但增加的幅值随余度数增加而减小。虽然产品的任务可靠性会随着余度数的增加而有所增加,但相应的检测、判断隔离和转换装置必然也会增多,会使产品的基本可靠性降低,因此需要在任务可靠性与基本可靠性之间进行权衡。同时,还要考虑使用、维护和保障条件,重量、体积和功耗限制等多方面因素,综合权衡分析后确定合理的余度数量。

简单并联余度结构具有如下缺点:

① 要考虑负载均分问题,难以防止故障影响的扩散;

② 余度数增加将导致成本、重量等指标以 n 倍增加。

特别是机械系统采用并联结构时,尺寸、重量、价格都随并联数 n 成倍地增加,因此不如在电子、电信设备中用得广泛。设计中常采用的余度数也不多,例如在动力装置、安全装置、制动装置采用并联时,常取 $n=2\sim3$。

【例 6 - 2】产品可靠性框图如图 6 - 3 所示,试分析混合并联余度结构中"并串联"和"串并联"对产品可靠度影响的不同。

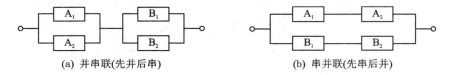

(a) 并串联(先并后串)　　　　　　(b) 串并联(先串后并)

图 6 - 3　混合并联结构系统可靠性框图

解　采用"并串联"结构的产品系统可靠度为

$$R_a = [1-(1-R)^2]^2 = [1-(1-2R+R^2)]^2 = (2R-R^2)^2 \tag{6-2}$$

采用"串并联"结构的产品系统可靠度为

$$R_b = 1-(1-R^2)^2 = 1-(1-2R^2+R^4) = 2R^2-R^4 \tag{6-3}$$

将上述两个式子相减可得到

$$\begin{aligned}R_a - R_b &= (2R-R^2)^2 - (2R^2-R^4)\\&= R^2(2-R)^2 - R^2(2-R^2)\\&= R^2(4-4R+R^2-2+R^2)\\&= 2R^2(R^2-2R+1)\\&= 2R^2(R-1)^2 \geqslant 0\end{aligned} \tag{6-4}$$

由此可见,在单元可靠度相同的情况下,"并串联"结构的效果优于"串并联"结构,亦说明并联冗余在单元级采用比在系统级采用效果好。

复杂产品可分为不同级别,冗余的级别越低,产品的任务可靠性越高,但是对于低级别冗余,实现的复杂性增加,从而又抵消了它的优势。该余度结构主要适用于需要提供短路和开路保护的电路,如果主要是开路故障模式,则采用"并串联"余度;如果主要是短路故障模式,则采用"串并联"余度。混合并联余度结构具有如下特点:① 短任务期内任务可靠性提高较大;② 难设计,限于器件和电路板级。

【例 6 - 3】某工控设备的电源系统采用了余度设计技术,其系统示意图如图 6 - 4 所示。由蓄电池组同时为两个充电机供电,每个充电机包括 4 个充电模块,当其中有 2 个或 2 个以上模块正常工作,都可以保证设备实现正常供电功能。

解　对于上述余度结构系统,可绘制如图 6 - 5 所示的可靠性框图。

若已知 $\lambda_1=\lambda_2=\lambda_3=\lambda_4=27.3\times10^{-6}/h$,则依据"4 中取 2"和"并联"模型,可计算得到

$$T_{BF_A} = 39\ 683\ h$$

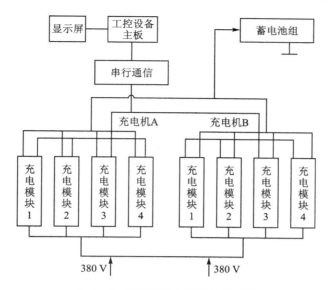

图 6-4   工控设备电源系统示意图

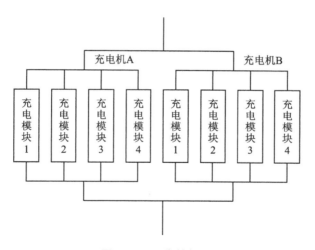

图 6-5   可靠性框图

进而得到 $T_{BFS}=59\ 524.5\ h=1.5T_{BFA}$。

针对上述结构,若进行改进设计,如采用"冷储备",即每个充电机中有一个模块平时不处于工作状态,仅当其他模块发生故障后再投入工作状态。改进设计后的可靠性框图可以如图 6-6 所示绘制。

依据"3 中取 2"、"冷储备"和"并联"模型,可计算得到

$$T_{BFA}=67\ 034.26\ h$$

进而得到 $T_{BFS}=100\ 551.4\ h$。

由此可见,改进后的余度结构使得该工控设备电源系统的任务可靠性得到了大幅度的提高。因此在产品设计中采用不同的余度结构,可以在单元可靠度相同的情况下获得具有较高任务可靠性的产品系统。

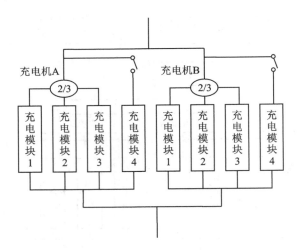

图 6 - 6　改进设计后的可靠性框图

6.2.2　常见形式及分类

余度形式有多种,可以从不同的角度进行分类。

1. 按余度资源分类

① 硬件余度:采用硬件(如元器件、零部件、设备或分系统等)作为余度设计的资源。

② 软件余度:通常用于计算机系统,即将用于故障检测和诊断的软件、执行余度管理和系统恢复的软件及其他关键的软件编制多份存于存储器中。

③ 时间余度:通过重复执行某段程序或整个程序的方法来产生余度。

④ 信息余度:也称为功能余度或解析余度,它利用各种传感器信号或各种信息之间存在的函数关系来产生余度信息。

2. 按系统运行方式分类

① 工作储备:在余度布局中没有工作部分与冗余部分之分,均接入系统并处于工作状态,因此当有工作通道发生故障时,不需要其他装置来完成故障检测和通道转换的余度结构。

② 非工作储备:冗余部分不工作但处于储备或等待状态,因此当工作通道发生故障时,需要有其他装置来完成故障检测和单元转换的余度结构。按参与工作前冗余部分所处的状态又可以分为:

- 热储备——冗余部分处于工作状态但不接入系统,一旦工作通道产生故障,则立即接替工作;

- 冷储备——冗余部分在储备或者等待过程中完全不工作,仅当工作通道产生故障时才启动并接入工作;

- 温储备——处于热储备和冷储备之间,如电子管,在等待过程中一直处于加热状态,一旦工作通道产生故障能立即进入工作。

3. 按结构形式分类

① 无表决无转换的余度结构。这种结构中任一部件故障时,不需要外部部件来完成故障的检测、判断和转换功能,如简单并联、双重并联、混合并联等。

② 有表决无转换的余度结构。这种结构中若有一个通道故障,则需要一个外部元件检测并作出判断(即表决),但不需要切换通道,如多数表决,n 中取 r 等。

③ 有转换的余度结构。这种结构中若有故障,则需要转换到另一个工作通道中去,如上述的非工作储备就采用这种余度结构。

按余度系统的运行方式和余度结构形式进行分类的总体情况如图 6-7 所示。

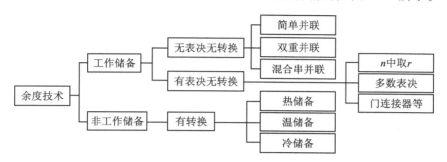

图 6-7　按余度系统运行方式和余度结构分类的情况

表 6-1 列出了几种典型余度结构的框图、特点及适用范围。

表 6-1　典型余度结构的框图、特点及适用范围

种　类	特点及适用性
简单并联余度 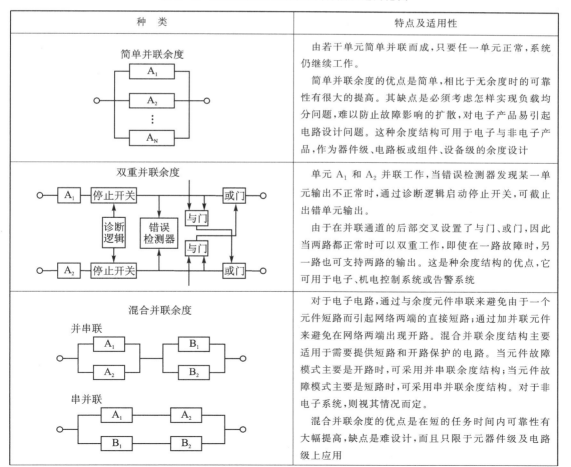	由若干单元简单并联而成,只要任一单元正常,系统仍继续工作。 　简单并联余度的优点是简单,相比于无余度时的可靠性有很大的提高。其缺点是必须考虑怎样实现负载均分问题,难以防止故障影响的扩散,对电子产品易引起电路设计问题。这种余度结构可用于电子与非电子产品,作为器件级、电路板或组件、设备级的余度设计
双重并联余度	单元 A_1 和 A_2 并联工作,当错误检测器发现某一单元输出不正常时,通过诊断逻辑启动停止开关,可截止出错单元输出。 　由于在并联通道的后部交叉设置了与门、或门,因此当两路都正常时可以双重工作,即使在一路故障时,另一路也可支持两路的输出。这是种余度结构的优点,它可用于电子、机电控制系统或告警系统
混合并联余度 并串联 串并联	对于电子电路,通过与余度元件串联来避免由于一个元件短路而引起网络两端的直接短路;通过加并联元件来避免在网络两端出现开路。混合并联余度结构主要适用于需要提供短路和开路保护的电路。当元件故障模式主要是开路时,可采用并串联余度结构;当元件故障模式主要是短路时,可采用串并联余度结构。对于非电子系统,则视其情况而定。 　混合并联余度的优点是在短的任务时间内可靠性有大幅提高,缺点是难设计,而且只限于元器件级及电路级上应用

种　类	特点及适用性
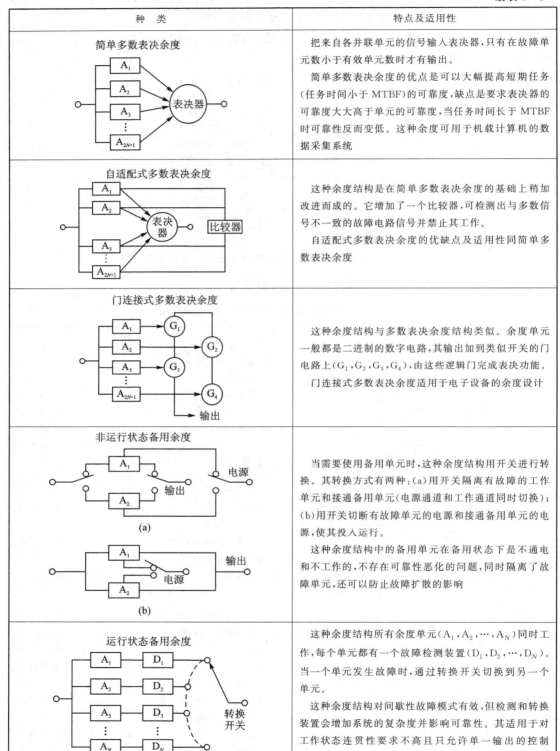 简单多数表决余度	把来自各并联单元的信号输入表决器,只有在故障单元数小于有效单元数时才有输出。 简单多数表决余度的优点是可以大幅提高短期任务(任务时间小于 MTBF)的可靠度,缺点是要求表决器的可靠度大大高于单元的可靠度,当任务时间长于 MTBF 时可靠性反而变低。这种余度可用于机载计算机的数据采集系统
自适配式多数表决余度	这种余度结构是在简单多数表决余度的基础上稍加改进而成的。它增加了一个比较器,可检测出与多数信号不一致的故障电路信号并禁止其工作。 自适配式多数表决余度的优缺点及适用性同简单多数表决余度
门连接式多数表决余度	这种余度结构与多数表决余度结构类似。余度单元一般都是二进制的数字电路,其输出加到类似开关的门电路上(G_1,G_2,G_3,G_4),由这些逻辑门完成表决功能。 门连接式多数表决余度适用于电子设备的余度设计
非运行状态备用余度 (a) (b)	当需要使用备用单元时,这种余度结构用开关进行转换。其转换方式有两种:(a)用开关隔离有故障的工作单元和接通备用单元(电源通道和工作通道同时切换);(b)用开关切断有故障单元的电源和接通备用单元的电源,使其投入运行。 这种余度结构中的备用单元在备用状态下是不通电和不工作的,不存在可靠性恶化的问题,同时隔离了故障单元,还可以防止故障扩散的影响
运行状态备用余度	这种余度结构所有余度单元($A_1,A_2,\cdots,A_N$)同时工作,每个单元都有一个故障检测装置($D_1,D_2,\cdots,D_N$)。当一个单元发生故障时,通过转换开关切换到另一个单元。 这种余度结构对间歇性故障模式有效,但检测和转换装置会增加系统的复杂度并影响可靠性。其适用于对工作状态连贯性要求不高且只允许单一输出的控制系统

6.2.3 基本过程

余度设计是产品设计过程中的一个组成部分,其基本实施过程如图 6-8 所示。

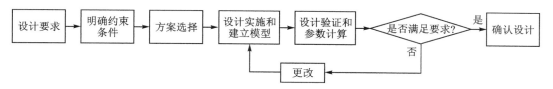

图 6-8 余度设计基本实施过程

① 明确设计任务要求、可靠性要求以及重量、能耗、体积、费用等约束条件。

② 针对设计要求和约束条件,通过权衡选择冗余方式和设计方案。

③ 根据选择的设计方案开展设计,并建立产品可靠性模型。

④ 进行设计验证,并计算系统可靠性以及重量、能耗、体积等参数。

⑤ 将设计及计算结果与设计要求进行比较,以判定是否满足要求。

⑥ 根据设计满足要求的情况进行决策,确认或更改设计方案。有些情况下,有可能需要权衡、调整设计要求。

在上述实施过程中,主要有三方面余度设计内容需要明确:余度等级、余度配置方案及余度管理方案。下面分别说明。

1. 确定余度等级

余度等级又可定义为容错能力准则,即允许系统或部件存在多少故障尚能维持系统或部件工作、安全(抗故障工作)的能力。如允许余度系统或部件有双故障-工作的能力,则容错能力准则表示为:故障-工作/故障-工作,简称为 FO/FO。

在进行余度设计之前,应先确定容错能力准则,而容错能力准则是以满足任务可靠性和安全性定量指标为目标,以最少的余度和复杂性为约束条件来确定的。过高的容错能力将降低基本可靠性,使维修任务和寿命周期费用增加。

功能不同、重要性不同的部件,容错能力准则不同。表 6-2 所列为典型飞机的关键飞行控制系统的容错能力准则。

表 6-2 典型飞机关键飞行控制系统的容错能力准则

飞机机型	容错能力准则
F/A-16	故障-工作/故障-工作(FO/FO)
F-16	故障-工作/故障-工作(95%置信度)(FO/FO)
"美洲虎"	故障-工作/故障-工作(FO/FO)
"狮"	故障-工作/故障-工作/故障-安全(95%置信度)(FO/FO/FS)
X-29A	故障-工作/故障-安全(FO/FS)
F-15E	故障-工作/故障-安全(FO/FS)

当在系统余度等级确定之后,余度设计的任务就是确定子系统及部件的余度等级和形式、余度配置方案和余度管理方式。

2. 确定余度配置方案

余度配置方案主要涉及余度数的选择、表决/监控面的设置和信号传递方式的选择等问题。

（1）余度数的选择

目前余度数(部件级或系统级)大多采用双余度、三余度及四余度,少数也有采用五余度或双-三余度。余度系统中各级单元的余度数不一定相同。

余度数不是越多可靠性越高。余度数增多,相应的检测、判断隔离和转换装置必然会增多。由于它们的串联可靠性的影响,将使系统可靠性降低。

（2）表决/监控面的设置

余度系统有时是采用多级多重余度部件组成的,因此存在在哪一级或哪几级设置表决/监控面更合理的问题。一般设置原则如下:

① 满足系统可靠性指标要求。

② 满足部件级(可更换故障单元级)故障-工作的容错能力的要求。有的余度系统,特别是数字式系统,要求部件也具有双故障-工作的容错能力并需要进行部件级间的信号选择(表决)和故障监控。数字式系统采用软件表决、监控,实现起来较模拟式更容易而且经济。

③ 满足信号的一致性要求。例如输入至控制系统执行机构的信号,如果信号之间的差值很大,将会造成机构的混乱,因此需要一级表决/监控面进行信号选择。

④ 满足多模态控制的要求。

⑤ 满足减少故障扩散和故障瞬态影响的要求。

（3）信号传递方式的选择

余度配置中,信号传递是靠部件间、通道间的信息交换与传输来进行的,因此与表决/监控面的设置密切相关。

一般信号传递方式有以下几种:

① 直接传递式:在直接传递式信号通道中,如果有一个工作单元(如一个传感器、一个电子线路)故障,则该通道即告失效,因此对可靠性不利。

② 交叉传递式:该方式传递是提高余度系统可靠性的有力手段,如图6-9所示的示例。

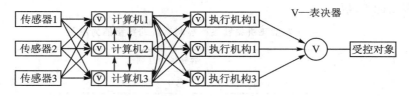

图6-9 信号交叉传递方式示例

交叉传递可通过线路连接实现,其可靠性较高但会增加系统的复杂性和质量,因此各种机载计算机更多采用内部交叉传递和软件表决方法。此外,计算机系统还采用输入/输出接口传递信息的方式,即使某台中央处理机故障,有关信息也不会丢失。

3. 确定余度管理方案

余度管理方案主要是处理信号选择(表决)和监控技术等问题。

（1）信号选择

信号选择由表决器按规定的表决形式来完成,在数字式系统中通常用软件来完成,在模拟式系统中只能用硬件来完成。通过信号选择提高各通道信号的一致性,并与交叉传输配合使用,提高了系统的可靠性。多数表决器只能用于数字电路,模拟电路多采用平均值或中值选择器。

（2）监控技术

任何多余度方案都需要采取一定的故障监控措施。系统感受各通道工作状况,进而检测并隔离故障的方法称为监控(或检测)技术。

监控主要分为两种:比较监控和自监控。但是,无论模拟式系统还是数字式系统,大多数采用比较监控。因为比较监控直观、简单、覆盖率高,其缺点是必须有两个以上相似通道才能进行比较,剩下一个通道就无法比较了。自监控比较复杂,覆盖率较低,而且许多自监控方法也基于比较监控技术。

1) 比较监控技术

① 交叉通道比较监控(即输入-输入比较):该类监控原理如图 6－10 所示,把所有通道的输入都进行两两比较,取其差值输入到触发电路。当其差值超过规定的监控门限值时,即有信号送入与门电路。

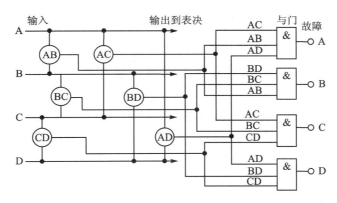

图 6－10　交叉通道比较监控原理图

② 跨表决器比较监控(即输入-输出比较):该类监控原理如图 6－11 所示。输入信号 A、B、C 和 D 经信号表决器后选择一个正确的信号 O 输出,然后将信号输入分别与输出 O 进行比较。当比较结果显示不一致,并达到或超过规定的门限值时,相应的触发线路就会给出该通道的故障隔离信号,并给出故障指示。

③ 数字模型比较监控:在模拟式系统中,采用数字模型比较监控是比较常见的,如图 6－12所示。特别是在双通道系统中,为了节省一个通道的硬件,而又不降低余度等级并获得监控手段,往往采用数字模型监控。

2) 自监控技术

自监控,不需要以外部相似数据作为基准,而是以被监控对象本身建立基准,完全依靠自身的手段监控自身故障。有几种提法不容易严格区分,如自检测、自监控和在线监控。

① 自检测:被检测的对象利用对象自身或自带的机内检测(BIT)等检测电路或设备,检测自身的故障。自检测可分为工作前检测、工作检测、事后维修检测等,计算机的 BIT 属于此类。

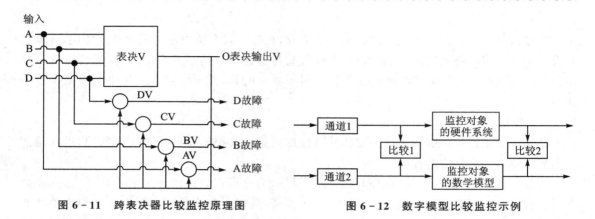

图 6 – 11　跨表决器比较监控原理图　　　　　　图 6 – 12　数字模型比较监控示例

② 自监控:被检测的对象利用对象自身或自带的 BIT 等检测电路或设备,检测自身的故障,并对检测到的故障进行处理,对自身的工作/任务进行控制,一般用于在线监控。自监控与自检测的主要差异在于要进行故障处理,例如速率陀螺内部的马达转速监控器、力矩器等。

③ 在线监控:被监控对象在自身的工作过程中,采取自检测或自监控手段监控自身的故障。差动线圈在线监控、伺服作动器在线监控等属于此类。

6.2.4　工作要求和原则

在进行冗余设计时,应注意以下工作要求和原则:

1. 根据系统多重工作模式需求适当选择冗余级别

必须全面考虑系统多重工作模式需要,适当选择冗余级别。例如,为防止二极管电路短路,在电路上串接两个二极管,只要有一个不短路,电路就不会短路。对短路故障而言,两个二极管构成并联

图 6 – 13　二极管电路可靠性框图

系统,提高了电路不短路的可靠性。其可靠性框图如图 6 – 13 所示。

除此之外,该电路还要求不能开路,而上述串接的二极管电路,只要有一只开路就会使该电路开路;对开路故障而言,两个二极管又构成串联系统,这样就降低了电路不开路的可靠性。为了解决这个问题,可采用二极管"串并联"方式,如图 6 – 14 所示。

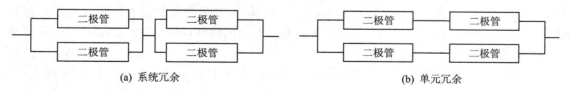

(a) 系统冗余　　　　　　　　　　　　　(b) 单元冗余

图 6 – 14　二极管串并联方式

可以证明,系统冗余的可靠性小于单元冗余的可靠性,即在系统中较低层次单元采用冗余的效果比在层次高的地方好,因此在工程许可的条件下,单元冗余方式应用较多。

2. 应考虑共因故障对冗余系统的影响

共因故障是指不同的产品由于相同的原因所引起的故障。对于为提高可靠度而采取较高冗余度的系统,共因故障是导致可靠度降低的关键。如在某核能系统中,共因故障导致的系统

故障概率,比由于单元独立故障而导致的系统故障概率要大 2 个数量级。因此,针对高冗余系统建立系统可靠性模型来计算其可靠度时,必须考虑共因故障的影响。

3. 余度设计综合权衡的原则

余度设计增加了产品的复杂性,产品设计是否采用余度技术,需要从任务可靠性、安全性指标要求的高低,基础元器件和零部件的可靠性水平,非余度和余度方案的技术可行性,研制周期和费用,使用、维护和保障条件,重量、体积和功耗的限制等多方面考虑,进行综合权衡分析后确定。需要遵循的原则如下:

① 通常在确认简化设计、降额设计及选用高可靠性的零部件、元器件仍然不能满足任务可靠性要求时,才采用余度设计。

② 余度设计提高任务可靠性或安全性的效果不与余度数目成正比。对于简单并联余度系统来说,随着余度数的增加,任务可靠性或安全性的提高速度将越来越慢。

③ 选择合理可行的冗余结构,在满足要求的条件下,产品的余度结构应尽量简单。

④ 影响任务成功的关键部件如果具有单点故障模式,则应考虑采用余度设计技术。

⑤ 硬件的余度设计一般在较低层次(设备、部件)使用,功能余度设计一般在较高层次(系统、分系统)进行。

⑥ 采用非工作储备的余度设计中应重视转换装置的设计,必须考虑转换器的故障概率对系统的影响,尽量选择高可靠的转换器,进行完善的可检测性设计。

⑦ 应考虑共模/共因故障对余度设计的影响,进行全面的故障控制设计。

6.3 降额设计和裕度设计

6.3.1 基本思想和原理

当产品工作应力超过额定应力时,很可能引起故障,导致可靠性水平不高。通过提高产品的额定应力或者降低其工作应力,使产品的工作应力与额定应力之间存在一定的安全裕度,可以提高其可靠性水平。

对于电子产品,影响元器件可靠性的主要因素为电应力和温度应力等,通过降额设计可以使元器件电流、电压或温度等关键参数以一定的比例(降额因子)低于其额定值。对于机械产品,基于应力-强度干涉理论,采用裕度设计方法可以有效地保证其许用强度以一定的比例(安全系数)大于内部应力。本节将重点介绍降额设计与裕度设计方法。这类设计方法还可以推广到其他领域,需要根据本领域的特点来选择相应的工作应力。

6.3.2 降额设计

1. 降额设计过程

电子产品的故障对其电应力和温度应力比较敏感,所以电子产品的降额设计就是使元器件或设备所承受的电应力和温度应力适当地低于其额定值,从而达到降低基本故障率、提高使用可靠性的目的。电子产品降额设计的主要步骤如下:

(1)确定降额准则

降额准则是降额设计的依据。对于国产电子元器件一般采用 GJB/Z 35—93 进行降额设计。由于国内元器件质量与国外元器件有一定的差距,因此国外元器件的降额建议采用国外推荐的降额指南进行。

(2) 确定降额等级

降额等级表示元器件的降额程度。通常元器件有一个最佳的降额范围,在此范围内,元器件工作应力的降额对其故障率的下降有显著的改善,易于实现且不会增加太多成本。GJB/Z 35—93在最佳降额范围内推荐使用三个降额等级。推荐的降额等级及其适用情况见表6-3。

表6-3　降额等级的划分

各种情况　降额等级	Ⅰ级	Ⅱ级	Ⅲ级
降额程度	最大	中等	最小
使用可靠性改善	最大	适中	较小
适用情况	设备故障导致人员伤亡,或装备与保障设备严重破坏	设备故障引起装备与保障设备损坏	设备故障不会造成人员伤亡和设备的破坏
	对设备有高可靠性要求	对设备有较高可靠性要求	
	采用新技术、新工艺设计	采用某些专门设计	采用成熟的标准设计
	故障设备无法或不宜维修	故障设备的维修费用较高	故障设备可迅速、经济地进行修复
	设备内部结构紧凑,散热差		
降额设计的实现	较难	一般	容易
降额增加费用	略高	中等	较低

GJB/Z 35—93对不同类型装备推荐应用的降额等级见表6-4。

表6-4　不同类型装备应用的降额等级

应用范围	降额等级	
	最　高	最　低
航天器与运载火箭	Ⅰ	Ⅰ
战略导弹	Ⅰ	Ⅱ
战术导弹系统	Ⅰ	Ⅲ
飞机与舰船系统	Ⅰ	Ⅲ
通信电子系统	Ⅰ	Ⅲ
武器与车辆系统	Ⅰ	Ⅲ
地面保障设备	Ⅱ	Ⅲ

(3) 确定降额参数

降额参数是指对降低元器件故障率有关的元器件参数(电压、电流、功率等)和环境应力(温度)参数。降额参数是由元器件的工作故障率模型确定的,各种元器件的降额参数并不都一样,通常为3～7项。

表6-5给出了部分国产元器件类型的降额参数。一般要求元器件的降额应满足某降额等级下各项降额参数的降额量值的要求,在不能同时满足时,应尽量保证对故障率下降起关键影响的元器件参数的降额量值。

表 6 - 5　部分国产元器件降额参数及降额因子

元器件种类			降额参数	降额因子		
				Ⅰ级降额	Ⅱ级降额	Ⅲ级降额
集成电路	模拟电路	放大器	电源电压	0.70	0.80	0.80
			输入电压	0.60	0.70	0.70
			输出电流	0.70	0.80	0.80
			功率	0.70	0.75	0.80
			最高结温/℃	80	95	105
		比较器	电源电压	0.70	0.80	0.80
			输入电压	0.70	0.80	0.80
			输出电流	0.70	0.80	0.80
			功率	0.70	0.75	0.80
			最高结温/℃	80	95	105
		电路调整器	电源电压	0.70	0.80	0.80
			输入电压	0.70	0.80	0.80
			输入/输出电压差	0.70	0.80	0.85
			输出电流	0.70	0.75	0.80
			功率	0.70	0.75	0.80
			最高结温/℃	80	95	105
		模拟开关	电源电压	0.70	0.80	0.85
			输入电压	0.80	0.85	0.90
			输出电流	0.75	0.80	0.85
			功率	0.70	0.75	0.80
			最高结温/℃	80	95	105
	数字电路	双极型电路	频率	0.80	0.90	0.90
			输出电流	0.80	0.90	0.90
			最高结温/℃	85	100	115
		MOS型电路	电源电压	0.70	0.80	0.80
			输出电流	0.80	0.90	0.90
			频率	0.80	0.80	0.90
			最高结温/℃	85	100	115
	混合集成电路		厚膜功率密度/(W·cm^{-2})	7.5		
			薄膜功率密度/(W·cm^{-2})	6.0		
			最高结温/℃	85	100	115
	大规模集成电路		最高结温/℃	改进散热方式以降低结温		

元器件种类		降额参数		降额因子		
				Ⅰ级降额	Ⅱ级降额	Ⅲ级降额
分立半导体器件	晶体管	反向电压	一般晶体管	0.60	0.70	0.80
			功率 MOSFET 的栅源电压	0.50	0.60	0.70
		电流		0.60	0.70	0.80
		功率		0.50	0.65	0.75
		功率管安全工作区	集电极-发射极电压	0.70	0.80	0.90
			集电极最大允许电流	0.60	0.70	0.80
		最高结温/℃	$T_{jm}=200\ ℃$	115	140	160
			$T_{jm}=175\ ℃$	100	125	145
			$T_{jm}\leqslant150\ ℃$	$T_{jm}-65$	$T_{jm}-40$	$T_{jm}-20$
	微波晶体管	最高结温		同晶体管		
	二极管（基准管除外）	反向电压(不适用于稳压管)		0.60	0.70	0.80
		电流		0.50	0.65	0.80
		功率		0.50	0.65	0.80
		最高结温/℃	$T_{jm}=200\ ℃$	115	140	160
			$T_{jm}=175\ ℃$	100	125	145
			$T_{jm}\leqslant150\ ℃$	$T_{jm}-60$	$T_{jm}-40$	$T_{jm}-20$
	微波二极管基准二极管	最高结温		同二极管		
	可控硅	电压		0.60	0.70	0.80
		电流		0.50	0.65	0.80
		最高结温/℃	$T_{jm}=200\ ℃$	115	140	160
			$T_{jm}=175\ ℃$	100	125	145
			$T_{jm}\leqslant150\ ℃$	$T_{jm}-60$	$T_{jm}-40$	$T_{jm}-20$
	半导体光电器件	电压		0.60	0.70	0.80
		电流		0.50	0.65	0.80
		最高结温/℃	$T_{jm}=200\ ℃$	115	140	160
			$T_{jm}=175\ ℃$	100	125	145
			$T_{jm}\leqslant150\ ℃$	$T_{jm}-60$	$T_{jm}-40$	$T_{jm}-20$
固定电阻器	合成型电阻器	电压		0.75	0.75	0.75
		功率		0.50	0.60	0.70
		环境温度		按元件负荷特性曲线降额		
	薄膜型电阻器	电压		0.75	0.75	0.75
		功率		0.50	0.60	0.70
		环境温度		按元件负荷特性曲线降额		
	电阻网络	电压		0.75	0.75	0.75
		功率		0.50	0.60	0.70
		环境温度		按元件负荷特性曲线降额		
	线绕电阻器	电压		0.75	0.75	0.75
		功率	精密型	0.25	0.45	0.60
			功率型	0.50	0.60	0.70
		环境温度		按元件负荷特性曲线降额		

（4）确定降额因子

降额因子是指元器件工作应力与额定应力之比。降额因子一般小于 1,如果等于 1 则没有降额。降额因子的选取有一个最佳范围,一般应力比为 0.5～0.9。在这个范围内,基本故障率下降很多,一旦超出这个范围,元器件故障率的下降很小。

表 6-5 给出了部分国产元器件的针对三类降额等级的降额因子。

（5）进行降额分析与计算

进行降额分析与计算的步骤如下:

① 根据设备应用的范围,确定所选用元器件的降额等级;

② 按照型号规定的降额等级,明确元器件的降额参数和降额量值;

③ 利用电/热应力分析计算或测试,获得温度值和电应力值;

④ 按有关军用规范或元器件手册的数据,获得元器件的额定值,再考虑降额系数,获得元器件降额后的容许值;

⑤ 将步骤③、④中的两值进行比较,就可以知道每项元器件是否达到降额要求。

如未达到元器件降额要求的,应更改设计,采用额定值更大的元器件或设法降低元器件的使用应力值。

因受条件限制,降额后仍未达到降额要求的个别元器件,经分析研究和履行有关审批手续后,方可允许暂时保留使用。

2. 示　例

（1）模拟电路（运算放大器）降额设计实施示例

要求:对某型国产运算放大器进行Ⅰ级降额设计。

实施:从数据手册上查得某型号运算放大器参数的额定值如下:

正电源电压	$V_{CC}=+22$ V	负电源电压	$V_{EE}=-22$ V
输入差动电压	$V_{ID}=\pm20$ V	输出短路电流	$I_{OS}=20$ mA
最高结温	$T_{jm}=150$ ℃	热阻	$\theta_{JC}=160$ ℃
总功率	$P_{tot}=500$ mW		

在 70 ℃以上,按 -6.25 mW/℃降额。

根据集成电路的降额准则,以Ⅰ级降额为例计算得出:

正电源电压	$V_{CC}=+15.4$ V	负电源电压	$V_{EE}=-15.4$ V
输入差动电压	$V_{ID}=\pm12$ V	输出短路电流	$I_{OS}=14$ mA
总功率	$P_{tot}=350$ mW	最高结温	$T_{jm}=80$ ℃

根据"输入电压在任何情况下不得超过电源电压"的原则,输入差动电压 V_{ID} 应不大于 ±15 V。Ⅱ级和Ⅲ级降额的计算可以此类推。

为了使结温和功率同时满足降额准则规定的降额因子要求,放大器必须工作在图 6-15 所示不同的降额等级、降额曲线的范围内,图中 T_C 为器件壳温。如果运算放大器工作符合上述情况,则满足降额要求,可选用此型国产运算放大器。

（2）电阻器降额设计实施示例

各类电阻器（包括电阻网络和电位器）降额设计实施较容易。下面仅对不同类别电阻器的额定功率值与环境温度关系（电阻器负荷特性曲线）作降额说明。

对应不同的电阻器,由额定功率值、额定环境温度（图 6-16 示例为 70 ℃）及电阻器零功

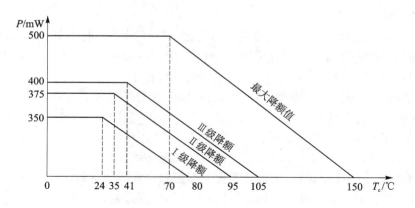

图 6－15　运算放大器降额曲线

率点的最高环境温度(图 6－16 中的示例为 130 ℃)可直接作出电阻器负荷特性曲线(或由生产厂给出),进而由功率降额要求画出与负荷特性曲线的平行线。由图 6－16 可见,当环境温度不大于 70 ℃(元件额定功率允许的最高环境温度详见规范)时,各级功率降额可按额定功率降额;当环境温度大于 70 ℃时,考虑环境温度会引起额定功率下降,电阻器功率应按下降值作进一步降额。

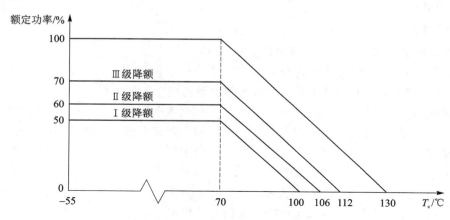

图 6－16　某合成型电阻器降额曲线

6.3.3　裕度设计

在机械可靠性设计领域,为保证结构的安全可靠,在设计中引入一个大于 1 的安全系数试图来保障机械零件不发生故障,这种设计方法就是裕度设计方法,通常也被称为安全系数法。安全系数法直观、易懂,使用方便,所以至今仍被广泛采用。本书介绍两种常用的安全系数法:中心安全系数法和可靠性安全系数法。

1. 安全系数法

(1) 中心安全系数法

中心安全系数 n_m 的定义:结构材料强度极限的样本均值与危险截面应力样本均值的比值,即

$$n_{\mathrm{m}} = \frac{\mu_{\mathrm{r}}}{\mu_{\mathrm{s}}} \tag{6-5}$$

式中：μ_{r}——结构材料强度极限的样本均值（MPa）；

　　　μ_{s}——危险截面应力样本均值（MPa）。

中心安全系数 n_{m} 没有定量地考虑应力与强度的分散性。当应力与强度的分散性较强时，中心安全系数就不能反映客观情况，即使 n_{m} 足够大，其可靠度也可能较低。

（2）可靠性安全系数法

可靠性安全系数 n_{R} 的定义：指定可靠度 R_{r} 对应的构件材料强度下限值 $r_{\min}$ 与可靠度 R_{s} 下应力的上限值 $s_{\max}$ 的比值，即

$$n_{\mathrm{R}} = \frac{r_{\min}}{s_{\max}} \tag{6-6}$$

对于静强度下的结构，考虑参数的随机不确定性，假设应力和强度服从正态分布，则有

$$n_{\mathrm{R}} = \frac{1 - \Phi^{-1}(R_{\mathrm{r}})C_{\mathrm{r}}}{1 + \Phi^{-1}(R_{\mathrm{s}})C_{\mathrm{s}}} n_{\mathrm{m}} \tag{6-7}$$

式中：C_{r}——强度变异系数，$C_{\mathrm{r}} = \dfrac{\sigma_{\mathrm{r}}}{\mu_{\mathrm{r}}}$；

　　　σ_{r}、μ_{r}——结构材料强度极限的样本方差、样本均值（MPa）；

　　　C_{s}——应力变异系数，$C_{\mathrm{s}} = \dfrac{\sigma_{\mathrm{s}}}{\mu_{\mathrm{s}}}$；

　　　σ_{s}、μ_{s}——危险截面应力的样本方差、样本均值（MPa）；

　　　$\Phi(X)$——标准正态分布的分布函数。

R_{s}、R_{r} 的选取，可根据设计要求、零件的服役状况、材料质量的优劣和经济性等来决定，如材料的质量好些或构件的尺寸控制放宽些，强度的可靠度 R_{r} 就可取小些，相应的 n_{R} 会增大。通常一般机械结构设计规范取 $R_{\mathrm{s}} = 0.99$，$R_{\mathrm{r}} = 0.95$，相应的有

$$n_{\mathrm{R}} = \frac{1 - 1.645C_{\mathrm{r}}}{1 + 2.326C_{\mathrm{s}}} n_{\mathrm{m}}$$

可靠性安全系数法同时考虑了材料强度与载荷（应力）的分布特性，将 R_{s}、R_{r} 的选取与对应材料的强度试验和实测载荷的要求联系起来，与常规安全系数法相比，更能接近实际情况保证结构的安全，并且同样具有工程应用简单实用的优点。

2. 示　例

【例 6-4】某齿轮强度和应力均符合正态分布，强度 $r \sim N(100,10)$，应力 $s \sim N(50,5)$，取 $R_{\mathrm{s}} = 0.99$、$R_{\mathrm{r}} = 0.95$，计算其中心安全系数和可靠性安全系数。

解　中心安全系数

$$n_{\mathrm{m}} = \frac{\mu_{\mathrm{r}}}{\mu_{\mathrm{s}}} = \frac{100}{50} = 2$$

可靠性安全系数

$$n_{\mathrm{R}} = \frac{1 - 1.645C_{\mathrm{r}}}{1 + 2.326C_{\mathrm{s}}} n_{\mathrm{m}} = \frac{1 - 1.645C_{\mathrm{r}}}{1 + 2.326C_{\mathrm{s}}} n_{\mathrm{m}} = \frac{1 - 1.645 \times 0.1}{1 + 2.326 \times 0.1} \times 2 = 1.356$$

*6.4 稳健性设计

6.4.1 基本思想和原理

稳健性也称健壮性或鲁棒性(Robust),其含义是强壮、健康、坚韧,能经受逆境的考验,指的是产品在一定干扰因素的影响下,其关键性能依然能够满足用户要求的能力。换句话说,产品性能会受到各种扰动因素影响,如果扰动因素的变化对产品性能的影响不大,我们就说产品性能对该因素的变化是不敏感的,是稳健的。

通过稳健性设计可以提高产品的可靠性水平,因此它也是一种可靠性设计方法。稳健性设计可以使系统的性能对于制造过程的波动或其工作环境(包括维护、运输和储存)的变化不敏感,尽管零部件会漂移或老化,但系统仍能在其寿命周期内以可接受的水平继续工作。可以看出,产品的稳健性与可靠性是正相关的。因为只要提高了产品的稳健性,就可以提高产品抗扰动能力和预防软故障的能力,降低软故障的发生概率,从而提高其可靠性水平。

稳健性设计方法的发展经历了两个阶段:传统的三次设计方法和现代的稳健性集成设计方法。

三次设计方法:日本田口玄一博士在20世纪70年代创立了三次设计的方法(田口方法),为稳健性设计方法的发展奠定了基础。至今,三次设计已经在电子、机械等诸多领域得到了重视和应用,以日本的丰田,美国的摩托罗拉、通用等公司为代表,稳健性设计在发达国家应用广泛,提升了产品的稳健性和竞争力。三次设计分别是系统设计、参数设计和容差设计。

① 系统设计:根据产品所需功能确定产品的基本结构等,形成初始产品设计方案。此阶段的难点是如何解决产品存在的技术矛盾,以实现各种可能存在冲突的需求(如航空产品设计中重量与强度的冲突)。

② 参数设计:将关键的设计变量和噪声参数分为几个水平值,然后利用正交试验得到可控因素、干扰因素与质量特性之间的关系,以信噪比和灵敏度的大小来度量产品质量特性的稳健性,从而寻求最佳的设计参数组合。参数设计是三次设计方法的核心内容。

③ 容差设计:通过权衡产品稳健性与产品成本之间的关系,确定关键零件所允许的容差范围。

稳健性集成设计方法:随着现代计算机水平的发展,以及各种优化与仿真手段的支持,现在稳健性设计已经开始走向学科融合,充分利用各种先进的技术手段来开展稳健性集成设计。稳健性集成设计在三次设计方法的基础上进行了大量扩展和深入,如图6-17所示。在需求分析阶段,利用质量功能展开(Quality Function Deployment,QFD)方法,把顾客或市场的要求转化为设计要求和工艺要求;在参数和容差设计阶段,利用稳健优化方法确定产品的参数和容差取值,相比三次设计中的正交试验方法,更容易获得稳健设计的最优解;六西格玛(Six Sigma)管理更是从企业质量观念和运营管理的高度,对提高产品稳健性给出了一整套管理和设计解决方案,使稳健性设计的应用范围和效果达到了新高度。

本书只介绍用于产品设计阶段的系统设计、参数设计、容差设计和稳健优化方法,不再介绍需求分析阶段的质量功能展开技术以及偏重管理的六西格玛技术。

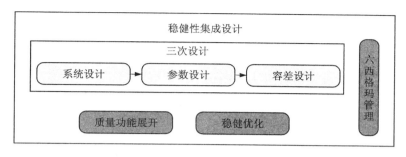

图 6 - 17　三次设计与稳健性集成设计

6.4.2　系统设计中的 TRIZ 方法

1. TRIZ 方法的特点

系统设计也称功能设计,是田口三次设计中的第一次设计。为了完成产品开发的功能设计,在系统设计中要实现各种设计要求,解决设计要求中可能存在的矛盾,形成设计的原型。目前 TRIZ 方法是应用最广泛、效果最好的系统设计方法,以下重点介绍。

TRIZ 是俄文 Teoriya Resheniya Izobreatatelskikh Zadatch 的缩写,英文是 Theory of Inventive Problem Solving,中文是发明问题的解决理论。TRIZ 方法是 1946 年以 G. S. Altschuller 为首的苏联专家,经过对 250 万份专利文献的研究发现的。他们发现,一切技术问题在解决过程中都有一定的模式可循,于是对大量优秀的专利进行分析,并将其解决问题的模式抽取出来,研究建立了一整套体系化、实用的发明问题解决方法,即 TRIZ 方法。

TRIZ 方法有一系列的优点,可以帮助设计者对发明问题情境进行系统分析,快速发现问题本质,准确定义其主要矛盾;它还可以对发明问题或者矛盾提供更合理的解决方案和更好的创意,而且它能打破思维定势,激发创新思维,从更广的视角看待问题。

TRIZ 方法解决矛盾的流程如图 6 - 18 所示。首先,将技术矛盾进行定量化表述,用 39 个工程参数将实际工程中的技术矛盾转化为 TRIZ 的标准技术矛盾,标准技术矛盾具有一定的共性技术特征;然后,将标准技术矛盾代入矛盾矩阵,从矩阵中寻找此类技术矛盾的共性解决方案;TRIZ 方法从大量发明专利中提炼出了 40 个共性的发明原理,作为矛盾矩阵中的元素,以支持解决各类标准技术矛盾。

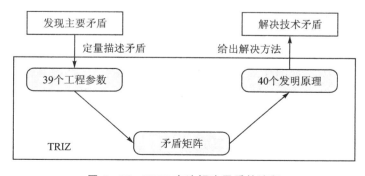

图 6 - 18　TRIZ 方法解决矛盾的流程

2. TRIZ 方法的三要素

可以看出,TRIZ 方法的三大要素是 39 个工程参数、40 个发明原理和矛盾矩阵,下面分别进行介绍。

(1) 39 个工程参数

TRIZ 法提出用 39 个通用工程参数来描述矛盾,见表 6 - 6。在实际应用时,首先要把组成矛盾双方的性能用这 39 个通用工程参数来表示,这样就将实际工程技术中的矛盾抽象为一般的标准的技术矛盾。工程设计中的矛盾都可以用表 6 - 6 中的 39 个参数来表示,如飞机结构设计中"强度"和"运动物体的重量"的矛盾、汽车设计中"速度"与"可靠性"之间的矛盾等。

表 6 - 6　39 个工程参数

序　号	工程参数	序　号	工程参数	序　号	工程参数
1	运动物体的重量	14	强度	27	可靠性
2	静止物体的重量	15	运动物体的作用时间	28	测量精度
3	运动物体的长度	16	静止物体的作用时间	29	制造精度
4	静止物体的长度	17	温度	30	作用于物体的有害因素
5	运动物体的面积	18	照度	31	物体产生的有害因素
6	静止物体的面积	19	运动物体的能量消耗	32	可制造性
7	运动物体的体积	20	静止物体的能量消耗	33	操作流程的方便性
8	静止物体的体积	21	功率	34	可维修性
9	速度	22	能量损失	35	适应性及通用性
10	力	23	物质损失	36	系统的复杂性
11	应力或压强	24	信息损失	37	控制和测量的复杂性
12	形状	25	时间损失	38	自动化程度
13	稳定性	26	物质的量	39	生产率

(2) 40 个发明原理

TRIZ 法研究人员在对全世界专利进行分析研究的基础上,提炼出了 40 个解决技术矛盾的发明创新原理,见表 6 - 7。比如原理 11 事先防范,它指的是采用事先准备好的应急措施,对系统进行相应的补偿以提高可靠性,现实生活中,像降落伞的备用包、应急楼梯、汽车安全气囊等都是根据此原理来实现的。又比如原理 14 曲率增加,它可以通过有以下几种方法来实现,把直线或者平面用曲线或者曲面代替,如在两个平面间加入倒圆角减少应力集中;可以用滚筒、球状、螺旋状物体,例如圆珠笔使用球形笔尖,可以让下墨均匀、书写流利;此外还可以借助离心力,以回转运动代替直线运动,如甩干机的高速旋转,利用离心力甩掉衣服上的水珠等。其余的原理这里不再一一介绍。

(3) 矛盾矩阵

TRIZ 方法给出了矛盾矩阵,可以建立起 40 个发明原理与标准矛盾问题(用 39 个工程参数描述)的对应关系,方便使用者快速找到能用于解决标准矛盾问题的相关发明原理。矛盾矩阵是用 39 个通用工程特征参数组成的 39×39 正方矩阵,该矩阵的行是按 39 个通用工程特性参数(称为 improving feature)依次排列,代表工程参数需要改善的一方;该矩阵的列也是按 39 个通用工程特性参数(称为 worsening feature)依次排列,代表工程参数可能引起恶化的一方。矩阵元素中给出了适用于该标准矛盾问题的发明原理,矩阵元素用 M_{ij} 表示,其下标 i 表示该元素的行数,下标 j 表示该元素的列数。如果矩阵元素 M_{ij} 为非空集,其数值为解决所在的行与列通用工程特征参数所产生的技术矛盾的相关发明创新原理的编号,可在技术矛盾矩阵表中找到;如果矩阵元素为空集,说明这两个特征参数间不构成矛盾,或是存在矛盾但尚未找到适合的解。

表 6 - 7　40 个发明原理

序　号	发明原理	序　号	发明原理	序　号	发明原理	序　号	发明原理
1	分割	11	事先防范	21	减少有害作用的时间	31	多孔材料
2	抽取	12	等势	22	变害为利	32	改变颜色
3	局部质量	13	反向作用	23	反馈	33	同质性
4	增加不对称性	14	曲率增加	24	中介	34	抛弃或再生
5	组合、合并	15	动态特性	25	自服务	35	物理化学参数变化
6	多用性	16	未达到或过度的作用	26	复制	36	相变
7	嵌套	17	一维变多维	27	廉价替代品	37	热膨胀
8	重量补偿	18	机械振动	28	机械系统替代	38	加速氧化
9	预先反作用	19	周期性动作	29	气压或液压结构	39	惰性环境
10	预先作用	20	有效作用的连续性	30	柔性壳体或薄膜	40	复合材料

矛盾矩阵的应用通常按照下面 4 个步骤实施:

① 分析问题,找出可能存在的技术矛盾,最好能用动宾结构的词来表示矛盾。针对具体问题确认几对技术矛盾,并将矛盾的双方转换成技术领域的有关术语,进而根据有关术语在 TRIZ 提供的 39 个通用工程特性参数中选定相应的工程参数。

② 查找矩阵,按照相矛盾的通用工程参数编号 i 和 j,在矛盾矩阵中找到相应的矩阵元素 M_{ij},该矩阵元素值表示 40 条发明创新原理的序号,按照该序号找出相应的原理供下一步使用。

③ 制定解决方案,根据已找到的发明创新原理,结合专业知识,寻找解决问题的方案。一般情况下,解决某技术矛盾的发明原理不止一条,应该针对每一条相应的原理,做解决技术矛盾方案的尝试。

④ 循环寻优,如果第③步的努力没有取得较好的效果,就要考虑初始构思的技术矛盾是否真正表达了问题的本质,是否真正反映了针对问题创新改进的方向。应重新设定技术矛盾,并重复上述工作。

【例 6 - 5】太空中的锤子。在地面上使用锤子时,其重量会抵消冲击后可能的反弹;太空中没有重力,发生碰撞后,锤子会以非常危险的速度反弹,可能向使用者的头部反弹。如何利用 TRIZ 方法解决这一矛盾?

解

1) 用工程参数定义矛盾。

该矛盾中,改善的参数是锤子产生的冲击力,恶化的参数是很可能伤人的锤子的反弹作用。因此将该矛盾定义为:"力"和"物体产生的有害因素"之间的矛盾。

2) 查找矛盾矩阵,确定可用的发明原理。

根据"力"和"物体产生的有害因素"两个参数,在矛盾矩阵中找到对应的元素。该元素中给出了四个可能有用的发明原理:局部质量(3)原理、反向作用(13)原理、中介(24)原理、相变(36)原理。

对这四个原理进行分析,我们发现其中三个可以帮助解决这一矛盾:

- 局部质量:将一物体的一致结构变成不一致结构;
- 反向作用:借助反向力;
- 中介:利用中介物传递或执行所需作用。

3) 根据发明原理,制定矛盾解决方案。

图 6-19　改进的太空锤子

解决方案如图 6-19 所示:在锤头内部设置空腔(局部质量),将高密度的水银置于锤头的空腔内(中介)。因为引入了水银,所以当锤子下落时高密度的水银位于锤头空腔的顶部,在冲击的瞬间,水银由于惯性继续向下运动,惯性力抵消了锤子的反弹力(反向作用),保证了锤子在无重力环境下的安全使用。

6.4.3　参数设计

1. 参数设计原理

参数设计是田口三次设计中的第二次设计。参数设计是三次设计的核心,是实现产品低成本、高稳健的最有效阶段。在系统设计完成之后,会得到系统的初步模型 $y = f(x)$,此时工作是要决定或选定系统各参数 x 的最优参数组合,即各个设计参数的取值。要求不仅应使产品有良好性能,而且在存在各类干扰的情况下,按照这种参数组合制造出来的产品,在性能 y 上仍能保持稳健。

参数设计的基本原理是:不同的设计方案,即不同的可控因素水平(设计参数 x)组合,其质量特性 y 的均值(用 μ 表示)和抗干扰能力(用方差 σ^2 表示)均不同,参数设计的任务是利用质量特性 y 与参数组合 x 之间的非线性效应,选择功能性最好的参数组合,使 μ 满足性能要求,同时使 σ^2 最小。

如图 6-20 所示,通常产品输出质量特性 y 与可控因素水平 x 之间存在着非线性关系,当某元件参数 x 采用名义值(中心值)为 x_1 的三级品(其波动范围为 Δx)时,输出特性 y 的中心值刚好等于 m,由于 Δx 造成的 y 的波动范围为 Δy_1。

通过参数设计,现采用名义值(中心值)为 x_2 的三级品(波动范围仍为 Δx),由图 6-20 可以看出,输出特性 y 的中心值虽然由 m 变化到 m',但此时由 Δx 引起的 y 的波动减为 Δy_2,即抗干扰能力大大增强。

但是,参数 x 中心值变化引起了 y 中心值对目标值 m 的偏离,可以采用下列方法消除:在设计参数中,设法寻找一个与输出特性 y 呈线性关系的参数 z,经 z 的名义值(中心值)由 z_1 调至 z_2,则可补偿上述偏移量。由于 z 与 y 具有线性关系,z 名义值的变化不会引起波动范围的变化。

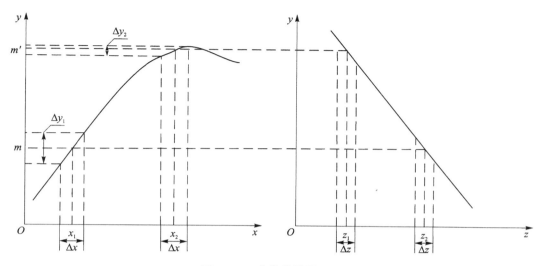

图 6 - 20　参数设计原理图

传统设计过程中,当产品抗干扰能力不能满足用户要求时,常常采用提高元部件质量等级的方法来提高产品稳健性,其效果未必比参数设计更好,而且会增加成本。

2. 参数设计的基本概念

(1) 望目特性、望小特性和望大特性

特性 y 通常通过对特定的功能、特性的测定或测量数值来评定(质量特性或输出特性)。根据用户要求的类型,可以分为三类:望目特性、望小特性和望大特性。不同特性的参数设计方法有所区别。

① 望目特性:存在目标值 m,希望质量特性 y 围绕目标值 m 波动,且波动越小越好,则 y 称为望目特性。例如按图纸规定 $\phi 10$ mm $+0.05$ mm 加工某种零件,则零件的实际尺寸 y 就是望目特性,其目标值 $m=10$ mm。

② 望小特性:不取负值,希望质量特性 y 越小越好,且波动越小越好,则 y 称为望小特性。例如零部件摩擦表面的磨损量,测量误差,化学制品的杂质含量,轴套类机械零件的不圆度、不同轴度等均为望小特性。

③ 望大特性:不取负值,希望质量特性 y 越大越好,且波动越小越好,则 y 称为望大特性。例如机械零部件的强度、弹簧的寿命、塑料制品的可塑性等均为望大特性。

(2) 信噪比和灵敏度

信噪比和灵敏度是田口博士提出的参数设计指标,用来度量某次试验的稳健性优劣程度。

信噪比起源于通信领域,作为评价通信设备、线路、信号质量等优劣的指标,采用信号(Signal)的功率和噪声(Noise)的功率之比(即 SN 比)作为指标,通常记为 η。信噪比越大,则该通信系统的稳健性越好,抗干扰能力越强。

下面分别给出望目特性、望大特性和望小特性信噪比的计算公式:

① 望目特性:

$$\eta = \frac{S}{N} = 10\lg\left(\frac{1}{n} \cdot \frac{S_m - V_e}{V_e}\right) \qquad (6-8)$$

式中:

$$S_{m} = n\bar{y}^2 = \frac{1}{n}\left(\sum_{i=1}^{n} y_i\right)^2 \qquad (6-9)$$

$$V_e = \frac{1}{n-1}\sum_{i=1}^{n}(y_i - \bar{y})^2 \qquad (6-10)$$

在计算中,V_e 通常可用下面公式计算:

$$V_e = \frac{1}{n-1}\left[\sum y_i^2 - \frac{\left(\sum y_i\right)^2}{n}\right]$$

$$= \frac{1}{n-1}\left(\sum y_i^2 - S_m\right) \qquad (6-11)$$

② 望大特性:

$$\eta = \frac{S}{N} = -10\lg\frac{1}{n}\sum_{i=1}^{n}\frac{1}{y_i^2} \qquad (6-12)$$

③ 望小特性:

$$\eta = \frac{S}{N} = -10\lg\frac{1}{n}\sum_{i=1}^{n}y_i^2 \qquad (6-13)$$

灵敏度是表征误差与方差的平均变化程度,通常我们会期望望目特性的期望值更加接近目标值。除了要用到信噪比来对其波动情况进行评估外,我们还用灵敏度来对望目特性的期望值的大小来进行评估。下面给出灵敏度的计算公式:

$$S = 10\lg\frac{S_m - V_e}{n} \qquad (6-14)$$

【例 6-6】抽测到 5 个样本与目标值的偏差如下:

y_i	y_1	y_2	y_3	y_4	y_5
Δ	0.1	0.01	0.1	0.01	0.1

分别用望目值求信噪比及灵敏度。

解　计算信噪比:

$$S_m = n\bar{y}^2 = \frac{1}{n}\left(\sum_{i=1}^{n} y_i\right)^2 = \frac{1}{5}0.1 + 0.01 + \cdots + 0.1^2 = 0.020\,48$$

$$V_e = \frac{1}{n-1}\left(\sum y_i^2 - S_m\right) = \frac{1}{4}\times(0.1^2 + 0.01^2 + \cdots + 0.1^2 - 0.020\,48) = 0.002\,43$$

$$\eta = \frac{S}{N} = 10\lg\left(\frac{1}{n}\cdot\frac{S_m - V_e}{V_e}\right) = 10\lg\left(\frac{1}{5}\cdot\frac{0.020\,48 - 0.002\,43}{0.002\,43}\right) = 1.719\,(\text{dB})$$

计算灵敏度:

$$S = 10\lg\frac{S_m - V_e}{n} = 10\lg\frac{10.020\,48 - 0.002\,43}{5} = -24.425$$

(3) 试验因素

上述概念是对质量特性 y 的描述,用来度量 y 的稳健性水平。前文已述,参数设计需要对设计参数 x 的组合安排试验,以达到 y 的最佳稳健方案。以下将介绍几个关于 x 的概念。

为了减少质量特性的波动,需要分析影响产品质量特性波动的原因,田口方法提出要进行有关产品设计的试验。在试验中,我们称影响质量特性变化的原因为因素。因素在试验中所处的状态称为因素的水平。如果某个因素在试验中要考察 3 种状态,就称为三水平因素。例如温度取 3 种状态 60 ℃、80 ℃、100 ℃,则温度就是一个三水平因素。从因素在试验中的作用来看,可大致分为可控因素、误差因素和标示因素。

1)可控因素

在试验水平可以指定并加以挑选的因素,即水平可以人为加以控制的因素,称为可控制因素。例如时间、温度、浓度、材料种类、切削温度、加工方法、电阻、电压、电流强度等均为可控因素。

试验中考察可控因素的目的,在于确定其最佳水平组合,也即最佳方案。在最佳方案下,产品的质量特性值接近目标值,且波动最小,即具有健壮性。

在田口参数设计中,要进行信噪比分析与灵敏度分析,因此把可控因素分为稳定因素、调整因素和次要因素 3 类,见表 6-8。

① 稳定因素。在信噪比分析中显著的可控因素,称为稳定因素。

② 调整因素。在信噪比分析中不显著,但在灵敏度分析中显著的因素,称为调整因素。我们可通过对调整因素水平的"调整",使可控因素最佳条件下的质量特性的期望值趋近目标值。

表 6-8　稳定因素、调整因素和次要因素

类　别	信噪比分析	灵敏度分析	因素名称
1	显著	显著	稳定因素
2	显著	不显著	稳定因素
3	不显著	显著	调整因素
4	不显著	不显著	次要因素

③ 次要因素。在信噪比与灵敏度分析中都不显著的可控因素,称为次要因素。需要注意,次要因素在减少成本、缩短产品研制周期等方面可能具有相当重要的作用,不要因其"次要"而忽视它。

2)误差因素

误差因素是造成产品质量特性波动的原因,包括外干扰、内干扰和产品间干扰三类。外干扰是指由于使用条件或环境条件(如温度、振动、气压等)的变化引起质量特性波动。内干扰是指时间相关的老化腐蚀等因素造成的质量特性退化。产品间干扰是指产品加工制造过程中产生的质量波动。

考虑误差因素是为了模拟 3 种干扰,从而减少它们在产品生产和使用过程中的影响。由于误差因素为数众多,在试验中不可能一一列举。通常只需几个性质不同的主要误差因素,因为不受主要误差因素影响、质量稳定的产品,一般也不受其余误差因素的影响。

3)标示因素

在试验中水平可以指定,但使用时不能加以挑选和控制的因素称为标示因素。标示因素是一些与试验环境、使用条件等有关的因素,例如:

① 产品的使用条件,如转速、电源电压等;

② 试验环境,如温度、温度等;

③ 其他,如设备、操作人员的差别等。

考察标示因素的目的不在于选取最佳水平,而是探索标示因素与可控因素之间有无交互作用,从而确定可控因素最佳条件的适用范围。

(4) 正交试验设计

参数设计需要对上述因素进行合理的试验设计(Design of Experiments,DoE),确定各类因素及其对应的水平。田口博士提出应用正交试验设计方法进行参数设计,它是根据均衡分散的思想,运用组合数学理论在拉丁方和正交拉丁方的基础上构造的一种表格。为了了解正交表,先介绍一张最常用的正交表,如表 6 - 9 所列。

表 6 - 9　正交表 $L_9(3^4)$

列号 试验号	1	2	3	4
1	1	1	1	1
2	1	2	2	2
3	1	3	3	3
4	2	1	2	3
5	2	2	3	1
6	2	3	1	2
7	3	1	3	2
8	3	2	1	3
9	3	3	2	1

正交表 $L_9(3^4)$ 有 9 行 4 列,由数码"1""2""3"组成,它具有两个特点:

① 每个直列中,"1""2""3"出现的次数相同,都是三次;

② 任意两个直列,其横方向形成的 9 个数字对中,(1,1),(1,2),(1,3),(2,1),(2,2),(2,3),(3,1),(3,2),(3,3)出现的次数相同,都是一次,即任意两列的数码"1""2""3"的搭配是均衡的。

还有其他的各种类型的正交表,这里不作介绍,但是它们同样具有机会均等与搭配均衡的特点。这些特点即为正交表的"正交性"的含义。正交表记号所表示的意思,如图 6 - 21 所示,即用正交表 $L_n(t^q)$ 安排试验时,t 表示因素的水平为 t,q 列表示最多安排 q 个因素,行数 n 表示要做 n 次试验。

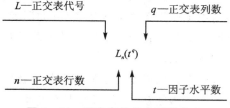

图 6 - 21　正交表的各个因素含义

需要特别注意的是,一般产品设计中的正交试验设计只对可控因素或者标示因素进行设计。田口参数设计中除了考虑这两类因素之外,还需要对误差因素进行设计,这样才能分析出试验的信噪比和灵敏度指标。通常将对可控因素和标示因素的设计称为内设计,将对误差因素的设计称为外设计。

3. 参数设计步骤

参数设计的基本步骤如下：

① 确定可控因素水平表，利用正交表进行内设计；

② 确定误差因素水平表，利用正交表进行外设计；

③ 实施试验，计算质量特性、信噪比和灵敏度；

④ 分析试验结果，确定最佳参数设计方案。

以下通过一个电路参数设计的案例说明参数设计的过程。

【例 6 - 7】设计一个电感电路，此电路由电阻 R（单位：Ω）和电感 L（单位：H）组成，其电路图如图 6 - 22 所示。当输入交流电压为 U（单位：V）和电源频率为 f（单位：Hz）时，输出电流 I（单位：A）为

$$I = \frac{U}{\sqrt{R^2 + (2\pi L f)^2}}$$

该电感电路要求输出电流 I 这一质量特性 y 的目标值为 10 A（望目特性），要求输出电流波动越小越好。

解　参数设计过程如下：

（1）制定可控因素水平表，进行内设计

可控因素是电阻 R 和电感 L，根据电路知识，由设计人员确定初始值，因素分别确定三个水平，如表 6 - 10 所列。

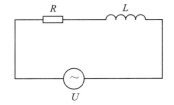

图 6 - 22　电路图

表 6 - 10 可控因素初始水平表

水平 因素	1	2	3
R/Ω	0.5	5.0	9.5
L/H	0.02	0.03	0.04

对于可控因素的优化设计，即对各参数中心值的组合优化，称为内设计，相应的正交表成为内表；对于不可控因素的优化设计称为外设计，相应的正交表成为外表。本例选用 $L_9(3^4)$ 作为内表进行设计。内设计方案如表 6 - 11 所列，内表中的 9 种试验条件即为 9 个备选设计方案。

表 6 - 11　内设计方案

序　号	R/Ω	L/H
1	1(0.5)	1(0.02)
2	1	2(0.03)
3	1	3(0.04)
4	2(5.0)	1
5	2	2
6	2	3
7	3(9.5)	1
8	3	2
9	3	3

（2）制定误差因素水平表，进行外设计

误差因素有 4 个，分别是电压 U、频率 f、电阻 R' 和电感 L'。根据外界客观环境，电压和频率的水平选为

$$U_1' = 90 \text{ V}, \quad U_2' = 100 \text{ V}, \quad U_3' = 110 \text{ V}$$

$$f_1' = 50 \text{ Hz}, \quad f_2' = 55 \text{ Hz}, \quad f_3' = 60 \text{ Hz}$$

电阻 R' 和电感 L' 采用三级品,波动为 $\pm 10\%$,其水平如下:

$$第二水平 = 内表给出的中心值$$
$$第一水平 = 内表给出的中心值 \times 0.9$$
$$第三水平 = 内表给出的中心值 \times 1.1$$

应用正交表安排和模拟误差因素不同水平搭配的方法称为内外表直积法,因为此时总次数等于内表设计方案与外表设计方案数的乘积,如表 6-12 所列。

表 6-12　直积表

外表		R'	$0.9R$	$0.9R$	$0.9R$	$1R$	$1R$	$1R$	$1.1R$	$1.1R$	$1.1R$
		L'	$0.9L$	$1L$	$1.1L$	$0.9L$	$1L$	$1.1L$	$0.9L$	$1L$	$1.1L$
		U	90	100	110	100	110	90	110	90	100
内表		f	50	55	60	60	50	55	55	60	50
R	L										
0.5	0.02										
0.5	0.03										
0.5	0.04										
5	0.02										
5	0.03										
5	0.04										
9.5	0.02										
9.5	0.03										
9.5	0.04										

(3)计算质量特性数据和信噪比

根据直积表中的试验设计,计算每个试验的质量特性。将试验中规定的各因素水平代入电流计算公式,求得质量特性 y。将各实验结果 y 填入直积表中,如表 6-13 所列。

表 6-13　设计方案质量特性表

序号	y_{i1}	y_{i2}	y_{i3}	y_{i4}	y_{i5}	y_{i6}	y_{i7}	y_{i8}	y_{i9}
1	15.87	14.44	13.24	14.70	17.45	11.81	17.62	11.90	14.42
2	10.60	9.64	8.84	9.81	11.65	7.88	11.77	7.95	9.63
3	7.95	7.23	6.63	7.36	8.75	5.92	8.83	5.96	7.23
4	12.45	12.13	11.66	11.86	13.70	9.89	13.25	9.64	11.32
5	9.37	8.85	8.31	8.82	10.31	7.23	10.16	7.16	8.52
6	7.39	6.88	6.40	6.91	8.13	5.62	8.09	5.61	6.72
7	8.78	9.10	9.23	8.57	9.66	7.40	9.05	6.98	7.98
8	7.47	7.44	7.29	7.18	8.22	6.06	7.85	5.84	6.79
9	6.35	6.15	5.89	6.04	6.98	5.02	6.77	4.91	5.77

内表各设计方案中,9 个质量特性值均可描述采用该种设计方案时质量特性的波动情况。为了反映各种设计方案的稳健性,可利用 9 个数据计算出相应的质量特性均值、方差、信噪比、灵敏度等,具体结果见表 6 - 14 所列。

表 6 - 14 内表统计结果分析表

序号 因素	R/Ω	L/H	均 值	信噪比
1	1	1	14.61	16.78
2	1	2	9.75	16.76
3	1	3	7.32	16.75
4	2	1	11.77	18.74
5	2	2	8.75	17.90
6	2	3	6.86	17.46
7	3	1	8.53	19.59
8	3	2	7.13	19.22
9	3	3	5.99	18.63

(4) 分析试验结果,确定最佳参数设计方案

基于内表数据可以进行方差分析,也称为 F 检验(方差分析过程略)。通过方差分析可以确定,电阻 R 为稳定因素,它对信噪比值有显著影响,即对质量特性的稳健性有显著影响;电感 L 为调整因素,对质量特性平均水平具有显著影响,即可以通过对因素 L 的调整,使最佳参数设计方案的期望值趋近目标值。

从表 6 - 14 中可以看出,最稳健的组合是 R_3L_1(方案 7),即 $R = 9.5\ \Omega$,$L = 0.02\ H$,但此时平均电流强度为 8.53 A,比额定目标 10 A 要小,不能满足要求。需要修改调整因子 L。

那么如何调整 L 呢?由表 6 - 11 和表 6 - 13 可以看出,L 与 y 值是负相关关系,电感 L 取值越小,电流强度的质量特性 y 值越高。

因此,对于该可计算项目,可以考虑取值 $R = 9.5\ \Omega$ 不变,然后继续降低 L 的值,例如取值为 0.01 H,按照表 6 - 12 计算出新的电流强度值分别是 9.994,10.844,11.576,9.913,10.993,8.796,10.089,8.101,9.085。此时平均值为 9.932,非常接近目标值 10 A,信噪比为 18.945,比 $L = 0.02\ H$ 时的 19.59 略微减小,但差距不大。

6.4.4 容差设计

容差设计又叫公差设计,是田口三次设计中的第三次设计,是在参数设计完成之后再进行的一种设计。由于某些输出特性的波动范围仍然较大,若想进一步控制波动范围,就得考虑选择较好的原材料、配件,但这样自然会提高成本。容差是从经济角度考虑允许质量特性值的波动范围,常用 Δ 表示。

容差设计是对产品质量和成本进行综合考虑,给予各参数更合理的容差范围,基本思想如下:根据各参数的波动对产品质量特性贡献(影响)的大小,从经济性角度考虑有无必要对影响大的参数给予较小的容差(例如用较高质量等级的元件替代较低质量等级的元件)。这样做,

一方面可以进一步减少质量特性的波动,提高产品的稳健性,减少质量损失;另一方面,由于提高了元件的质量等级,使产品的成本有所提高。可见,容差设计阶段既要考虑进一步减少在参数设计后产品仍存在的质量损失,又要考虑缩小一些元件的容差将会增加成本,要权衡两者的利弊得失,采取最佳决策。

以下首先介绍容差设计的评价指标——质量损失函数,给出其定义和计算方法;在此基础上介绍容差的计算方法,以及质量与成本权衡方法。

1. 容差设计的指标

产品质量的波动是客观存在的,有质量波动就有社会损失。也就是说,只要产品的质量特性偏离预定的目标值,就会给客户或者社会造成损失,而且这种损失大小与"波动"的程度成正比。例如,灯泡的真空度目标值是 100%,此时的使用寿命为无限长,但工厂制造时达不到 100% 的真空度,比如合格率只要达到了 99% 就算是合格。因此,当顾客买到这种灯泡时,虽然也可以使用,但是其使用寿命大大减小了。也就是说,这种灯泡没能达到设计要求的行为,给顾客和社会带来了损失。为了对容差设计作出定量的评价,引入了质量损失函数的概念。所谓的质量损失函数,其实就是定量表述"经济损失"与"功能波动"之间的相互关系的函数。按照产品质量特性的不同,存在着不同形式的质量损失函数。

(1)望目特性的质量损失函数

设产品的质量特性为 y,目标值为 m。如果 $y\neq m$,即 $|y-m|\neq 0$,则造成经济损失,且偏差越大损失越大。输出特性为 y 的产品,其质量损失记作 $L(y)$,则望目特性的质量损失函数公式为

$$L(y)=k(y-m)^2 \tag{6-15}$$

式中,$k=\dfrac{A}{\Delta^2}$。其中 Δ 为技术文件规定的容差,当 $|y-m|>\Delta$ 时,认为产品不合格,应做报废或返修处理;A 为产品不合格造成的损失。因此

$$L(y)=\frac{A}{\Delta^2}(y-m)^2$$

还有另外一种计算 k 的方法:$k=\dfrac{A_0}{\Delta_0^2}$。其中 Δ_0 为产品功能界限,当 $|y-m|>\Delta_0$ 时,产品会在用户使用过程中发生故障,丧失功能;A_0 为产品丧失功能时造成的损失。

【例 6-8】 某个零件的规定尺寸是 $m\pm 12\ \mu m$,产品不合格时的损失为 $A=2.50$ 元,试确定其质量损失函数。

解 根据题意,$\Delta=12\ \mu m$,$A=2.50$ 元,则有

$$k=\frac{A}{\Delta^2}=\frac{2.5}{12^2}=0.017\ 4$$

所以 $\qquad L(y)=k(y-m)^2=0.017\ 4(y-m)^2$

(2)望小特性的质量损失函数

望小特性其实是望目特性目标值为 0 的一种特例,因此仿照望目特性的公式,这里很容易写出望目特性质量损失函数的公式:

$$L(y)=ky^2 \tag{6-16}$$

式中，$k=\dfrac{A}{\Delta^2}$，把 Δ、A 代入式(6-16)，可得

$$L(y)=\frac{A}{\Delta^2}y^2$$

当 $k=\dfrac{A_0}{\Delta_0^2}$ 时，$L(y)=\dfrac{A_0}{\Delta_0^2}y^2$。

（3）望大特性的质量损失函数

望大特性是不取负值，希望越大越好的质量特性。望大特性的质量损失函数公式如下：

$$L(y)=k\,\frac{1}{y^2} \tag{6-17}$$

式中，$k=A\Delta^2$，把 Δ、A 代入式(6-17)，可得

$$L(y)=\frac{A\Delta^2}{y^2}$$

当 $k=A_0\Delta_0^2$ 时，$L(y)=\dfrac{A_0\Delta_0^2}{y^2}$。

2. 基于安全系数的容差计算方法

下面要讲的安全系数是由田口博士定义的，是田口方法的一个基本概念，与 6.3.3 小节中的安全系数含义不同。

田口博士将安全系数 Φ 定义为

$$\Phi=\sqrt{\frac{A_0}{A}} \tag{6-18}$$

由于 $A_0>A$，所以安全系数 $\Phi>1$，安全系数越大说明丧失功能时的损失越大。对于要求有很高安全性的产品，安全系数应比较大。在已知 A 和 A_0 的情况下，可以计算产品的安全系数，并根据安全系数进一步计算产品的容差。

以下分别给出望目特性、望小特性和望大特性的容差计算方法。

（1）望目特性

设产品的输出特性 y 为望目特性，容差为 Δ，当产品不合格时，损失为 A；设产品的功能界限为 Δ_0，丧失功能时损失为 A_0。此时，质量损失函数为

$$L(y)=\frac{A_0}{\Delta_0^2}(y-m)^2 \tag{6-19}$$

当 $|y-m|=\Delta$ 时，有 $L(y)=A$，代入式(6-19)可得

$$A=\frac{A_0}{\Delta_0^2}\Delta^2 \quad\left(\text{或 } \Delta=\sqrt{\frac{A}{A_0}}\Delta_0\right) \tag{6-20}$$

由于安全系数定义为 $\Phi=\sqrt{\dfrac{A_0}{A}}$，所以望目特性容差的计算公式为

$$\Delta=\frac{\Delta_0}{\Phi} \tag{6-21}$$

【例 6-9】某电子产品的主要性能指标是刚接通电路时关键部件的瞬态电阻，其目标值为 32 kΩ，功能界限为 $\Delta_0=390\ \Omega$，丧失功能带来的损失为 7 元。出厂前产品不合格作废处理的

损失为 3.3 元,求该产品的出厂容差。

解 安全系数为

$$\Phi = \sqrt{\frac{A_0}{A}} = \sqrt{\frac{7}{3.3}} = 1.46$$

容差为

$$\Delta = \frac{\Delta_0}{\Phi} = \frac{390\ \Omega}{1.46} = 267.12\ \Omega$$

因此,瞬态电阻的指标为$(32\ 000 \pm 267.12)\Omega$。

(2)望小特性

望小特性是望目特性的特例,其容差的计算公式跟望目特性一样,这里不再罗列,只举一个例子,供读者参考。

【例 6 - 10】玻璃在制造的过程中,其每单位块含有的杂质量是评价玻璃性能的主要指标,杂质含量为望小特性。当每单位块含杂质的量超过 35 mg 时,产品丧失功能,需要花费 58 元进行处理,而产品不合格时工厂的返修损失仅为 7 元,求产品的出厂容差。

解 已知$\Delta_0 = 35\ \text{mg},A_0 = 58,A = 7$元,则

$$\Phi = \sqrt{\frac{A_0}{A}} = \sqrt{\frac{58}{7}} = 2.88$$

$$\Delta = \frac{\Delta_0}{\Phi} = \frac{35\ \text{mg}}{2.88} = 12.15\ \text{mg}$$

因此,工厂验收的合格标准为$y \leqslant 12.15$ mg。

(3)望大特性

望大特性的质量损失函数为$L(y) = A_0 \Delta_0^2 \frac{1}{y^2}$。

若已知不合格损失为A,即当$y = \Delta$时$L(y) = A$,则$A = A_0 \Delta_0^2 \frac{1}{\Delta^2}$,可变换为

$$\Delta = \sqrt{\frac{A}{A_0}} \Delta_0 = \Phi \Delta_0 \qquad (6 - 22)$$

【例 6 - 11】用某材料制作发动机叶片,当材料的强度低于 49 MPa 时,叶片就会发生断裂故障,此时造成的损失为 6 000 元,而材料不合格工厂报废处理损失为 2 000 元,试求此材料的容差。

解 已知$\Delta_0 = 49\ \text{MPa},A_0 = 6\ 000,A = 2\ 000$元,这里的强度为望大特性,故

$$\Phi = \sqrt{\frac{A_0}{A}} = \sqrt{\frac{6\ 000}{2\ 000}} = 1.73$$

$$\Delta = \Phi \Delta_0 = 1.73 \times 49\ \text{MPa} = 84.77\ \text{MPa}$$

因此,所用材料的强度下限为 84.77 MPa。

3. 质量成本权衡设计方法

前面讲了根据安全系数计算容差的数学方法,其前提是已知不合格品损失A和功能丧失损失A_0。其中不合格品损失A与产品设计生产过程密切相关,下面将介绍如何实现成本与质量之间的权衡,得到最佳设计方案。

设产品的生产成本为 P 元，质量损失（质量水平）为 L 元，则总损失 $L_T = P + L$，容差设计的目标是使总损失 L_T 达到最小，即 L_T 极小化的点正是容差设计的最佳方案。下面通过一个望大特性的例子来说明设计过程。

【例 6-12】 某产品设计中需要选用某种钢管，其强度越大越好。设钢管的强度和价格与管子的截面积成正比，单位截面积强度 $b = 80$ MPa，单位截面积价格 $a = 40$ 元$/\text{mm}^2$。当应力 Δ_0 大于 5 000 N 时，钢管会断离，此时的损失 $A_0 = 30$ 万元。试设计该钢管的最佳截面积 x，并求强度容差 Δ。

解 如果令截面积为 x，价格 $P = ax$，强度 $y = bx$，则相应的损失函数为

$$L(y) = \frac{A_0 \Delta_0^2}{y^2} = \frac{A_0 \Delta_0^2}{(bx)^2}$$

因此，总损失为

$$L_T = P + L = ax + \frac{A_0 \Delta_0^2}{(bx)^2}$$

将容差设计转换为一个最优化问题来求解，使 L_T 最小化，得到最佳截面积：

$$x = \sqrt[3]{\frac{2 A_0 \Delta_0^2}{ab^2}} = 388 \ \text{mm}^2$$

此时，成本 $P = 15\ 520$ 元，质量损失 $L = 7\ 784$ 元，总损失的最小值为 23 304 元。接下来计算容差。最佳条件下，成本 P 等于不合格品损失 A，则安全系数为

$$\Phi = \sqrt{\frac{A_0}{A}} = \sqrt{\frac{300\ 000}{15\ 520}} = 4.4$$

从而可得到强度 y 的容差：

$$\Delta = \Phi \Delta_0 = 4.4 \times 5\ 000 \ \text{N} = 22\ 000 \ \text{N}$$

6.4.5　稳健优化设计

虽然田口的三次设计（核心是参数设计）简单实用受到了广泛的认同及应用，但是该方法还是存在着许多不足：

① 该方法需通过多轮的正交试验求解使效率显著减小；

② 对于目标值的寻优过程是在一些离散的点中找最优解，因为不是连续寻优，所以可能会漏掉最优解；

③ 该方法只适用于解决单目标、少变量和无约束的一类简单问题。

随着计算机辅助设计分析技术的发展和计算机性能的提高，不确定性分析及优化算法逐渐融入稳健设计中，并且利用计算机仿真代替物理样机试验，形成了现代的稳健优化设计。稳健优化设计是将田口参数设计转换为一个随机优化问题来求解，基于仿真模型和优化算法可以进行连续寻优，并且能够处理多目标、多变量、多约束问题，和田口方法相比，其具有技术先进性。

1. 优化模型与优化算法

对于一般确定性优化问题，在约束可行域内寻找某种意义下最优方案，其优化模型可以定义为

$$\min y(\boldsymbol{x})$$
$$\text{s. t. : } g_i(\boldsymbol{x}, \boldsymbol{y}) < 0$$
$$\text{d. v. : } x_{\text{L}} \leqslant x \leqslant x_{\text{U}}$$

式中：y 是目标函数；x 是优化变量；x_{U} 和 x_{L} 分别是 x 的上限和下限；g 是约束条件。

　　确定性优化设计一般总是把最优点推向约束的边界上，但在实际中由于参数的变差而会使最优点变为不可行或质量性能指标(准则函数)超界成为废品。这就是说，一般的优化设计最优解是不稳健的。

　　稳健优化设计与常规的确定优化设计不同。稳健优化设计是通过调整设计变量的名义值和控制其偏差来保证设计最优解的稳健性：一方面，需要保证最优点的可行稳健性，当设计参数产生变差时仍能保持最优点是可行的；另一方面，使准则函数(质量指标性能函数)具有较低的灵敏度(即不灵敏性)，使设计参数的微小变动仍能保证质量性能指标限在此所规定的容差之内。图 6-23 解释了传统优化解(由确定性优化取得)与稳健优化解(由稳健优化取得)的不同之处。

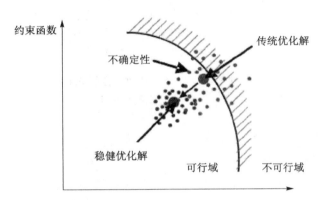

图 6-23　确定性优化设计与稳健优化设计

　　下面给出稳健优化的基本数学模型：

$$\min \mu_y, \sigma_y$$
$$\text{s. t. : } g_i(\boldsymbol{x}, \boldsymbol{y}) + \Delta g_i(\boldsymbol{x}, \boldsymbol{y}) < 0$$
$$\text{d. v. : } \mu_{x_{\text{L}}} \leqslant \mu_x \leqslant \mu_{x_{\text{U}}}$$

　　可以看出，稳健优化的目标既有质量特性 y 的均值，又有 y 的标准差，可以保证目标的稳健性；同时，约束条件中也加入了一定的余量 Δ，保证了约束条件的稳健性。

　　由于稳健优化的目标同时考虑了均值和标准差，所以需要采用多目标优化来求解。一般工程中采用加权系数法，将多目标转化为单目标问题来优化。

　　优化的目标函数和约束条件一般是非线性函数，从而构成了复杂的非线性优化问题。一般，采用经典非线性规划方法和现代智能优化算法共同求解。经典方法计算较为省时，但容易陷入局部最优解。现代算法主要包括遗传算法、模拟退火算法、蚁群算法、禁忌搜索算法，如表 6-15 所列。

　　提高算法的全局搜索性、快速性及稳健性，发展新的优化机制和方法，是优化方法研究中一个有待解决的问题。通过采用不同搜索机制的结合、全局与局部搜索算法的结合、算法与优化问题自身特点的结合等途径，可以有效提高优化搜索的效率和效果。

表 6-15　主要的现代智能优化算法

算　法	主要特点
遗传算法	借鉴生物学中染色体和基因等概念,模拟自然界中生物的遗传和进化等机理。使用适应度函数值确定进一步搜索的方向和范围,不需要目标函数的导数值等信息,在多点进行信息搜索,具有天生的并行性
模拟退火算法	模拟统计物理中固体物质的结晶过程。在退火的过程中,如果搜索到好的解则接受;否则,以一定的概率接受不好的解(即实现多样化或变异的思想),达到跳出局部最优解的目的
蚁群算法	模拟蚂蚁群体搜索食物的行为,具有很强的发现较好解的能力,不易陷入局部最优解。该算法本身很复杂,一般需要较长的搜索时间
禁忌搜索算法	采用了禁忌技术,禁止重复前面的工作,避免了局部邻域搜索陷入局部最优。对于初始解具有较强的依赖性

2. 不确定性分析方法

在优化迭代过程中,需要反复计算目标函数的均值和标准差。已知优化变量的不确定性,通过计算分析,求解产品性能的不确定性特征的过程称为不确定分析(本书所述不确定性特指随机性)。

不确定性分析方法主要分为三类:

① 解析法。此方法要求性能分析的数学表达式必须是可用张量积基函数来表示的解析式,消除了求解导数过程中的截断误差,精度很高,但稳健优化中往往用到仿真模型无法给出显式解析函数,限制了此方法的实际应用范围。

② 数值抽样法,如蒙特卡洛仿真法。在花费较大计算量的情况下,使用此方法可以得到很高的精度。

③ 代理模型(surrogate models)方法。此方法使用数学模型代替原来的仿真分析模型,可以很大程度地降低计算量。

解析方法应用范围不够广泛,本书不做介绍,读者可以参考泰勒展开方法;数值抽样方法详见 3.3.3 小节。以下重点介绍代理模型方法。

代理模型方法计算量小,计算结果与原分析模型的计算结果近似。在优化过程中用代理模型替代原有仿真模型进行不确定性分析,可有效减少计算量,而且还可以过滤掉原有数值模拟可能产生的数值噪声,在工程优化中获得了广泛的应用。

构造代理模型一般需要 3 个步骤:

① 用某种试验设计方法产生设计变量的样本点;

② 用计算模型(仿真软件)对这些样本点进行分析,获得一组输入/输出数据;

③ 用某种拟合方法来拟合这些输入/输出的样本数据,构造出近似模型。

图 6-24 形象地说明了代理模型的生成过程。

上述步骤中,需要根据优化问题的特点,选择合适的代理模型。目前,主流代理模型主要包括响应面模型(RSM)、人工神经网络模型(ANN)、Kriging 模型等。RSM 模型、ANN 模型、Kriging 模型的综合比较如表 6-16 所列。

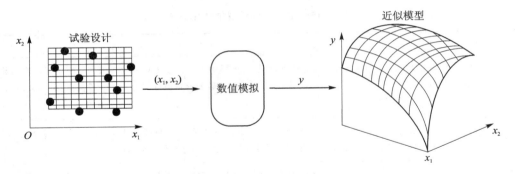

图 6 - 24　代理模型的生成过程

表 6 - 16　RSM 模型、ANN 模型、Kriging 模型的综合比较

模　型	特征及适用情况
RSM 模型	• 技术成熟,具有系统的模型验证方法,在工程上得到了广泛应用; • 适合应用到具有随机误差的情况; • 适合的问题规模小(<10 个变量)
ANN 模型	• 适用于高度非线性或大规模问题(1~10 000 个变量); • 适用于对确定性问题建模; • 计算成本高(经常需要>10 000 个训练样本)
Kriging 模型	• 模型非常灵活,但是也很复杂; • 适用于对确定性问题建模; • 适合的问题规模中等(<50 个变量)

6.5　成品控制与管理

　　电子元器件、机械零部件是产品的基础组成部分,是能够完成预定功能且不能再分割的基本单元,而原材料是各种基本单元(产品)基本功能赖以实现的基础。例如图 6 - 25 所示的某飞机直流供电系统,是由调控盒、直流启动发电机、反流割断器和蓄电池等设备组成,其中的调控盒又包括调压电路、负载均衡电路和过压保护电路等组件,而调压电路则是由具体的电子元器件如电阻、电容、二极管、三极管等半导体分立器件和运算放大器等元器件来实现。又如,某飞机主操纵系统由两部分组成:一部分是由手操纵机构(驾驶杆或驾驶盘)和脚操纵机构(脚蹬)所组成的中央操纵机构;另一部分是由拉杆、摇臂、钢索、滑轮等机械零部件组成的传动机构(或称传动装置)。

　　由此可见,一个产品就是由各种基础单元的产品(包括各种元器件、零部件等)构成的。由于元器件、零部件的数量、品种众多,所以它们的性能、可靠性、费用等参数对整个产品的性能、可靠性、寿命周期费用等影响极大。

　　特别是,大型复杂工程产品的研制通常有成百上千家配套产品研制生产单位,由于不同承研单位的技术水平参差不齐、承研产品的复杂程度不同,对整个产品系统的影响也不同,在产品研制过程中必须加以严格控制和管理。在讲解元器件、零部件和原材料的选择与控制部分内容之前,首先介绍几个工程中常用的词语及其含义。

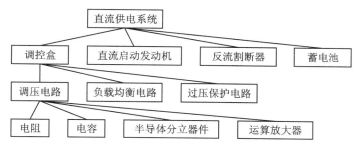

图 6-25　飞机直流供电系统组成

① 成品：一般是指完成规定的生产和检验流程后，并办理完成入库手续等待销售的产品。

② 货架产品（COTS）：又称为商用现成/货架产品，是指可以采购到的具有开放式标准定义接口的软件或硬件产品。

③ 配套产品：一般是指在大型复杂工程产品研制中，主承研单位通常无法自行完成所有子系统或组部件的研制，需要外协（分包）给相应具有资质和能力的单位（配套单位）进行研制的产品，又可进一步分为定制件（需签订技术协议）和外购件（签订采购协议）。

④ 供应链：是指围绕核心企业，通过对信息流、物流、资金流的控制，从采购原材料开始，制成中间产品以及最终产品，最后由销售网络把产品送到消费者手中的将供应商、制造商、分销商、零售商，直到最终用户连成一个整体的功能网链结构。

注：本节标题中的"成品"是一个广义的概念，既包括货架产品（零部件、元器件），也包括配套产品。

6.5.1　零部件的选择与控制

产品的研制通常需要一条由各个行业、专业等企业单位构成的供应链，这些单位直接或间接地参与到最终整个产品的零部件（包括原材料、元器件等）的研制和生产中。因此，为生产出可靠的产品，所选取的零部件必须具有较高的可靠性水平，并且能够使产品在其整个寿命周期环境下达到和保持预期的功能和性能。本小节和后面两小节将分别介绍零部件、元器件和原材料的选择和控制，包括产品研制实际选择过程中的关键因素、基本概念、基本思路和过程等内容。

1. 零部件的评估过程

零部件的选择和控制通常要由企业单位的一个专门的小组来实施，该小组负责制定零部件的评估准则和可接受水平，用于指导零部件的选择。如果某备选零部件满足预先确定的目标要求，并且在进度要求上符合成本、可用性等多方面要求，则会被选用；否则，还需确认该零部件的备选资源库，或提供方法帮助供应商生产出满足各项要求的零部件产品。

通常，产品研制单位都会有一份性能和可靠性均经过验证的零部件首选或优选清单（注：对应于元器件称之为优选元器件清单 PPL）。清单中的零部件通常比较成熟，并且拥有生产、装配和现场使用的成功经验。因此，该方法是一种保守的零部件选择方法。然而，由于新技术、新工艺、市场、进度、原料和价格等原因，成熟的零部件可能不适用或已过时。此时，生产一个新产品或进行产品改进，可能需要选择新的零部件。选择合适的零部件，除了零部件生产商实施的评估外，通常还需要由用户方或委托第三方对零部件进行评估。

　　对零部件进行评估的关键因素如图6-26所示,包括性能、质量、可靠性、易装配性、对环境的影响等特性。其中,性能评估主要是基于数据表(datasheet)中的规格参数等进行的功能评估来实现;质量评估主要是通过对工序(加工过程)水平和出厂质量评估来实现;可靠性评估是通过零部件合格认证和各种可靠性试验(包括测试)结果来实现;而对装配性评估,是从装配的角度来讲,如果一个零部件与其下游的装备设备和工艺相符,则认为该零部件是满足要求的。

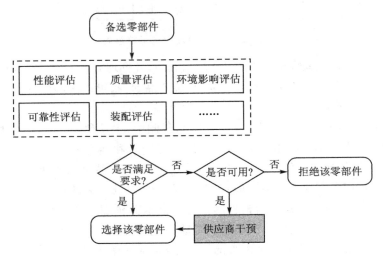

图6-26　零部件的一般评估过程

　　如果零部件的成分或工艺发生了变化,则零部件的评估结果可能不再有效,需要重新进行评估,以确保零部件的持续有效性。

　　如果零部件的评估结果表明不能满足相关要求,则需要确定能否获得可接受的替代零部件。在没有可替代零部件的情况下,需要采取一些干预手段,如与零部件的供应商进行协商或进行专门的筛选等,来减少可能出现的风险。

　　(1)性能评估

　　性能评估的目标是为了评价零部件满足规定功能需求(如结构、机械、电、热等方面的需求)的能力。一般而言,零部件应工作在额定工作条件范围内(通常是上限和下限范围,如额定电压(220±5)V,额定工作温度-50~85 ℃),超出此范围的零部件无法正常工作。零部件的使用方应保证在其产品设计中,即使出现最坏的情况,零部件也不会在超出额定工作条件之外的环境下运行。

　　(2)质量评估

　　通常,产品的质量(如前所述,这里的质量是狭义质量)与产品的工艺有关,质量缺陷可能会导致产品过早发生故障,为了保证产品达到预期的可靠性,所选择的零部件首先应该满足质量要求,可以说没有质量就谈不上可靠性。质量是通过检测零部件生产的工序控制和出厂质量管理来进行评估的。与质量相关的知识内容可参考质量相关书籍,本节仅对工序能力指数和平均检出质量这两个概念进行简要介绍。

　　1)工序能力指数 C_{pk}

　　一般而言,工序的数据控制是通过逐个消除导致过大差异产生的特殊原因来实现的,进而达到产品加工/工艺质量的目的。工序能力指数建立了工序参数和产品设计规范之间的关系，通常用来度量满足规范的工序能力水平。

工序能力指数使用一个参数来度量稳定的工序能满足规范的程度。假设下规范限为 LSL，上规范限为 USL，σ 是工序的标准差，定义工序能力指数为

$$C_{\mathrm{p}} = \frac{\mathrm{USL} - \mathrm{LSL}}{6\sigma} \qquad (6-23)$$

C_{p} 度量了潜在工序能力，显然式(6-23)并不包含工序的均值或期望值 μ，也不包含反映基本质量特性目标值的任何信息。

下面定义 C_{pk} 来度量一个均值与规范中心不重合时的实际工序能力，即

$$C_{\mathrm{pk}} = \min\left(\frac{\mathrm{USL} - \mu}{3\sigma}, \frac{\mu - \mathrm{LSL}}{3\sigma}\right) \qquad (6-24)$$

C_{pk} 通过选择对于最接近工序均值 μ 的规范的单侧 C_{p} 将工序中心的影响考虑进来。通过统计过程控制的相关知识，可使用估计值 $\hat{\mu}$ 和 $\hat{\sigma}$ 代替 μ 和 σ 来得出 C_{p} 和 C_{pk} 的估计值。

除了工序能力指数，还可以根据一个标准差单位中工序均值和规范上下限的距离来描述工序能力，即

$$Z_{\mathrm{U}} = \frac{\mathrm{USL} - \mu}{\sigma}, \quad Z_{\mathrm{L}} = \frac{\mu - \mathrm{LSL}}{\sigma} \qquad (6-25)$$

式中：Z 值可以通过标准正态分布表查得，由此来估计满足正态分布的统计控制工序中不合格工序所占的比例。Z 值还可以转化为工序能力指数 C_{pk}，即

$$C_{\mathrm{pk}} = \frac{Z_{\min}}{3} = \frac{1}{3}\min(Z_{\mathrm{U}}, Z_{\mathrm{L}}) \qquad (6-26)$$

一个满足 $Z_{\min} = 3$ 的工序，可以被描述为具有能力 $\mu \pm 3\sigma$ 的工序，对应 $C_{\mathrm{pk}} = 1$。如果 $Z_{\min} = 4$，则该工序能力指数为 $\mu \pm 4\sigma$，对应 $C_{\mathrm{pk}} = 1.33$。

【例 6-13】给定工序：$\mu = 0.738$，$\sigma = 0.0725$，$\mathrm{USL} = 0.9$，$\mathrm{LSL} = 0.5$。求出该过程中不合格项所占的比例和 C_{pk} 值，并讨论各种工序改进措施。

解　由于该工序有双侧规范约束，即

$$Z_{\min} = \min(Z_{\mathrm{U}}, Z_{\mathrm{L}}) = \min\left(\frac{\mathrm{USL} - \mu}{\sigma}, \frac{\mu - \mathrm{LSL}}{\sigma}\right)$$

$$= \min\left(\frac{0.9 - 0.738}{0.0725}, \frac{0.738 - 0.5}{0.0725}\right) = \min(2.23, 3.28) = 2.23$$

不合格工序部分所占比例 p 可以由下式计算：

$$p = 1 - \Phi(2.23) + \Phi(-3.28) = 0.0129 + 0.0005 = 0.0134$$

进而可得到工序能力指数 $C_{\mathrm{pk}} = \dfrac{Z_{\min}}{3} = 0.74$。

如果工序可以调节到靠近规范限的中心，即使 σ 的数值没有减小，不合格工序的比例也将减小，即

$$Z_{\min} = \min(Z_{\mathrm{U}}, Z_{\mathrm{L}}) = \min\left(\frac{\mathrm{USL} - \mu}{\sigma}, \frac{\mu - \mathrm{LSL}}{\sigma}\right)$$

$$= \min\left(\frac{0.9 - 0.7}{0.0725}, \frac{0.7 - 0.5}{0.0725}\right) = 2.76$$

则不合格工序所占比例为

$$p = 2\Phi(-2.76) = 0.005\ 8$$

工序能力指数增加到 $C_{pk} = \dfrac{Z_{\min}}{3} = 0.92$。

从长远来看,为改善工序的实际性能,应该减少一般原因导致的工序变化,即能力标准是 $\mu \pm 4\sigma(Z_{\min} \geqslant 4)$,均值和规范中心重合的工序的工序标准差为

$$\sigma_{new} = \frac{\text{USL} - \hat{\mu}}{Z_{\min}} = \frac{0.9 - 0.7}{4} = 0.05$$

因此,采取措施将工序标准差从 0.072 5 减小到 0.05,减小幅度为 31%。

2) 平均检出质量

平均检出质量(AOQ)的定义:通过抽样获得的同类零部件的平均不合格率。它体现了在最终的质量控制检查中通过抽样试验确定的不满足规范要求的零部件的总数。这个数值也反映了用户将接收的有缺陷零部件的估计数量。AOQ 一般用百万分率($\times 10^{-6}$)来表示。

AOQ 反映了零部件生产商质量管理系统是否有效,一个有效的质量管理系统可以把不合格的生产产品数和出厂产品数减至最低。高 AOQ 值代表高缺陷数,意味着低效的质量管理;反之,则反映零部件的高质量。

如果所有零部件都在出厂前进行检测,理论上 AOQ 应为 0,所有不符合要求的零部件应该被剔除。但是,由于生产量巨大,不能对所有产品都进行检测,实际上是对一定量的样本(按照一定的抽样原则)进行检测,然后根据测试结果进行评估。

(3)可靠性评估

可靠性评估是一种获取零部件在其寿命周期条件下某段特定时间内满足性能和功能要求能力的有关信息的方法。如果零部件的参数要求和功能要求不能满足要求,必须选择其他不同的零部件,或者对零部件进行必要的改进,如减少零部件所承受的载荷,增加冗余或进行维护等。

可靠性评估可以采用不同的数据来源,如零部件供应商的测试或试验数据、专门的可靠性试验(如可靠性鉴定试验、可靠性验收试验等)、(加速)寿命试验数据,还可以是基于仿真数据的可靠性虚拟评估(基于故障物理模型的方法)。关于可靠性试验、可靠性评估的具体内容可以参考相关书籍。

无论采取哪种形式的方法和数据对可靠性进行评估,都必须对影响零部件的每个适用的故障机理进行分析和研究。如果可靠性评估的结果不能够保证零部件的可靠性,那么产品设计者必须考虑备用零部件或重新设计产品。如果该零部件必须投入使用,则需对该零部件进行重新设计,如考虑热和机械载荷的设计、振动和冲击的设计,以及阻尼和装配参数的改进等。如果产品的设计状态发生了改变,则零部件的可靠性必须重新评估。

2. 零部件的控制和管理

如果零部件经过评估判定已经合格,还必须对产品内部的零部件进行寿命周期管理,一般包括供应链管理、废弃评估、制造和装配反馈、合格供应商管理和现场失效的根原因分析(root cause anaylsis)。

在供应链管理中,变更带来的风险是非常重要的。引起变更的原因有很多,如消费者的需求转变、新的市场挑战、新技术进步、常规需求和相关标准的变更等。所有这些变更都会影响

供求关系的相互作用。

　　与产品可靠性有关的变更包括组成供应链的供方厂商变更、零部件生产和质量控制的任意工艺和材料的变更、零部件组装成产品的流程中的任一环节的变更等,这些变更都会影响零部件的可靠性。

　　在评估生产商供应链时,生产商的质量控制政策应从五个方面进行评估:工艺控制,处理、储备和运输,修正和防范措施,产品跟踪以及产品变更通报。这五个方面包含了供应链监测和控制的最低标准。

　　零部件在整个寿命期内都可能发生变更。这些变更通常通过制造商的变更控制委员会进行管理,来自不同生产商的变更控制委员会制定的变更管理政策通常也是不一样的。根据零部件所处的寿命周期阶段不同,对其进行的变更以及导致这些变更的动机也会有所不同。例如,一个典型的零部件会依次经历推广、成长、成熟、使用率下降和停产等寿命周期阶段。

　　在零部件推广期,实施的变更绝大部分是设计改进和生产工艺调整。零部件将会不断地进行改进以满足规格参数的要求,获得经济利益并满足可靠性和质量要求。在零部件成长和成熟期,零部件的产量是很高的。变更主要是改进零部件,使成本最小化,可能会利用特征增强以保持市场竞争力,并开拓零部件的新市场。零部件的原材料产地的变更,制造、装配和测试地点的变更,能够反映不断变更的市场需求和容量。提高产品可靠性和减少成本的变更,可以使零部件保持市场竞争力。在使用率下降期,零部件的销量开始降低,产品制造商试图将消费者的兴趣引到新的零部件和技术上来。当销售量降至某点,生产该零部件不再产生利润时,零部件不再生产。当零部件不再生产时,它就进入了停产期,零部件不再销售,用户必须使用库存的零部件,或者从配件市场上获取零部件,或者找到替代品,或者重新设计产品。

6.5.2　元器件的选择与控制

　　电子元器件的可靠性分为固有可靠性和使用可靠性两部分。固有可靠性主要靠设计和制造等工作来保证,这是元器件生产厂的任务。但是国内外故障分析资料表明,有近一半的元器件故障并非由于元器件本身的固有可靠性不高,而是由于使用者对元器件选择不当或使用有误造成的。元器件一般都具有若干质量等级,质量等级不同,元器件的可靠性水平也不同,因此对元器件的质量等级选择不当会造成其可靠性水平不符合要求。此外,元器件的使用有误,容易造成其电性能故障,如在使用中对元器件性能掌握不够,未考虑降额设计、热设计,测试时方法不当或测试仪器接地不当等情况,都大大增加了元器件的使用故障率。

　　为了保证电子设备及系统的可靠性,必须对元器件的选择及使用加以控制。下面在叙述电子元器件质量等级基本概念的基础上,对国内外元器件的选择以及正确使用等作进一步介绍。

1. 电子元器件的质量等级

　　元器件的质量等级是指元器件装机使用之前,按产品执行标准或供需双方的技术协议,在制造、检验及筛选过程中对其质量的控制等级。一般来说,质量等级越高,其可靠性水平也越高。

　　下面简要介绍一下国内外的电子元器件质量等级,以及质量等级对元器件故障率的影响。关于每一类电子元器件质量等级的详细信息,可以参考我国军标 GJB/Z 299C《电子设备可靠性预计手册》和美国军用手册 MIL-HDBK-217F《电子设备可靠性预计》。

（1）国外元器件的质量等级

国外元器件的质量等级，这里以 MIL-HDBK-217F《电子设备可靠性预计》为例。在该军用手册中各类元器件的质量等级划分如表 6-17 所列。

表 6-17 国外元器件的质量等级

元器件类别	质量等级
集成电路	S,B,B-1,其他
半导体分立器件	JANTXV,JANTX,JAN
有可靠性指标的电容器	D,C,S,R,B,P,M,L
有可靠性指标的电阻器	S,R,P,M
有可靠性指标的变压器、线圈	S,R,P,M
有可靠性指标的继电器	R,P,M,L

（2）国产元器件的质量等级

国产元器件的质量等级分为 A、B、C 三个档次，每一档又分为几个不同的级别。不同类型的元器件，相同质量等级的质量要求也有所不同。集成电路的质量等级及其说明见表 6-18，质量要求说明栏中的 S 级、B 级、B_1 级为器件的质量保证等级；半导体分立器件的质量等级及其说明见表 6-19，质量要求说明栏中的 JP（普军）级、JT（特军）级、JCT（超特军）级为器件的质量保证等级；对于无源器件的质量等级，以电阻器为例来说明，质量等级及其说明见表 6-20，质量要求说明栏中的 Q 级、L 级、W 级为器件的故障率等级。

表 6-18 半导体集成电路质量等级

质量等级		质量要求说明	质量要求补充说明
A	A_1	符合 GJB 597A 列入质量认证合格产品目录的 S 级产品	—
	A_2	符合 GJB 597A 列入质量认证合格产品目录的 B 级产品	—
	A_3	符合 GJB 597A 列入质量认证合格产品目录的 B_1 级产品	—
	A_4	符合 GB 4589.1 的Ⅲ类产品，或经中国电子元器件质量认证委员会认证合格的Ⅱ类产品	按 QZJ 840614～840615"七专"技术条件组织生产的Ⅰ、I_A 类产品；符合 SJ 331 的Ⅰ、I_A 类产品
B	B_1	按 GBJ597A 的筛选要求进行筛选的 B_2 质量等级的产品；符合 GB 4589.1 的Ⅱ类产品	按"七九五"七专质量控制技术协议组织生产的产品；符合 SJ 331 的Ⅱ类产品
	B_2	符合 GB 4589.1 的Ⅰ类产品	符合 SJ 331-83 的Ⅲ类产品
C	C_1	—	符合 SJ 331-83 的Ⅳ类产品
	C_2	低档产品	—

根据 GJB 2118—94《军用电气和电子元器件的标志》中的规定，对于军用电气和电子元器件，在器件外壳上应印有统一格式的标志，如军用标志及识别号等。其中军用标志是区分军用品和民用品的关键标志。军用标志又分为两种：按军用电子元器件质量认证章程规定鉴定合格，并予以维持的军用电气和电子元器件的标志为 △；按有关元器件军用规范检验合格的军用电气和电子元器件的标志为 J。当采用色码标注时，军用标志用第一条银色表示。标志中的识别号采用军用零件号或器件型号，格式由各类电气和电子元器件的总规范或标准规定。

表 6 - 19　半导体分立器件质量等级

质量等级		质量要求说明	质量要求补充说明
A	A_1	符合 GJB 33A 列入质量认证合格产品目录的 JCT 级产品	—
	A_2	符合 GJB 33A 列入质量认证合格产品目录的 JT 级产品	—
	A_3	符合 GJB 33A 列入质量认证合格产品目录的 JP 级产品	按 QZJ 840611A"七专"技术条件组织生产的产品
	A_4	符合 GB 4589.1 且经中国电子元器件质量认证委员会认证合格的 Ⅱ 类产品； 符合 GB 4589.1 的 Ⅲ 类产品	按 QZJ 840611"七专"技术条件组织生产的产品
B	B_1	符合 GB 4589.1 的 Ⅱ 类产品； 按军用标准筛选要求等进行筛选的 B_2 质量等级的产品	按"七九五"七专质量控制技术协议组织生产的产品
	B_2	符合 GB 4589.1 的 Ⅰ 类产品	符合 SJ 614 的产品
C		低档产品	—

表 6 - 20　电阻器质量等级

质量等级		质量要求说明	质量要求补充说明
A	A_{1Q}	符合 GJB 244 列入质量认证合格产品目录的 Q 级产品	—
	A_{1L}	符合 GJB 244 列入质量认证合格产品目录的 L 级产品	—
	A_{1W}	符合 GJB 244、GJB 601、GJB 920 列入质量认证合格产品目录的产品	—
	A_2	符合 GB/T 5729、GB/T 13189、GB/T 15654、GB 7153、GB 6663、GB 10193 且经中国电子元器件质量认证委员会认证合格的产品	按 QZJ 840629、QZJ 840630"七专"技术条件组织生产的产品
B	B_1	有附加质量要求的 B_2 质量等级的产品	按"七九五"七专质量控制技术协议组织生产的产品
	B_2	符合 GB/T 5729、GB/T 13189、GB/T 15654、GB 7153、GB 6663、GB 10193 的产品	符合 SJ 75、SJ 904、SJ 1329、SJ 2308、SJ 1156、SJ 1553、SJ 1557、SJ 1559、SJ 2028、SJ 2307、SJ 2309、SJ 2742 的产品
C		低档产品	—

例如在某集成电路 JC4069SHFC 的型号中,各字母或数字的含义如下:"J"是军用标志,表示完全按有关元器件军用规范检验合格的军用产品;"C4069"是品种代号,由字母和数字组成,字母"C"表示器件的类型,数字"4069"表示器件的系列品种;"S"是器件等级,表示器件的质量保证等级;"H"是辐射强度等级标志;"F"代表封装形式;"C"代表引线镀金。

关于各类器件型号命名的详细信息,可查阅有关的标准和规范,这里不再叙述。

（3）质量等级对元器件可靠性的影响

元器件质量直接影响其故障率,不同质量等级对元器件故障率的影响程度用质量系数 π_Q 来表示。以金属膜电阻器为例,表 6 - 21 给出了在国军标 GJB/Z 299C《电子设备可靠性预计手册》中规定的不同质量等级对应的质量系数数值。

金属膜电阻的工作故障率模型:

$$\lambda_p = \lambda_b \pi_E \pi_Q \pi_R \tag{6-27}$$

表 6-21　金属膜电阻器的质量系数

质量等级	A_{1L}	A_{1W}	A_2	B_1	B_2	C
π_Q	0.05	0.1	0.3	0.6	1.0	3.0

在电应力比 $S=0.5$、额定温度为 125 ℃、工作温度为 35 ℃ 的条件下,金属膜电阻的基本故障率 $\lambda_b=0.008\times10^{-6}$/h。取环境系数 $\pi_E=1.0$,阻值系数 $\pi_R=1.0$,选择不同的质量等级,应用上述模型计算其工作故障率的结果如下:

A_{1L} 级　$\pi_Q=0.05,\lambda_p=0.000\,4\times10^{-6}$/h。

C 级　　$\pi_Q=3,\lambda_p=0.032\times10^{-6}$/h。

将 C 级和 A_{1L} 级的计算结果对比,可以发现,工作故障率相差达 80 倍。由此可见,在其他条件相同的情况下,由于质量的差异,可导致其故障率相差甚大。质量等级越低,对应质量系数数值就越大,表示元器件的工作故障率就越高,可靠性也就越低。因此,元器件的质量等级选择非常重要。质量等级与元器件的功能、性能参数一样,是选择元器件的基本依据之一。

2. 电子元器件的选择

元器件选择不当会造成所购买的元器件可靠性水平不符合要求,从而影响到设备、分系统、系统的可靠性,因此,必须对元器件的选择进行控制。对元器件选择进行控制的前提是,存在各种质量等级不同的元器件和各种在控制过程中可以依据的规范及标准,这将涉及对元器件生产和制造进行控制,以及制定各类规范和标准等控制措施。本小节在简要介绍国内外控制元器件所采用措施的基础上,着重叙述电子元器件的选择原则。

(1)国外控制元器件的措施

先进国家都有一系列控制元器件质量的措施,并制定了相应的标准和手册。下面简要介绍一下美国控制元器件的基本思路和措施。

① 制定各类元器件的总规范,提出全面、系统的质量控制要求。如微电路总规范为 MIL-M-38510 等,对各类元器件的总规范达 100 多个。

② 根据总规范的精神制定一系列标准并贯彻执行。如制定元器件设计、原材料和工艺的标准,制定各种实验方法对元器件进行筛选和检验,制定详细规范等。

③ 收集信息。将具有固有可靠性高、工艺种类先进,有发展前途等特点的元器件和制造厂商以标准形式颁布,供使用者选择。如经过质量鉴定合格的元器件清单(QPL)、标准半导体器件清单、优选元器件清单(PPL)和有助于提高使用可靠性的应用手册等。

(2)国内控制元器件的措施

我国电子元器件可靠性工作发展大致分为两个阶段:七专阶段和国军标阶段。

由于国内电子元器件可靠性工作起步晚,为了适应国内武器装备的需要,国家采取了应急措施,在 20 世纪 70 年代末期开始执行"七专技术协议"("七专"是指在生产过程中要做到专批、专技、专人、专机、专料、专检、专卡)。该协议把电子元器件的管理与技术结合起来,把供需双方紧密结合起来,从而为迅速提供有一定可靠性水平的电子元器件打下基础。

由于"七专"属单批保证性质,因此产品的重复性、一致性、稳定性得不到保证。为进一步提高可靠性,从 80 年代初,参照美军标并结合我国国情,陆续制定了各类元器件的国家军用标准(GJB)。

控制措施主要有:

　　① 制定各类元器件总规范,提出全面、系统的质量控制要求;

　　② 制定系列标准和详细规范,如军用详细规范,包括国军标、行业军标和企业军标;

　　③ 收集信息,建立合格元器件清单、系列型谱和优选目录;

　　④ 重视使用可靠性,制定指导使用的手册。

　　(3) 电子元器件的选择原则

　　1) 应制定型号优选元器件目录(PPL),制定时考虑的因素包括:

　　① 元器件技术性能、质量等级、使用条件等应符合型号中设备的要求和型号有关规定;

　　② 选择经实践证明质量稳定、可靠性高、有发展前途且供应渠道可靠的标准元器件,不允许使用淘汰的元器件及国外已经停止或将停止生产的军用元器件;

　　③ 优先选择国产元器件,尤其应该选择我国军用合格产品目录上的元器件以及已通过 GJB 9001A—2001 认证的元器件生产厂生产的元器件;

　　④ 在考虑元器件降额使用和热设计要求后,确定选择元器件的型号规格;

　　⑤ 应尽可能压缩所采用元器件的品种、规格和生产厂;

　　⑥ 需要充分考虑元器件的"断档"问题。

　　2) 应根据产品的电性能、可靠性、功率、体积、重量、费用等因素在《型号元器件优选目录》或有关部门制定的《元器件优选目录》中选择适合型号设备用的元器件。

　　3) 不允许选择型号规定禁用的元器件,尽量减少选择限制使用的元器件。

　　4) 选用《型号元器件优选目录》外的元器件,必须按规定办理审批手续。

3. 电子元器件的正确使用

　　能否正确使用元器件已成为影响电子元器件、设备、系统可靠性的重要问题,应引起元器件使用者和可靠性工作者的高度重视。下面列举若干最主要的使用问题及其解决方法。

　　(1) 对元器件的性能掌握不够

　　随着电子技术突飞猛进地发展,新器件竞相出现,在性能提高的同时,往往容易产生新的使用问题。尤其是进口元器件,常缺乏详细的技术资料,在使用中往往由于外围电路的组配元器件类型和参数选择不当造成元器件过应力损伤,并最终导致损坏。因此,要深入掌握所使用元器件的技术性能,并严格控制新器件的使用。

　　(2) 降额使用

　　经验表明,元器件故障的一个重要原因,是由于它工作在允许的应力水平之上。因此,为了提高元器件可靠性,延长其使用寿命,必须有意识地降低元器件的工作应力(电、热、机械应力),以使实际使用应力低于其规定的额定应力。降额使用对电子产品尤为重要,降额设计是可靠性设计中不可或缺的组成部分。

　　(3) 热设计

　　电子元器件的热故障是由于高温导致元器件的材料劣化而造成的。由于现代电子设备所用的电子元器件的组装密度越来越高,使元器件之间通过传导、辐射和对流产生了热耦合。这种热应力已成为影响元器件可靠性的重要因素之一。因此,在元器件的布局、安装过程中必须采取有效的热设计和环境保护设计。

　　(4) 抗辐射问题

　　在航天器中使用的元器件,通常要受到来自太阳系和银河系的各种射线辐射;此外,在核爆环境中,元器件将受到高能中子和 γ 射线的损伤,进而使整个电子系统故障。因此,设计人员必须考虑辐射的影响,在需要时采用抗辐射加固的半导体器件。

（5）防静电损伤

由于摩擦、电场感应等原因产生的静电电压有时可能会高达几千伏,当电子元器件与静电带电体接触时,带电体就会通过器件的管脚放电,损坏器件的内部结构,引起器件故障。不仅MOS器件对静电放电损伤很敏感,在双极器件和混合集成电路中,静电放电也会造成严重后果。为解决该问题,在器件的设计和使用中都应该采取抗静电措施,例如在器件的输入端加上防静电损伤的保护网络;在保管、发放、生产和使用等过程中,工作人员必须全部采取防静电措施等。

（6）操作过程中的损伤问题

在检测、调试等操作过程中,由于测试不当或测量仪器接地不当,会对元器件产生电应力损伤。例如对MOS器件,如果测试设备的电源,特别是数字电压表接地不当,常产生不该有的毛刺脉冲而损坏器件。在手动多刀波段开关换挡瞬间,若设计不周也容易导致元器件损伤而故障。因此,在调试过程中,应注意仪器仪表的正确使用。

操作过程中还容易给半导体器件和集成电路带来机械损伤,如引线变形、封装破损等。这种情况应在结构设计及装配和安装时引起重视。

（7）储存和保管问题

储存和保管不当是造成元器件可靠性降低或故障的重要原因,必须予以重视并采取相应的措施。例如,库房的温度和湿度应控制在规定范围内,不应导致有害气体存在;存放器件的容器,应采用不易带静电及不引起器件化学反应的材料制成;定期检查有测试要求的元器件。

6.5.3　原材料的选择与控制

原材料是各种基础产品的基本功能赖以实现的基础,而原材料在一定的工作和环境条件下,尤其是恶劣和严酷的环境条件下,极易产生各种可靠性问题,对整个产品的可靠性和寿命具有重要的影响。此外,原材料的选择还与产品的性能、成本、进度等密切相关,必须对其加以控制。在通常的产品设计过程中,通过贯彻标准件的选择和使用等准则、采取标准化和规范化等设计措施,对机械零部件的选择和控制给予了足够的重视和较为充分的考虑。与此同时,在标准件的选择和使用准则中通常包括了相应原材料的选用标准。本小节主要对原材料的选择和控制加以阐述和说明。

工程实际中可供选择的原材料种类和牌号众多（包括金属材料、非金属材料、复合材料等）,如何选择一款合适的材料将会对零部件的生产制造以及产品整体性能和可靠性水平的发挥产生基础性的影响。不同种类原材料的选择与控制具有各自不同的特点和原则,下面对选择原材料的一般性原则进行简要介绍,使读者对原材料的选择与控制工作有所认识。

（1）根据零部件的使用工况（含主要功能）选择原材料

例如确定零部件是应用于轴承或磨损件（承受摩擦力作用）还是结构件（承受静载荷或动载荷作用）,通过确定零部件的主要功能及其承受的载荷类型可以帮助我们选择材料的种类。在确定零部件的使用工况后,可以通过确定零部件主要功能所要求的材料力学性能等来进一步减小原材料的选择范围。

（2）应考虑典型工况和极限工况条件下原材料的热性能要求

原材料的热阻特性可用热变形温度（HDT）和连续工作温度等来描述。其中,HDT是原材料发生软化的温度指示值,一般用于描述在较高压力无约束条件下工作零部件的最高温度极限。连续工作温度是指原材料在高于该温度值之上长期工作一段时间后,其物理特性会发生显著、永久的退化。

（3）应考虑原材料在加工、使用以及清洁等过程中可能暴露的化学环境条件影响

由于原材料的成分以及加工过程温度、工艺时间和压力等因素都会影响原材料的适用性,因此很难对原材料的化学兼容性进行准确的预测。建议应该在零部件的最终使用环境条件下进行适当的试验。

（4）应考虑原材料的其他特性要求

例如,相对耐冲击性/韧性、热膨胀率、尺寸稳定性。

（5）符合法律法规和管理机构的要求（如无铅、低碳、绿色、环保、易降解）等

例如工程塑料随温度变化而膨胀或收缩的程度是包括钢在内的金属材料的 10～15 倍。线性热膨胀系数（CLTE）可用于评估工程塑料的热膨胀率。CLTE 是温度的函数,在一定温度范围内是一个平均值,而随着温度的升高,工程塑料的 CLTE 值会随之增加。此外,弹性模量和吸水率对原材料的尺寸稳定性也有一定的影响,在选择原材料时一定要考虑湿度和水汽等的影响。

（6）应考虑不同工艺过程对原材料物理特性的影响

即使选择的原材料是相同的,但其经过不同的工艺过程后,在材料的物理特性上也会存在一定的差异。例如:

① 喷射成型的零部件表现出最大的各向异性特征（材料特性在各个方向不同）;

② 挤压成型的零部件表现出轻微的各向异性特征;

③ 模压成型的零部件表现出各向同性特征（材料特性在所有方向均相同）。

（7）应考虑所选原材料的机械加工性

机械加工性也是原材料选择的一个重要判据。例如填充玻璃及碳纤维的塑料,较之无填充物的塑料,其加工过程中的耐磨性和缺口敏感性更强,加工的稳定性也较强。

（8）应综合考虑、确认所选原材料是否达到规格要求

对所选原材料的各方面特性进行验证,以确保达到零部件的设计要求。此外,所有原材料都有其固有的局限性,在设计零部件时要给予充分考虑。

6.6　环境防护设计

6.6.1　基本思想和原理

产品故障是由单元、单元间联系以及环境共同决定的。这里的环境是指在产品之外,对产品执行功能具有影响的一切外部要素的总和。提及产品环境,最直接的理解是指自然环境,但对产品使用产生影响的环境要素还有很多,如电磁环境、机械环境、生物环境、辐射环境等。统计表明,由于环境问题导致的产品故障的比例很高,且其后果非常严重。如在东南沿海基地使用的海军飞机,由于高温潮湿大气、盐雾、工业废气等因素导致的腐蚀问题,使用寿命仅为陆地的 $1/2 \sim 1/3$。

环境对产品的影响主要通过各类环境载荷的形式发生作用,如温度、湿度、盐雾、振动、冲击、电磁场等。产品从生产包装、运输、装卸、储存直至现场的使用与保障阶段,所经历的各类

环境载荷的集合,被称为环境条件。其中,对产品可靠性与寿命影响最大的环境载荷一般来源于使用与保障阶段。

环境防护设计的目的是识别相应的环境载荷及其特性,开展针对性设计,以确保产品在预期的使用环境中执行预定的功能且不被破坏。由于各类产品部署的地域、使用条件差异巨大,其所经受的外部环境千差万别,敏感环境因素也不相同。因此,环境防护设计所采用的措施也会因产品对象不同而有所差异。通常来说,军品(如航空、航天、航海等产品)的环境条件要求更加严格,面临的挑战也更高。

环境防护设计可以从认识环境、控制环境、适应环境三个方面加以考虑。认识环境是指准确识别产品寿命周期经历的环境载荷。控制环境是指在条件允许时,可以为产品创造良好的工作环境条件(对于单元级产品就是其局部工作环境)。适应环境是指当无法对环境条件控制时,提高产品自身耐环境的能力。现阶段大部分环境防护设计仍以经验类为主,依据面向不同环境载荷的设计准则进行。

此外,为使环境防护设计更具针对性,开展环境防护设计前应进行环境影响因素试验,以确定设备敏感的环境因素。包括单一环境影响因素作用下的性能稳定性试验和综合环境因素作用下的综合性试验。

环境防护设计的基本步骤如下:

① 根据产品的寿命剖面确定从生产制造到退役报废所经历的环境(重点是产品的工作环境),并定义产品在各环境条件的敏感应力。

② 评估这种环境条件下,产品的零部件、元器件及材料的性能。如果这种能力不能满足产品的可靠性要求或处于临界状态,则采取环境防护措施。

③ 根据敏感载荷应力选取环境防护准则及措施。

④ 分析该措施对产品其他部分及整体是否具有不良影响。

6.6.2 常见环境载荷及分类

常见的环境条件分类如图 6-27 所示。各种环境载荷对产品可靠性的影响是不同的,既可能是功能故障,也可能是永久性的损坏。主要环境载荷所产生的影响及其典型的故障模式如表 6-22 所列。

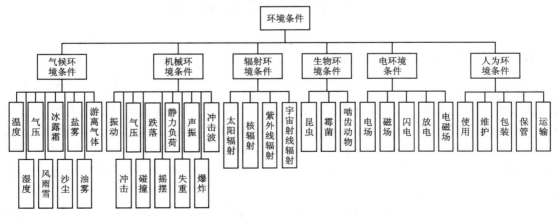

图 6-27　环境条件分类

此外,产品真实的环境条件往往同时包含多种环境载荷,形成综合性环境,开展环境防护设计时,也需要采用综合性手段。表 6-23 给出了复合环境载荷相互作用。

表 6-22　主要环境载荷的影响及其典型的故障模式

环境载荷	主要影响	典型故障模式
高温	热老化	绝缘失效
	金属氧化	触点接触电阻增大,金属材料表面电阻增大
	结构变化	橡胶、塑料裂纹和膨胀
	设备过热	元器件损坏,着火,低熔点焊锡缝开裂,焊点脱开
	粘度下降、蒸发	丧失润滑能力
低温	增大粘度和浓度	丧失润滑能力
	结冰	电气机械性能变化
	脆化	结构强度减弱,电缆损坏,蜡变硬,橡胶变脆
	物理收缩	结构失效,增大活动件的磨损,衬垫、密封垫弹性消失,引起泄漏
	元器件性能改变	铝电解电容器损坏,石英晶体不振荡,蓄电池容量降低
高湿度	吸收湿气	物理性能下降,电强度降低,绝缘电阻降低,电介常数增大
	电化反应	机械强度下降
	锈蚀/电解	影响功能,电气性能下降,增大绝缘体的导电性
干燥	干裂	机械强度下降
	脆化	结构失效
	粒化	电气性能变化
低气压	膨胀	容器破裂,爆裂膨胀
	漏气	电气性能变化,机械强度下降
	空气绝缘强度下降	绝缘击穿,跳弧,出现电弧、电晕放电现象和形成臭氧,电气设备工作不稳定甚至故障
	散热不良	设备温度增高
沙尘	磨损	增大磨损,机械卡死,轴承损坏
	堵塞	过滤器阻塞,影响功能,电气性能变化
	静电荷增大	产生电噪声
	吸附水分	降低材料的绝缘性能
盐雾	化学反应	增大磨损,机械强度下降,电气性能变化
	锈蚀和腐蚀	绝缘材料腐蚀
	电解	产生电化腐蚀,结构强度减弱
霉菌	霉菌吞噬和繁殖	有机材料强度降低、损坏,活动部分受阻塞
	吸附水分	导致其他形式的腐蚀,如电化腐蚀
	分泌腐蚀液体	光学透镜表面薄膜浸蚀,金属腐蚀和氧化

续表 6 – 22

环境载荷	主要影响	典型故障模式
风	力作用	结构失效、影响功能、机械强度下降
	材料沉积	机械影响和堵塞,加速磨损
	热量损失(低速风)	加强低温影响
	热量增大(高速风)	加速高温影响
雨	物理应力	结构失效,头锥、整流罩淋雨浸蚀
	浸渍	增大失热量,电气失效,结构强度下降
	锈蚀	破坏表面镀层,结构强度下降,表面特性下降
	腐蚀	加速化学反应
温度冲击	机械应力	结构失效和强度下降,密封破坏,电器元器件封装损坏
臭氧	化学反应	加速氧化
	破裂、裂纹	电气或机械性能发生变化
	脆化	机械强度下降
	粒化	影响功能
	空气绝缘强度下降	绝缘性下降,发生跳弧现象
振动	机械应力、疲劳	晶体管外引线、固体电路的管脚、导线折断、金属构件断裂、变形、结构失效
	电路中产生噪声	连接器、继电器、开关的瞬间断开,电子插件性能下降;陀螺漂移增大,甚至出现故障;加速度表精度降低,输出脉冲数超过预定要求;导引头特性、引信装置的电气性能下降,粘层、键合点脱开,电路瞬间短路、断路
冲击	机械应力	结构失效,机件断裂或折断,电子设备瞬间短路
噪声	低频影响与振动相同,高频影响设备元器件的谐振	电子管、波导管、调速管、磁控管、压电元件、薄壁上的继电器、传感器活门、开关、扁平的旋转天线等均受影响,结构可能失效
真空	有机材料分解、蜕变、放气、蒸发、冷焊	放气、蒸发污染光学玻璃,轴承、齿轮等活动金属部件磨损加快,两种金属表面粘合在一起,形成冷焊
加速度	机械应力	结构变形和破坏
	液压增加	漏液
高压	机械应力	结构失效,密封破裂
爆破环境	严重机械应力	破裂,结构损坏
高能粒子辐射	电离损伤,位移损伤、单粒子翻转	电离损伤导致的半导体器件失效,位移损伤会破坏材料特性,使材料基本物理参数发生变化,直至失效,单粒子翻转可能导致电路状态发生翻转,导致逻辑功能错乱
电磁脉冲	产生瞬变的高电压	电路功能故障或烧毁电路
静电放电	介质击穿、大电流或局部过热	MOS 结构短路,参数退化,半导体器件反向漏电流增加,击穿电压降低,薄膜电阻器发生电阻漂移,金属化条开路,场效应结构工作性能退化

表 6 - 23　复合环境载荷的相互作用

复合环境载荷	相互作用
高温和湿度	高温将提高湿气浸透速度,高温提高湿度的锈蚀影响
高温和低压	当压力降低时,材料的放气现象增强,温度升高,放气速度增大。因此,这两种因素起相互强化的作用
高温和盐雾	高温将增大盐雾所造成的锈蚀的速度
高温和太阳辐射	增大对有机材料的影响
高温和霉化	使霉化,微生物生长需要一定的高温。但温度在 71 ℃以上,霉化和微生物不能发展
高温和沙尘	沙尘的磨蚀作用由于高温而加速
高温和臭氧	温度从 150 ℃左右开始,臭氧减少,在 270 ℃以上,通常压力下,臭氧不能存在
高温和冲击振动	这两种因素互相强化对方的影响,塑料和聚合物要比金属更加易受这种综合条件的影响
高温和爆炸空气	温度对爆炸空气的点燃影响很小,但作为一种重要的因素,对空气-水蒸气比则有影响
低温和低压	会加速密封等的漏气
低温和太阳辐射	低温将减少太阳辐射的影响,反之亦然
低温和盐雾	低温可以减少盐雾的侵蚀速度
低温和湿度	湿度随温度的降低而减少。但低温会造成湿气冷凝,如果温度更低还会出现霜冻和结冰现象
低温和沙尘	低温可以增大砂粒的侵透性
低温和霉化	低温可以减少霉化作用。在 0 ℃以下,霉化现象呈不活动状态
低温和臭氧	在较低温度下,臭氧影响减少,但随着温度的降低,臭氧的浓度增大
低温和冲击振动	低温会强化冲击和振动影响,但这只是在非常低的温度下的一种考虑
低温和爆炸空气	低温对爆炸空气的影响极小,但是它对作为一种重要因素的空气-水蒸气比则有影响
湿度和霉化	湿度有助于霉化和微生物的生长,但对它们的影响无促进作用
湿度和低压	湿度可以增大低压影响,特别对电子或电气设备更是如此。影响的程度取决于温度
湿度和盐雾	高湿度可以冲淡盐雾浓度,但它对盐的侵蚀作用没有影响
湿度和振动	将增大电气材料的分解速度
湿度和沙尘	沙尘对水具有自然的附着性,因而这种综合可增大磨蚀作用
湿度和太阳辐射	湿度可以增大太阳辐射对有机材料的侵蚀影响
低压和振动	对所有的设备都会起到强化影响的作用,电子和电气设备的影响量最为明显
低压和加速度	在高温环境,这种综合才会显示出重要影响,增加机械应力,导致结构变形
盐雾和沙尘	这种综合可增大磨蚀作用
盐雾和振动	这将增大电气材料的分解速度
沙尘和振动	振动有可能增大沙尘的磨损效应
加速度和振动	在高温和低气压下,这种综合会增大各种影响

6.6.3　典型环境防护设计方法

1. 防潮湿、防盐雾、防霉菌设计

在海洋、近海或其他湿热环境下使用的各类产品,往往会出现比较严重的腐蚀现象,如图 6-28 所示。主要原因是自然环境中包括的几类环境载荷的综合作用,如潮湿、盐雾、霉菌等。为此,需开展针对性的环境防护设计,即防潮湿、防盐雾、防霉菌设计。由于三类环境载荷通常彼此依存且造成的后果类似,有时还可采取一些综合性措施共同预防,如选用某些三防漆,因此常被一起提及,称为三防设计。面对潮湿、盐雾、霉菌等环境载荷,既可对每类载荷单独采取防护措施(包括措施的综合应用),也可采取综合性的三防设计措施。

图 6-28　近海/海洋环境产品发生的腐蚀现象

(1)潮湿、盐雾、霉菌等单类载荷防护措施

① 防潮湿措施:

- 采取具有防水、防霉、防锈蚀的材料,并采用圆形边缘,以使保护涂层均匀。
- 提供排水疏流系统或除湿装置,消除湿气聚集物。
- 采取干燥装置吸收湿气。
- 采用密封垫等密封器件。
- 应用保护涂层以防锈蚀。
- 憎水处理,以降低产品的吸水性或改变其亲水性能。
- 浸渍,用高强度和绝缘性能好的涂料来填充某些绝缘材料。
- 灌注和灌封,用环氧树脂、蜡类、沥青、不饱和聚酯树脂、硅橡胶等,加热熔化后注入元器件本身或元器件与外壳的空间、引线孔的孔隙,冷却后自行固化封闭。

② 防盐雾措施:

- 采用非金属材料等耐盐雾材料(如塑料)。
- 如有可能,在接触处采用相同金属材料。
- 采用在金属表面与液体表面之间涂油漆、防腐之类的阻挡层,减少阳极、阴极电位差,以及不同金属之间绝缘等方法,防止电化学腐蚀。
- 在"容许电偶"内选择金属,防止出现电偶腐蚀。
- 采用退火或用喷丸强化的方法,降低金属或合金对于应力腐蚀裂纹或残余应力的敏感性,防止应力腐蚀。
- 采用在金属表面上涂覆防护层、在重叠区(如紧固件周围)加密封材料等手段,防止晶间腐蚀。

③ 防霉菌措施:

• 选择不长霉的材料。

• 采用防霉剂处理零部件或设备。

• 设备、部件密封,并且放进干燥剂,保持内部空气干燥。

• 在密封前,材料用足够强度的紫外线照射,防止和抑杀霉菌。

(2) 三防设计

综合性的三防设计主要用于暴露在自然环境中的产品壳体或结构件上。由于产品上总是存在有缝隙,当自然环境比较恶劣时,产品内的某些局部也应采取三防设计(主要通过三防漆,详见下文)。三防设计中,一般需先建立环境类型并给出针对性的防护等级标准,从而明确三防设计需求。一个推荐的环境类型及防护等级分类说明如表 6-24 所列。其中军品使用环境恶劣且要求较高,故防护等级要求较高。

表 6-24 环境类型及防护等级分类

环境类型	环境类型说明	防护等级	
		民用	军品
A 类	温湿度受控的室内或被密封的有限空间内	A	二级
B 类	不受控的环境,相对湿度偶尔会 100%,如仓库、地下室、户外简单遮蔽等	B	
C 类	恶劣环境,如海上舰船、岛屿,或距离海岸、盐碱地 3.7 km;距离冶炼、化工、皮革厂 1~3 km 受有害物质(酸、碱、盐、SO_2、H_2S 等)侵蚀	C	一级

确定了产品的三防设计需求后,首先应根据结构件表面类型划分结构件类别,确定三防设计范围。产品的结构件类型一般分为两类:Ⅰ类结构件是指产品处于工作或行进状态时,其表面直接暴露在自然环境中或能受自然环境因素直接作用;Ⅱ类结构件是指产品处于工作状态时,表面未直接暴露在自然环境中,不会受到自然环境因素直接作用,如机舱的内表面。

通常只有Ⅰ类结构件需要采取三防措施。当产品整体处于 B 类环境时,除外壳属于Ⅰ类结构件外,其他产品结构可视为Ⅱ类结构件;当产品处于 C 类环境时,外壳及附件,乃至天线系统等都应视为Ⅰ类结构件。此外,如果某部件采取过密封措施,无论外部环境如何,其内部应视为Ⅱ类结构件

对于 C 类环境下的Ⅰ类结构件,主要的防护措施包括:合理设计结构,正确选择材料,构建连续模或者涂(镀)层,涂料涂装等。其中,合理设计结构的出发点是减少产品与腐蚀环境的接触面积或便于相应的工艺处理,而后面几种防护措施的出发点都是确保产品表面具有较高的耐腐蚀性。

Ⅰ类结构件的设计制造时,一些可遵循原则如下:

① 避免气密性设计,应有通气孔或加有防水透气阀,使腔体内、外压力平衡,否则易导致腔内积水。

② 对有密封要求的模块,密封圈应选用高抗撕硅橡胶制成的 O 形圈或 D 形圈,不允许密封圈有接缝,或采用橡胶板裁剪成衬垫。

③ 安装件的折弯半径应是板厚的 1 倍以上,以避免应力太大而产生应力腐蚀。

④ 要避免凸出的棱角和尖锐的切边(应打磨成圆角),便于进行进一步的防护处理。

⑤ 避免缝隙腐蚀,采用连续焊,在焊接部位须喷二道底漆、二道面漆(尽量减少针孔率)。

Ⅰ类结构件可选材料包括金属类的不锈钢(包括马氏体、铁素体和奥氏体)、铝及铝合金、镁及镁合金、钛合金等,以及高分子材料等非金属类。根据结构的用途,强度需求等方面合理选择材料。

限于强度或成本等问题,结构件主要的防护措施还是在表面进行工艺处理,以形成一层保护层。包括构建连续模或者涂(镀)层,涂料涂装,有时也会同时运用,即构建模层后再涂装。构建连续模,可以采用化学或电化学方式,在结构件表面形成稳定的化合物膜层,称为表面转化膜,如磷酸铁模、络酸盐钝化膜等;也可在结构件表面通过工艺涂镀惰性的金属膜,如镀锌层等。

涂料涂装技术由于工艺相对简单、效果明显,被广泛使用。它是指通过相应的涂装工艺将涂料涂覆在物体表面,形成具有保护作用的不透明或者透明的固态连续膜层的技术,其形成膜层厚度可以从几微米到几百微米。主要分为三类:有机涂料涂装、无机涂层、无机和有机复合涂层。

其中应用最广泛的是有机涂料(习惯上被称为油漆)。装备涂装时用漆一般分为底漆、中涂漆和面漆。底漆的目的是涂覆在基体上打底用,具有增强面漆与基体间的附着和防锈两大功能。常见的底漆包括磷化底漆、电泳底漆和富锌底漆。中涂漆是处于底漆和面漆的过渡性涂漆,要求与底、面漆具有良好的黏结性,且应具备防紫外线、冲击、耐水等能力。如果防护要求低,可以略去该层。中涂漆主要材料是树脂(醇酸酯、环氧脂、聚酯树脂)。面漆是涂装的最重要屏障,关系到涂层体系性能的关键。面漆在三防的基础上,还必须具有长久保持表面光泽、保色、抗光氧化、耐水解及其他化学、机械力的能力。我国常用的面漆是S04-101H(脂肪族丙烯酸聚氨酯磁漆)、TS70-1(脂肪族丙烯酸聚氨酯无光磁漆)和TS96-71(含氟聚氨酯无光磁漆)。正确选择底漆、中涂漆和面漆很重要,某些底漆面漆虽然各自性能均较好,但错误搭配其构成的涂层体系的耐候性会较差,使用寿命会大幅降低。

2. 热环境防护与力学环境防护

热载荷与力学载荷是各类产品使用中经受最普遍的环境应力载荷,产品所经历的热/力学环境既受到外部环境的影响,也会受到自身产生热量或力的影响。既有来源于外部的热/力环境,也有产品自身带来的热/力的影响。而且两者还有复杂的综合作用,如温度循环和振动所导致的产品疲劳。

(1)热环境防护

热环境防护设计的主要方法包括以下4种:

① 传导散热设计。例如,选用导热系数大的材料,加大与导热零件的接触面积,尽量缩短热传导的路径,在传导路径中不应有绝热或隔热件等。

② 对流散热设计。例如,加大温差,即降低周围对流介质的温度;加大流体与固体间的接触面积;加大周围介质的流动速度,使它带走更多的热量等。

③ 辐射散热设计。例如,在发热体表面涂上散热的涂层以增加黑度系数;加大辐射体的表面面积等。

④ 耐热设计。例如,接近高温区的所有操纵组件、电线、线束和其他附件,均应采取防护措施并用耐高温材料制成;导线间应有足够的间隙,在特定高温源附近的导线要使用耐高温绝缘材料。

一些常用热设计准则包括:

① 保证热流通道尽可能短,横截面尽量大。

② 尽量利用金属机箱或底盘散热。

③ 力求使所有的接触面都能传热,必要时,加一层导热硅胶提高传热性能。尽量加大热传导面积和传导零件之间的接触面积,提高接触表面的加工精度,加大接触压力或垫入可展性导热材料。

④ 器件的方向及安装方式应保证最大热对流。

⑤ 将热敏部件装在热源下面,或将其隔离,或加上光滑的热屏蔽涂层。

⑥ 安装零件时,应充分考虑到周围零件辐射出的热量,并且使每一器件的温度都不超过其最大工作温度。

⑦ 尽量确保热源具有较好的散热性能。

⑧ 玻璃环氧树脂线路板是不良散热器,不能全靠自然冷却。若它不能充分散发所产生的热量,则应考虑加设散热网络和金属印制电路板。

⑨ 选用导热系数大的材料制造热传导零件,例如银、紫铜、铜、氧化铍、陶瓷、铝等。

⑩ 尽可能不将通风孔及排气孔开在机箱顶部或面板上。

⑪ 尽量减低气流噪声与振动,包括风机与设备箱间的共振。

⑫ 尽量选用以无刷交流电动机驱动的风扇、风机和泵,或者带适当屏蔽的直流电动机。

(2) 力学环境防护

力学环境防护主要考虑振动、冲击等机械力的作用。力学环境防护应遵循以下原则:

① 提高设备的耐振和抗冲击能力,控制振源,减小振动。如进行运动部件的静平衡和动平衡实验,达到最大限度的平衡。

② 隔离振源,改善工作环境。当设备本身是振源时,通过积极隔振,减小传到支撑结构上的振动力,降低对周围设备的影响;当设备本身不是振源时,可以通过消极隔振,减小从支撑结构上传来的振动力的影响。

③ 避免共振,减小系统响应。如对电子设备进行刚性化安装,提高系统的刚度和质量,改变系统的干扰频率,提高设备抗振性。

对于振动与冲击,具体的防护措施包括:

① 消除相关振源。消除振源设计是设备振动与冲击防护的主要措施。即消除或减弱设备内外的相关振源(如冲击源、振源、声源),使它们的烈度下降到工程设计可以接受的程度。发动机、振子等应进行单独的隔振,对旋转部件应进行静、动平衡试验,以尽量减少或消除振源。常用的隔振材料有金属弹簧、空气弹簧、泡沫乳胶、减振器等。

② 提高结构刚度,防护低频激振。设备的振动特性由其质量、刚度和阻尼特性确定。当激振频率较低时,在不增加质量和改变阻尼特性的情况下,通过提高结构的刚度来提高设备及元器件的固有频率与激振频率的比值,达到防振的目的。元器件低频振动防护措施如表 6-25 所列。

③ 采用隔离措施,防护高频激振。当激振频率较高时,通过提高结构的刚度等措施来改变设备的振动特性是不可取的。这时可在设备和传递振动的基础结构之间采取隔离措施,如安装减振器。当设备的固有频率低于激振频率时,要求减振器具有低的固有频率;当设备的固有频率高于激振频率时,要求减振器具有高的固有频率;当按照组装要求难以采用弹性材料等隔离件时,将三防胶灌在元件与底板之间可以起减振作用。脆性元件(如陶瓷元件)与金属零

件的连接处应加上弹性材料,以防止产生严重的局部应力和磨损。

表 6 – 25　元器件低频振动防护措施

元器件类型	防护措施
阻容、电感元件	剪短引脚并留有应力环,进行焊接
电缆导线	辫扎在一起,分段线夹固定
继电器、可变电容器	选择安装方向
快卸元部件(如插接件)	特殊装置予以固定
变压器	使用压板固定磁芯体
印制板组装件	使用加强条、约束阻尼

④ 采用去耦措施,优化固有频率。在振动过程中,印制板及其上装配的元器件之间会出现相互振动耦合,从而使设备的固有频率分布很宽,容易与外界激振产生共振。这时可以采用硅橡胶封装整个印制板组件,使之成为一个整体,消除元器件与印制板之间的相互振动耦合,使设备的固有频率分布变窄,达到不易共振的目的。

3. 电磁环境防护

随着现代无线电通信技术、电力电子技术、计算机技术等高速发展及运用,产品(包括武器装备)使用面临着日益复杂的电磁环境。电磁环境泛指产品使用场所周围各类电磁现象的总和,包括时间、空间和频谱等要素,由密集、重叠、无序的电磁波构成。电磁防护并确保产品能够正常使用,是现代信息化战争的基本要求之一。

电磁防护中比较成熟的技术是电磁兼容性。所谓电磁,指系统、分系统、设备在共同的电磁环境中能协调地完成各自功能的共存状态。设备既不会由于处于同一电磁环境中的其他设备的电磁干扰而导致性能降低或故障,也不会由于自身的电磁干扰使处于同一电磁环境中的其他设备产生不允许的性能降低或故障。电磁兼容性是设备在电磁环境下工作的一个基本要求,包括系统间和系统内的电磁兼容两个方面。开展电磁兼容设计必须对电磁干扰源进行分析,并研究电磁干扰的各种传播途径,以便于采取措施,消除或抑制电磁干扰源,减轻电磁干扰的影响。

（1）电磁干扰源

电磁干扰源按其来源可以分为人为干扰源和自然干扰源,按其传播途径可以分为传导干扰源和辐射干扰源,按其频带分布可以分为窄频带干扰源和宽频带干扰源。人为干扰源又可分为由有用信号所产生的功能干扰源和无用信号所产生的非功能干扰源。主要的电磁干扰源及其特性如表 6 – 26 所列。

表 6 – 26　主要的电磁干扰源汇总表

电磁干扰源	类　别			说　明
	来　源	传播途径	频带分布	
广播、通信、导航、雷达发射设备	人为	辐射	窄频带	发射功率大,干扰严重
工业、科学、医疗设备	人为	辐射	宽频带	功率大,屏蔽不好,干扰大

续表 6 - 26

电磁干扰源	类　别			说　明
	来　源	传播途径	频带分布	
架空电力线、电力牵引系统	人为	辐射	窄频带	干扰来自:高压电线(100 kV)产生的电晕,绝缘子断裂、捆绑松脱导致接触不良而产生的电弧,受污染导线表面产生的电火花
汽车、内燃机的点火系统	人为	辐射	宽频带	干扰来自:点火系统、发电机、风扇、马达等
日光灯照明设备	人为	辐射、传导	窄频带	通过电源线注入公用电源,构成传导干扰;在 VHF、UHF 频段高频辐射明显
电磁脉冲(如雷电、核爆炸)	自然、人为	辐射	宽频带	未加保护时,可能导致电路的功能故障或烧毁电路
静电放电	自然、人为	辐射	宽频带	静电放电与周围环境湿度有关,在干燥多风的环境下,静电放电特别严重
公用电源	人为	传导	窄频带	对于计算机系统,危害最大的是尖峰脉冲信号和衰减振荡信号的干扰,可能导致程序错误、存储丢失,甚至系统的损坏

（2）电磁干扰传播途径

电磁干扰的传播途径分为传导和辐射两种,如图 6 - 29 所示。传导干扰是指通过导线进行传播的干扰,主要有共阻耦合、电感耦合、电容耦合三种形式。辐射干扰是干扰源通过向空间辐射电磁能量而形成的干扰,主要有感应场耦合和辐射场耦合两种形式。

下面举例说明各种电磁干扰的传播途径。需要注意的是,在许多情况下电磁干扰是同时以多种途径进行传播的。

图 6 - 29　电磁干扰的传播途径

1）传导耦合干扰

传导干扰是系统内干扰的一个重要成分,它是通过导线直接耦合到敏感电路中的,即干扰源与敏感器件之间有完整的电路连接。按交连方法和耦合元件的不同,可以分为共阻耦合、电感耦合、电容耦合三种。

（a）共阻耦合

主要是经由公共电源内阻、电源供电线路的公共阻抗、公共地线阻抗以及干扰线路和敏感线路间的漏电阻抗所构成的干扰。

图 6 - 30 为公共地线阻抗耦合示例。电路 1 和电路 2 的地线电流 I_1 和 I_2 都经过公共地线阻抗 R_0。电路 1 的地电位被电路 2 流经公共地线阻抗的地电流所调制,因此,电路 2 的干扰信号将经过公共地线阻抗耦合到电路 1 中,起着干扰作用;反之亦然。公共地线阻抗还包括机壳接地线、机柜连接带和接地母线等。

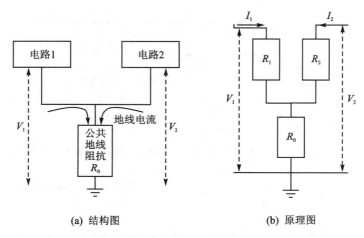

(a) 结构图 　　　　　　　　　　　　(b) 原理图

图 6-30　地电流流经公共地线阻抗的耦合

共阻耦合干扰效应可以简单表示为

$$\begin{cases} V_1 = I_1 R_1 + (I_1 + I_2) R_0 \\ V_2 = I_2 R_2 + (I_1 + I_2) R_0 \end{cases}$$

（b）电感耦合

主要是干扰源电流产生的磁通变化对信号电路形成耦合通路所构成的干扰。其典型示例为一对平行裸线间形成的电感耦合,如图 6-31 所示。图中 V_N 为正弦交流电路的向量表达, ω 为角频率,j 相当于向量旋转 $90°$,M 为互感。

（c）电容耦合

主要是干扰源电压产生的电场变化对信号电路形成耦合通路所构成的干扰。典型示例为一对平行裸线间形成的寄生电容耦合,如图 6-32 所示。图中

$$V_R = \frac{j\omega C_C R}{1 + j\omega R (C_G + C_K)} \cdot V_G$$

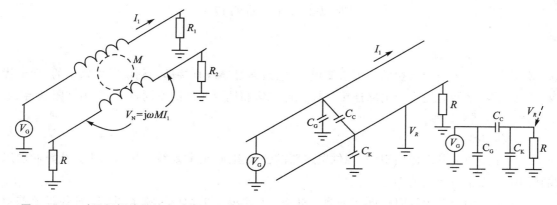

图 6-31 一对平行裸线间的电感耦合　　　　　图 6-32　一对平行裸线间的电容耦合

2）辐射耦合干扰

通过空间传播电磁能量而引起的干扰为辐射干扰。辐射耦合主要由辐射电磁场(如通过

雷达、通信系统等的天线辐射的电磁波)耦合进敏感设备内形成干扰。辐射耦合有感应场耦合、辐射场耦合及近场耦合、远场耦合等形式。例如,对于载流直导线所形成的辐射干扰,当导线长度 L 远大于波长 λ($L \gg \lambda$)时,若源(导线中点)到观测点的距离 $r \gg \lambda/2\pi$(远场条件),则辐射耦合主要以辐射场(平面波)的形式出现;若源到观测点的距离 $r \ll \lambda/2\pi$(近场条件),则辐射耦合主要以感应场的形式出现。

许多辐射耦合都可以看作近场耦合模式,如设备内部干扰源的电源回路、高电平信号的输入/输出电路和控制电路等的导线,都起着辐射天线的作用。另外,辐射耦合还有来自星际间的辐射电磁能量的干扰。

(3) 抗电磁干扰的措施

按电磁兼容性要求,处在电磁环境中的设备既要有一定的抗电磁干扰的能力,同时也不能产生超过允许的电磁干扰。基本设计原则如下:

① 分析并找出系统所有的人为干扰源和自然干扰源;

② 尽可能消除或抑制干扰源;

③ 采用屏蔽、滤波等手段从各种传播途径上抑制干扰耦合;

④ 采用接地和搭接技术。

在对电磁干扰源进行控制的基础上,主要的抗电磁干扰的措施有接地、搭接、屏蔽和滤波。

1) 接 地

接地就是两点之间建立导电通道,其中一点通常是系统的电气元件,另一点则是参考点。一个良好的参考点或接地板是设备可靠地抗干扰运行的基础,理想的接地板应是零电位、零阻抗的。对有关电路的所有信号而言,它均可用作参考基准,而且任何不需要的信号均可在此传输而不产生压降。然而,由于接地材料的特性所限,不存在理想的接地板,因而系统中的接地点之间总是存在一定的电位差。

接地的有效性,取决于接地系统的电位差和地电流的大小。接地不好的系统往往会使杂散寄生的电压、电流耦合到电路、设备中去,从而使设备的屏蔽有效度下降,并在一定的程度上抵消了滤波的作用。

接地有三种形式:浮地、单点接地和多点接地。① 浮地,通常用于浮地测量的仪表中,优点是可消除地线环流,但存在静电放电的危险,故有时应采用高阻值泄放电阻;② 单点接地,适用于低频系统(<1 MHz),可消除共模阻抗耦合,避免产生接地回路;③ 多点接地,即就近接地,优点是线路结构比较简单,可以消除高频的驻波效应,缺点是存在接地回路,甚至对低频也会产生不好影响。

2) 搭 接

搭接就是指在两金属表面之间建立低阻通道。搭接的目的是在结构上设法使射频电流的通路均匀,避免在金属件之间出现电位差造成干扰。

搭接有两种形式:直接搭接(如焊接、铆接、螺栓连接等)和间接搭接(如跳线等)。无论是直接搭接还是间接搭接,均要求裸面的金属-金属接触。为实现满意的搭接,应去除金属面上的保护涂层,使金属表面紧密贴合。另外,还应注意接触金属的电化学性能差异,做好防潮、防腐蚀处理。

3) 屏 蔽

屏蔽的机理是吸收、反射电磁波,以阻断辐射干扰。通过屏蔽可以实现干扰源与敏感设备之间的隔离,在电路设计中,可以从机箱屏蔽、局部屏幕和电缆屏蔽三个方面采取屏蔽措施。

机箱屏蔽:

- 整体机箱应是一个良导体,并良好地接地,可以成为良好的屏蔽层;
- 机箱内部可用金属板隔出"单间"置放有强干扰源的电路板,如开关式稳压电源板、装有继电器的单板等。

局部屏蔽:

- 单板上灵敏度较高的局部电路,可局部加屏蔽罩,并良好接地;
- 印制板上设置大面积"地"也是一种屏蔽手段。

电缆屏蔽:

- 对于灵敏度较高的信号电缆,较强干扰源用的电缆通常采用屏蔽线。
- 低频时,屏蔽层在信号输出端单点接地;高频时,屏蔽层应多点接地。

采用各种屏蔽措施时应注意:

① 屏蔽层如果接地不良,则相当于一个大电容,对电路来说更容易接受干扰,不如不加。

② 屏蔽层如果是铁质的,则对电、磁干扰均有屏蔽作用;否则只对电场干扰有屏蔽作用。

4) 滤 波

滤波的机理是通过吸收或反射,可使直流或某些频率的传导干扰大幅减弱。滤波是弥补设计上的不足而采取的一种补救措施,不如屏蔽、接地、搭接可靠,且费用较高。

常用滤波措施:

① 二次电源单板输出端一般已加滤波电路,但如果采用的是不放入电路板机箱内的开关式稳压电源,而且引线较长,或者向灵敏度较高的电路供电;则电源进入电路板机箱前先要加滤波器(如磁环扼流圈)抑制尖峰干扰。

② 每块单板均设置电源去耦电路,以防止互相干扰。常用的 RC 滤波电容接法电路如图 6 - 33 所示。

③ 每个器件的电源端、地端间通常就近加 $0.05 \sim 0.1\ \mu F$ 的滤波电容。为防止滤波电容短路导致整个电路板不能工作,可采用双电容串联的形式;为避免电容数量太多,可以采用两块器件加一对串联滤波电容的形式。图 6 - 34 所示为串联滤波电容接法。

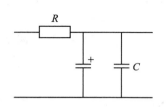

图 6 - 33   RC 滤波电容接法电路

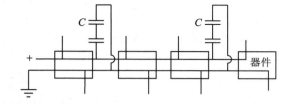

图 6 - 34   串联滤波电容接法

4. 空间粒子辐射环境防护

航天器主要面临的环境为空间粒子辐射环境,可以分为两类:天然粒子辐射环境和高空核爆炸后所生成的核辐射环境。天然辐射粒子的主要成分是质子和电子,具有能量高、能谱宽、强度大等特点。高能粒子对航天器的电子设备、部件、元器件及材料很容易造成辐射损伤,从而影响飞行任务的完成。对于载人航天器,高能粒子也会使座舱内人的生理条件受到破坏。

为提高航天器的可靠性,必须采用合适的抗辐射防护措施。

空间粒子辐射环境主要由四部分构成:地球辐射带、太阳辐射、宇宙射线(太阳/银河)、高空核辐射环境。这些环境对电子设备和材料的影响如表 6 – 27 所列。

表 6 – 27 辐射环境对电子设备或材料的影响

辐射环境	说 明	影响及后果
地球辐射带	将地球周围空间存在大量地磁捕获粒子的区域称为地球辐射带,亦称为"范阿伦带"。它在地球上空像一条带子一样环绕着赤道,分为内辐射带和外辐射带。内辐射带距离赤道平面 600~1 000 km,主要成分是能量大于 50 MeV 的质子和能量大于 30 MeV 的电子。外辐射带空间延伸范围很广,中心位置在赤道平面高度 20 000~25 000 km 范围。地球辐射带会使舱内辐射剂量增加	不仅卫星表面器件受影响。几个月暴露后,太阳电池能力会损失 50%,半导体器件及磁性材料易受影响。据报道,国外一些卫星(如探险者 XIV 号、XV 号、电星 1 号)都因半导体器件受到射线损伤而提前坠落
太阳辐射	航天器失去大气层保护,所有太阳辐射都能照射到航天器表面。航天器主要吸收可见光和红外部分光。通常来说,太阳辐射强度变化小,比较稳定,但辐射能量变化大。太阳辐射的常数值约为 1 353 W/m²	使设备过热、产生光老化作用,导致元器件损坏,着火,有机材料加速老化和分解,油漆褪色和剥落,橡胶发硬开裂,抗拉强度降低
宇宙射线	包括太阳宇宙射线和银河宇宙射线。太阳宇宙射线的主要成分是高能质子,在太阳耀斑时从太阳表面抛射出来,也称为太阳质子事件。一次大的事件中,空间站表面会受到约 $10^{13}/(m^2 \cdot s)$ 质子轰击。银河宇宙射线由起源于太阳系以外的能量极高的质子和各种离子组成,其中约 85% 为质子,13% 为 α 射线	对材料损坏较轻,但 α 射线直接辐射对设备损坏较大
高空核辐射	高空核爆炸形成的人工辐射带。在核爆时会形成一个很密的等离子体,它会转化为高温的磁空腔,最终可膨胀到数千公里。随着体积膨胀,磁场会返回等离子体,并释放大量的带电粒子。随着时间增加,核爆形成的人工电子强度会逐渐衰减	加速中子会引发永久破坏,二次辐射中子会引发瞬时效应。如美国 1962 年进行的"星鱼"核爆炸,使 4 颗卫星不同程度受损

空间辐射环境防护设计,旨在保护航天器的电子设备与主要分系统在辐射环境中能够正常工作,不会因某个部件、组件受损,就导致分系统或整个航天器使命失败。根据航天器规定运行期间可能遭遇的空间粒子辐射环境,确定各辐射敏感项目所接收到的剂量,如果超标就需要开展空间辐射环境防护设计,主要手段是屏蔽设计与抗辐射设计。

屏蔽设计目的是消除或消减辐射的影响,方法包括主动屏蔽与被动屏蔽。主动屏蔽通过电场或磁场偏转带电粒子,使它们离开航天器。已研究的主动屏蔽包括磁屏蔽和等离子体屏蔽等,它们的效果要好于被动屏蔽,但由于尺寸、超导等要求,应用很少。目前广泛采用的仍然是被动屏蔽。

被动屏蔽通过在辐射源和接收点之间放置特定物质(有时是设备外壳或器件的封装材料),使辐射能量降低。被动屏蔽涉及屏蔽材料的选择与放置的问题。对于质子和 α 粒子,可选择低原子序数的材料;对于电子,可选择原子序数比较高的材料。选择屏蔽材料时,不仅要考虑屏蔽效率,还要考虑抗辐射的能力、对航天器重量的影响、制造成本和结构强度等因素。硅酮树脂是目前使用的封装材料中抗辐射能力较好的一种。

　　具体来说,屏蔽设计中一些可参照的原则如下:

　　① 增加航天器的结构质量,以减少到达仪器的辐射剂量。

　　② 通过改变航天器内部仪器设备的安装位置,达到一个最佳的固有屏蔽。

　　③ 通过增加局部屏蔽厚度以减少局部辐射剂量。

　　④ 对于载人航天器,还应考虑航天员的个人屏蔽(航天服)和生活舱的屏蔽。

　　抗辐射设计主要通过对线路结构或元器件进行设计,以提高仪器设备的抗辐射能力。例如,用限流电阻防止过大的瞬时光电流,或用反向二极管产生电流来抵消影响;采用适当退耦、旁路滤波和反馈有助于消除 γ 射线、瞬时中子辐射、电磁脉冲等造成的不良影响,还能增大电路的放大能力,以补偿辐射造成的放大系数下降等。此外,对于特定问题,如集成电路中会发生的 4 层 PnPn 通路上的锁定,可通过器件选择(选择没有该效应的器件)、限流等方式加以处理。

　　为验证辐射防护设计的效果,可进行抗辐射保证试验,如批次抽样试验、锁定筛选试验、单粒子翻转试验等。

习　　题

　　1. 假设单元可靠度相同,试分析图 6 - 35 所示两种余度结构产品的可靠性水平差异,并举例说明在产品设计中如何应用。

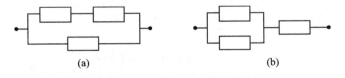

(a)　　　　　　　　　　　　　　　(b)

图 6 - 35　习题 1 的图

　　2. 一个机械产品,通过分析得知轴肩为应力集中部位,要求计算其中心安全系数和可靠性安全系数。已知强度和应力均符合正态分布,强度 $r \sim N(150,10)$,应力 $s \sim N(70,5)$,取 $R_s = 0.99$、$R_r = 0.95$。

　　3. 降额设计适用于电子产品,裕度设计适用于机械产品。试想其他类型产品中有没有类似的设计方法和案例。

　　4. 田口方法包括哪三次设计? 你认为其中哪次设计最重要,对提高产品可靠性的帮助最大?

　　5. 简述稳健性与可靠性两个概念的区别与联系。

　　6. 试分析田口参数设计方法与稳健性优化方法各自的优缺点。

　　7. 试解释全球化的供应链对军事装备产品研制中选择和管理零部件/原材料过程的影响。

　　8. 讨论可以用于评估零部件可靠性的测试数据,哪些数据最适合进行可靠性评估?

　　9. 对于已通过评估的零部件,若其生产商的工序能力发生了变化,是否还需要重新进行评估? 详细说明原因。

　　10. 给定某结构件工序:$\mu = 0.38$,$\sigma = 0.025$,USL $= 0.5$,LSL $= 0.1$。求出该过程中不合

格项所占的比例和 C_{pk} 值,并讨论各种工序改进措施。

11. 进行电子元器件选择和控制的目的是什么? 包括哪些环节?

12. 如何确定元器件的关键性和可用性?

13. 何谓元器件的"质量等级"? 质量等级对元器件的失效率有何影响? 分析一下如何根据质量等级选择元器件?

14. 元器件使用中存在哪些问题? 如何解决?

15. 玻璃纤维环氧树脂(FR4)是制造印制电路板(PCB)的常用基材,试说明如何选择? 在选择过程中应注意考虑哪些因素?

*第7章 基于模型的可靠性系统工程

7.1 MBRSE 的概念与内涵

7.1.1 MBRSE 的定义

如果将产品设计工程作为一个系统,那么该系统应该是可控的,朝向设计目标,从抽象到具体、由简单到复杂不断地演化。根据系统学原理,凡系统都应作为过程来研究,而过程是有方向的。因此,通过控制综合设计过程的结构和行为,就可以控制过程的走向。但过程的实现受到技术、时间、成本等条件的限制,如果过程出现大的波动,超出预期的承受力,过程会被终止,产品设计失败。一般地,设计过程从分析用户的目标需求开始,直到生产出满足需求的物理产品,其实质是不断构建多个相关联的复杂问题,并不断求解、校验和验证的活动过程,造成产品波动的主要原因在于设计问题的复杂性。

在产品设计中突出六性设计,是由于传统的设计中虽然全面考虑了六性设计要求,但侧重于点问题的解决,缺乏系统化和综合化的正向解决途径。系统考虑六性要求,会大大增加设计问题的复杂性。六性作为产品的固有属性,与产品的功能性能特性紧密耦合,并由产品设计特性及其环境特性决定,因此六性的相关设计活动是功能性能设计活动的延伸,反过来也影响和约束功能性能设计。六性工程在自身发展过程中,也充分认识到了六性工作介入设计过程越早,介入程度越深,考虑的问题越全面,越有利于提高产品的六性水平。如 Harold 提出了将可靠性工作贯穿产品寿命周期,并且将其重心放在产品寿命周期上游的 DFR(面向可靠性)设计模式。还有很多类似的方法,但这些方法基本停留在思想层面,还没有形成系统的方法体系,更多是给设计师灌输一种设计理念。

复杂产品的功能性能与六性综合设计问题具有动态性、非线性、不确定性等特点,难以构建定量化模型,也难以与产品功能结构设计直接关联,需要定性定量结合、多种手段综合、多人多角度配合来构建和解决。六性设计进程中,其数据应来源于分布式数字化研发环境中的设计数据、试验(含仿真)数据、外场使用数据和历史经验数据,其模型应基于产品功能、性能和物理模型,其过程应与传统功能性能设计过程紧密协同。

模型化技术的发展为功能性能与六性综合设计提供了全新的解决途径,基于模型可精确刻画功能性能与六性之间的关系,可有效实现不同产品层次、不同设计阶段之间的设计演进,降低设计的复杂性、反复性和不确定性。

基于模型的可靠性系统工程(MBRSE)是在不断细化产品的各专业特性模型和各类外界载荷模型的基础上,建立产品使用过程模型、故障行为过程模型和维修维护模型,并随着产品的设计过程不断进化,基于这些模型不断认知产品故障发生、发展、预防、控制的规律,以及产品使用保障规律,仿真分析六性设计的薄弱环节,仿真验证六性要求实现的情况,进而改进六性设计,并与功能性能特性设计协调与综合权衡,同步实现功能性能设计与六性的设计要求。

MBRSE 的概念模型如图 7-1 所示。根据使用需求向量{RC},构建综合设计问题,并将设计分解为功能性能设计和故障消减与控制设计,应用工程方法集合,对设计问题进行分析和求解;在求解过程中,两类设计应相互协同,减少设计迭代。故障消减与控制设计建立在对故障及其控制规律认知的基础上,其认知随设计的深入和设计方案的细化而逐渐深化,从定性到定量,从逻辑到物理;同时,故障消减与控制的过程也是对故障及其控制规律再认识的过程。而对故障及其控制规律的认知,建立在对使用过程/环境(载荷)认知的基础上,对载荷的认知也是随着设计的进展不断深入。完成各问题的求解后,需要进行系统综合与评价,校核求解过程,评价综合问题解决程度。上述过程在产品设计中可能要多次迭代,直到综合设计问题得到满意解。

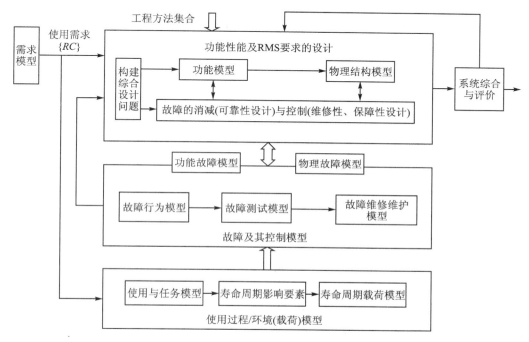

图 7 - 1　MBRSE 的概念模型

7.1.2　MBRSE 的要素与体系

1. MBRSE 的基本要素

MBRSE 作为一个系统,过程及其控制方法是核心要素,必须对模型的演进规律有深入的了解和认识。模型演进的动力是各种工程方法及其协同作用,工程方法应以最少的花费推动设计模型向预期的方向演化,但允许存在局部的反复迭代。为降低演化成本,方法的应用需要辅助的工具,提高方法应用的精度与效率,工具的应用也会对方法提出新的要求,以适应工具更好地应用。与其他系统类似,MBRSE 也是在一定的环境中产生,其模型的运行,方法、工具的应用,都在特定的环境下完成,需要对环境进行设计和控制,使环境对 MBRSE 模型进化产生正作用。因此,MBRSE 系统至少应包含模型、方法、工具和环境 4 类要素。4 类要素之间的关系如图 7 - 2 所示。

（1）MBRSE 设计模型

为了方便,将设计系统的状态用系统的输出(产品的状态)来表达。MBRSE 过程虽然在

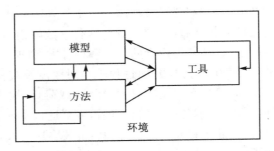

图 7 - 2　MBRSE 系统模型、方法、工具和环境之间的关系

时间上是连续的,但 MBRSE 过程中产品的状态是离散的,所以可将 MBRSE 作为广义的离散动态系统。系统过程可看作是为演化特定状态的产品模型而执行的任务序列及其组合,模型定义任务产品是什么(what),而不定义执行设计分析任务的具体方法。本书侧重于建模流程的规划,为了使建模流程的定义科学合理,需要建立不同类别子模型之间的关联关系,确定子模型之间的输入和输出接口关系,对已建立的模型应进行科学规划,减少反馈,消除耦合,降低设计过程中的迭代次数。模型本身是分级别和层次的,如装备总体层次的 MBRSE 模型、系统的 MBRSE 模型、设备的 MBRSE 模型等,不同级别的 MBRSE 模型之间存在关联关系。

（2）MBRSE 设计方法

MBRSE 方法包含了实现特定功能性能与六性目标的具体技术,也就是定义了模型演化过程中每项任务的执行方法和流程。在任何级别或层次上,过程任务利用方法来执行,但每种方法的执行也需要按照一定的步骤,即方法本身也是一个过程,在某个级别的过程,在其上个级别又成了方法。本书侧重于方法的体系和集成性,即将模型演化过程中的任务进行分类,映射到特定的方法,然后对方法的本质进行剖析,实现方法间的数据共享与互操作。

（3）MBRSE 设计工具与环境

MBRSE 设计工具是辅助特定方法实现的手段,可增强任务的效能,但前提条件是正确的应用,并要求使用者具备恰当的技能和训练。工具的使用增强了 MBRSE 过程的控制能力和方法的处理能力。MBRSE 设计中的工具一般为计算机软件,如常用的功能性能计算机辅助工程分析(CAE)软件、六性设计分析软件等。

传统的六性设计工具应用往往是单个工具或领域内部的共享应用,既不能自动获取工具应用所必需的产品设计数据,也不能向其他工具以标准的形式传递所需的数据。MBRSE 设计环境将系统方法、工具、资源、人力等有机地联系起来,推动可靠性系统工程过程正向演化。这里的环境包括人员组织、数字化集成平台、技术规范、企业文化等内容。本书主要聚焦在物化的环境——数字化集成平台。

2. MBRSE 的统一模型体系

MBRSE 统一模型并不是传统单一模型的简单累加,它更侧重于技术模型,而且能够同时满足专用特性与六性技术特性的描述,同时支持各类设计分析方法应用。其具体定义如下:

定义 7.1　产品模型(PM)是指产品设计过程中,在 t 时刻能够综合反映产品特性的一组属性集合,记为 $P_{T=t}=\{C_t,E_t,A_t,R_t,\cdots\mid T=t\}$。各专业模型是产品模型在专业领域中的一个映像。

定义 7.2　统一模型(UM)是指在产品设计过程中,能够综合反映产品演化过程和专业特性不同时刻模型的集合。它具有以下特点：

①　非单一模型，而是有机联系的多模型集合；

②　非静态模型，而是随设计过程演变的动态模型；

③　过程与专业的集成模型，既包含对系统工程过程的描述，又包含产品通用特性和专用特性的描述，能够支持全过程的多专业协同设计；

④　面向需求的模型，统一模型直接面向产品设计需求，如产品包含可靠性需求，其中应全面系统考虑可靠性相关的设计特性。

实现功能性能与六性综合设计，需要解决"为什么能够集成"（集成机理），"如何实现集成"（集成方法），"如何进行集成"（集成过程），"如何建立集成的支撑手段"（数字化集成平台）等问题。综合设计的统一模型也应该围绕上述需求分层实现，基于综合设计概念模型和基本要素，给出综合设计的统一模型体系框架。如图 7-3 所示，MBRSE 的统一模型体系应包括三个层次、四部分内容。

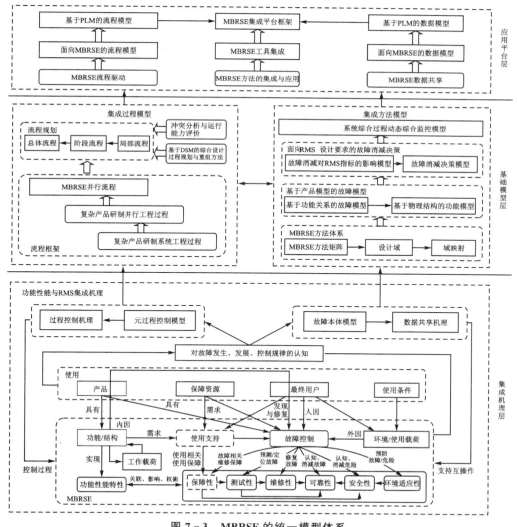

图 7-3　MBRSE 的统一模型体系

(1) MBRSE 集成机理

综合集成机理模型是研究性能设计与六性设计能够协同开展的基本原理。首先,根据产品的使用过程,识别功能性能与六性综合设计所涉及的基本要素,将产品功能性能设计实现进一步拓展到产品使用支持设计、环境/使用载荷的识别,以及故障预防和控制设计;然后,将对故障的发生、发展、控制规律的认知,统一到对故障本体模型和综合设计元过程控制模型上,形成综合设计多专业的共识,建立数据的共享机理和综合设计过程控制机理,指导综合设计的过程。

(2) MBRSE 集成过程模型

基于复杂产品研制系统工程过程和并行工程的思想,应用综合设计过程控制机理,建立功能性能与六性综合设计并行流程框架。根据该框架,应用基于设计结构矩阵(Design Structure Matrix,DSM)的综合设计流程规划和重组方法对综合设计的总体过程、阶段过程和局部过程进行规划,并利用多视图流程建模方法构建流程模型。对于所构建的流程模型,需进行流程运行冲突分析和流程运行能力评价。

(3) MBRSE 集成方法模型

应用综合设计方法矩阵,对各设计域内的综合设计方法进行分类梳理,分析方法的域映射关系,形成综合设计方法体系。基于故障本体模型,对产品的功能模型和物理模型进行拓展,形成基于产品模型的故障模型。基于功能性能设计与六性要求实现之间的定量化关系,面向六性设计要求实现,实施故障消减。在此过程中,通过系统综合过程动态综合监控模型进行监控。

(4) MBRSE 集成平台

功能性能与六性集成平台承载着六性综合设计全过程所需的技术和管理使能工具,实现了六性与功能性能间的流程集成和数据集成。利用集成平台开展六性工程活动,确保六性特性与功能性能综合设计,在实现功能性能设计目标的同时,实现六性设计目标。

7.2　产品寿命周期故障防控体系

可靠性维修性保障性(RMS)均属与故障作斗争的学问,其实质是在不同角度进行故障防控。为实现该目标,必须深入剖析 RMS 的关系,采取技术与管理相集成的方式,将 RMS 工作有机融入产品研发过程中,通过充分发挥各特性间的协同效应,最终形成覆盖产品全寿命周期的故障防控体系,如图 7-4 所示。其中,可靠性关注故障的认识、预防和预测,测试性关注故障的诊断与隔离,维修性与保障性关注故障的纠正。

由于产品的特点不同,在构建产品故障防控体系的过程中,必须考虑产品的技术特点、研发周期、成本等,建立有效的故障防控策略。如航天类产品,多为一次性使用或外太空不易维修的产品,此时更强调可靠性,即故障的预防;航空类产品由于多次使用,则更强调可靠性、维修性的均衡,如果是载人航空器还应强调安全性设计。

现代产品的数字化研发趋势为 RMS 综合集成奠定了良好的基础,也提出了必然的需求,即最终构建的故障防控体系必须能够有机融入到产品数字化研发环境中。

在数字化环境中构建故障防控体系,主要工作包括研究 RMS 综合集成机理,突破 RMS 综合集成技术,研发计算机辅助可靠性设计分析工具,并最终形成 RMS 综合集成平台。其

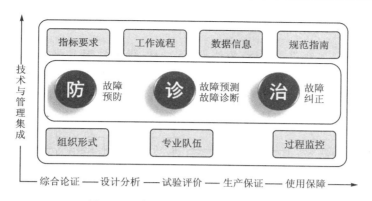

图 7 - 4　产品寿命周期故障防控体系

中,面向 RMS 的计算机辅助设计(Computer Aided Design,CAD)工具起步较早,始于 20 世纪 70 年代,主要是由一些公司或组织为提高可靠性工作效率而研发的,并逐渐走向商业化。1986 年,美国国防部发起了较为著名的 RAM - CAD 项目,其目的是将孤立的 RMS 工具集成起来,充分共享数据,从而构成了一个有机的工具包,以发挥它们之间的协同作用。RAM - CAD 标志着计算机辅助可靠性设计与分析开始走向集成化,其集成思想对后续商业化可靠性、维修性、保障性 CAD 工具产生了深远的影响。

　　我国从"九五"开始 RMS - CAD 的研制,北京航空航天大学可靠性工程研究所在国内最早开始系统化地研究 RMS 集成技术,经过十多年的攻关,突破了相关理论与方法,2009 年研发了国内首个可与数字化研发环境有机集成的 RMS 综合集成平台,走在了国际前列。

7.3　RMS 综合集成机理

　　RMS 综合集成,是以故障防控为目标,最终实现 RMS 特性以及产品性能设计间的同步融合、协调一致和综合优化。RMS 综合集成的内在机理可以分为 RMS 内部集成、RMS 与性能之间的集成以及 RMS 技术与管理集成三个层次,如图 7 - 5 所示。

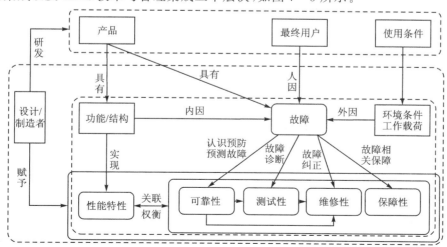

图 7 - 5　RMS 综合集成的机理

7.3.1   RMS 内部集成

RMS 内部集成,是要解决可靠性、维修性、测试性、保障性等专业领域综合协调和权衡优化的问题。RMS 工作项目数量多,且各项目之间存在紧密的工作协同和数据依赖关系。RMS 部分工作项目之间的接口关系如图 7-6 所示。通过梳理各项目之间的流程与数据关系,并进行有效的综合权衡,可以实现 RMS 内部集成。

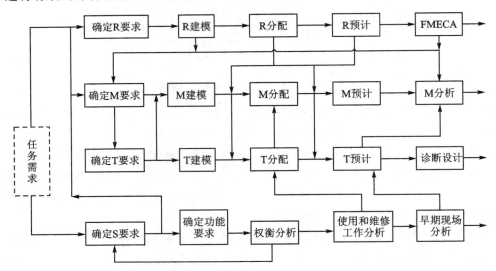

R—可靠性;M—维修性;T—测试性;S—保障性

图 7-6   RMS 主要工作项目之间的接口关系

7.3.2   RMS 与性能之间的集成

RMS 与性能之间的集成,是要解决装备研制过程中 RMS 与性能设计之间的数据集成、流程融合和权衡优化的问题。按照可靠性系统工程理论,结合型号研制需求和数字化现状,通过分解/分配、协调、综合、权衡/优化等技术环节,将 RMS 工作系统地融入型号研制的论证、研制和生产过程。

RMS 与性能之间的集成,是以故障防控为核心的。既涉及产品功能/结构/组成及其层次性关系,也涉及产品使用环境和工作载荷等外部应力,以及产品的故障模式、故障原因和故障机理的分析确认等。以故障防控为核心的 RMS 与性能设计集成如图 7-7 所示。

7.3.3   RMS 技术与管理的集成

RMS 技术与管理的集成,是要解决产品研发过程中如何在技术和管理两方面落实 RMS 工作的问题。RMS 技术与管理的集成要素包括 RMS 指标要求、集成平台、规范指南、数据基础等技术要素,以及组织形式、专业队伍、工作流程、过程监控、能力评价等管理要素。这些要素综合体现在 RMS 技术集成方案和 RMS 集成应用模式中。

在 RMS 技术集成方案中,主要实现集成平台、指标要求、工作流程、规范指南、数据基础等要素的集成;在 RMS 集成应用模式中,主要实现组织形式、专业队伍、过程监控、能力评价

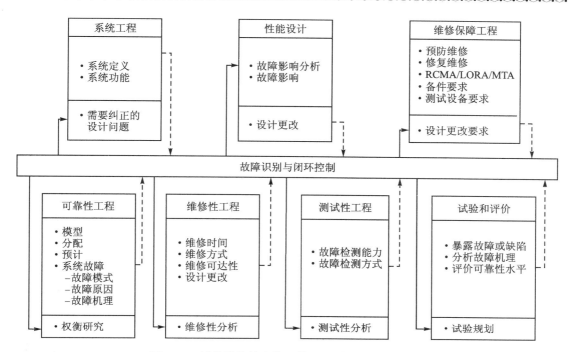

图 7-7　以故障防控为核心的 RMS 与性能设计集成

等要素的进一步集成,如图 7-8 所示。从而形成了以 RMS 综合集成平台为支撑,综合考虑各项实施要素和实施方法的 RMS 集成应用的一体化模式。

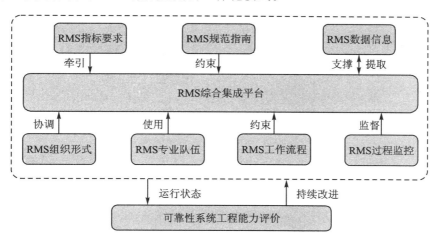

图 7-8　RMS 技术与管理集成应用的一体化模式

7.4　RMS 综合集成技术

7.4.1　数据集成技术

数据集成是在数字化开发环境中进行可靠性设计与分析的重要基础,主要工作包括两部分:RMS 数据元模型的扩展和以产品与故障为核心的数据组织。

（1）RMS 数据元模型的扩展

所谓元模型是指模型的模型。数字化研发环境为便于产品数据的传递与共享,已定义了以产品为核心的数据元模型,但是该数据元模型并不能支持 RMS 特性以及性能专业的数据进行有效共享。为此,将 RMS 专业所关心的故障、任务等对象与产品、文档等对象相结合,形成新的数据元模型,如图 7-9 所示。

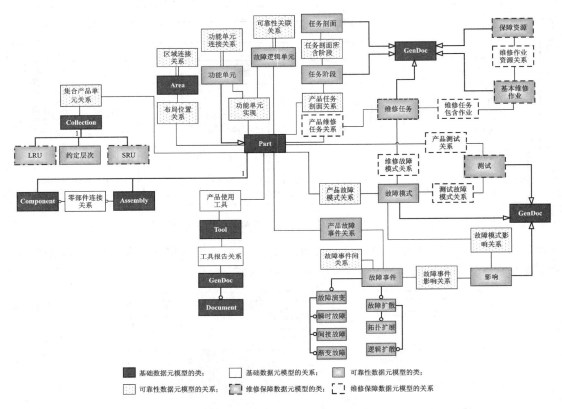

图 7-9　RMS 数据元模型扩展

（2）以产品与故障为核心的数据组织

RMS 特性研究的重点是认识故障发生的机理与规律,并运用这些规律预防或控制故障。为满足性能与 RMS 多领域设计人员数据交互与共享的需求,需要以产品与故障为核心,进行产品数据的组织。在对 RMS 数据元模型扩展的基础上,利用数字化平台自身提供的产品配置功能即可实现以产品与故障为核心的数据组织。最常见的方式是以产品树/功能树/区域树为基础进行产品构型管理,在此基础上关联相应的 RMS 特性。

7.4.2　流程集成技术

RMS 流程集成同样是构建集成平台的重要需求和工作,其目的是将 RMS 工作合理地融入产品数字化研制过程中。RMS 工作具有工作项目众多,可选性、耦合性高,设计中需反复迭代等特征,在融入产品研制过程中具有较大困难,因此需要对传统研制流程进行必要的改进与重组。在整体层次上,一般按照系统工程过程进行程度较小的流程改进即可;而在局部层次上,则需要进行程度较大的流程重组。其基本过程如图 7 - 10 所示。其中,流程定义部分不依赖于数字化环境的依托平台。在流程定义的基础上,考虑工程型号的实际需求,对已定义的流程进行适当剪裁或局部解耦,最终形成可实施的实例化流程。

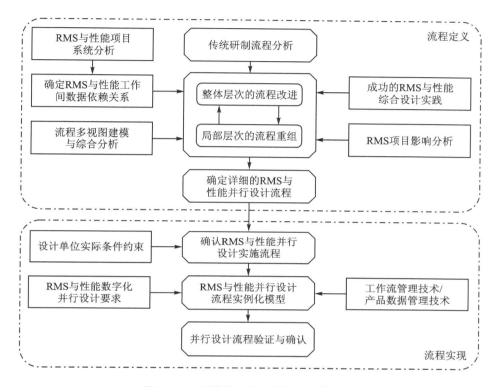

图 7 - 10　可靠性工作流程集成总体方案

数字化环境中进行 RMS 工作流程集成的主要步骤如下:

① 创建任务模块。通过平台提供的各类模块模拟并行设计过程中的串行、并行、反馈等特征。

② 创建各类执行者,并与任务进行关联。可以创建用户、角色/角色组等与任务进行关联,明确任务的执行者。

③ 创建流程的图形化表示。建立任务间的逻辑分支(如成功、失败等),已建立的图形化流程更加便于用户查看、修改。

④ 创建模板。对于较为成熟的流程,可以保存为模板,供后续使用。

⑤ 流程的调试与运行。利用流程试运行功能进行调试,当无任何问题后转入正式运行状态。此时可以利用流程管理功能(如中止、冻结、重启、监控等模块)对并行设计流程实例化模型进行监控与管理。

通过 RMS 工作流程集成,可以驱动整个性能与 RMS 并行设计过程,使得正确的人能够在正确的时间、正确的地点获取正确的数据,完成正确的工作,从而使并行设计过程规范化、有序化。

7.4.3　特性集成技术

在产品研制的系统工程过程中,必须以效能为目标,对性能与 RMS 进行充分的权衡与优化,从而充分发挥 RMS 对设计的影响,真正集成到产品研制过程中。

性能与 RMS 综合权衡属于典型的多属性决策问题,需要不同领域内专家,从不同的视角对各个设计方案进行权衡,为最终方案的确定提供决策依据。为提高效率,还需要多领域的决策者能够通过某一平台实现分布式协同。因此在数字化环境中,需要基于产品寿命周期管理平台构建分布式的群决策支持系统,实现 RMS 特性集成,如图 7-11 所示。

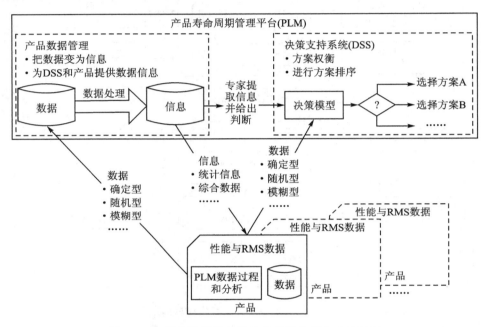

图 7-11　性能与可靠性维修性保障性综合决策过程

在数字化环境下构建决策支持系统的主要工作,包括决策支持模块开发、集成接口组件开发、流程与权限配置等。

(1) 决策支持模块开发

决策支持模块主要由模型库管理子系统、数据库管理子系统、人机交互子系统三部分组成。

① 模型库管理子系统是决策支持模块的核心。它存放着考虑 RMS 随机特性、模糊特性的各类不确定性决策模型,以及常规的确定性决策模型。模型库是一个共享资源,模型库中的模型可以重复使用,针对特定问题,可调用模型库中的相关模型进行求解。

② 数据库管理子系统是决策支持模块的重要基础。主要是依托 PLM 强大的数据管理功能而搭建的,用来存放产品决策方案的性能与 RMS 指标数据、决策模型的输入输出及中间结果。

③ 人机交互子系统是连接各类用户(包括专家、决策辅助人员、决策者)与决策支持模块之间的桥梁。通过人机交互系统,允许用户运行决策支持系统,协调系统各组成单元的通信与运行。人机交互子系统通常具有反馈、帮助和提示功能,可给予决策者某些必要的提示,启发

决策者顺利使用系统;可以接受用户提供的正确输入,并将正确的输出结果反馈给用户。

（2）集成接口组件开发

集成接口组件是数字化研发平台与决策支持模块之间的桥梁。负责将存储在产品数字化模型中相关数据传递给决策者,并将决策过程与结果数据提交至数字化研发平台进行管理。

（3）流程与权限配置

决策支持是数字化研发的有机组成部分,所有用户的权限均在数字化研发平台下进行配置,一般需要为决策者、专家以及辅助决策人员配置不同的权限。如专家拥有查看与决策问题相关的设计分析信息,而辅助决策人员具有任务分发、信息汇总等权限。决策者拥有最高权限,既拥有专家的权限,也具有辅助决策人员的权限,还拥有否定当前决策结果、重启决策等高级权限。在此基础上,还应在流程配置过程中增加决策环节,使性能与 RMS 决策融入产品数字化研制中,实现 RMS 特性集成。

7.5　RMS 综合集成平台

面向故障防控的可靠性综合集成平台,以综合集成机理为引导,以综合集成技术为基础进行构建。该平台以故障防控为核心,可实现 RMS 与其他专业间充分地数据共享,同时能将RMS 工作合理地融入产品研制过程当中,形成规范有序的并行设计流程。在此基础上,充分发挥 RMS 与其他专业之间的协同效应,最终实现 RMS 与性能的同步设计与综合优化。

7.5.1　集成平台的体系结构

集成平台由 RMS 设计过程控制与管理系统、RMS 要求实现过程动态综合监控、RMS 基础库、成品 RMS 信息管理系统、RMS 设计分析工具集、产品研发数字化设计环境接口等 6 部分构成,如图 7 - 12 所示。

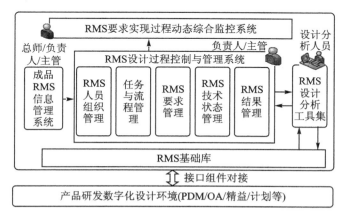

图 7 - 12　集成平台体系结构

集成平台采用技术与管理相集成的方式构建。在技术上,以满足全系统、全过程、全特性（三全）需求为目标,可有效支持产品研制部门各层次开展 RMS 要求论证、设计分析、试验评估、使用保障等相关工作;在管理上,可有效支持 RMS 人员组织管理、过程监控、技术状态控制等相关工作。

① RMS 设计过程控制与管理系统:主要功能包括产品技术状态管理、协同工作流程管理、工作任务管理、设计过程文档管理、RMS 设计分析结果管理以及状态总览等,并按照设计师的职能分角色配置各用户的操作权限,逐级分解,任务分工明确,可有效辅助设计部门协调、规划、监督、控制产品的性能与 RMS 设计工作。

② RMS 基础库:该系统以产品平台/产品实例为对象,统一管理设计部门自身的 RMS 基础知识,包括故障模式影响信息、使用环境条件信息、故障机理信息、RMS 指标信息、RMS 设计分析准则、RMS 设计分析案例、使用与维修保障资源信息、危险场景等信息。通过该系统,可积累、沉淀产品设计过程中产生的 RMS 设计分析结果,形成知识,为后续相似产品设计提供支持。

③ 成品 RMS 信息管理系统:主要功能包括成品库管理、寿命信息管理、可靠性信息管理、维修性信息管理、测试性信息管理等,其与设计过程控制与管理系统紧密集成,确保产品技术状态与成品技术状态的一致性,同时为系统 RMS 设计分析提供输入。

④ RMS 设计分析工具集:工具自身以及工具和设计过程控制与管理系统、成品 RMS 信息管理系统、RMS 基础库均实现了柔性集成,可确保产品数据的一致性、设计过程的可控性、基础知识的可再用性。同时,工具集采用积木式结构,可根据需求组合。

⑤ 数字化设计环境接口:RMS 技术集成平台是北京航空航天大学可靠性工程研究所自主研发的,具有较好的开放性和可扩展性,可与设计部门当前的数字化设计环境(如计划管理系统、PDM 系统、用户系统、人力资源管理系统等)进行集成,实现统一登录、统一数据源。

7.5.2　集成平台的物理视图

综合集成平台的客户端由平台框架界面和设计工具集两部分组成。为同时满足局域网和广域网内协同工作的需求,并考虑到现有 RMS 软件工具的实际情况,集成平台可以采用客户端/服务器(Clinet/Server,C/S)和浏览器/服务器(Browser/Server,B/S)相结合的网络结构,如图 7 - 13 所示。

7.5.3　集成平台的运行剖面

RMS 技术集成平台的运行模式如图 7 - 14 所示,共包含 7 个基本步骤:

① 由系统管理员创建并维护用户,同时制定密码安全策略。

② 由安全管理员配置用户在 RMS 技术集成平台中的角色(如 RMS 负责人、RMS 设计师等)。同时,安全审计员可随时登录平台查看其安全状态。

③ 由 RMS 负责人创建产品构型,为工程配置顶层要求、工作规范指南模板案例、协同设计工作流程模板等。同时,为产品各子系统指定系统主管和 RMS 主管,通过工作流程管理模块和工作指令管理模块下发各系统的 RMS 设计分析工作任务,并通过 RMS 设计分析结果及状态总览模块监控任务的执行及其产生的 RMS 设计分析结果。

④ RMS 主管为本系统的各项任务指定执行人,或者通过工作流程管理模块(或工作指令管理模块)继续为本系统的子节点下发相应的 RMS 设计分析任务,同时通过 RMS 设计分析结果及状态总览模块监控本系统 RMS 设计分析任务的执行及其产生的 RMS 设计分析结果。

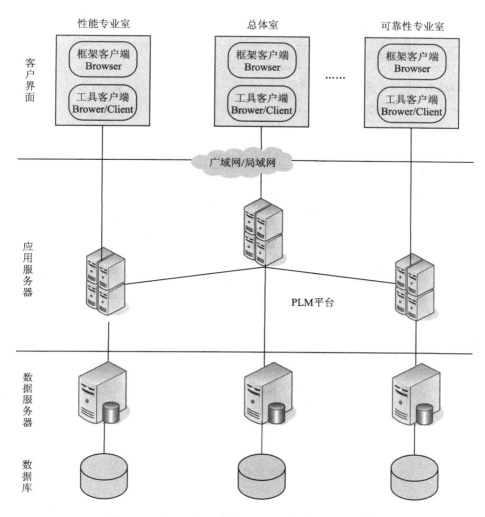

图 7 - 13　基于 C/S 和 B/S 相结合的可靠性设计与分析集成平台网络结构

⑤ 设计分析员通过工作任务管理模块获取工作列表,启动关联的 RMS 设计分析工具,从工程及产品结构管理模块获取产品结构信息及所需的 RMS 信息,完成之后将设计结果提交到设计过程控制与管理系统。一方面,可作为 RMS 设计分析结果状态总览模块的数据源;另一方面,也可为其他 RMS 设计分析工作提供输入或参考。同时,可从成品 RMS 信息管理模块中获取成品 RMS 设计结果,作为系统 RMS 设计的输入。

⑥ 总师/RMS 负责人可查看平台中所有工程的 RMS 设计分析结果,并进行统计分析形成报表。系统主管也可查看所负责系统的 RMS 设计分析结果,并进行统计分析形成报表。同时,设计人员需跟踪故障模式以及维修问题的消减过程。

⑦ 基础信息员可维护相关产品的 RMS 基础知识。同时,设计分析员在开展 RMS 工作时可从中获取 RMS 基础知识或从相似工程引用。

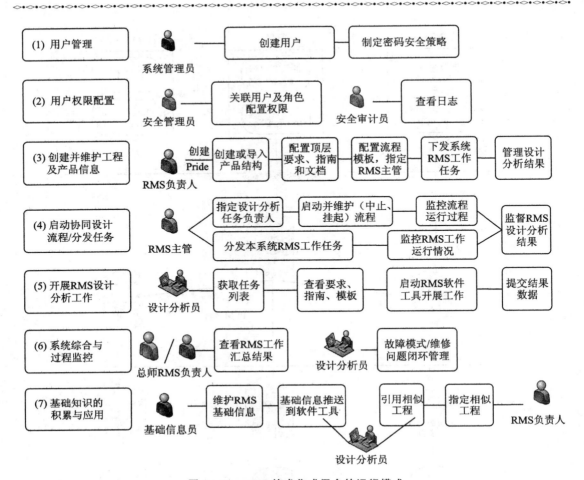

图 7-14　RMS 技术集成平台的运行模式

7.6　典型 RMS 综合集成工作场景

　　下面以某型导弹方案阶段的可靠性设计分析工作为例进行说明。为了更清晰地说明问题,对该案例进行了简化处理。整个设计分析过程由可靠性与性能并行设计流程驱动,如图 7-15 所示。图中将性能工作部分进行了简化,以突出可靠性设计分析过程。图中的圆圈表示连接节点,其中Ⓐ连接到元器件优选工作上,不在方案阶段。

　　在集成平台中通过对该并行设计流程进行分析分解,配置为具有嵌套关系的层次化流程。驱动整个设计过程的开展,具体工作任务及其人员分配如表 7-1 所列。

表 7-1　任务的用户分配情况

序　号	工作任务	责任人	用户名
1	原理方案	产品设计负责人	ZSH001
2	FMEA	产品设计人员	RMS003
3	可靠性建模	产品设计人员	RMS002

续表 7 - 1

序　号	工作任务	责任人	用户名
4	可靠性预计	产品设计人员	RMS004
5	维修性分析	产品设计人员	RMS010
6	FTA	产品设计人员	RMS003
7	测试性分析	产品设计人员	RMS005
8	系统综合分析与权衡	产品设计负责人	ZSH001
9	方案评审	产品设计负责人	JDB001/ZSH001
10	系统管理	系统管理员	Super user

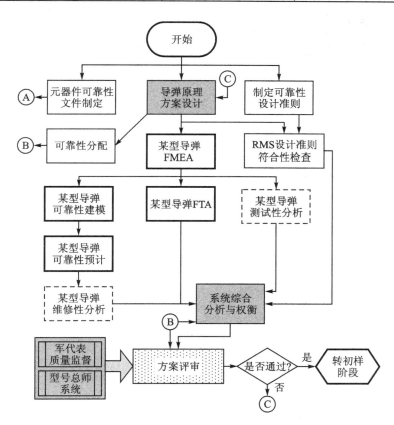

图 7 - 15　方案阶段并行设计流程示意图

　　下面介绍图 7 - 15 所示流程驱动下数字化环境中的可靠性设计分析过程。重点介绍平台主要功能界面与基本使用流程。

1. 登录系统

图 7 - 16 所示为平台的主界面。用户在该界面进行权限验证并登录系统。

2. 获取任务

登录系统后,用户可以查看需要开展的工作,如图 7 - 17 所示。图中显示用户 RMS003 需

图7-16　登录过程

要通过FMEA工具进行节点XXX(版本A)的FMEA工作。任务初始状态为"不接受",但用户可以通过"更多操作"接受任务,则任务状态变更为"已接受"。此时,可以单击工具处的链接打开web化的可靠性工具,开展工作。

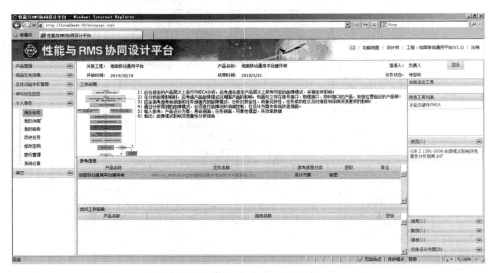

图7-17　获取任务

3. 开展可靠性设计分析工作(以FMEA为例)

激活FMEA工具后,通过柔性集成接口可以在后台自动获取并加载产品树结构,之后便可以开展FMEA工作,如图7-18所示。可以选取不同的产品树节点创建与之关联的故障模式。

当工作完成后,需要向集成平台提交工作数据,如图7-19所示,提交过程中也可以附加分析报告。

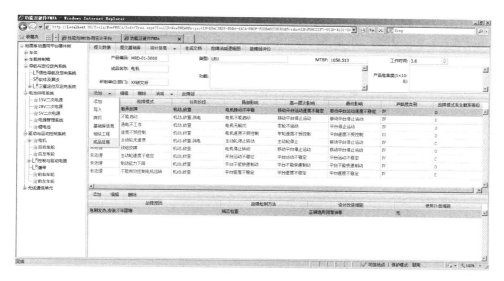

图 7 - 18　基于 FMEA 工具开展工作

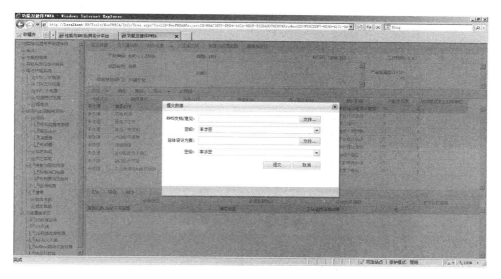

图 7 - 19　数据与报告提交至平台

　　数据提交到集成平台后,其他用户可以通过集成接口获取,同时,也可在集成平台中浏览已提交的数据,如图 7 - 20 所示。

4. 签发任务

　　当用户确认自身任务完成后,可以通过签发任务告知系统任务已完成,如图 7 - 21 所示。

　　当完成签发后,系统会按照流程切换到下一个节点,其他用户可获取相关任务,通过流程历史可以观察这种变化,如图 7 - 22 所示。其余工作同 FMEA 工作过程类似,不再赘述。

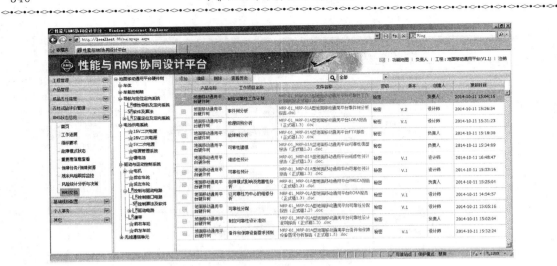

图 7 - 20　查看提交的信息

图 7 - 21　签发任务

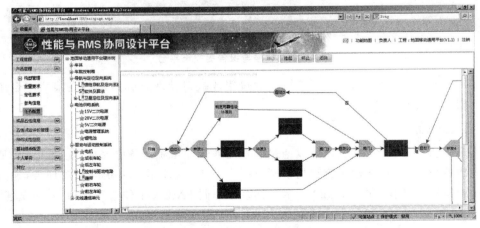

图 7 - 22　查看流程历史

习　　题

1. 简述可靠性工程与可靠性系统工程的区别与联系。
2. 简述 RMS 技术集成平台的必要性。
3. 简述可靠性设计分析工作如何在集成平台中体现。
4. 简述如何评价 RMS 技术集成平台的优劣。

第三部分
可靠性设计分析实验

第 8 章　系统级产品可靠性设计分析实验

8.1　实验目的

以通用质量特性设计分析软件平台(以下简称 MBRSE 平台)为依托,针对某型地面移动通用平台进行可靠性设计分析,并利用可靠性相关理论知识对分析发现的故障模式进行评估和消减,促进学生初步了解一个工程项目的正向可靠性设计分析过程,深化对可靠性设计与分析方面基本概念的理解;同时培养学生分析解决实际问题的能力,以及利用计算机辅助系统开展可靠性设计分析的能力。

系统可靠性设计分析实验课的内容包括下列特点:采用新技术,拓展学生综合应用各种知识解决实际问题的能力;培养学生的创造力和创新精神,将课堂学到的可靠性设计分析理论与方法得以运用;培养学生可靠性设计分析报告的撰写能力。

8.2　实验内容

1. 面向可靠性的产品建模

利用 MBRSE 平台中的"产品建模软件",从地面移动通用平台的设计需求出发,分别构建其需求模型、功能模型和逻辑模型,了解基于 MBSE 方法的产品设计中如何构建产品模型。

2. 可靠性预计

利用 MBRSE 平台中的"可靠性预计软件",以地面移动通用平台的逻辑模型为基础,从核心底板的元器件出发,结合 GJB 299C 规定的相关方法,进行其可靠性指标预计,确定该产品当前可靠性指标,并分析薄弱环节,为设计改进提供参考。

3. 故障模式影响分析 FMEA

利用 MBRSE 平台中的"基于模型的硬件故障建模软件",以地面移动通用平台的逻辑模型为基础,展开相应对象的硬件 FMEA,建立硬件故障影响模型,确定当前设计薄弱环节,提出可能的设计改进措施或使用补偿措施。

4. 故障树分析 FTA

利用 MBRSE 平台中的"故障树自动建模软件",以地面移动通用平台的逻辑模型和 FMEA 结果为基础,以"机器人不能完成侦察任务"为顶事件,自动建立初步的故障树模型,并综合考虑人为、环境等因素,对其进行修正与完善,进一步分析发现产品设计的潜在缺陷,为设计改进提供参考。

8.3　实验原理

本次实验的基本原理如图 8-1 所示。

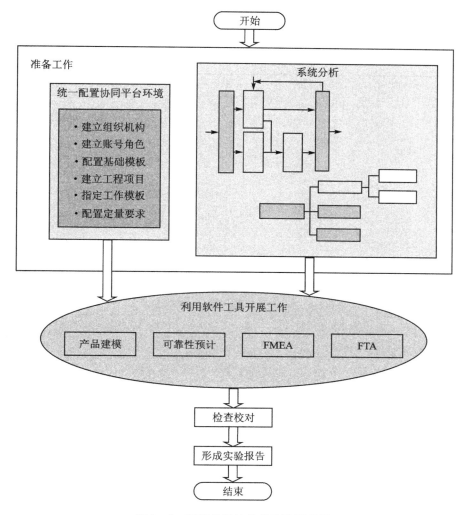

图 8-1　可靠性设计分析实验原理图

8.4　实验对象

8.4.1　研制需求

1. 目标要求

地面移动通用平台是军民两用机器人的移动行驶载体,可通过加载不同的功能模块,执行侦察、运输、特殊作业等多种任务,应用于国家防务、反恐、灾害救助、战场、特种工业等军民领域。因此,要求该平台具有较强的机动性,较高的行驶速度和爬坡、越障、涉水能力;较强的环境适应能力,在草地、沙地、山地、公路道路和室内等地形均可以自如行动;能够承受较高的振动冲击载荷、-25~50 ℃的环境温度,及严酷的电磁环境;在操作方式上,以遥控为主,能够实现局部路径规划。

地面移动通用平台的关键技术指标如表 8-1 所列,其中 D 表示 Demand(必须达到),W表示 Wish(期望达到)。

表 8-1　地面移动通用平台关键技术指标

序　号	类　别	指标名称	指标要求	D/W
1	环境	自然环境	雨、雪、冰、盐雾	D
2		温度	-25~50 ℃	D
3		湿度	1~100	D
4		涉水	≥0.5 m	W
5		地面环境	沙地、公路、草地、砂石	D
6	性能	最大行驶速度	5 km/h	D
7		最大爬坡角度	30°	D
8		最大爬梯高度	每阶楼梯高度为 200 mm,角度为 30°	W
9		最高翻越垂直墙高度	200 mm	D
10		最大越沟宽度	300 mm	D
11		续航里程或时间	≥20 km 或者≥2 h	D
12		充电时间	≤8 h	D
13	结构	重量	≤50 kg	D
14	功能	载重	≥50 kg	D
15		通信距离(空旷条件下)	≥1.5 km	D
16		定位距离(正常工作条件下)	≥3 m	D
17		控制与感知	方向、速度、姿态	D
18	可靠性	平均故障间隔里程 MTBF	≥40 km	D
19	保障性	电池更换时间	≤5 min	D
		保障设备/工具通用率	≥50%	D
20	维修性	平均维修时间	≤20 min	D
		故障隔离能力	模糊度 3(LRU)	D
21	安全性	安全	防爆、无毒、无尖锐、无高压漏电	D

结合地面移动通用平台的适用需求,其总体设计要求如下:

(1) 功能要求

① 要求以遥控方式控制地面移动通用平台工作,且具有局部自主能力。

② 要求通过驱动轮电机控制地面移动通用平台的运动,通过驱动推杆控制地面移动通用平台的姿态。

③ 要求能采集距离、图像等外部环境传感信息,采集方向、位置、速度等信息,能监测内部状态信息。

④ 要求具备远程数据通信通道能力,且可以同时传输指令、数据及视频图像。

⑤ 要求具有"即插即用"式载荷接口,载荷类型包括机械、电源及数据通信电气,且要求可以通过控制中心远程管理载荷模块。

(2) 技术要求

① 要求地面移动通用平台车体结构设计紧凑、简单、可靠,尽量使其小型化和轻量化;要求采用履带式移动机构,具有多地形适应能力。

② 要求地面移动通用平台具有一定的速度,能在各种气候和地形条件下执行任务,有一定的爬坡和越障能力,具有全方位转向的能力;同时要求具有优越的通过性、姿态的稳定性和很好的高速运动精度。

③ 要求驱动系统具有较高的传动效率、结构紧凑、重量轻,具有较高的动态响应特性,具有集成化的驱动控制电路。

④ 要求地面移动通用平台具有一定的外部环境感知能力,可实现目标探测,能够综合多源信息,达到对周边环境的全方位观测。

⑤ 要求主控系统能检测各功能模块的工作状态并及时处理,具有标准通用接口,可升级可扩展,体积小、重量轻、功耗低,能满足温度、力学和电磁兼容性能要求。

⑥ 要求地面移动通用平台具有导航功能,能实时为其提供任务区域内绝对与相对位置、速度和姿态等信息,并满足一定的精度要求。

⑦ 要求地面移动通用平台有应急电源,能进行电池充放电和用电管理,避免发生事故。

(3) 通用特性要求

1) 可靠性要求

应保证地面移动通用平台具有较高的可靠性,充分制定和贯彻可靠性设计准则,使地面移动通用平台具有较高的平均故障间隔里程(Mean Miles Between Failures,MMBF)和任务可靠度 R_M。

- MMBF 不小于 40 km;
- 要求重要分系统和组件具有余度。

2) 安全性要求

地面移动通用平台应进行故障安全设计,保证地面移动通用平台在使用过程、设备故障或人为操作错误时不会造成人员伤亡、设备损坏、财产损失等意外事故和危险。

3) 维修性要求

应保证地面移动通用平台出现问题时故障部位可估、可测,便于维修。

- 平均修复时间(MTTR)应不大于 20 min;
- 要求维修口盖的连接应尽量采用快卸形式,口盖打开后应有可靠的系留或支撑;
- 要求尽可能采用组合结构,做到模块化、标准化;
- 要求组件具有互换性,关键组件具有防差错及识别标志等。

4) 保障性要求

应保证地面移动通用平台具有较高的自我保障能力,所消耗的保障资源尽量少,能够较为方便地实施保障性相关工作。

- 要求具备便携式保障工具箱;
- 要求保障工具具有通用性。

5)测试性要求

- 要求对关键故障的性能输出进行监控,并提供报警功能;
- 要求监控的输出显示应符合人机工程要求;
- 要求故障提示信息准确,故障隔离模糊度不高于3。

6)环境适应性要求

- 要求工作温度范围为－25～50 ℃;
- 要求储存温度范围为－25～50 ℃;
- 要求能防水,能适应野外振动、冲击和沙尘等环境。

2. 需求分解

总体性需求是无法直接设计的,因此设计师还需进一步将总体性需求细化分解为可设计实现的子需求。结合上述对地面移动通用平台的总体需求描述,可将地面移动通用平台的总体需求划分为6个一级子需求,其分解结构如图8-2所示。图8-3～图8-8所示为6个一级子需求的结构图。

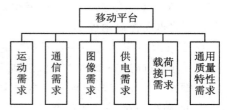

图8-2 地面移动通用平台需求分解

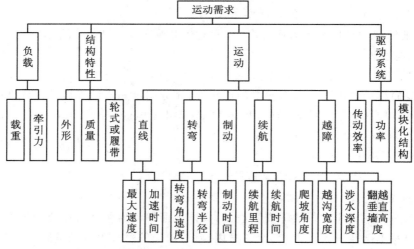

图8-3 地面移动通用平台需求分解——运动需求

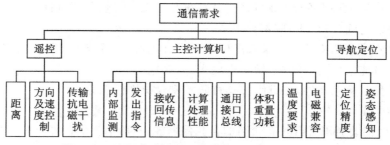

图8-4 地面移动通用平台需求分解——通信需求

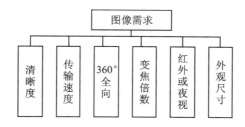

图 8-5　地面移动通用平台需求分解——图像需求

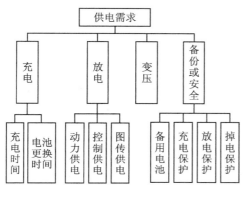

**图 8-6　地面移动通用平台需求
分解——供电需求**

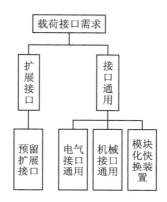

**图 8-7　地面移动通用平台需求
分解——载荷接口需求**

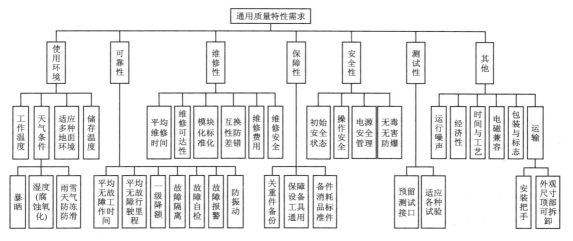

图 8-8　地面移动通用平台需求分解——通用质量特性需求

通过需求分解可以有效进行需求到功能的映射,帮助进行功能分析和设计。

8.4.2　初步设计

1. 功能设计

根据地面移动通用平台的需求,对应设计其主要功能:地面移动通用平台具备良好的运动功能,具有一定的越障能力,并通过传感器采集距离、图像等外部环境传感信息及方向、位置、速度等监测内部状态信息;地面移动通用平台具有远程数据通信通道,可以同时传输指令、数据及视频图像信息,接受控制中心的远程遥控;地面移动通用平台为载荷模块提供可靠的机械、电源及数据通信电气接口。地面移动通用平台功能原理如图 8-9 所示。

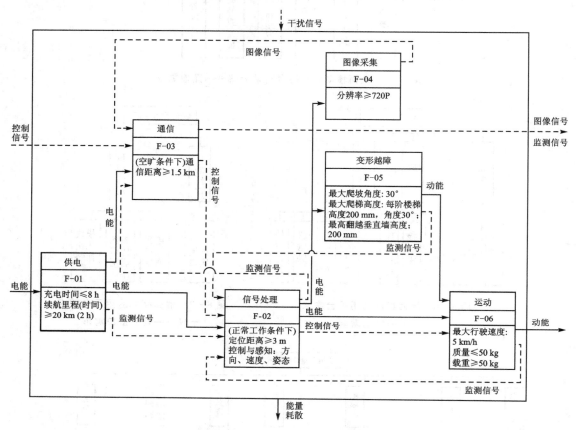

图 8-9　地面移动通用平台功能原理

　　根据初步的功能原理图进一步细化功能分析,得到地面移动通用平台主要部分的功能流程,包括信号处理模块(含电源管理)、通信模块(含图传)以及运动模块(含越障)。

　　(1)信号处理模块(含电源管理)

　　信号处理模块(含电源管理)主要把外部电能转化为可以直接提供给地面移动通用平台及其各子系统功能模块的能源,系统处理来自指挥中心的信息并组织发送至地面移动通用平台,同时负责实时监测地面移动通用平台各功能模块的工作状态,其功能流程如图 8-10 所示。

　　(2)通信模块(含图传)

　　通信模块(含图传)主要是通过无线通信实现地面移动通用平台与控制指挥中心及操作员之间的信息传输。地面移动通用平台把在前方采集到的视频信息传到控制指挥中心,控制指挥中心根据传回的信息对地面移动通用平台发出控制指令;类似地,地面移动通用平台把在前方采集到的视频信息传给操作员,操作员根据传回的信息对地面移动通用平台发出控制指令。其功能流程如图 8-11 所示。

　　(3)运动模块(含越障)

　　运动模块(含越障)主要是提供支撑,保证地面移动通用平台上承载的各系统之间具有弹

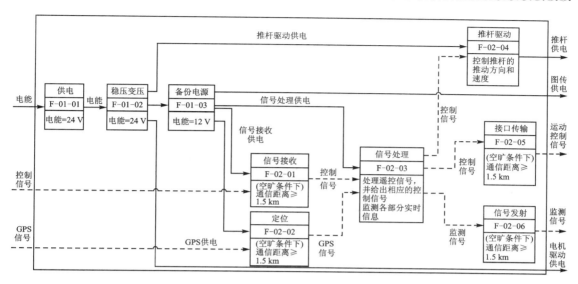

图 8 - 10　信号处理模块(含电源管理)功能流程

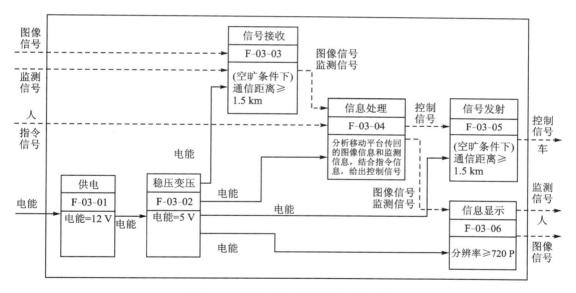

图 8 - 11　通信模块(含图传)功能流程

性联系,能够传递载荷、缓和冲击、衰减振动以及调节平台行驶中的车体位置;同时把电能转化为机械能,控制地面移动通用平台的速度,使平台具有加速和制动能力、全方位转向能力及一定的爬坡和越障能力。其功能流程如图 8 - 12 所示。

2. 结构设计

根据各模块的功能流程分析,可以初步对应设计地面移动通用平台的物理结构,包括控制箱、遥控箱、动力箱、电源、车体、悬挂等,其功构映射如图 8 - 13 所示。

根据以上功能和结构的分析,可以得到地面移动通用平台的设计方案。各模块划分如图 8 - 14 所示。

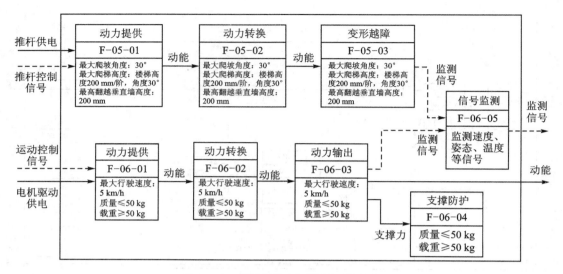

图 8 - 12　运动模块(含越障)功能流程

下面介绍各模块具体功能设计,其中上角加"★"号的子功能模块均为可靠性保障的有效设计方法。

(1) 通信模块

通信模块是联系遥控端与地面移动通用平台的桥梁。

① 地面移动通用平台控制通信模块:地面移动通用平台受控和状态反馈的基础。

② 图像传输模块:保证摄像头数据实时稳定传输。

③ 备份传输模块★:控制信号被干扰或者主通信模块瘫痪后的备份控制。

(2) 图像模块

图像模块依靠地面移动通用平台,用于进行周围图像及声音的采集。

① 摄像头及镜头模块:负责地面移动通用平台远程监控视频采集。

② 云台模块:保证颠簸行进中图像增稳。

③ 拾音器模块:负责声音采集。

(3) 运动模块

产生动力,负责动力输出驱动平台运动,包括行进机构和机体及悬架。

① 电机模块:功率及转速匹配是关键。

② 电机驱动模块:电机采用何种驱动形式。

③ 电机检测模块:电机实时转速检测。

(4) 电源模块

电源模块负责电能存储和供电。

① 动力电池模块:负责电机和其他执行机构的驱动。

② 分离电池模块:为其他部分供电,必要时为驱动供电。

③ 电源管理模块★:包括电池输出检测、电压检测、电池切换管理。

(5) 控制模块

控制模块负责信号处理和地面移动通用平台控制方法运行,包括传感器、电路板及布

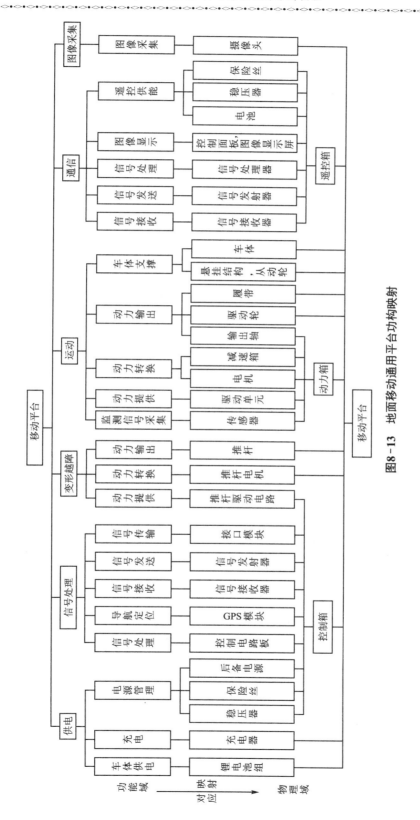

图8-13　地面移动通用平台功构映射

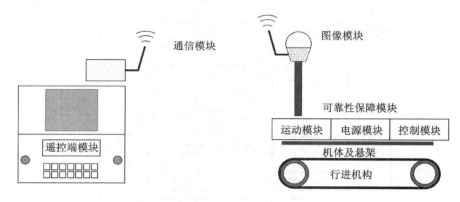

图 8-14　地面移动通用平台模块划分

线等。

① 信号传输模块：负责处理器信号到其他机构的可靠连接。

② 传感器模块：为了实现目标功能加入适当的传感器，如温度、浸水、电流检测等。

③ 控制方法模块：利用有效算法对地面移动通用平台的各种设备进行有效控制。

④ 数据处理模块：对传感器等各种信号进行有效处理。

⑤ 抗干扰模块★：加入屏蔽层等方法防止各种电路上的干扰。

⑥ 软件可靠性模块★：冗余和自检等软件设计。

（6）遥控端模块

遥控端模块负责对地面移动通用平台的控制和监视。

① 控制台模块：摇杆键盘等运动控制和摄像头云台控制信号的采集及处理。

② 数据监视模块：对地面移动通用平台数据实时采集并显示。

③ 多平台模块：在 PC 端有同样的控制台功能设计。

（7）可靠性保障模块

① 防水模块★：各种材料、运动结构和电气接口设计防水功能，尽可能增大涉水深度。

② 自保护模块★：利用传感器等数据保护自身不受致命伤害。

3. 工作原理

基于功能设计与结构设计，可以得到地面移动通用平台的总体工作原理，如图 8-15 所示。系统输入为人的操纵信号、GPS 信号、电能等，输出为履带的运动摩擦力和各类信号，系统干扰主要为温度、电磁、湿度、雨水、雷电、风阻、路况信号等。

完成地面移动通用平台的总体功能原理设计后，进一步展开进行第二层模块的内部设计。图 8-16 所示为控制箱（含电源管理单元）的功能原理设计及其内部能量和信号的传递关系。该子系统包含信号接收器、GPS 模块、核心底板、隔离稳压器、总保险丝、保险丝盒、后备电源、信号发射器、推杆驱动电路和接口模块。其主要功能是接收各类控制信号和反馈信号，完成分析，对后续执行机构（动力箱、推杆）给出控制信号，以及给摄像头、图传和动力箱供电。

图 8-17 所示为动力箱的功能原理设计及其内部物料、能量和信号的传递关系。该子系统包含浸水传感器、箱体、驱动单元、电机、行星减速箱、伞齿轮减速箱、联动轴、输出轴和温度传感器。系统共有左、右两个动力箱，其功能和结构完全相同。动力箱的主要功能是根据控制箱的控制信号完成相应动作（箱体旋转、电机转动），使地面移动通用平台完成变形及运动功

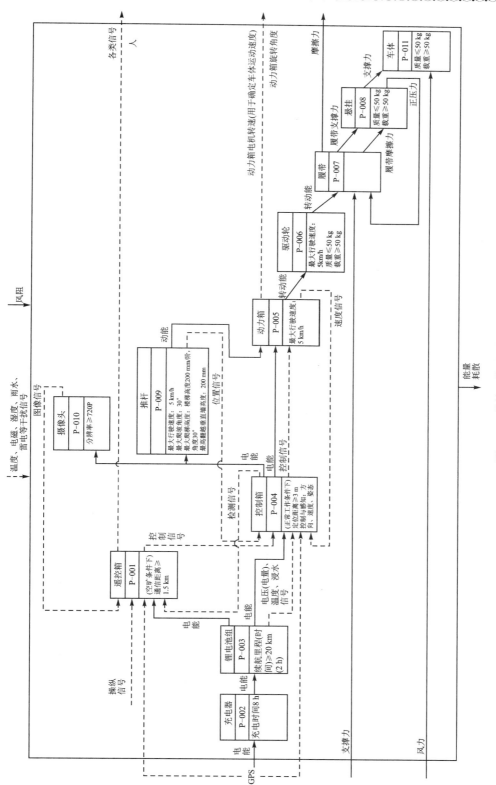

图8-15 总体工作原理设计

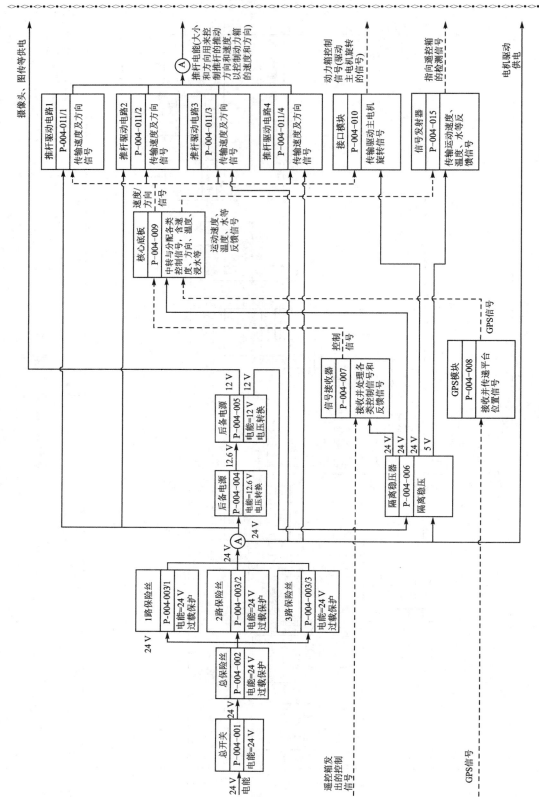

图8-16　控制箱(含电源管理单元)工作原理设计

能,并反馈给系统浸水报警信号、温度信号、速度信号、旋转角度信号等。

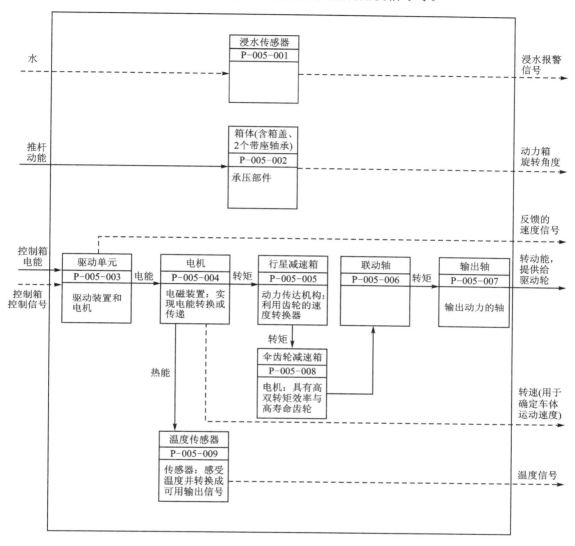

图 8 - 17 动力箱工作原理设计

图 8 - 18 所示为遥控箱的功能原理设计及其内部能量和信号的传递关系。该子系统由控制面板、GPS、处理器、图像显示屏、信号接收器、信号发送器、锂电池、稳压器和保险丝等组成。其主要功能是将人发的信号和 GPS 信号发送给控制箱,并显示地面移动通用平台的各类反馈信号,以及拍摄的图像信号。

图 8 - 19 所示为悬挂部分的功能原理设计及其内部各种作用力的传递关系。该部分由 6 个负重轮组件和张紧轮、张紧弹簧等组成。其主要功能是支撑履带和整个地面移动通用平台的车体结构,同时具有减震功能。

最终,根据功能结构设计得到地面移动通用平台的三维设计模型,如图 8 - 20~图 8 - 22 所示。

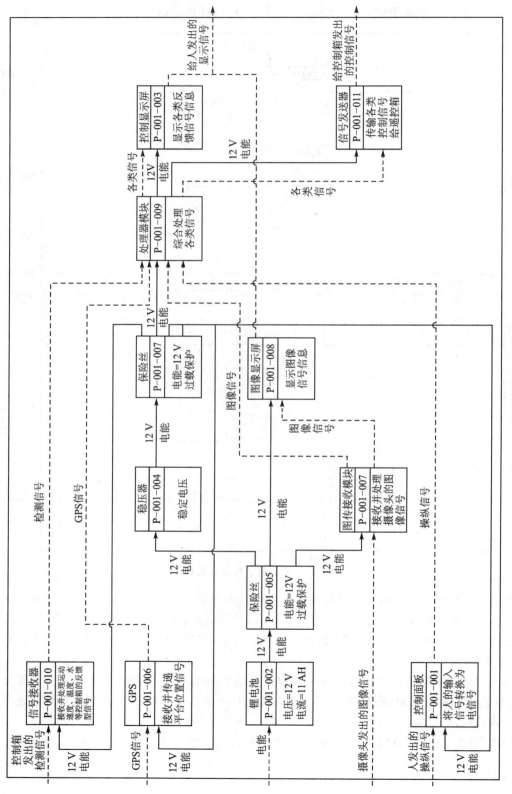

图8-18　遥控箱工作原理设计

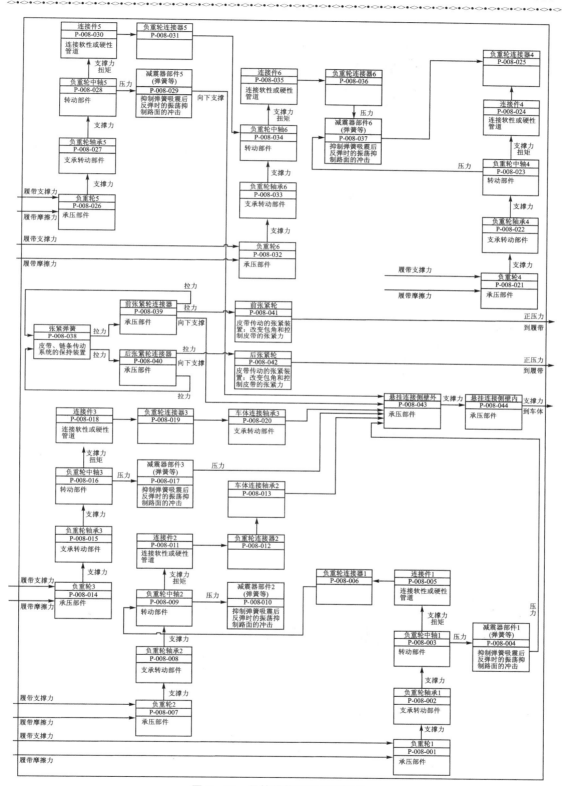

图 8-19　悬挂结构工作原理设计

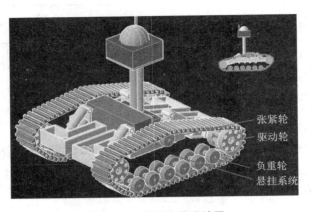

图 8-20　机械结构设计图

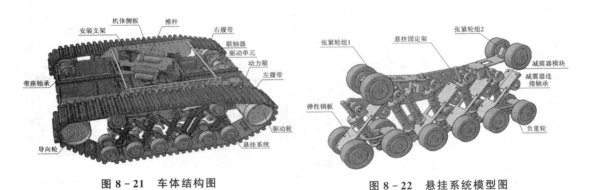

图 8-21　车体结构图　　　　　　　　　图 8-22　悬挂系统模型图

8.4.3　实物样机

基于初步设计,对应的实物样机如图 8-23 和图 8-24 所示。

图 8-23　地面移动通用平台实物样机正面

图 8-24　地面移动通用平台实物样机侧面

8.4.4　任务剖面

假设某型地面移动通用平台是一种侦察机器人,其侦察任务剖面如图 8-25 所示。

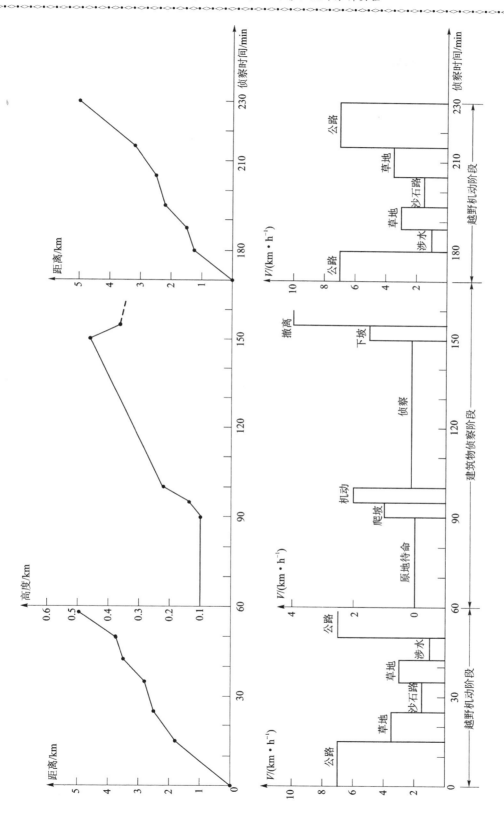

图8-25　侦察任务剖面

8.5　MBRSE 平台

通用质量特性设计分析软件包含 5 个子系统 28 个软件工具,其产品体系架构如图 8 - 26 所示。

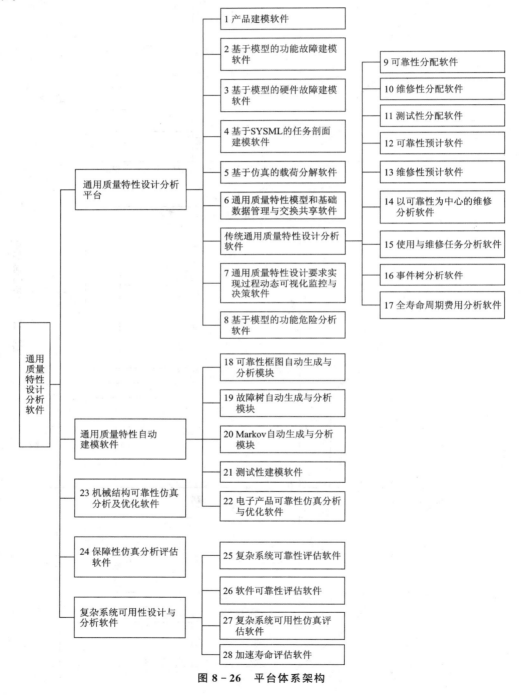

图 8 - 26　平台体系架构

1. 通用质量特性设计分析平台

通用质量特性设计分析平台是 MBRSE 平台的中枢,旨在面向通用质量特性设计与分析,实现产品模型、故障模型、任务/环境模型三类核心模型的构建,为功能与通用质量特性一体化设计奠定基础;同时,确定型号顶层及关键系统的通用质量特性定量设计要求,为建模、仿真、分析提供约束;建立基础知识库和共享机制,实现通用质量特性知识有效存储、快速复用、规律挖掘;提供通用质量特性设计过程动态可视化监控功能,为型号设计过程综合权衡与决策提供手段支撑。

2. 通用质量特性自动建模软件

通用质量特性自动建模软件是提高 MBRSE 平台效率的关键,旨在面向通用质量特性建模与分析,支持基于产品模型和故障模型的故障树自动建模、可靠性框图自动建模和马尔可夫自动建模等,可实现大规模可靠性模型高效求解计算;支持电子产品的可靠性综合设计与分析,可实现基于故障物理的电子产品可靠性建模仿真分析;支持系统测试性建模与分析,能实现 D 矩阵、BIT 状态流模型和诊断模型构建,为测试性分析提供支持。

3. 机械结构可靠性设计分析与优化软件

机械结构可靠性仿真分析与设计优化软件包括载荷应力分析、试验设计与分析、可靠性仿真分析和可靠性设计优化四个模块,可以实现确定性分析、不确定性分析、可靠性分析、结果可视化等功能。

4. 保障性仿真分析与评估软件

保障性仿真分析与评估软件从模型和数据准备、推演规划、仿真推演以及统计分析等过程支撑综合保障方案仿真推演。其中,模型和数据准备阶段提供模型交互接口支持与外部建模软件的数据交互,以及基于复杂系统仿真平台构建相关仿真模型模板,并完成基础数据的准备工作,此外还可以提供模型设计开发功能,支持仿真模型扩展;推演规划阶段提供业务建模、场景建模、统计分析设计、仿真实验设计等功能,为方案推演、流程优化提供初始想定;仿真推演阶段提供运行管控、仿真引擎、二三维态势显示、数据获取服务、数据采集等功能;统计分析阶段提供数据回放及统计结果显示功能,为保障作业流程、方案优化提供数据支持。

5. 复杂系统可用性设计与分析软件

复杂系统可用性设计与分析软件主要是面向软件、硬件或软硬件综合系统的可靠性评估,提供基于失效数据的评估、基于退化数据的评估、加速试验设计与评估、可靠性增长评估、小子样可靠性评估等功能。

8.6　实验过程

参与实验的学生,登录通用质量特性设计分析软件,针对指定的对象依次开展产品建模、可靠性预计、故障模式影响及危害性分析(FMEA)、故障树分析(FTA)等工作,最后利用通用质量特性设计分析软件输出报表,形成实验报告。

8.6.1　新建项目

登录通用质量特性设计分析软件完成项目新建工作。

1. 新建并选用工程

登录软件后,进入工程管理模块的"工程信息"页面,创建新工程。

新工程命名规则:地面移动平台_XX(XX=01~YY)。

工程信息填写界面如图 8-27 所示。注意:除了"名称"和"密级",其他信息可任意填写。

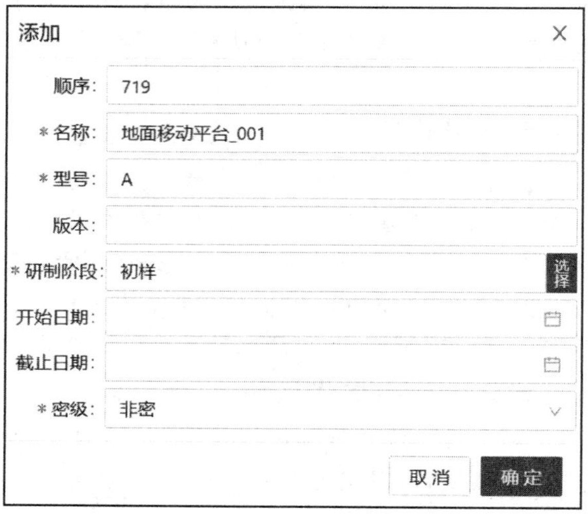

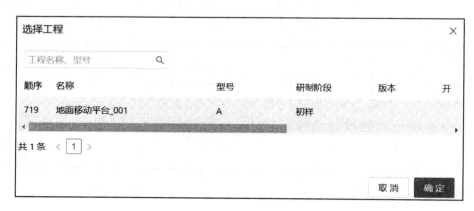

图 8-27　添加工程信息界面

新工程创建完成后,从首页顶端的工程栏进入图 8-28 所示的选择工程界面,选择该工程。

图 8-28　选择工程界面

2. FMEA 模板指定

从首页的工程管理模块进入"工程设置"页面,为工程选择并启用 FMEA 定性分析模板。选择模板界面如图 8-29 所示。

3. 工程字典维护

从首页的工程管理模块进入"工程字典维护"页面,编辑维护"使用阶段"类别中的"全阶段"的阶段信息。其中阶段信息如表 8-2 所列,阶段信息的编辑界面如图 8-30 所示。

图 8-29　选择模板界面

图 8-30　"全阶段"的工程字典信息编辑界面

4. 配置定量要求

从首页的产品管理模块进入"定量要求"页面,根据表 8-3 依次对全阶段的 MTBF、任务可靠度指标进行配置,分别如图 8-31 和图 8-32 所示。

表 8-2　录入阶段信息

名　称	侦察任务
环境类别	剧烈地面移动(G_M2)
环境温度	38
持续时间	3

表 8-3　地面移动通用平台可靠性指标要求

产品名称	MTBF/h		任务可靠度	
	规定值	最低可接受值	规定值	最低可接受值
地面移动平台_0XX	40	30	0.99	0.95

图 8-31　任务可靠度指标配置

图 8-32　MTBF 指标配置

8.6.2　产品建模

1. 需求建模

（1）构建需求模型

进入"需求模型"编辑界面。选中所构建的项目"地面移动平台_001"，输入需求标题，如图 8-33 所示。可在需求标题后添加需求，如图 8-34 所示，其中需求的名称和类别为必填项。在"需求模型"界面中还可以对构建好的需求模型进行编辑、删除以及批量修改类别等操作。

图 8-33　插入下一级标题

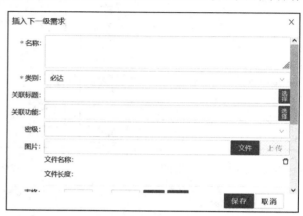

图 8-34　插入下一级需求

（2）查看关联功能节点

完成需求建模后，可查看需求模型关联的功能节点，如图 8-35 所示；同时，还可查看需求-功能逻辑矩阵，如图 8-36 所示。

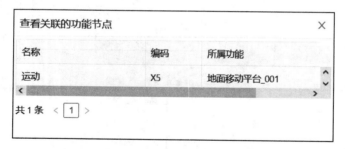

图 8-35　查看关联功能节点

图 8-36　查看需求-功能矩阵

（3）Excel 导入

需求模型支持 Excel 导入功能，可下载 Excel 导入模板，按照模板填写需求，导入到平台中，即可完成需求模型的构建，如图 8 - 37 所示。

图 8 - 37　Excel 导入

（4）统计分析

完成需求模型的构建后，可使用"统计分析"功能查看各需求的满足情况，如图 8 - 38 所示。

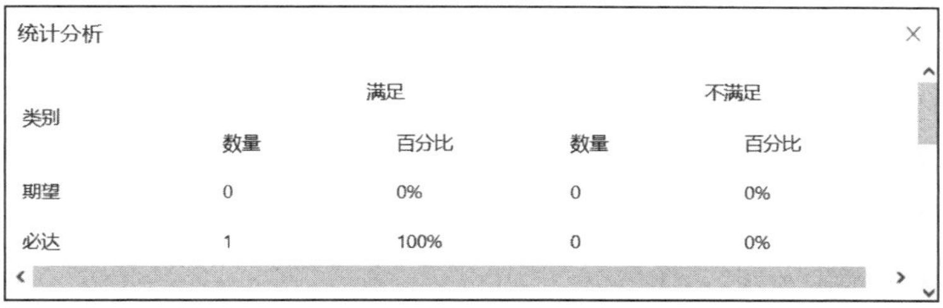

统计分析				×
	满足		不满足	
类别	数量	百分比	数量	百分比
期望	0	0%	0	0%
必达	1	100%	0	0%

图 8 - 38　统计分析

（5）生成需求模型报告

完成需求模型分析，可自动生成基于 Word 文档的需求模型报告。选择"首页"→"个人事务"→"我的报告"，可查看已生成的需求模型报告，如图 8 - 39 所示。

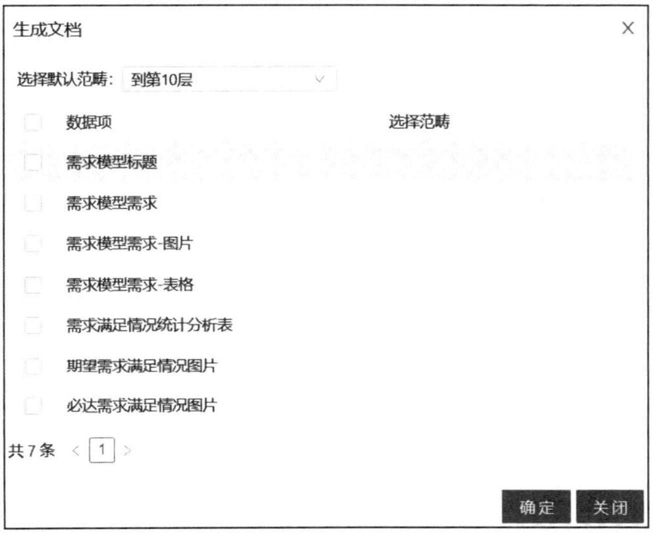

生成文档　　　　　　　　　　　　　　　　×

选择默认范畴：到第10层　　　∨

☐　数据项　　　　　　　　　　选择范畴
☐　需求模型标题
☐　需求模型需求
☐　需求模型需求-图片
☐　需求模型需求-表格
☐　需求满足情况统计分析表
☐　期望需求满足情况图片
☐　必达需求满足情况图片

共7条　＜ 1 ＞

确定　关闭

图 8 - 39　生成报告

2. 功能建模

(1) 构建功能模型

进入"功能模型"界面,选择所要构建功能模型的项目,添加功能单元到幕布中,并编辑功能单元信息,添加功能单元的名称、关联需求模型、关联逻辑模型,如图 8-40 所示,即可完成单个功能单元的构建。将所有功能单元用物质/信息/能量连线连接起来,即可完成该层级功能模型的构建,如图 8-41 所示。

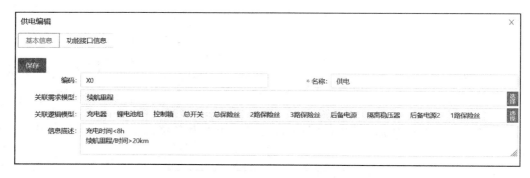

图 8-40　编辑功能单元

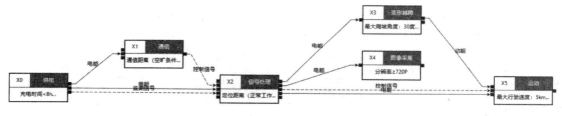

图 8-41　功能模型

(2) 统计分析

完成逻辑模型的构建后,可使用"统计分析"功能查看各层次功能的满足情况,如图 8-42所示。

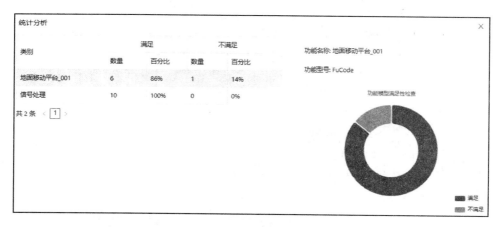

图 8-42　统计分析结果示例

（3）下一层级功能模型构建

构建好顶层功能模型后，选中要展开至下一层的节点，进入当前节点的下一层模型绘图区，进行下一层级功能模型的构建。注意：在建模过程中，应随时对模型进行整理，保持模型的整洁与齐整。

（4）保存图片

单击顶部工具栏中的"保存图片"按钮，弹出提示框，单击"确定"按钮即可保存图片到本地。

3. 逻辑建模

（1）新建逻辑单元

进入"逻辑模型"构建界面，选择逻辑单元添加到幕布中，并对逻辑单元进行编辑，添加逻辑单元的名称，关联功能模型，确定逻辑单元为机械件/元器件，添加逻辑单元的状态，完成逻辑单元的添加，如图 8 - 43 所示。完成所有逻辑单元的添加后，使用物质/信息/能量连线将所有的逻辑单元连接起来，即可完成该层级逻辑模型的构建，如图 8 - 44 所示。

图 8 - 43　逻辑单元的编辑

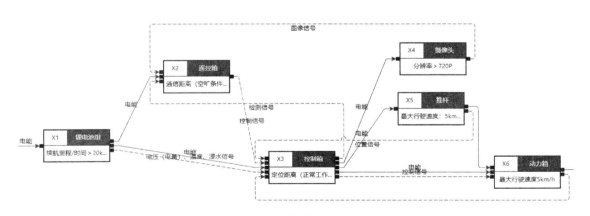

图 8 - 44　顶层逻辑模型部分内容示例

（2）统计分析

完成逻辑模型的构建后，可使用"统计分析"功能得到各层次逻辑模型的满足情况清单，如图 8 - 45 所示。

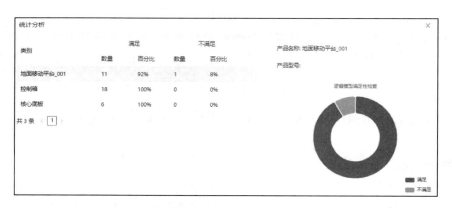

图 8-45　统计分析结果示例

（3）构建下一层级逻辑模型

构建完顶层逻辑模型后,在左侧选择需要构建下一层级逻辑模型的节点,在该节点下构建下一层级逻辑模型。其中,地面移动通用平台控制箱中的控制箱核心底板的产品构型要求细化到元器件级(该对象的元器件清单见表 8-4),其他系统的产品逻辑模型只要求到装机件级别(产品构型参考功能设计图 8-9～图 8-12)。注意,元器件节点创建时需选中元器件,并确定元器件分类。在本次实验中,表 8-4 中的元器件节点之间可不建立功能连接关系。

表 8-4　控制箱核心底板元器件基本信息

名　　称	位　　号	型　　号	额定电压/V	简要指标	质量等级/封装形式	国产/进口	单套数量	备　　注
单通道光耦合器	3,4,5,6,7,8,9,10,11,12	6N137			A4	国产	10	简单式光电耦合器
插件电解电容	C1	C-RB-3.5/8	20	100 μF\16 V	A2	国产	1	铝电解电容器有引线
贴片式瓷片电容	C2,C3,C4,C5,C6,C7,C8,C9,C10,C11,C12	C-0805	25	100 nF\16 V	C	进口	11	器件类型:CP 工作温度:40 ℃ 有效电阻:10 000 Ω
贴片式电阻器	R1, R2, R3, R4, R5, R6, R7, R8, R9, R10, R11, R12, R13, R14, R15, R16, R17, R18, R19, R20, R21, R22, R23, R24, R25, R26, R27, R28, R29, R30, R31, R32	0805-1		1 kΩ	A2	国产	32	片式膜电阻器
贴片式三极管	Q1, Q2	S8050	40	0.1 W\16 V,硅 NPN	A2	国产	2	普通双极型晶体管单管 逻辑开关 额定功率 0.3 W

（4）保存图片

单击顶部工具栏中的"保存图片"按钮，在提示框中单击"确定"按钮即可保存图片到本地。

8.6.3　可靠性设计分析实践

完成产品建模工作后，开始分析工作，具体包括可靠性预计、故障模式影响分析及故障树分析。

1. 可靠性预计

（1）分析要求

对地面移动通用平台控制箱中的控制箱核心底板进行可靠性预计，其组成的元器件及主要参数如表 8-4 所列，要求对进口元器件使用 MIL-217F 应力法、国产元器件使用 GJB/Z-299C 应力法进行可靠性预计。

（2）分析示例

下面以"地面移动通用平台"的可靠性预计为例进行说明。

1）配置系统定义、故障判据及工作条件

见 8.6.1 小节。

2）产品建模

见 8.6.2 小节。

3）进入可靠性预计工具页面

（a）单击进入"基于模型的可靠性预计"模块，选择需要进行可靠性预计的单元

进入工具后，首先在右上角选择"切换阶段"，切换到需要进行预计的产品设计阶段。若当前产品子树所处的环境类型与选定的"使用阶段"有区别，可以在左侧产品树选定该产品子树的父节点，然后在右侧表中选择产品子树节点，单击"设置参数"按钮，如图 8-46 所示，输入其环境参数。此外，若为父节点设置了环境参数，该父节点下子节点则会直接继承父节点相应参数。

图 8-46　输入参数

之后在左侧硬件树中选择"地面移动通用平台_000"→"控制箱"→"控制箱核心底板"，对其中各个单元进行可靠性预计。

（b）对各单元进行可靠性预计

以"贴片式三极管"为例，选择该对象并单击"预计"，如图 8-47 所示，按要求输入元器件各相关参数信息（具体各元器件相关参数信息见表 8-4），单击"保存并关闭"。值得注意的

是,进口件使用的 MIL-217F 应力法在环境分类中无"剧烈地面移动",因此需要在预计界面中选择环境分类为"地面移动(G_M)",如图 8-48 所示。

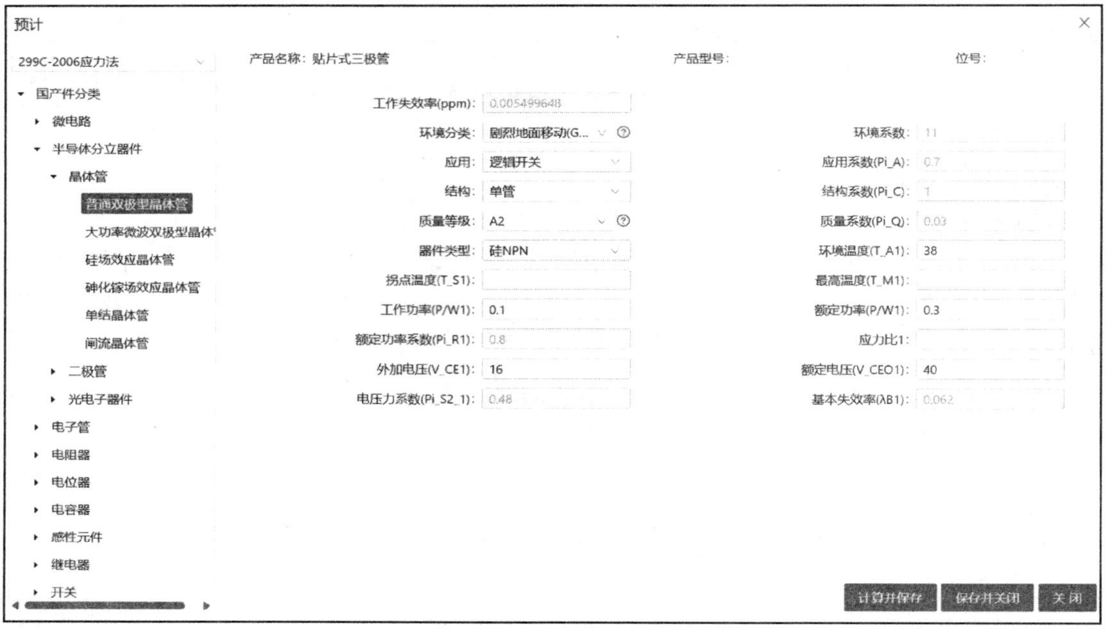

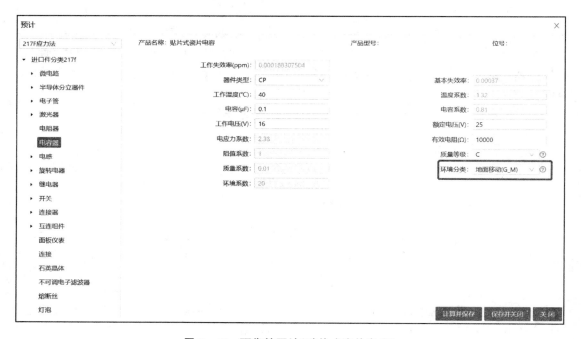

图 8-47　可靠性预计(贴片三极管)

图 8-48　可靠性预计(贴片式瓷片电容)

(c) 指标计算

完成所有元器件的可靠性预计后,选中父节点"核心底板",选中后依次单击"指标计算"

"含元器件模型",计算得到父节点可靠性指标,如图 8 - 49 所示。

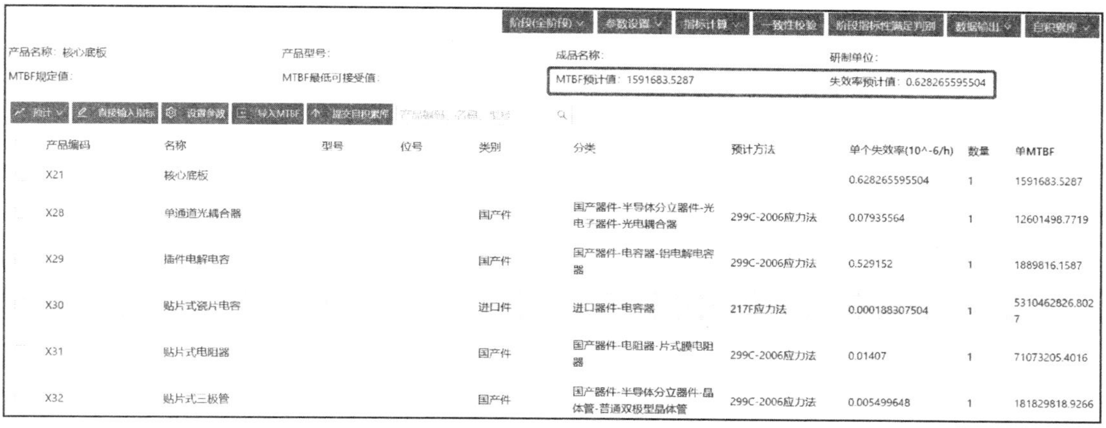

图 8 - 49 父节点可靠性指标计算

4) 输出并提交

依次单击"数据输出""生成文档",弹出生成文档对话框,选择要输出的内容,单击"确定"按钮后,在系统主界面导航栏中的"个人事务"下面选择"我的报告",进入其中便可查看生成的文档,如图 8 - 50 所示。

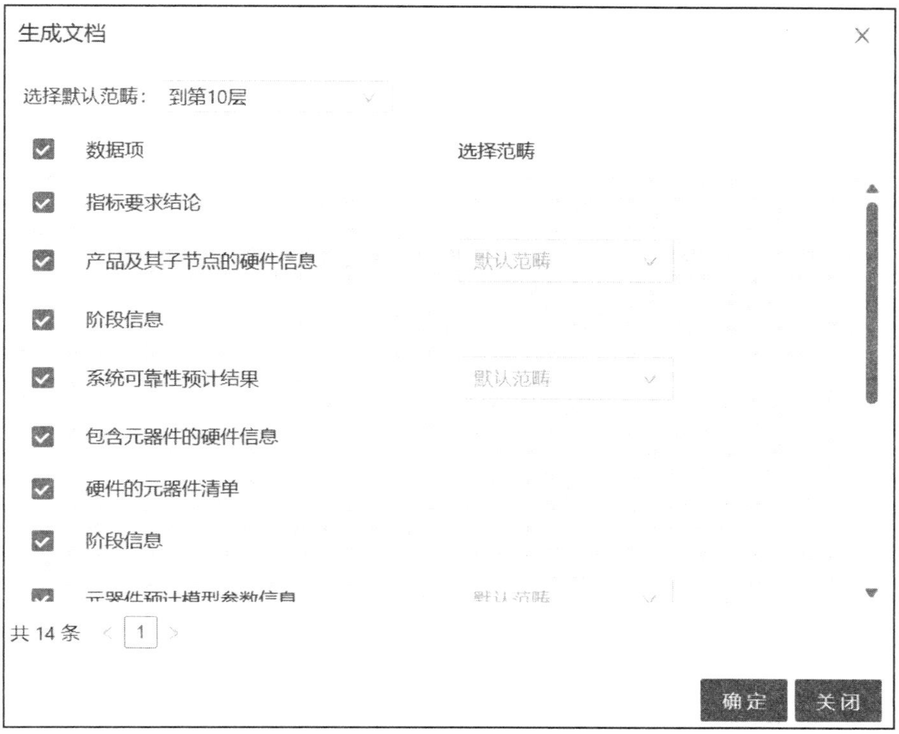

图 8 - 50 生成文档界面

回到可靠性预计工具页面,单击"提交数据",提示"提交成功"后将数据提交到顶层。

2. 故障模式影响分析(FMEA)

（1）分析要求

要求按照定性分析表,对地面移动通用平台整车及指定分系统(不要求到元器件,但可参考元器件的故障模式及其影响来确定组件级故障模式)进行故障分析,功能故障必须覆盖全面,而且要考虑各组成部分之间的相互影响、故障传递关系,形成故障链。对分析得到的Ⅰ、Ⅱ类关键重要故障模式进行故障闭环消减控制,给出消减结果。

① 指定分系统:要求覆盖所有子节点及其功能故障;

② 整车:要求分析由指定分系统内产品故障引起的整车故障;

③ 分析范围内的其他产品:要求分析指定分系统对其局部影响。

（2）分析示例

下面以控制箱 FMEA 为例进行说明。

1）准备工作

首先要收集有关信息,熟悉产品的结构设计,了解各部分之间的关系及影响,判断可能发生的故障模式,并策划 FMEA 的总体要求。

2）系统定义

首先对分析对象进行系统划分,对系统的任务与功能进行分析,明确故障判据、严酷度定义。

3）添加故障模式

进入"基于模型的硬件故障建模"页面,开展故障建模分析,如图 8-51 所示。在该界面确定产品的故障模式及每个故障模式可能的原因及其发生概率等级,并确定故障模式对自身及自身周围产品、高一层次和最终的后果影响,同时根据故障影响确定每个故障模式的严酷度级别。

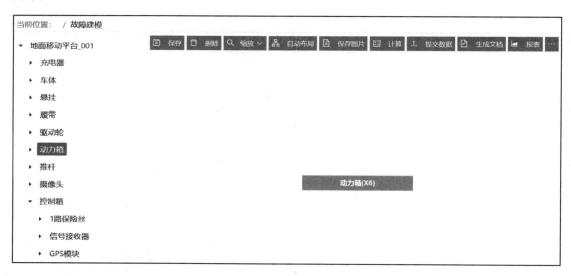

图 8-51　故障建模界面

添加故障模式的方法有三种:手动添加、基于危险线索自动生成和 Excel 导入。其中"基于危险线索自动生成"功能本实验不涉及,相关内容未展开,特此说明。

(a) 手动添加故障模式

从故障建模界面进入故障模式分析界面,选择手动添加故障模式,添加产品的故障模式信息。手动添加故障模式界面如图 8-52 所示。

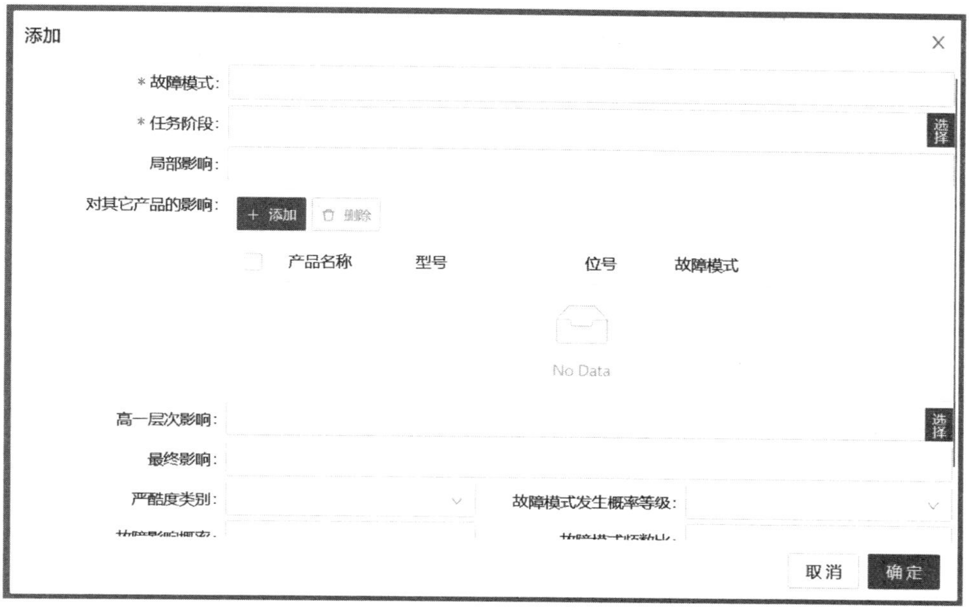

图 8-52 手动添加故障模式界面

(b) Excel 方式导入故障模式

以 Excel 的方式将故障模式、故障原因等信息直接导入到平台中。可多次对 Excel 进行导入,系统会对重复信息和修改信息进行判断,并进行添加/修改操作。需要注意,导入文件必须与 FMEA 软件的规定模板格式一致,才可导入。Excel 模板中,字段名称标识为红色的,表示必填,模板中主要涉及产品名称和故障模式。

根据控制箱故障模式信息,填写 Excel 模板,如图 8-53 所示。

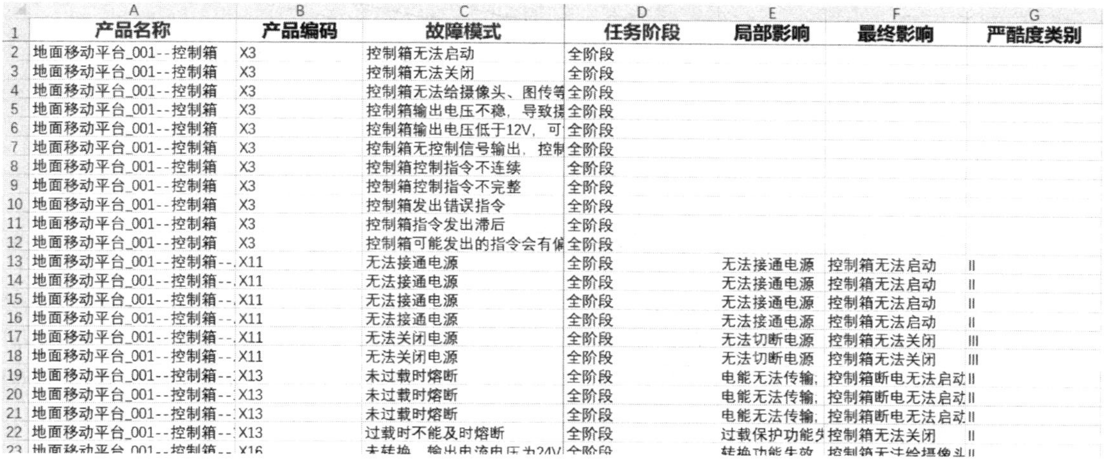

	A	B	C	D	E	F	G
1	产品名称	产品编码	故障模式	任务阶段	局部影响	最终影响	严酷度类别
2	地面移动平台_001--控制箱	X3	控制箱无法启动	全阶段			
3	地面移动平台_001--控制箱	X3	控制箱无法关闭	全阶段			
4	地面移动平台_001--控制箱	X3	控制箱无法给摄像头、图传等	全阶段			
5	地面移动平台_001--控制箱	X3	控制箱输出电压不稳，导致摄	全阶段			
6	地面移动平台_001--控制箱	X3	控制箱输出电压低于12V，可	全阶段			
7	地面移动平台_001--控制箱	X3	控制箱无控制信号输出，控制	全阶段			
8	地面移动平台_001--控制箱	X3	控制箱控制指令不连续	全阶段			
9	地面移动平台_001--控制箱	X3	控制箱控制指令不完整	全阶段			
10	地面移动平台_001--控制箱	X3	控制箱发出错误指令	全阶段			
11	地面移动平台_001--控制箱	X3	控制箱指令发出滞后	全阶段			
12	地面移动平台_001--控制箱	X3	控制箱可能发出的指令会有偏	全阶段			
13	地面移动平台_001--控制箱--	X11	无法接通电源	全阶段	无法接通电源	控制箱无法启动	II
14	地面移动平台_001--控制箱--	X11	无法接通电源	全阶段	无法接通电源	控制箱无法启动	II
15	地面移动平台_001--控制箱--	X11	无法接通电源	全阶段	无法接通电源	控制箱无法启动	II
16	地面移动平台_001--控制箱--	X11	无法接通电源	全阶段	无法接通电源	控制箱无法启动	II
17	地面移动平台_001--控制箱--	X11	无法关闭电源	全阶段	无法切断电源	控制箱无法关闭	III
18	地面移动平台_001--控制箱--	X11	无法关闭电源	全阶段	无法切断电源	控制箱无法关闭	III
19	地面移动平台_001--控制箱--	X13	未过载时熔断	全阶段	电能无法传输;	控制箱断电无法启动	II
20	地面移动平台_001--控制箱--	X13	未过载时熔断	全阶段	电能无法传输;	控制箱断电无法启动	II
21	地面移动平台_001--控制箱--	X13	未过载时熔断	全阶段	电能无法传输;	控制箱断电无法启动	II
22	地面移动平台_001--控制箱--	X13	过载时不能及时熔断	全阶段	过载保护功能失	控制箱无法关闭	II
23	地面移动平台_001--控制箱--	X16	未转换，输出电流电压为24V	全阶段	转换功能失效	控制箱无法给摄像头	II

图 8-53 故障模式信息的 Excel 模板

通过 Excel 导入时,工具会先进行数据合格性检查,检验到不合格信息会自动提示,此时请打开 Excel 文件进行修改,保存后再次导入。导入成功后的故障模式信息如图 8-54 所示。

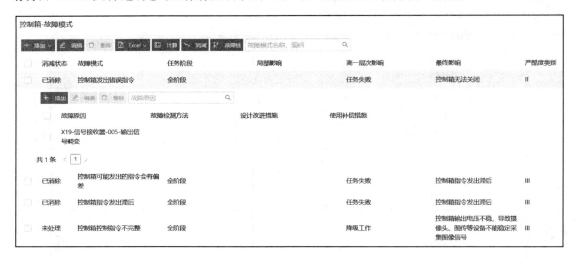

图 8-54　故障模式信息

4) 建立故障链

软件中故障模式在子节点与父节点之间传递关系如图 8-55 所示。当子节点的故障模式 FM11、高一层次影响 FR11、故障检测方法 T、设计改进措施 S、使用补偿措施 P 保存成功后,随着子节点的"故障模式 FM11"上传为父节点对应故障模式 FR11 的故障原因 FM11,同时将"故障检测方法、设计改进措施、使用补偿措施"上传为 FM11 的"故障检测方法、设计改进措施、使用补偿措施"。

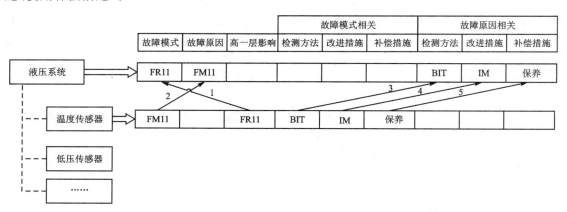

图 8-55　故障模式在子节点与父节点之间传递

软件中故障模式在不同节点之间传递关系如图 8-56 所示。若"阀门"节点的故障模式影响到"温度传感器"节点的故障模式发生,即"阀门"节点的故障模式(FM11)是"温度传感器"对应故障模式(FR11)的故障原因,则可以将"阀门"节点故障模式对应的"故障检测方法、设计改进措施、使用补偿措施"传递为"温度传感器"节点该故障原因的"故障检测方法、设计改进措施、使用补偿措施"。

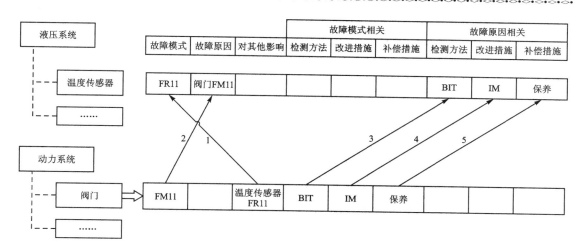

图 8 - 56 故障模式在 A 节点与 B 节点之间传递

软件提供了两种建立故障链的方式,分别是通过按钮选择的方式构建故障链和通过可视化建模的方式构建故障链。

(a)通过按钮选择的方式构建故障链

从父节点获取高一层次影响:在添加故障模式时,可通过该功能添加高一层次影响以表示当前节点故障模式对其父节点产生影响,并作为其父节点故障模式的故障原因。注:在获取其父节点故障模式时,只能选择包含当前阶段的故障模式。前提条件是,其父节点下存在故障模式。添加高一层次影响的界面如图 8 - 57 所示。

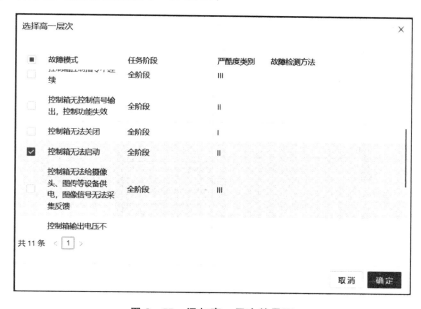

图 8 - 57 添加高一层次的界面

添加对其他产品的影响:在添加故障模式时,可通过补充该故障模式对其他产品的影响信息,以表示当前节点故障模式对其他节点产生影响,并作为其他节点故障模式的局部影响。注:在获取其他节点故障模式时,不能选择当前节点的父子节点。添加对其他产品的影响界面如图 8-58 所示。

图 8-58　添加对其他产品的影响界面

（b）通过可视化建模的方式构建故障链

进入故障建模界面，通过鼠标连线方式建立故障链,故障链可视化如图 8-59 所示。图中箭头表示故障模式传递方向。

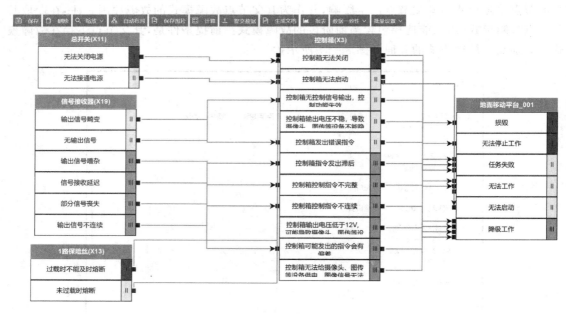

图 8-59　故障链

5）故障原因分析

在添加故障模式及相关信息后,对每个故障模式的故障原因进行分析,确定每个故障模式的检测方法并制定每个故障模式的改进措施和补偿措施。添加故障原因界面如图 8-60 所示。

图 8 - 60　添加故障原因界面

6）识别薄弱环节和关键项目

完成添加故障模式、故障链和故障原因后，在故障建模界面计算分析结果，包括故障数量统计、节点故障汇总、选中/同级节点消减、Ⅰ/Ⅱ类故障清单、FMEA 清单及危害度矩阵。根据分析结果，识别薄弱环节和关键项目，如图 8 - 61 所示。

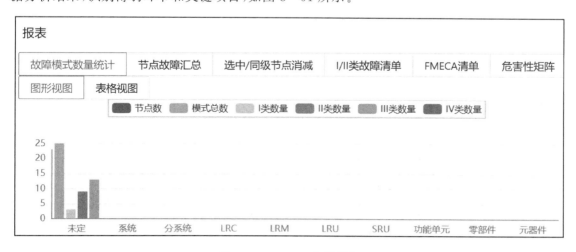

图 8 - 61　FMEA 分析报表

7）方案改进

故障原因添加成功后，进行故障模式消减，如图 8 - 62 所示。

8）提交数据并生成文档

完成 FMEA 分析后，在故障建模界面提交数据并生成文档。FMEA 文档生成界面如图 8 - 63 所示。

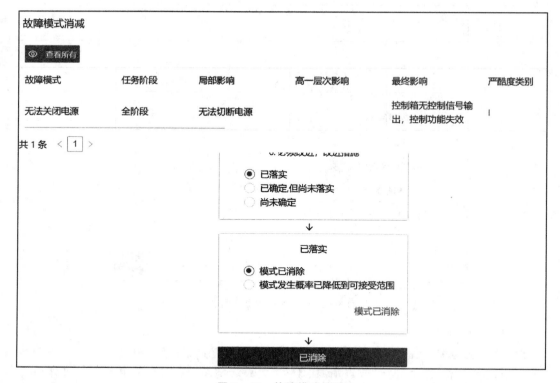

图 8 - 62   故障模式消减

图 8 - 63   FMEA 文档生成界面

3. 故障树分析(FTA)

(1)分析要求

假设有一个侦察机器人,以"机器人不能完成侦察任务"为顶事件,自己分析范围内的产品失效(为了保持故障树模型的完整性,要求分析范围外的产品失效以未探明事件替代)、环境因素、人为因素,试建立该故障树,对故障树进行定性分析,求出故障树的最小割集和结构重要度,并对关键底事件进行消减。

MBRSE 平台"故障树自动建模软件"支持手动故障树建模、自动故障树建模。其中自动故障树建模包括基于逻辑模型和 FMEA 的自动建模、基于功能模型和 FMEA 的自动建模、基于功能危险分析结果的自动建模、基于功能模型的自动建模 4 种方法。本次实验主要针对手动建模、基于逻辑模型和 FMEA 的自动建模两种方法展开。

（2）分析示例

1）添加故障树

登录软件后，进入"故障树分析软件"页面，添加故障树，需要填写的故障树信息如图 8 - 64 所示，除了"故障树名称"，其他信息为非必填项。

2）建立故障树

完成添加故障树后，单击该故障树名称进入故障树绘制界面，软件支持手动建立故障树、基于逻辑模型和 FMEA 的自动生成、基于功能模型和 FMEA 的自动生成、基于功能危险分析结果的自动生成、基于功能模型的自动生成 5 种不同的故障树建立方法。

（a）手动建立故障树

在故障树绘制界面，单击左侧目录中的或门图标，然后在绘制界面单击顶事件，则在顶事件下自动生成中间事件且该事件的类型为或门；若在目录中单击"基本事件"或"未探明事件"图标，则自动生成底事件，但不能在底事件下继续添加事件，如图 8 - 65 所示。

图 8 - 64　添加故障树信息

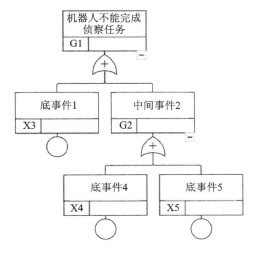

图 8 - 65　手动建立故障树

选中故障事件后右击，可以对事件进行复制、删除等操作；单击"属性"（或者选中事件后双击），可在弹出的对话框中对该事件节点的信息进行编辑，包括事件名称和事件类型等。在本案例中，顶事件的类型选择"或门"，如图 8 - 66 所示。

（b）基于逻辑模型和 FMEA 的自动生成

在故障树绘制界面，选中模型中的事件，右击"从 FMEA 导入"将会弹出"FMEA 生成 FTA"界面，如图 8 - 67 所示。

选择故障模式和故障原因，即可从 FMEA 导入故障树。图 8 - 68 所示为自动生成 FTA 结果。

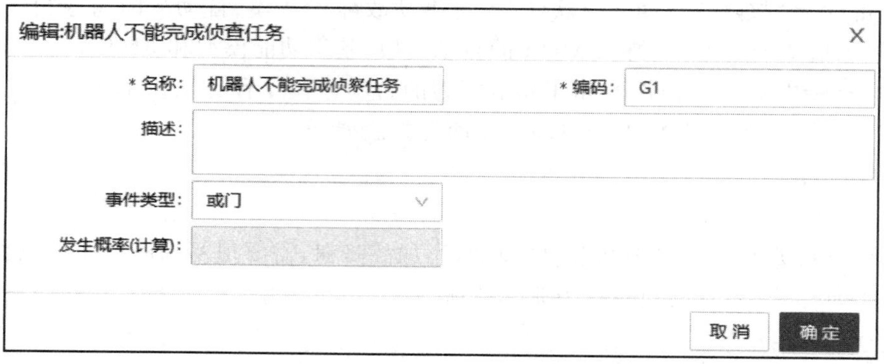

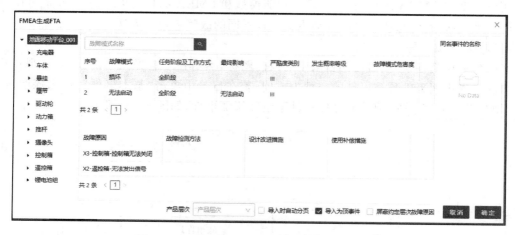

图 8-66　编辑事件信息界面

图 8-67　在该界面中选择故障模式和故障原因

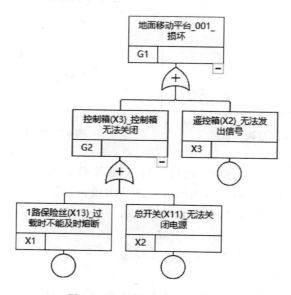

图 8-68　自动生成 FTA 结果

3）定性分析

图 8 - 69 所示为绘制完成后的故障树。

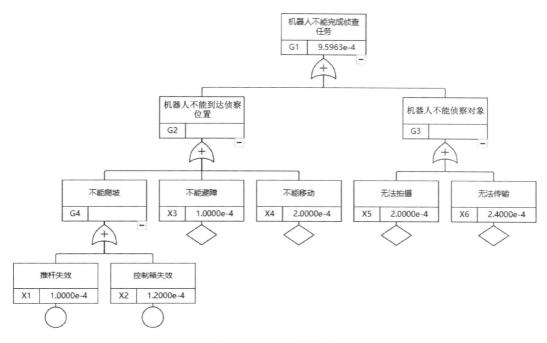

图 8 - 69　完整故障树

故障树建立完成后需对模型的完整性进行验证，单击下方目录中的"计算概要信息"查看错误信息。确保模型无误后单击上方目录中的"计算"按钮进行计算，计算完成后即可在下方目录的"底事件信息"和"最小割集"中查看计算得到的最小割集和重要度信息，分别如图 8 - 70 和图 8 - 71 所示。

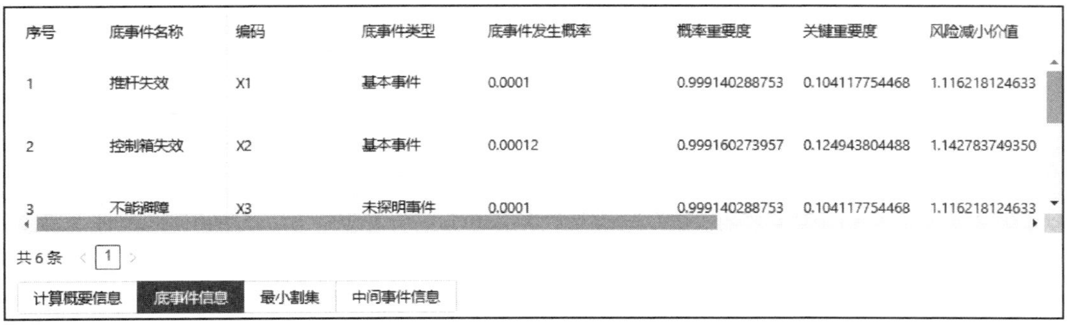

序号	底事件名称	编码	底事件类型	底事件发生概率	概率重要度	关键重要度	风险减小价值
1	推杆失效	X1	基本事件	0.0001	0.999140288753	0.104117754468	1.116218124633
2	控制箱失效	X2	基本事件	0.00012	0.999160273957	0.124943804488	1.142783749350
3	不能避障	X3	未探明事件	0.0001	0.999140288753	0.104117754468	1.116218124633

共 6 条　1

计算概要信息　底事件信息　最小割集　中间事件信息

图 8 - 70　底事件信息

4）薄弱环节与建议（故障消减）

计算完成后根据自己的需求单击上方目录中的"保存"按钮即可将故障树保存。保存之后退出绘制界面，在故障树工具界面单击对应的底事件个数，进入底事件消减情况界面，选择并单击需要消减的底事件名称，单击上方"底事件消减"按钮对底事件进行消减，如图 8 - 72 所示。

图 8 - 71　最小割集信息

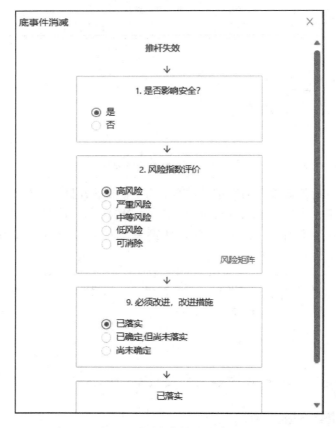

图 8 - 72　底事件消减界面

退出底事件消减界面,在故障树工具界面单击对应的最小割集个数,进入最小割集消减界面可以看到最小割集的消减情况。

底事件消减操作完成后,选择对应的故障树,单击上方目录中的"消减统计"即可查看故障树底事件与最小割集的消减统计情况,如图 8 - 73 所示。

5) 输出 FTA 报告

故障树分析结果输出包括两部分:一是将数据提交给其他工作项目开展时参考,进入故障

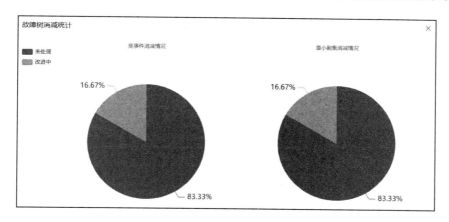

图 8-73　消减统计结果

树工具界面,单击"提交数据"按钮即可将数据和文件提交到平台顶层;二是生成文档形成报告,单击上方目录"生成文档"按钮,弹出生成文档对话框,选择要输出的内容,如图 8-74所示。

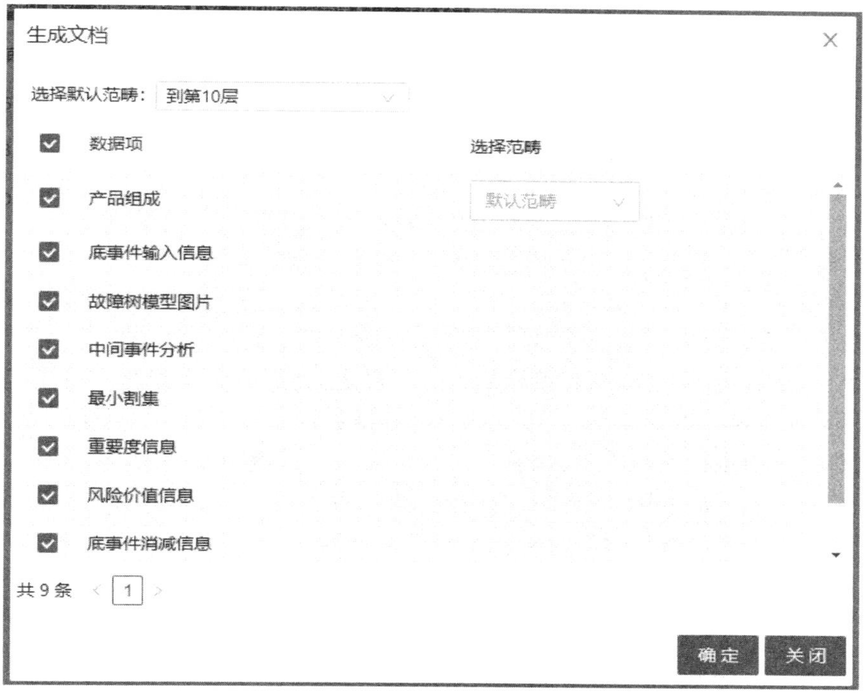

图 8-74　选择生成文档内容

进入系统主界面,选择导航栏中的"个人事务"→"我的报告"即可查看生成的文档。

第9章 电子产品可靠性设计分析实验

9.1 实验目的

电子产品可靠性设计分析实验的目的是通过实际电子产品的可靠性综合仿真分析,使学生学习并形成在产品设计阶段,利用先进的仿真技术和手段,对影响产品可靠性的重要环境因素(如热、振动)进行综合分析,同时结合领先的故障物理方法对产品的故障首发时间和可靠性进行评价,以发现产品设计中存在的可靠性薄弱环节和设计缺陷,指明潜在故障发生的位置和原因,进而指导产品设计改进,从根本上提高产品的可靠性水平的能力。

学生通过专业课程设计/实验教学环节,实际参与可靠性综合仿真分析过程,能够深刻理解环境载荷对产品可靠性的影响,学习和掌握常用的分析方法、仪器设备和软件工具。学生还可通过实验过程,加深对"可靠性设计分析"课程的理解,并综合运用所学知识,初步形成解决产品可靠性问题的实际能力。在此基础上,通过启发式教学启发学生创造性提出有效的可靠性问题解决方案,以满足工程实际对综合素质型、能力型人才的现实需求。

9.2 实验内容

本实验以应变测试仪为典型电子产品,采用北京航空航天大学研发的电子产品可靠性综合仿真分析与优化设计软件(RISA-PofEra)开展可靠性综合仿真分析。

该软件采用扁平化设计理念,构建了引导式操作环境,包括工程管理、产品建模、载荷剖面管理、载荷应力分析(如热、振动)、模型校验、任务剖面管理、仿真方案抽样、故障预计与可靠性评估、设计优化、报告生成、基础库管理等主要功能模块,具有简便快捷的产品建模,高效准确的有限元分析、分布式并行计算算法,丰富齐全的基础数据库等特点。软件可为电子产品可靠性分析与优化设计提供以下解决方案:通过利用先进的可靠性仿真技术,建立电子产品模型,对影响电子产品可靠性的主要环境和载荷因素(温度、振动等)进行综合仿真分析,并结合领先的故障物理方法对产品的首发故障时间(TTF)及可靠性进行评价,以尽早发现产品设计中存在的可靠性薄弱环节和设计缺陷,指明潜在故障发生的位置和原因,提供设计建议,指导设计改进,从根本上提高产品的可靠性水平。

本实验内容主要涵盖产品设计信息收集、数字样机建模(包括 CAD、CFD、FEM 等)、应力分析(包括热分析和振动分析)、仿真模型校核(包括热测试和振动测试)、试验设计、故障预计和可靠性评估等技术内容。针对应变测试仪,实验人员需首先了解其结构组成、功能原理、使用方法等基本内容,收集包括产品总体、电路模块、元器件等在内的产品设计信息。之后分别利用计算机辅助设计软件、有限元分析软件、计算流体动力学分析软件等工具建立产品的数字样机模型,进行初步的热、振动载荷-应力分析,通过实际操作电子产品实验件、多路温度采集系统、振动模态测试系统等硬件设备和测试仪器,对数字样机模型的有效性和准确性进行校核和验证,达到提高学生实际动手和科研创造能力的目标。最后,撰写可靠性综合仿真分析报告

（包括发现的可靠性薄弱环节和设计缺陷、提出的产品设计改进措施和建议）和课程设计总结报告。具体内容如下：

（1）设计信息收集

综合考虑实验课程需要和学生接受能力，设计适用本次可靠性综合仿真分析实验的样品，并收集样品的基本信息，包括几何尺寸、材料属性、功能结构组成（含元器件类型、位置等）、基本工作原理及使用方法等，对实验样品有初步的了解。

（2）数字样机建模

选择适当的建模及仿真分析软件构建实验课程样品的三维几何数字模型，并进一步考虑模型、仿真分析关键内容以及软件工具的操作复杂度等因素，对三维数字模型进行设计、离散，形成便于后续实验教学使用的热仿真、振动仿真模型。

（3）应力分析

1）热仿真分析

考虑样品在几何、力学上的特点，对样品 CAD 模型进行简化，删除和修正不重要的结构，建立可直接用于 RISA - PofEra 软件进行热仿真分析的样品模型。

2）振动仿真分析

考虑样品在几何、力学上的特点，对样品 CAD 模型进行简化，删除和修正不重要的结构，建立可直接用于 RISA - PofEra 软件进行振动应力分析的样品模型。

（4）测试及模型校核

1）热测试及模型校核

根据电子产品样件实物及其使用剖面数据，用可靠性综合分析数据采集仪搭建电子产品热测试系统，测试并采集电子产品额定工作时电路板及关键元器件的表面温度。以此为依据，对电子产品样件热仿真模型进行校核。

2）振动测试及模型校核

根据电子产品样件实物及其使用剖面数据，用可靠性综合分析数据采集仪搭建电子产品振动测试系统，测试并采集电子产品线路板的固有频率。以此为依据，对电子产品样件振动仿真模型进行校核。

（5）试验设计及不确定性分析

在载荷应力分析的基础上，针对影响电子产品可靠性的材料、载荷、环境等多种类型参数中的关键变量，根据其分散性，选择一定的试验设计方法，对单个或多个影响因素的不确定性进行实验方案设计，获得不同实验方案，并将不同实验方案的设计结果作为后续仿真分析的数据输入。

（6）故障预计和可靠性评估

考虑样品 PCB（Printed Circuit Board）上各元器件的尺寸、功耗、位置，利用 RISA - PofEra 软件进行样品模型的故障预计及可靠性评估。

（7）可靠性综合仿真分析报告

最后，撰写可靠性综合仿真分析报告，包括发现的可靠性薄弱环节和设计缺陷，提出的产品设计改进措施和建议。

9.3　实验方案

　　工程应用中的可靠性设计分析实验主要流程为:信息收集,数字样机建模,应力分析、测试、模型校核,故障预计和可靠性评估。为培养学生的实践能力,本次可靠性综合仿真分析实验课程对工程应用中可靠性仿真实验的相关步骤进行细化。具体实验方案如图9-1所示。

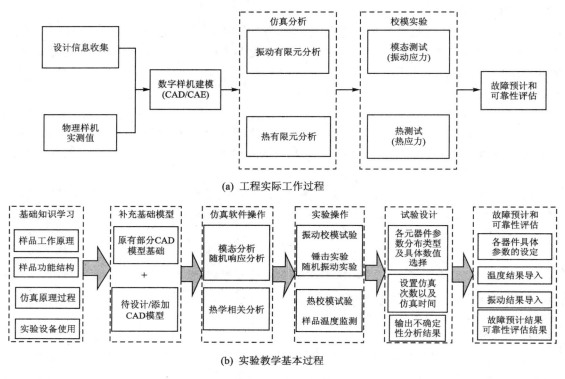

(a) 工程实际工作过程

(b) 实验教学基本过程

图 9-1　实验方案

9.4　实验步骤及过程

　　电子产品可靠性设计分析实验内容依次包括:设计信息收集、数字样机建模、应力分析、测试及模型校核、试验设计及不确定性分析、故障预计、可靠性评估。针对典型电子产品-应变测试仪,依次开展相关实验内容。

9.4.1　设计信息收集

　　收集整理应变测试仪的基本信息,包括工作原理、功能结构、元器件信息、使用操作方法、工作载荷剖面信息等。

　　本实验课程的实验对象为一台双通道应变测试仪,主要由机箱、电路板、输出接口等部分组成,如图9-2所示,其工作原理是其利用电阻应变片的变形产生的电阻变化实现对应变的电测量,并通过信号放大、低通滤波、预平衡、程序控制、电压输出等单元,将微弱的应变信号进行放大、处理转换为合格的电压信号。由于电阻应变片适应性强、易于掌握,能在复杂的工作条件下完成测量,可广泛应用于公路桥梁检测、地基沉陷、土压测量及大型工程结构的应力等测量。其中,电路板整体电路按照功能可划分为7个模块。

图9-2　应变测试仪实物图(机箱及电路板)

针对应变测试仪,影响其可靠性的主要环境载荷因素为热载荷、振动载荷,开展其可靠性仿真分析前,需收集其热载荷、振动载荷剖面信息,具体信息如表9-1、表9-2所列。

表9-1　热载荷剖面信息表

序　号	温度/K	保持时间/h
1	290.65	2
2	318.15	2
3	333.15	2
4	228.15	2

表9-2　振动载荷剖面信息表

序　号	频率/Hz	功率谱密度/$(G^2 \cdot Hz^{-1})$
1	20	0.01
2	100	0.01
3	500	0.02
4	1 000	0.02
5	2 000	0.001

9.4.2　数字样机建模

应变测试仪数值样机建模包括三维几何模型建模(CAD)和仿真分析模型建模(CAE)。

1. 应变测试仪CAD建模

使用建模软件,根据已收集的应变测试仪设计信息,创建应变测试仪三维CAD模型。三维CAD建模时,可根据产品结构特点及热分析、振动分析特点及软件工具的操作复杂度等,对三维几何模型进行简化。简化原则可参考本书第5章中相关章节。具体建模过程如下:

① 构建应变测试仪完整的CAD数字样机模型,如图9-3所示。

② 确定待分析的电路板模型,并对结构模型进行简化。针对几何形状较为规则的元器件,按外包络尺寸简化为无特征长方体。针对结构复杂的元器件,则保留棱柱面、圆柱面特征并做适应性调整。简化后的电路板模型如图9-4所示。

2. 应变测试仪CAE建模

使用CAE软件,以创建的应变测试仪的CAD模型为基础,根据热、振动仿真分析的需

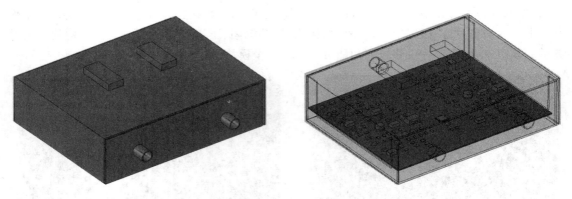

图 9 - 3　应变测试仪完整的 CAD 数字样机模型

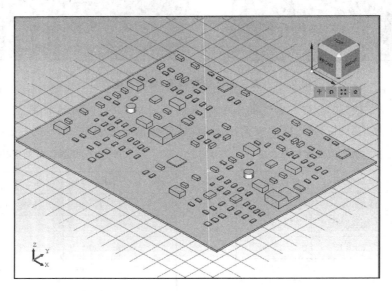

图 9 - 4　简化后的应变测试仪 CAD 模型

要,创建应变测试仪热、振动仿真分析模型。具体创建过程如下:

① 设置 CAD 模型中各组件之间的接触关系,定义模型各组件的材料,该应变测试仪样品外壳采用 45 号钢,PCB 采用环氧树脂 FR4,芯片封装材料及外壳上接线口材料为环氧树脂 E51 - 618。材料具体参数如表 9 - 3 所列。

表 9 - 3　应变测试仪样品材料参数表

材　　料	密度/ $(kg \cdot m^{-3})$	杨氏模量/MPa	泊松比	热扩张系数/K^{-1}	比热容/ $[J \cdot (kg \cdot K)^{-1}]$	热导率/ $[W \cdot (m \cdot K)^{-1}]$
45 号钢	7 890	2.09×10^5	0.269	13×10^{-6}	460	44
环氧树脂 FR4	1 938	1.72×10^4	0.11	4.8×10^{-6}	1 842	0.38
环氧树脂 E51 - 618	1 200	1×10^3	0.38	10×10^{-6}	1 650	0.59

② 设置网格划分参数,如最小、最大网格长度等,用于控制网格的疏密程度和质量。

③ 调用网格划分算法，自动剖分网格，实现应变测试仪 CAE 模型构建，如图 9 - 5 所示。

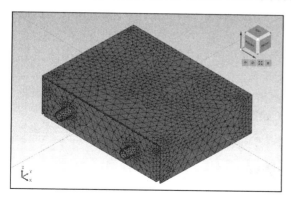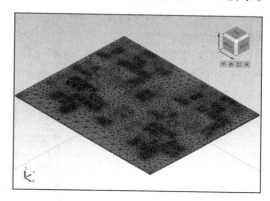

图 9 - 5　应变测试仪 CAE 模型

9.4.3　应力分析

针对应变测试仪，由于其工作过程中影响其可靠性的主要环境因素为热载荷和振动载荷，因此对其进行载荷应力分析时，优先考虑热载荷、振动载荷仿真分析。

1. 热分析

根据应变测试仪的数字样机模型及其热载荷剖面信息，对其开展热载荷仿真分析，具体过程如下：

① 在热仿真分析中，通常忽略功率较小的元器件。根据元器件发热功率信息，设置电路板热源。该应变测试仪主要发热元器件如表 9 - 4 所列。

表 9 - 4　元器件发热功率数据

序　号	编　号	器件类型	封　装	功耗/W
1	LM307 - 1	运算放大器	通用封装	0.04
2	LM340 - 1	三端稳压芯片	通用封装	0.02
3	AD8230 - 1	运算放大器	通用封装	0.02
4	AD8230 - 3	运算放大器	通用封装	0.02
5	AD8230 - 5	运算放大器	通用封装	0.02
6	UAF42 - 1	滤波器	LCC	0.03
7	LM350 - 1	三端稳压芯片	通用封装	0.02
8	ADV7123	数模转换器	通用封装	0.15
9	LM307 - 2	运算放大器	通用封装	0.04
10	LM340 - 2	三端稳压芯片	通用封装	0.02
11	AD8230 - 2	运算放大器	通用封装	0.02
12	AD8230 - 4	运算放大器	通用封装	0.02
13	AD8230 - 6	运算放大器	通用封装	0.02
14	UAF42 - 2	滤波器	LCC	0.03
15	LM350 - 2	三端稳压芯片	通用封装	0.02

② 分析应变测试仪实际运行中的散热方式,确定主要方式为电路板上下表面的自然对流换热。在软件中对电路板加载热仿真分析边界条件,分别在电路板上下表面设置对流换热系数为 35 W/(m² · K)。

③ 根据电路板运行的状态,确定元器件功率百分比。若在额定条件下运行,则功率百分比设置为 100%。

④ 通过调用 RISA‑PofEra 软件的热分析求解器,开展热仿真,获得温度场分析结果。其中,在环境温度为 290.65 K 下,电路板温度云图如图 9‑6 所示。

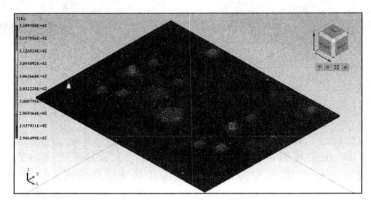

图 9‑6　应变测试仪热分析结果云图

2. 振动分析

根据应变测试仪的数字样机模型及其振动载荷剖面信息,对其开展振动载荷仿真分析,具体过程如下:

① 根据应变测试仪的应用场景,分析仪器的约束情况,在本案例模型中为应变测试仪下表面全约束。

② 根据电路板在应变测试仪中的位置,分析电路板的约束,在本案例模型中为电路板 Y 轴方向上的两个侧表面全约束。

③ 在 RISA‑PofEra 软件中设置约束的边界条件,开展约束模态分析,获得模态分析结果,其中前 6 阶模态分析结果如图 9‑7 所示。

(a) 一阶振型图,频率为737.582 Hz

图 9‑7　模态分析结果

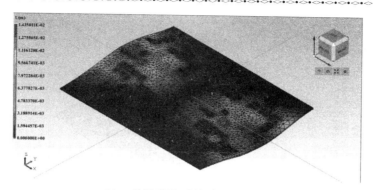

(b) 二阶振型图，频率为775.198 Hz

(c) 三阶振型图，频率为1 193.65 Hz

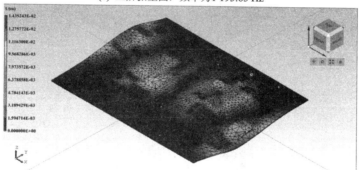

(d) 四阶振型图，频率为1 681.26 Hz

(e) 五阶振型图，频率为1 914.27 Hz

图 9 - 7　模态分析结果(续)

(f) 六阶振型图，频率为 1 939.91 Hz

图 9 - 7　模态分析结果(续)

④ 在模态分析的基础上，调用 RISA - PofEra 软件的结构力学分析求解器，开展随机振动分析，获得位移、应力等振动分析结果，如图 9 - 8 所示。

(a) 位移云图

(b) 应力云图

图 9 - 8　应变测试仪随机振动分析结果云图

9.4.4　测试及模型校核

为保证仿真分析模型的精度，需要对所构建的应变测试仪的仿真分析模型进行校核。即在建立产品有限元模型之后，进行产品的热载荷、振动载荷的实验测试，并基于载荷实验的实测结果数值,通过迭代优化计算,不断调整有限元模型的参数,如几何特征、材料属性、网格尺寸等参数,使得有限元模型计算的响应结果与实测静力响应之间的差异最小,如温度误差、模态频率误差等,从而实现基于实测数据的有限元模型的校核及修正。其具体技术流程如图 9-9 所示。

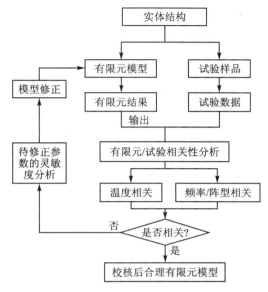

图 9-9　测试及模型校核技术流程

1. 热测试及模型校核

根据电子产品样件实物及其使用剖面数据,采用可靠性综合分析数据采集仪搭建电子产品热测试系统,测试并采集电子产品额定工作时电路板及关键元器件的表面温度。以此为依据,对电子产品样件热仿真模型进行校核。

热测试系统搭建内容包括测试设备检查、线路连接及传感器粘贴、热测试。具体过程如下:

(1)热测试设备检查

热测试系统需要如表 9-5 所列设备,逐项检查并确认设备状态是否完好。

表 9-5　热测试系统相关设备

序　号	设备名称	数量	说　明
1	可靠性综合分析数据采集仪	1个	输入电压:12 V
2	稳压直流电源	1个	输入:交流 220 V;输出:12 V
3	热电偶传感器	16个	量程:−45～160 ℃;灵敏度:0.1 ℃
4	应变测试仪	1套	该仪器为已拆开的样件,测试通道数:1
5	计算机	1套	该计算机已安装了 RISA - PofEra 软件
6	其他工具	1套	胶带、剪刀、连接导线若干等

(2)线路连接及传感器粘贴

连接应变测试仪、电源、采集仪、计算机,并将其运行状态调整至正常。连接完成后,将温度传感器进行1～8编号,并根据元器件发热功率信息,按照功率由大到小的顺序及表9-6所列,依次将热传感器1～8粘贴在应变测试仪 PCB 板的元器件1～8上。

表9-6　温度传感器粘贴顺序表

元器件编号	器件类型	封　装	传感器编号
LM307-1	运算放大器	通用封装	5
LM340-1	三端稳压芯片	通用封装	2
AD8230-1	运算放大器	LCC	8
AD8230-3	运算放大器	LCC	3
AD8230-5	运算放大器	LCC	7
UAF42-1	滤波器	LCC	6
LM350-1	三端稳压芯片	通用封装	4
ADV7123	数/模转换器	通用封装	1

(3)热测试

在应变测试仪正常运行的情况下,通过热测试仪来监测某一段时间内应变测试仪的关键器件温度变化情况。使用 RISA-PofEra 软件导出热测试数据。具体步骤如下:

① 打开温度热测试仪,记录当前时间及各温度传感器的通道温度。

② 接通应变测试仪电源,正常进行应变测量,15 min 后观察热测试仪各温度传感器通道显示的温度曲线图、柱状图变化。

③ 将应变测试仪热测试的温度结果导出为 Excel 文件数据。

(4)热分析模型校核

将分析的结果与上述实际测试结果进行比较,如表9-7所列。可以看出,本案例中热仿真分析结果与实际测试结果十分接近。若发生仿真结果与实际测试结果差别较大的情况,则需要对模型的输入条件(材料、结构、载荷、求解器等参数)进行详细检查并修正,确保仿真结果与实际测试结果误差在可以接受范围内。

表9-7　热分析模型校核表

序　号	器件型号	仿真结果/K	测试结果/K	绝对误差/K
1	LM307-1	305.31	304.35	0.96
2	LM340-1	292.11	291.75	0.36
3	AD8230-1	291.45	291.94	0.49
4	AD8230-3	300.4	299.15	1.25
5	AD8230-5	292.87	292.44	0.43
6	UAF42-1	290.65	291.35	0.7
7	LM350-1	292.75	291.94	0.81
8	ADV7123	318.94	318.05	0.89

2. 振动测试及模型校核

自由模态测试采用锤击法进行测试,数据采集方式采用多点输入单点输出的方式。根据模态叠加原理,通过采集不同位置的不同激励信号在同一点的响应信号,对各激励点响应信号进行频谱分析,然后进行叠加,求解出整体结构的频响函数 FRF,确定结构的自由模态频率、振型及阻尼。

根据电子产品样件实物及其使用剖面数据,采用可靠性综合分析数据采集仪搭建电子产品振动测试系统,测试并采集应变测试仪线路板的固有频率。以此为依据,对电子产品样件振动仿真模型进行校核。

振动测试系统搭建内容包括测试设备检查、线路连接及传感器粘贴、振动测试及模态分析。具体过程如下:

(1) 振动测试设备检查

振动测试系统需要如表 9-8 所列设备,逐项检查并确认设备状态是否完好。

表 9-8　振动测试系统相关设备

序　号	设备名称	数量	说　明
1	可靠性综合分析数据采集仪	1个	输入电压:12 V
2	力锤	1个	灵敏度:3.28 mV/N;输出信号电压:±5 V
3	加速度传感器	16个	灵敏度:100 mV/g;频率范围:0.2~15 000 Hz(±5%)
4	振动测试架	1套	结构钢门型组合测试架
5	计算机	1套	该计算机已安装了 RISA - PofEra 软件
6	其他工具	1套	胶带、剪刀、连接导线若干等

(2) 线路连接及传感器粘贴

固定应变测试仪线路板,连接加速度传感器、电源、采集仪、计算机等设备,并将加速度传感器粘贴在线路板中部区域。打开 RISA - PofEra 软件硬件校核振动测试功能,确认系统信号采集功能运行正常。

(3) 振动测试

首先,根据应变测试仪电路板结构,设计振动测试激励点位置并编号,如图 9-10 所示。之后,操作 RISA - PofEra 软件,依次敲击激励点并根据软件测试提示采集电路板振动响应信号数据,如表 9-9 所列。当所有激励点敲击完毕后,将所有敲击点的激励数据及加速度传感器响应数据导出,如图 9-11 所示。

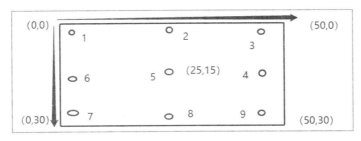

图 9-10　振动测试敲击点设计示意图

表 9 – 9　敲击点坐标信息

编　号	坐　标	敲击次数	编　号	坐　标	敲击次数
1	(0,0)	3	6	(0,15)	3
2	(25,0)	3	7	(0,30)	3
3	(50,0)	3	8	(25,30)	3
4	(50,15)	3	9	(50,30)	3
5	(25,15)	3			

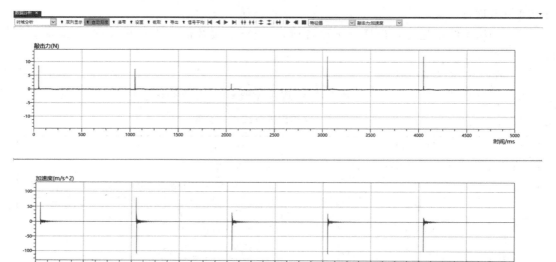

图 9 – 11　振动测试激励及响应数据

（4）振动模型校核

利用已创建的 FEA 数字样机模型,利用 RISA – PofEra 软件对线路板进行自由模态仿真分析,并比较仿真与测试结果。通过对数字样机中线路板、元器件等弹性模量、泊松比等参数的修正,使得相同条件下的仿真结果与测试结果最接近,从而实现 FEA 仿真数字样机的修正。

FEA 数字样机模型修正前后的约束模态前 6 阶频率数据如表 9 – 10 所列,修正前后自由模态振型均与实物测试阵型一致。

表 9 – 10　软件振动仿真 FEA 模型修正前后对比

Hz

振动测试项目	实物模态测试	Ansys 仿真分析		Calce PWA 振动仿真分析		修正后误差/%
				FEA 模型修正前	FEA 模型修正后	
约束类型	自　由	自　由	约　束	约　束	约　束	约　束
第 1 阶	160.48	163.05	1 075.4	1 155.9	1 076.1	0.07
第 2 阶	371.27	380.74	1 280.3	1 368.3	1 247.9	−2.53
第 3 阶	441.22	433.4	1 612.6	1 954.6	1 580.1	−2.02
第 4 阶	541.62	576.72	1 813.8	2 031.6	1 776.1	−2.08
第 5 阶	660.53	678.4	1 921.2	2 327.9	1 865.9	−2.88
第 6 阶	809.66	819.68	2 236.5	2 533.5	2 170.9	−2.93

9.4.5　试验设计

根据应变测试仪结构可靠性特点,对影响其可靠性性的主要影响因素,如材料、热载荷、振动载荷等参数,考虑其不确定性,并进行试验设计;获得的多种试验设计方案,再利用 RISA - PofEra 软件的不确定性仿真分析功能进行不确定性仿真分析,以获得不同实验方案中应变测试仪的结构响应。具体内容包括三部分:机理模型配置、不确定性参数设置、试验设计及不确定性分析。详细操作过程见下文。

1. 机理模型配置

首先,根据应变测试仪可能发生的可靠性问题,确定故障机理及模型,表 9 - 11 中给出了热、振动载荷应力作用下典型的故障模式与机理模型。

表 9 - 11　热、振动载荷应力作用下典型的故障模式与机理模型

载荷应力类型	故障模式	故障机理模型
热	焊点开裂	Engelmaier 热疲劳模型
振动	引脚断裂	Steinberg 随机振动疲劳模型

（1）Engelmaier 热疲劳模型

电子元器件在温度循环载荷下,由于元器件封装体、PCB 板、引脚和焊料等材料的热膨胀系数(CTE)不匹配,会对器件互连系统产生交变的热应力。对焊点来说,交变的热应力作用会使得焊料内部产生应力集中和非弹性应变,逐渐累积,导致裂纹萌生和扩展,造成焊点热疲劳失效,表现为焊点开裂。互连热疲劳模型一般采用 Engelmaier 模型:

$$N_f = \frac{1}{2}\left(\frac{\Delta\gamma_t}{2\epsilon_f}\right)^{\frac{1}{c}} \tag{9-1}$$

式中：N_f——疲劳寿命;

$\Delta\gamma_t$——焊点的非弹性应变(不同的封装形式,其非弹性应变计算方法不同);

ϵ_f——疲劳延性系数;

c——与温度循环剖面相关的参数,

$$c = -0.442 - 0.000\,6T_{sj} + 0.017\,4\ln\left(1+\frac{360}{t_D}\right)$$

由式(9-1)可以看出,影响焊点热疲劳失效的最主要因素是焊点的非弹性应变。

根据封装与引脚类型,Engelmaier 热疲劳模型包括有引脚(通用类、金属类、SOT 封装、DIP 封装、Axial 封装等)和无引脚(LCC 封装、LCCC 封装等)两种。括号中为适用的典型封装类型。

（2）Steinberg 随机振动疲劳模型

在随机振动载荷作用下,由于结构、质量及弹性模量不同,元器件和电路板的位移不同,电路板与元器件之间将产生大量的相对运动,从而在两者连接的引脚处会产生交变的振动应力。交变振动应力会造成引脚出现裂纹,扩展并断裂,从而使引脚产生振动疲劳失效,表现为引脚断裂。影响互连随机振动疲劳失效的最主要因素是器件下方电路板的动态位移。互连的随机振动疲劳寿命预测采用 Steinberg 随机振动疲劳模型来描述:

$$N_f = C\left[\frac{z_1}{z_2\sin(\pi x)\cos(\pi y)}\right]^{\frac{1}{b}} \tag{9-2}$$

式中：N_{f}——器件的疲劳寿命；

$\quad\quad x$、y——该器件在电路板上的相对位置(中心处为 $1/2$)；

$\quad\quad C$——根据标准实验确定的常数,对于随机振动,$C=2\times10^7$；

$\quad\quad b$——疲劳强度指数,$b=6.4$；

$\quad\quad z_1$——电路板在标准实验状态的位移值,$z_1=\dfrac{0.000\,22B}{ct\sqrt{L}}$,其中,$B$ 为与器件平行的电

$\quad\quad\quad$ 路板的边长,t 为电路板厚度,L 为器件长度,c 为系数；

$\quad\quad z_2$——随机振动载荷下的器件下方电路板的动态位移,$z_2=\dfrac{36.85\sqrt{\mathrm{PSD}_{\max}}}{f_{\mathrm{n}}^{1.25}}$,其中,

$\quad\quad\quad \mathrm{PSD}_{\max}$ 为随机振动的最大功率谱密度,f_{n} 为随机振动的最小自然频率。

2. 不确定性参数设置

在元器件故障机理模型的基础上,设置不确定性参数。表 9 - 12 中给出了典型的不确定性参数设置示例,依据该表在软件中对相应的元器件进行设置。

表 9 - 12　不确定性参数信息

机理模型	参数名称	分布类型	均　值	标准差
Steinberg 疲劳模型	焊点材料疲劳强度指数	正态分布	6.4	0.5

3. 试验设计与不确定性分析

完成机理模型配置及不确定性参数设置后,选择试验设计方法,并进行试验设计及不确定性分析,以完全样本随机抽样——蒙特卡洛方法为例,具体过程如下：

① 选择待抽样的不确定性参数。

② 设置需要抽样的样本数量,调用相应的算法开展随机抽样,对所有选择的不确定性参数进行抽样,图 9 - 12 为针对上述设置的引脚材料热膨胀系数进行随机抽样 100 次的示意图。

③ 在抽样方案的基础上,开展不确定性仿真分析,获得每个参数样本对应的热、振动仿真分析结果。

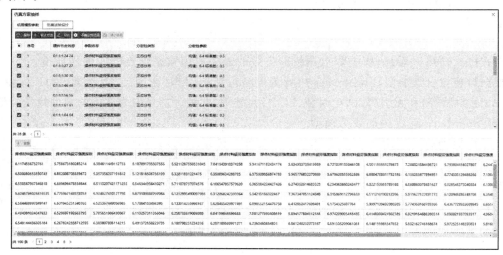

图 9 - 12　蒙特卡洛方法抽样结果示意图

9.4.6　故障预计及可靠性评估

基于故障机理模型及电路板、元器件结构在热、振动载荷下的响应,进行故障预计及评估。具体过程如下:

① 在不确定性仿真分析的基础上,将抽样样本的参数作为输入,利用故障机理模型开展各个元器件的故障预计,获得与仿真样本对应的元器件寿命信息。

② 对多组元器件寿命信息进行统计分析,拟合获得服从的分布类型及参数。

③ 基于竞争失效理论,逐层计算元器件、电路板的寿命与可靠性指标。元器件故障预计结果包括失效/故障模式、平均故障前时间(MTTF)、服从的分布类型及参数等,如图 9-13 所示,寿命云图如图 9-14 所示。电路板可靠性评估结果包括概率密度柱状图、故障率曲线、可靠度曲线、不可靠度曲线、MTTF、中位寿命、B10 寿命等,如图 9-15 所示。

题件名称	失效表现形式	失效模型数	主失效模型	平均故障前时间(MTTF)	拟合分布类型	分布参数信息	拟合误差
0:1:1:113 113	引脚断裂	2	Steinberg疲劳模型	17441.766342222105	正态分布	均值:17441.766342222105 标准差:858.0213525927275	1.295894671763
0:1:1:113 113	引脚断裂	0	Steinberg疲劳模型	17441.76634	正态分布	均值:17441.766342222105 标准差:858.0213525927275	1.29989
0:1:1:113 113	焊点开裂	0	Engelmaier热疲劳模型-有引脚制器	5807276.20856	均匀分布	上限:5807276.208562438 下限:5807276.208562438	0.00344
0:1:1:64 64	引脚断裂	2	Steinberg疲劳模型	17049.40664487991	正态分布	均值:17049.40664487991 标准差:808.7421971728122	1.381412254016
0:1:1:64 64	引脚断裂	0	Steinberg疲劳模型	17049.40664	正态分布	均值:17049.40664487991 标准差:808.7421971728122	1.38141
0:1:1:64 64	焊点开裂	0	Engelmaier热疲劳模型-有引脚制器	5807276.20856	均匀分布	上限:5807276.208562438 下限:5807276.208562438	0.00344
0:1:1:46 46	引脚断裂	2	Steinberg疲劳模型	18089.19174391553	正态分布	均值:18089.19174391553 标准差:835.519159141597	1.314180050829
0:1:1:46 46	引脚断裂	0	Steinberg疲劳模型	18089.19174	正态分布	均值:18089.19174391553 标准差:835.519159141597	1.31418
0:1:1:46 46	焊点开裂	0	Engelmaier热疲劳模型-有引脚制器	5807276.20856	均匀分布	上限:5807276.208562438 下限:5807276.208562438	0.00344
0:1:1:30 30	引脚断裂	2	Steinberg疲劳模型	16423.604135135247	正态分布	均值:18423.604135135247 标准差:896.1846341775968	1.257050195491
0:1:1:30 30	引脚断裂	0	Steinberg疲劳模型	18423.60414	正态分布	均值:18423.604135135247 标准差:896.1846341775968	1.25705
0:1:1:30 30	焊点开裂	0	Engelmaier热疲劳模型-有引脚制器	5807276.20856	均匀分布	上限:5807276.208562438 下限:5807276.208562438	0.00344

图 9-13　元器件故障预计结果

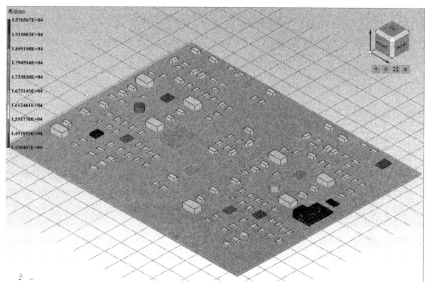

图 9-14　寿命云图示意图

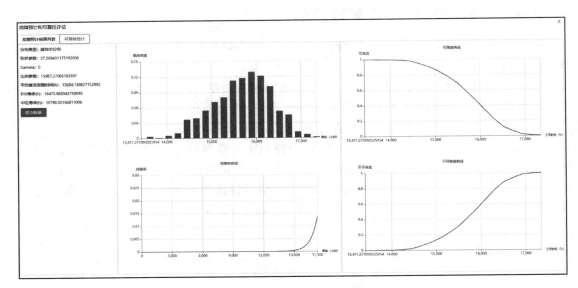

图 9 - 15   电路板的寿命预计与可靠性评估结果

9.4.7   可靠性薄弱环节分析

通过上述分析结果,可以确定实验样品在热、振动、故障、可靠性等方面的潜在问题,即产品设计中与可靠性相关的薄弱环节,并填写到表 9 - 13 中。

表 9 - 13   应变测试仪薄弱环节分析示意

序　号	问题分类	可靠性薄弱环节(如下内容为示意,需按实际情况填写)
1	温度	① 局部温度高,存在热集中区; ② 器件温度相对较高,长时间工作发生故障概率较大; ③ ……
2	振动	① 一阶固有频率较高; ② 加速度响应值较大; ③ ……
3	故障/可靠性	① 存在××工作小时内失效概率大于63.2%的器件(热疲劳引起焊点开裂); ② ……
4	其他	……

9.4.8   设计改进措施和建议

针对上述不同薄弱环节,开放性思考可以采用的改进措施和建议,并填写到表 9 - 14 中。

表 9 - 14　应变测试可靠性设计改进建议

问题序号	改进措施或建议(如下内容为示意,需按实际情况填写)
1	① 改进散热板的结构尺寸,减少热阻,提高散热效率,器件局部温度条件改善,热疲劳风险降低; ② 热耗降低; ③ 自带风机风冷改成液冷,经热设计分析,散热效率提高 20%; ④ ……
2	① 胶封加固,增加抗振性; ② 调整器件布局,使得整板重量分布变化; ③ 加强电路板的支撑安装结构; ④ ……
3	……

9.4.9　可靠性综合仿真分析报告撰写

完成应变测试仪可靠性设计分析后,需根据已开展工作编写《应变测试可靠性综合仿真分析实验报告》,报告内容主要包括:

① 实验目的;

② 实验依据;

③ 应变测试仪说明;

④ 实验内容;

⑤ 实验过程;

⑥ 实验数据分析;

⑦ 实验结论;

⑧ 附件。

参考文献

[1] 曹晋华，程侃. 可靠性数学引论[M]. 北京:科学出版社，1986.

[2] 戴慈庄. 降额设计中若干问题的研究[J]. 北京：北京航空航天大学学报，1995，10(76)：30-33.

[3] 杨为民，阮镰，等. 可靠性维修性保障性总论[M]. 北京：国防工业出版社，1997.

[4] 陆廷孝，郑鹏洲，何国伟,等. 可靠性设计与分析[M]. 北京：国防工业出版社，1997.

[5] Kotz S, Lovelace C R. Process Capability Indices in Theory and Practic[M]. London：Hodder Education Publishers，1998.

[6] 龚庆祥. 飞机设计手册 20 分册：可靠性，维修性设计[M]. 北京：航空工业出版社，1999.

[7] 胡昌寿，周正伐,等. 航天可靠性设计手册[M]. 北京：机械工业出版社，1999.

[8] 刘文珽，郑旻仲，等. 概率断裂力学与概率损伤容限/耐久性[M]. 北京：北京航空航天大学出版社，1999.

[9] 曾声奎. 系统可靠性设计分析教程[M]. 北京：北京航空航天大学出版社，2000.

[10] 王少萍. 工程可靠性[M]. 北京：北京航空航天大学出版社，2000.

[11] 徐国志，顾基发.系统科学[M]. 上海：上海科技教育出版社，2000.

[12] 余建祖. 电子设备热设计及分析技术[M]. 北京：高等教育出版社，2001.

[13] 刘宁. 可靠度随机有限元法及其工程应用[M]. 北京:中国水利水电出版社，2001.

[14] 石君友，康锐. 基于 EDA 技术的电路容差分析方法研究[J]. 北京：北京航空航天大学学报，2001，27(1):121-124.

[15] 孙凝生. 冗余技术在载人运载火箭飞行控制中的应用[J]. 载人航天，2003(4)：21-27.

[16] 周海京，遇今. 故障模式、影响及危害性分析与故障树分析[M]. 北京：航空工业出版社，2003.

[17] 张洪武. 有限元分析与 CAE 技术基础[M]. 北京:清华大学出版社，2004.

[18] 姚立真. 可靠性物理[M]. 北京：电子工业出版社，2004.

[19] 金伟娅，张康达. 可靠性工程[M]. 北京:化学工业出版社，2005.

[20] 丘成悌，赵淳生,等. 电子设备结构设计原理[M]. 南京：东南大学出版社，2005.

[21] 杜平安. 有限元法：原理、建模及应用[M]. 北京:国防工业出版社，2006.

[22] 康锐,石荣德. FMECA 技术及其应用[M]. 北京：国防工业出版社，2006.

[23] 可靠性设计大全编撰委员会. 可靠性设计大全[M]. 北京：中国标准出版社，2006.

[24] 龚庆祥. 型号可靠性工程手册[M]. 北京：国防工业出版社，2007.

[25] 孙博. 电子产品的故障预测技术和模型研究[D]. 北京：北京航空航天大学，2007.

[26] 刘文珽. 结构可靠性设计手册[M]. 北京：国防工业出版社,2008.

[27] 周正伐. 可靠性工程基础[M]. 北京：中国宇航出版社，2009.

[28] 派克·迈克尔，康锐. 故障诊断、预测与系统健康管理[M]. 香港：香港城市大学故障预测与系统健康管理研究中心，2009.

[29] Ebeling C E. An Introduction to Reliability and Maintainability Engineeging [M]. 2nd

ed. Illinois：Waveland Press Inc，2009.

［30］吕震宙，宋述芳，等. 结构机构可靠性及可靠性灵敏度分析［M］. 北京：科学出版社，2009.

［31］McPherson J W. Reliability Physics and Engineering［M］. Springer，2010.

［32］曾声奎，等，可靠性设计与分析［M］. 北京：国防工业出版社，2011.

［33］Pecht M G，Kapur K C，et al. 可靠性工程基础［M］. 北京：电子工业出版社，2011.

［34］陆峰，等，航空材料环境试验及表面防护技术［M］. 北京：国防工业出版社，2012.

［35］Elsayed E A. Reliability Engineering［M］. 2nd ed. New Jersey：John Wiley & Sons Inc，2012.

［36］冯强，任羿，曾声奎，等. 基于本体的产品综合设计多视图模型研究［J］. 计算机集成制造系统，2009，15(4)：633-638.

［37］飞机损伤容限要求：GJB 776—89［S］. 1989.

［38］MIL - HDBK - 217F，Military Handbook：Reliability Prediction of Electronic Equipment［S］. 1991.

［39］电子设备可靠性热设计手册：GJB/Z 27—1992［S］. 1992.

［40］元器件降额准则：GJB/Z 35—1993［S］. 1993.

［41］电路容差分析指南：GJB/Z 89—97［S］. 1997.

［42］系统安全工程手册：GJB/Z 99—97［S］. 1997.

［43］故障树分析指南：GJB/Z 768A—98［S］. 1998.

［44］IEEE Standard Reliability Program for the Development and Production of Electronic Systems and Equipment：IEEE 1332—1998［S］. 1998.

［45］装备可靠性工作通用要求：GJB 450A—2004［S］. 2004.

［46］可靠性维修性保障性术语：GJB 451A—2005［S］. 2005.

［47］最坏情况电路分析指南：GJB/Z 223—2005［S］. 2005.

［48］电子设备可靠性预计手册：GJB/Z 299C—2006［S］. 2006.

［49］故障模式，影响及危害性分析指南：GJB/Z 1391—2006［S］. 2006.

［50］Reliability Program Standard for Systems Design，Development，and Manufacturing：ANSI/GEIA-STD-0009—2008［S］. 2008.

［51］Nonelectronic Parts Reliability Data：NPRD—2011［S］. 2011.

［52］Handbook of Reliability Prediction Procedures for Mechanical Equipment：NSWC-11［S］. 2011.